浙江省普通高校"十三五"新形态教材

高等学校新工科计算机类专业系列教材

计算机操作系统

（第二版）

赵伟华　刘真　周旭　贾刚勇　编著

西安电子科技大学出版社

内 容 简 介

本书全面系统地介绍了现代计算机操作系统的基本实现原理。全书共 7 章。第 1 章介绍操作系统的概念、特征和功能、发展历史、用户接口及结构模型；第 2 章介绍操作系统的硬件基础相关知识，包括处理器计算、存储系统、中断和时钟；第 3 章深入阐述进程与线程的概念、进程调度、死锁、同步与通信机制等；第 4 至 6 章分别介绍操作系统的存储器管理、设备管理和文件管理；第 7 章给出由简单到综合的实践环节建议实验项目。此外，本书以 Linux 系统的 2.6.24 内核及 openEuler 系统为实例，简要介绍其基本实现原理，力求方便读者学习时能理论联系实际。

本书结构清晰，内容丰富，基本覆盖研究生招生考试大纲的内容，强调理论与实践相结合，既可作为普通高等院校计算机及相关专业的操作系统课程教材，也可供计算机应用和开发技术人员参考。

图书在版编目(CIP)数据

计算机操作系统 / 赵伟华等编著. —2 版. —西安：西安电子科技大学出版社，2022.4
ISBN 978-7-5606-6376-0

Ⅰ. ①计⋯ Ⅱ. ①赵⋯ Ⅲ. ①操作系统 Ⅳ. ①TP316

中国版本图书馆 CIP 数据核字(2022)第 043674 号

策划编辑　陈婷
责任编辑　马凡　陈婷
出版发行　西安电子科技大学出版社(西安市太白南路 2 号)
电　　话　(029)88202421　88201467　　邮　　编　710071
网　　址　www.xduph.com　　　　　电子邮箱　xdupfxb001@163.com
经　　销　新华书店
印刷单位　西安创维印务有限公司
版　　次　2022 年 4 月第 2 版　　2022 年 4 月第 1 次印刷
开　　本　787 毫米×1092 毫米　1/16　印　张　26
字　　数　621 千字
印　　数　1～3000 册
定　　价　59.00 元
ISBN 978-7-5606-6376-0/TP

XDUP 6678002-1

如有印装问题可调换

前　言

操作系统是计算机系统中最重要的系统软件，负责管理系统中所有的硬件资源和软件资源，因此操作系统课程是计算机相关专业非常重要的核心课程，它所涉及的概念、原理及算法是从事软硬件开发等计算机相关工作的工程技术人员所必不可少的基础知识。但该课程本身概念多、知识面广、原理性和实践性强，教学过程中老师难教、学生难学。鉴于此，作者基于自己多年操作系统课程的教学经验与体会，通过广泛阅读和分析国内外操作系统相关优秀教材及最新操作系统研究论文，结合工程教育专业认证及考研的需要，精心编写了此书。

本书主要内容共包括 7 章，分别是操作系统引论、操作系统硬件基础、进程管理、存储器管理、设备管理、文件系统和操作系统实验。为激发读者的学习兴趣，每章开头提出若干与本章内容密切相关且读者所熟知却未必能准确回答的问题，以问题引导学习。下面按照章节介绍本书的特点。

(1) 在操作系统引论部分，注重内容的组织和增加内容的趣味性，把操作系统的来龙去脉和主要技术组织成一个逻辑清晰的整体，并且内容上不失阅读的趣味性。

(2) 在操作系统硬件基础部分，阐述与操作系统紧密相关的硬件知识。该部分除了处理器指令、寻址方式、中断、系统时钟、堆栈、寄存器、磁盘、内存之外，还引入其他操作系统教材较少介绍的 Cache 和非易失性存储。

(3) 在进程管理部分，采用操作系统原理和实际 Linux 系统有机融合的方式进行编排。在每节介绍进程管理相关原理的基础上，直接给出 Linux 中的具体实现技术和算法；为方便读者查询源码，对重要数据结构和函数的定义，都给出详细的检索路径。

(4) 在存储器管理部分，为兼顾知识的新颖性和系统性，对已经过时的存储管理方式，如连续分配方式只做简单介绍，而对广泛使用的分页存储管理及虚拟存储系统则进行系统描述。此外，本章还介绍了 Linux 系统的寻址机制、物理内存管理及进程的虚拟地址空间管理。

(5) 在设备管理部分，相对系统地介绍操作系统中设备管理的基本概念及相关知识，并介绍 Linux 系统字符设备驱动程序的设计及中断处理机制。

(6) 在文件系统部分，采用从逻辑结构到物理结构的方式进行阐述。在介绍 Linux 的虚拟文件系统 VFS 的基础上，讲述其经典的 Ext2 文件系统。

(7) 本书将操作系统原理教学和实践环节结合到一起，不再分列两本书，方便教师教学和学生学习。本书共提供 5 个实验项目，全部在 Linux 系统中开发。实验题目与操作系统原理紧密结合且难度适中，能帮助学生掌握 Linux 系统中底层的编程技术，熟悉相关的系统调用。为方便读者阅读分析 Linux 源码，本书还介绍了几种常用的源码检索工具。

为方便学生课后及考研复习，每一章都给出了数量众多、内容丰富的习题。本书是一本立体化的计算机操作系统教材，除了高质量的课件，我们还将提供面向课堂改革所需要的所有教学资源，如教学大纲、教学视频、习题详解、拓展知识、Linux 源码分析教学案例、课堂讨论和测试题目等，可满足翻转课堂教学、工程认证对学生处理复杂问题能力的要求。

本书由杭州电子科技大学赵伟华、刘真、贾刚勇、周旭编写。其中，第 1 章和第 4 章由周旭编写，第 2 章和第 5 章由贾刚勇与赵伟华编写，第 3 章由赵伟华编写，第 7 章由赵伟华、贾刚勇、刘真编写，第 6 章由刘真编写。

本书的编写参阅了大量的书籍和资料，主要的参考文献列于书后，在这里对相关书籍及资料的编著者表示诚挚的谢意！

本书自 2018 年出版以来，经几轮教学实践及课程的持续建设，作者对教学内容与实践环节进行了更加深入的研究与设计，并将其充分体现在本次修订中。相对于第一版内容，本次主要修订了以下内容：

(1) 在 1～6 章的"本章小结"中增加了知识点思维导图，以方便学生复习总结。

(2) 第 3 章增加了多处理器调度。

(3) 第 3 章、第 4 章、第 6 章分别增加了 openEuler 进程管理、存储器管理、文件管理相关内容。

(4) 第 7 章增加了操作系统原理典型算法模拟实现实验、Linux 系统块设备驱动程序设计实验，以充分满足不同层次教学需要。此外，调整了原书 7.2 节及 7.3 节的顺序，使实践环节的开展更加符合由简单到综合的原则。

虽经多次修改、补充和完善，但限于作者时间、水平和能力，书中仍难免还有不当和疏漏之处，恳请读者批评指正。作者联系邮箱：whzhao@hdu.edu.cn。

作　者

2022 年 1 月

目　　录

I

第 1 章　操作系统引论

　　自 1946 年世界上第一台计算机诞生至今已逾 70 年，这在人类历史的长河中是何等短暂的时光，但是计算机相关的技术在这些年间的发展及成就却令人震惊和兴奋不已，其对人类的思维方式和生活方式所带来的影响是巨大而彻底的。计算机技术不仅广泛应用于科学计算、过程控制和数据处理，而且已渗透到商务、办公、教育、家庭等许多领域，人们日常生活的方方面面都离不开计算机系统的支撑。

　　计算机系统有如此强大的计算与处理能力，除了依靠人们看得到摸得着的硬件以外，更加重要的是那些纷繁复杂、功能强大的软件，尤其是每台计算机都必须配置的系统软件——操作系统。操作系统是计算机硬件上覆盖的第一层软件，是对硬件系统的首次扩充，而其他软件的执行都将依赖于操作系统的支持。

　　虽然我们每天都在使用操作系统，也知道计算机运行离不开操作系统，智能手机中也运行着操作系统(iOS、Android 等)，但是我们真的了解和认识这些操作系统吗？请你试着回答这些问题：

- 为什么计算机必须依靠这些操作系统才能工作呢？
- 我们使用的软件与操作系统是什么关系呢？
- 为什么操作系统有一个启动的过程，不能刚开机就启动好了？
- 为什么新买的计算机也会觉得启动不够快？
- 为什么 Windows 中的软件不能在 Linux 中运行？
- 为什么玩游戏画面会不流畅？该怎么办呢？
- 在线看视频的时候经常看到提示"正在缓冲中"，这个缓冲是什么意思？
- 点击鼠标为什么能把待机状态的计算机唤醒？
- 为什么将 Windows XP 中编写的程序放在 Windows 7 中运行时，界面上的窗口和按钮等会自动更换为 Windows 7 系统界面的样子？

　　或许我们只会比较熟练地使用操作系统的部分功能，又或是能够熟练地使用一些应用程序(如微信、QQ、浏览器、办公软件等)，但是操作系统背后其实蕴含着更加精彩的奥秘，值得我们探究和学习。

　　本章学习要点：

- 什么是操作系统；
- 操作系统的发展与分类；
- 操作系统的特征和功能；
- 操作系统用户接口；
- 操作系统内核结构；
- 典型操作系统介绍。

1.1　什么是操作系统

　　计算机系统中都安装了称为操作系统(Operating System，OS)的软件，如大家所熟知的UNIX、Linux、Windows、macOS 等。操作系统是计算机软件中最基础、最核心的部分，是计算机用户与计算机硬件之间的中介程序，它为用户执行程序提供更方便、更有效的环境。从资源管理的观点看，操作系统对计算机系统内的所有硬件和软件资源进行管理和调度，优化资源的利用，协调系统内的各种活动。

1.1.1　计算机系统

　　计算机系统就是按人的要求接收和存储信息，自动进行数据处理和计算，并输出结果的系统。一个完整的计算机系统是由硬件和软件两大部分组成的。通常硬件是指计算机的物理装置，是完成系统各项工作的物质基础；而软件是指各种程序和文件，用于指挥和管理整个计算机系统按指定的要求进行工作。

1．计算机硬件

　　计算机硬件(hardware)是指计算机系统中由电子、机械、光电组件等组成的各种"看得见、摸得着"的计算机部件和设备，主要包括中央处理器(CPU)、存储器和各种输入/输出(I/O)设备。中央处理器是对信息进行高速运算和处理的部件；存储器又分为主存储器(即内存)和辅助存储器(如磁盘、光盘、优盘等)，前者可被中央处理器直接访问，后者主要用于存放数据信息；而输入/输出设备(如键盘、鼠标、打印机、显示器、网卡、绘图仪、扫描仪等)是计算机和用户之间交互的接口部件。

2．计算机软件

　　计算机软件(software)是指计算机系统中的程序、数据和有关的文档。程序是计算任务的处理对象和处理规则的描述，是一组指令的集合；数据是信息在计算机中的表示，是计算机处理的对象；而文档是各种说明文本，是软件操作的辅助性资源。计算机的所有工作都必须在软件的控制下才能进行。

　　根据软件的作用可以将其分为系统软件、支撑软件和应用软件三类。系统软件是计算机系统中最靠近硬件的一层软件，它支持和管理硬件，与具体的应用领域无关，它创立的是一个平台，如编译程序、装配程序、操作系统等；支撑软件是支撑其他软件的编制和维护的软件，如中间件(middleware)、数据库管理系统(DBMS)、各种接口软件和软件开发工具等；应用软件是某个特定应用领域专用的软件，是范围很广的一类软件，如学籍管理系统、游戏软件、Photoshop、邮件收发系统等。所有这些软件中，操作系统是基础，是紧挨着硬件的第一层软件，是对硬件功能的首次扩充，其他软件只有在操作系统的支持下，才能发挥作用。计算机系统的层次结构如图 1-1 所示。

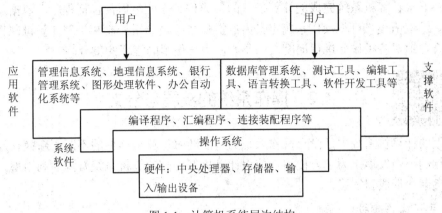

图 1-1　计算机系统层次结构

1.1.2　操作系统的概念

从前面的介绍可知操作系统在计算机系统中的地位和作用，它是计算机硬件和其他软件以及计算机用户之间的联系纽带，如果没有操作系统，则用户几乎无法使用计算机系统。那么，什么是操作系统呢？不同的计算机使用者的看法可能不同，下面从不同的角度来讨论操作系统的概念。

1. 用户环境的观点

从用户的角度看，操作系统是用户与计算机硬件系统之间的接口，用户通过操作系统来使用计算机系统，即用户在操作系统的支持下，能够方便、快捷、安全、可靠地操纵计算机硬件资源，运行自己的程序。用户可通过以下三种方式使用计算机：① 直接使用操作系统提供的键盘命令或 Shell 命令语言；② 利用鼠标点击窗口中的按钮、菜单等图标，以执行相应的应用程序，如 Windows 操作系统的图形用户接口；③ 在应用程序中调用操作系统的内部功能模块，即系统调用接口。这些接口为用户开发和运行应用软件提供了便利的环境和手段。

2. 资源管理的观点

把操作系统看作系统资源的管理者，是目前关于操作系统描述的主要观点。现代计算机系统通常包括各种各样的资源，总体上可分为处理器、存储器、I/O 设备和文件四类，因此，操作系统的功能就是负责对计算机的这些软、硬件资源进行控制、调度、分配和回收，解决系统中各程序对资源使用请求的冲突，保证各程序都能顺利完成运行。

3. 虚拟机的观点

一台完全无软件的计算机系统称为裸机，即使其功能再强，也是难于使用的。如果在裸机上覆盖一层 I/O 设备管理软件，用户便可以利用它所提供的 I/O 命令，方便地进行数据的输入和输出。此时用户所看到的机器将是一台比裸机功能更强、使用更方便的机器，通常把覆盖了软件的机器称为虚拟机。如果在 I/O 设备管理软件上再覆盖一层文件管理软件，则用户可利用它提供的文件管理命令，方便地进行文件的存取。如果在文件管理软件上再覆盖一层面向用户的窗口软件，则用户便可在窗口环境下更加方便地使用计算机，形成一台功能更强的虚拟机。

用户要求计算机系统完成的计算任务的集成称为作业,通常包括程序、数据及作业处理说明。综上所述,可将操作系统定义为:操作系统是一组控制和管理计算机硬件与软件资源,合理地对各类作业进行调度,以及方便用户使用的程序的集合。

1.2　操作系统的发展与分类

早期的计算机系统中是没有操作系统的,而随着计算机器件的不断更新换代及计算机体系结构的不断发展,为了方便用户使用计算机并提高计算机系统资源的利用率,操作系统得以逐渐地形成和发展。

1. 手工操作阶段

早期的计算机只配备有硬件,没有操作系统,程序的装入、调试以及控制程序的运行都是通过控制台上的开关来实现的,用户也只能使用机器语言进行编程。这种工作方式需要很多人工干预,形成了手工操作慢但处理机快的所谓人机矛盾,并且使用不方便。

2. 批处理操作系统

为了缓和上述的人机矛盾,提高系统资源的利用率,人们提出了自动从一个作业转到下一个作业的工作方式,由此出现了批处理操作系统,这样,用户将需要计算机完成的一批工作交给计算机,计算机会自动地完成这些工作。批处理操作系统又分为单道批处理系统和多道批处理系统。

1) 单道批处理操作系统

在单道批处理操作系统中,设置了一个能完成作业自动转换工作的程序,该程序被称为监督程序,当操作员把一批作业交给系统后,就由监督程序控制这一批作业的自动运行。监督程序首先从磁带或磁盘上读取第一个作业到内存,在第一个作业全部完成之后,监督程序又自动调入该批第二个作业(如图 1-2(a)所示),并且重复此过程,直至该批作业全部完成,再处理下一批作业。

2) 多道批处理操作系统

由于单道批处理操作系统的内存中仅有一道作业,致使系统资源的利用率仍不高,如图 1-2(a)所示,处理器在 $t_2 \sim t_4$ 期间内被闲置,而设备 2 在 $t_1 \sim t_7$ 期间内完全闲置。为了进一步提高资源利用率和系统吞吐量(所谓系统吞吐量,是指系统在单位时间内所完成的工作量),在 20 世纪 60 年代中期引入了多道程序设计技术,形成了多道批处理操作系统。其基本思想是把用户所提交的作业都先存放在外存上并排成一个队列,称为"后备队列";然后由作业调度程序按一定的算法从后备队列中选择若干个作业同时装入内存,在管理程序的控制下交替执行,共享 CPU 和系统中的其他各种资源,每当正在运行的程序由于某种原因(如等待 I/O 操作的完成)不能继续运行时,CPU 立即转去执行另一道程序,其运行情况如图 1-2(b)所示。相对于单道系统而言,在多道系统中,CPU 在 $t_2 \sim t_3$ 期间得到了利用,设备 2 在 $t_3 \sim t_5$ 期间得到了利用。单道系统在 t_8 时刻才结束两道程序的执行,而多道系统在 t_6 时刻就结束了,只使用了与原来执行程序 A 相同的时间。可见多道程序运行方式既提高了 CPU 的利用率,也提高了内存和 I/O 设备的利用率,同时也大幅增加了系统吞吐量。

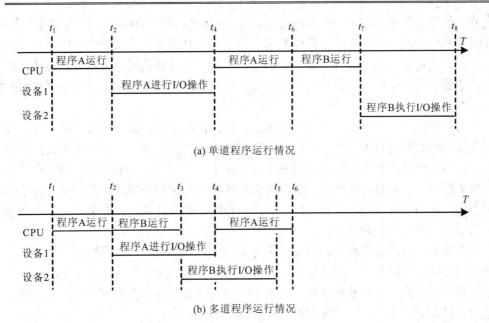

(a) 单道程序运行情况

(b) 多道程序运行情况

图 1-2　单道和多道程序运行情况

多道批处理操作系统的主要优点是资源利用率高，系统吞吐量大；而其主要缺点是作业的平均周转时间长(所谓周转时间，是指从作业装入系统开始，到运行完成并退出系统为止所经过的时间)，并且无交互能力，这对修改和调试程序是极不方便的。

3．分时操作系统

虽然批处理操作系统提高了资源的利用率和系统吞吐量，但由于缺乏交互能力，对用户而言极不方便，这就促进了分时操作系统的出现。

在一个分时操作系统中，一个主机与多个交互终端相连，这些终端可能是本地的，也可能是远程的。每个终端上可以有一个用户，这些用户通过自己的终端以交互方式使用计算机，共享主机中的资源，如图 1-3 所示。操作系统把 CPU 的运行时间分成适当大小的时间片(所谓时间片，是指作业能够连续使用 CPU 的最长时间，通常是几十毫秒)，然后按时间片轮流为各终端用户服务。若某个作业在分配给它的时间片内不能运行完成，则操作系统将暂时中断该作业的运行，保存其当前运行状态，让其等待下一轮时间片，而把 CPU 分给另一个终端用户的作业

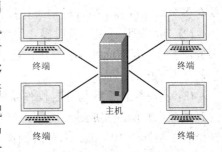

图 1-3　分时操作系统示意图

使用。由于 CPU 处理速度极快，作业运行轮转得也很快，使得每个终端用户的作业都能在一个不太长的时间间隔(比如 2～5 s)内得到一次运行机会，因此每个终端用户都感觉好像独占一台计算机，以交互的方式使用计算机的各种资源。分时操作系统具有多路性、独立性、及时性和交互性特征，而交互性是其最重要的特征之一。

4．实时操作系统

随着计算机应用领域的扩大，有些应用领域对系统响应时间的要求非常严格，于是出

现了实时操作系统(Real-Time Operating System，RTOS)，如 VxWorks。所谓实时操作系统，是指操作系统能及时响应外部事件的要求，在规定的时间内完成对该事件的处理，并控制所有实时任务协调一致地运行。而"外部事件"是指与计算机相连接的设备向计算机发出的各种服务请求。实时操作系统按照其应用领域的不同，又分为实时控制系统和实时信息处理系统。

实时控制系统是指以计算机为中心的生产过程控制系统，要求能及时采集现场数据，并对采集到的数据进行及时处理，进而自动控制相应的执行机构，使某些参数按预定规律变化，以保证产品的质量。实时控制系统通常用于工业控制和军事应用，如生产流水线控制、宇航控制、火炮自动控制等。例如，锅炉控制系统定期采集其温度、压力等参数，当发现温度、压力等参数高于设定值时，将作出响应，如打开阀门、断电等，以降低温度、压力等参数，保证锅炉的安全。

把要求对信息进行实时处理的系统称为实时信息处理系统。该系统由一台或多台主机通过通信线路连接到若干远程终端上，计算机能及时接收从远程终端上发来的服务请求，并根据请求对信息进行检索和处理，在很短的时间内对用户作出响应。典型的实时信息处理系统有机票订购系统、银行财务系统、情报检索系统等。

在实时操作系统中并发执行的实时任务，按任务执行的周期性分为周期性实时任务和非周期性实时任务。周期性实时任务按照指定周期循环执行，而非周期性的任务都必须联系着一个截止时间。截止时间又可以分为开始截止时间(任务在某时间以前必须开始执行)和完成截止时间(任务在某时刻以前必须完成)。根据截止时间的要求，实时任务又可以划分为硬实时任务和软实时任务。

实时操作系统具有及时性和可靠性都很高的特点，但它的交互性比分时系统的弱。可以从如下几方面对比分时操作系统与实时操作系统：

(1) 实时操作系统与分时操作系统都具有多路性。分时操作系统按照分时原则为多个终端用户服务；而实时控制系统的多路性则主要表现在经常对多路的现场信息进行采集以及对多个对象或多个执行机构进行控制。

(2) 实时操作系统与分时操作系统都具有独立性。每个终端用户在向分时操作系统提出服务请求时，是彼此独立的操作，互不干扰；而在实时控制系统中信息的采集和对象的控制也是互不干扰的。

(3) 实时操作系统与分时操作系统都要求及时性。实时操作系统是以控制对象所要求的开始截止时间或完成截止时间来确定其及时性的，一般为秒级、百毫秒级直至毫秒级，甚至有的要低于 100 μs。而分时操作系统的及时性是以用户所要求的响应时间来确定的，一般为秒级，实时操作系统要求的及时性更高。

(4) 实时操作系统与分时操作系统都具有交互性。实时操作系统的交互仅限于访问系统中某些特定的专用服务程序；而分时操作系统则能向终端用户提供数据处理、资源共享等多种服务，分时操作系统的交互性是其主要特征。

(5) 实时操作系统与分时操作系统都要求可靠性。分时操作系统要求系统可靠，而实时操作系统要求系统具有高可靠性，因为实时操作系统的任何差错都可能带来巨大的经济损失甚至无法预料的灾难性后果。因此，实时操作系统往往采取多级容错措施来保证系统的高可靠性。

5．微机操作系统

微机操作系统是指配置在微型计算机上的操作系统，按其功能可分为单用户单任务操作系统(如 MS-DOS)、单用户多任务操作系统(如 OS/2 和 Windows)及多用户多任务操作系统(如 Linux)。单用户是指系统可以允许同时登录使用系统的用户数量只有一个，如果可以多个用户同时登录系统使用，则为多用户。如果系统中只允许单个任务执行就是单任务操作系统，如果系统可以同时执行多个任务，则称为多任务操作系统。

6．网络操作系统

计算机网络是通过通信设施将地理位置上分散的具有自治功能的多个计算机系统互连起来，实现信息交换、资源共享、互操作和协作处理的系统。而网络操作系统是配置在网络中用于管理网络通信和共享资源，协调各计算机上任务的运行，并向用户提供统一的、有效方便的网络接口的程序集合。要说明的是，在网络中各独立计算机仍有自己的操作系统，由它管理自身的资源，只有在各计算机要进行相互间的信息传递及使用网络中的共享资源时，才会涉及网络操作系统。

网络操作系统除了具备一般操作系统所具有的功能外，还应具有以下功能：

(1) 网络通信管理：主要负责实现网络中计算机之间的通信。

(2) 网络资源管理：对网络中共享的软硬件资源实施有效的管理，保证用户方便、正确地使用这些资源，提高资源的利用率。

(3) 网络安全管理：提供网络资源访问的安全措施，保证系统中共享资源的安全性。

(4) 提供网络服务：包括文件传输服务、打印服务、电子邮件服务等。

7．分布式操作系统

在以往的计算机系统中，处理和控制功能都高度地集中在一台主机上，所有的任务都由主机处理，这样的系统称为集中式处理系统。而分布式处理系统则是把系统的处理和控制功能都分散在系统的各个处理单元上，系统中的所有任务，也可动态地分配到各个处理单元上并行执行，从而实现分布处理。可见，分布式处理系统最基本的特征是实现了处理上的分布，而处理分布的实质是资源、功能、任务和控制都是分布的。

配置在分布式处理系统上的操作系统称为分布式操作系统。与前面介绍的操作系统不同，它不是集中地安装在某一台主机上，而是均匀地分布在各个站点上，其处理和控制功能都是分布的。同时，操作系统的任务分配程序可将多个任务分配到系统中的多个处理单元上，使这些任务并行执行，从而加速任务的执行。此外，分布在系统中各个站点上的软、硬件资源，可供全系统中的所有用户共享，并以透明的方式访问它们，用户看到的不是多个分散的处理单元，而是一个功能强大的计算机系统。

8．嵌入式操作系统

在机器人、掌上电脑、车载系统、智能家用电器、手机等设备上，通常会嵌入安装各种微处理器或微控制芯片。嵌入式操作系统就是运行在嵌入式智能芯片环境中，对整个智能芯片以及它所操作、控制的各种部件装置等资源进行统一协调、调度、指挥和控制的系统软件。与一般操作系统相比，嵌入式操作系统具有以下特点：① 操作系统规模一般较小。因为通常相应硬件配置较低，而且对操作系统提供的功能要求也不高。② 应用领域差别大。对于不同的应用领域其硬件环境和设备配置情况有明显的差别。

嵌入式操作系统具有微小、实时、专业、可靠、易裁剪等优点。代表性的嵌入式操作系统有 Win CE、Linux、VxWorks 等。

UNIX 操作系统与 C 语言

　　UNIX 最早是由 Ken Thompson、Dennis MacAlistair Ritchie 和 Douglas McIlroy 于 1969 年在 AT&T 的贝尔实验室开发的。在开发 UNIX 第三版的时候，Ken Thompson 与 Dennis MacAlistair Ritchie 深深感到用汇编语言做移植非常困难，Dennis MacAlistair Ritchie 改良了基于 BCPL 语言的 B 语言，于是影响深远、大名鼎鼎的 C 语言诞生了。UNIX 第三版内核便是采用 C 语言编写的，UNIX 和 C 语言完美地结合为一体，很快成为世界计算机技术领域的主导。如果你想充分理解 UNIX，则必须熟练掌握 C 语言；而如果你对 C 语言感到困惑，那么请你深入学习 UNIX。

1.3　操作系统的特征和功能

1.3.1　操作系统的特征

　　不同类型的操作系统通常具有各自不同的特征，但操作系统作为系统软件也有其基本特征，即并发性、共享性、虚拟性和异步性。

1. 并发性

　　在多道程序环境下，并发性是指两个或多个事件在同一时间间隔内同时发生，即宏观上有多个程序在同时执行，而微观上，在单处理机系统中这多个程序是交替运行的。它与并行性的区别是并行性是指两个或多个事件在同一时刻同时发生，即微观上仍是同时运行的。并发的目的是改善系统资源的利用率和提高系统的吞吐量。应该注意的是，程序本身只是一组静态代码，它们是不能并发运行的，真正实现并发活动的实体是进程，详见第 3 章内容。

2. 共享性

　　在操作系统中引入多道程序设计技术后，系统中的硬件资源和软件资源不再被某个程序所独占，而是供系统中的多个程序共同使用。根据资源属性的不同，可以有两种资源共享方式：互斥共享和同时共享。

　　互斥共享是指某些系统资源，如打印机、绘图仪等，虽然可以提供给多个程序使用，但是在一段时间内只能由一个程序使用。例如，当一个程序正在使用打印机时，其他需要使用这台打印机的程序必须等待，直到该程序打印完毕，释放打印机，才允许另一程序使用它。这种在一段时间内只允许一个程序访问的资源称为临界资源，系统中的许多物理设备、某些共享变量、表格等都属于临界资源，它们只能互斥共享。

　　同时共享是指系统资源允许在同一段时间内被多个程序同时访问。这里的"同时"是宏观上的，微观上这些程序仍是交替访问系统资源。典型的可以同时共享的资源是磁盘。

　　并发和共享是操作系统的两个基本特征，它们互为存在条件。首先，共享是以并发执行为条件，若系统不支持程序并发执行，则系统中将不存在资源共享；同时，共享也必然会影响程序的并发执行，若资源共享不当，则并发性会减弱，甚至无法实现。

3．虚拟性

虚拟性是指通过某种技术把一个物理实体变成若干个逻辑上的对应物。即物理上虽然只有一个实体，但用户感觉有多个实体可供使用，如通过多道程序设计技术，可以实现处理机的虚拟，另外还有虚拟存储、虚拟设备等。

4．异步性

异步性又称为不确定性。在多道程序环境下，允许多个程序并发执行，但由于资源等因素的限制，使得多个程序的运行顺序和每个程序的运行时间是不确定的，各程序的执行过程有"走走停停"的特点。具体地说，各个程序什么时候得以运行，在执行过程中是否被其他事情打断暂停执行，向前推进的速度是快还是慢等都是不可预知的，由程序执行时的现场所决定。

1.3.2 操作系统的功能

引入操作系统的目的有两个：一是充分发挥计算机系统资源的使用效率；二是方便用户的使用。为实现上述目的，从资源管理的观点看，操作系统应具有五个方面的功能：处理器管理、存储器管理、设备管理、文件管理和提供用户接口。这五大部分相互配合，协调工作，实现计算机系统的资源管理、控制程序的执行，并为用户提供方便的使用接口。

1．处理器管理

当用户程序进入内存后，只有获得处理器后才能真正投入运行。处理器管理的主要任务就是对处理器进行分配调度，并对其运行进行有效的控制和管理，尤其是在多道程序或多用户的情况下，要求运行的程序数目往往大于处理器的个数，这就需要按照一定的原则进行分配调度。

2．存储器管理

存储器管理的对象是主存储器即内存。其主要任务是管理内存资源，根据内存空间的使用情况和用户程序的要求为程序分配内存空间，并在合适的时机回收。同时，如果有多个用户共享内存，则应保证彼此间不相互冲突和干扰。基于虚拟存储技术对内存空间进行扩充，从而为用户提供比实际物理内存容量大的虚拟存储空间。

3．设备管理

计算机系统中，除了处理器和内存以外的所有外部设备，都是设备管理的对象。其主要任务是根据用户对各类设备的使用请求和设备当前的使用状态进行设备的分配。由于设备资源种类繁多，性能差异大，而且速度较慢，容易形成系统的"瓶颈"，因此如何有效地分配和使用设备、协调处理器与设备之间的速度差异、提高系统总体性能、方便用户使用设备等问题就成为设备管理要解决的主要问题。

4．文件管理

文件管理的对象是以文件形式存放在外存储器中的程序和数据。其主要任务是实现文件的按名存取，支持对文件的存储、检索和修改，解决文件的共享和保护等问题。

5．提供用户接口

操作系统对外提供了多种服务，使得用户可以方便、有效地使用计算机硬件和运行程序。现代操作系统通常向用户提供以下三种类型的用户接口：

(1) 命令接口(Command Line Interface，CLI)：操作系统向用户提供一组键盘操作命令。用户从键盘上输入命令，命令解释程序接收并解释这些命令，然后调用操作系统内部的相应程序，完成相应的功能。

(2) 应用程序接口(Application Programming Interface，API)：操作系统内核与应用程序之间的接口称为应用程序接口，是为应用程序在执行中访问系统资源而设置的，通常由一组系统调用组成，每一个系统调用都是一个能完成特定功能的子程序。系统调用只能在程序中调用，不能直接作为命令从键盘上输入执行。

(3) 图形接口(Graphical User Interface，GUI)：这是为了方便用户使用操作系统而提供的图形化操作界面。用户利用鼠标等交互设备，通过操作窗口、菜单、图标等图形用户界面工具，可以直观、方便、高效地使用系统服务和各种应用程序及实用工具，而不必像使用命令接口那样去记住命令名及格式。

1.4　操作系统用户接口

操作系统的用户接口是操作系统提供给用户使用的，用户通过这些接口可以调用系统提供的各项服务。通常，操作系统是通过命令接口(CLI)、应用程序接口(API)和图形接口(GUI)三种方式向用户提供服务的。三种用户接口与操作系统之间的关系如图 1-4 所示。

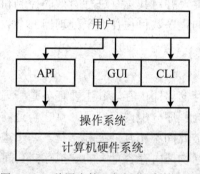

图 1-4　三种用户接口与操作系统的关系

1．命令接口

操作系统提供的命令通常是在终端使用的，是一种用户以命令方式来操作和控制计算机的手段，也称为命令行接口。这种命令还可以编写脚本程序 script，由 Shell 解释执行，完成一些复杂的系统管理任务，通过自动执行这种脚本程序可以大大减轻系统管理员的日常工作负担，例如在 23:00 开始进行系统备份的任务就可以设置为一个自动定时执行的脚本程序。

UNIX 和 Linux 操作系统中常用的 Shell 不止一种，有 sh、bash、ksh、csh 等，Windows

操作系统中使用的是 Windows Power Shell。命令接口在执行各种系统管理任务时起非常重要的作用，例如管理网络、管理各种服务器等通常都是基于远程连接访问并使用 Shell 进行管理的，因此命令接口是系统管理员必须熟练掌握的基础知识和技能。

在比较完善的操作系统中，还提供了一些诸如汇编、编译、编辑等通用的系统软件供用户使用。这些程序虽然像应用程序一样是用来完成特定任务的，但由于这种特定任务具有某种程度上的通用性(例如 C 编译器)，因此它们还是属于系统软件范畴。为了与应用程序在名称上区分开来，就把它们叫作实用程序，也可以认为是操作系统为用户提供的一种使用接口。许多实用程序也都支持命令行方式操作，这样就可以统一以命令接口的形式使用这些实用程序。

2．应用程序接口

应用程序接口是应用程序以函数调用的方式来使用系统服务的接口，在 UNIX/Linux 系统中也称为系统调用(system call)。系统调用是一种特殊的过程调用，通常是通过特殊的机器指令——访管指令(SVC)或访管调用实现的，访管指令产生访管中断，系统从用户态切换到核心态，执行特定的服务例程，完成后返回用户态继续执行后续指令(有关用户态及核心态的概念可参见第 2 章的 2.1.4 节)。不同计算机系统提供的访管指令是不同的，比如在 PDP 计算机系统中用的是陷阱指令 trap，在 x86 计算机系统中用的是软中断指令 INT80、INT21。

系统调用从功能上分为进程管理、文件管理、信息维护、设备 I/O 管理等几方面。调用过程可以分成三步：设置系统调用号和参数，系统调用命令的一般处理，系统调用服务例程做具体处理。有关系统调用的更多介绍可参见第 2 章的 2.3.2 节。

程序接口标准规定了规范的操作系统编程接口，例如 POSIX、Microsoft Windows API 等。显然，基于程序接口编程是程序员必须熟练掌握的基本知识和技能。

3．图形接口

图形用户界面是更加友好的交互型用户接口，用户可以通过图形界面和鼠标等设备直观地操作计算机系统。这种使用方式大大降低了普通用户使用操作系统的难度，老人、儿童和非专业人士都可以轻松使用计算机工作、学习、休闲和娱乐，是计算机得以如此普及的重要因素之一。

1.5　操作系统内核结构

内核是操作系统的核心部分，负责管理系统的进程、内存、设备、文件和网络系统，决定着系统的性能和稳定性，所以内核不能称为完整的操作系统。内核提供硬件抽象层、磁盘及文件系统控制、多任务等功能，为应用程序提供安全访问计算机硬件的方法。常见的内核设计结构模型包括整体结构、模块结构、层次结构和微内核结构四种。

1．整体结构

整体结构模型又称为单体结构模型或无结构模型。在整体内核结构模型中，没有明确定义和划分操作系统的结构，整个内核是由一组函数集合构成的，函数之间可以任意相互调用，例如 CP/M、MS-DOS、Linux 系统以及早期的 UNIX 系统等。在整体结构的操作系统中，应用程序和底层硬件之间的接口简单直接，系统效率较高，具有良好的运行性能。但是，这种结构的模块独立性差，调用关系复杂，修改引入的变化可能影响到其他模块，后续系统的维护和扩充变得很困难，为此，Linux 内核引入动态模块机制加以改进，参见第 7 章的 7.3 节。

2．模块结构

模块结构(modular architecture)是将操作系统进行功能划分，定义相对独立的模块，相互间通过清晰的接口进行调用和数据传输，但是内部实现对外是屏蔽的。这样的模块化有利于开发和维护，也有利于提高可靠性和代码质量。但是随着操作系统复杂度的提高，模块之间交互关系错综复杂，以致定义清晰的模块接口变得非常困难。

3．层次结构

层次结构力求模块之间的调用清晰有序，减少各个模块之间的互相调用和互相依赖，特别是可能出现的循环调用问题。层次结构模型中，各层之间的模块只能单向依赖或单向调用，最底层(第 0 层)与低层硬件交互，而高层(第 N 层)为应用程序和用户提供接口。每层都是利用较低层所提供的功能实现的，并且只有相邻层之间才能通信。

层次结构的各层相对独立，把整体问题分解为若干简单问题在不同层次上解决，将复杂操作系统分解为功能相对单一的许多层次，组织结构和相互依赖关系清晰明了，简化了系统的设计和实现，易于对操作系统增加或者替换一层而不影响其他层次，保持接口一致。这样的操作系统易于维护、修改和扩充。但是层次结构也有缺点，它令系统开销增加而效率降低；此外，层次的定义并不是一件容易的事情，各层次包含的内容难于确定。分层操作系统有 VAX/VMS 和 UNIX 等。

4．微内核结构

微内核(micro-kernel)结构的设计思想是将操作系统划分成小的、定义良好的模块。由非常简单的硬件抽象层和比较关键的原语或系统调用组成微内核，仅仅包括了最基本的操作系统功能，如进程管理、通信原语和低级内存管理。微内核以外的系统程序或用户级程序提供了操作系统其余的服务功能，这些程序以单独的进程形式运行在内核态或者用户态，称为服务器，如文件系统、设备驱动程序等。应用程序与服务器之间以消息通信的方式进行通信，调用操作系统的服务，微内核负责消息通信。典型的微内核操作系统有 QNX、AIX、GNU Hurd、Windows NT 等。

早期的纯微内核结构把所有的服务器功能组件都放置在用户态进程中运行，但是这样的系统效率差，性能不好。后来发展为混合内核结构，把组件更多地放置在内核态运行，以便获得更快的执行速度和更高的效率。混合内核的操作系统有微软公司的 Windows 操作系统和苹果公司的 macOS 系统。

微内核的优点是具有良好的扩充性，以添加服务器的方式便捷地扩充服务种类；微内核与服务器之间隔离，个别服务器的故障甚至崩溃都不会影响其他服务器和内核。微内核的缺点是应用程序和服务器之间频繁的消息传递会导致系统开销增大，系统效率降低，执行速度相对减慢。

1.6 典型操作系统介绍

1. UNIX 操作系统

UNIX 操作系统历史悠久,源起于贝尔实验室(Bell Labs)的 Multics 操作系统研究项目,1972 年 Ken Thompson 和 Dennis Ritchie 用 C 语言重新编写了 UNIX 操作系统,至今已经有半个世纪的历史了,但是其中的设计思想优秀,时至今日依然影响着许多现代操作系统的发展。现在 UNIX 不是某一个操作系统的名称,而是一类操作系统的统称,它有一个庞大的家族,虽然其中许多系统的名字都不是 UNIX,但都源自 UNIX 系统,且遵循 POSIX 标准,称为类 UNIX(UNIX-like)系统。目前著名的类 UNIX 操作系统包括 SUN 公司的 Solaris,SGI 公司的 IRIX,HP 公司的 HP-UX,IBM 公司的 AIX、OS/390、OS/400,以及 Apple 公司的 iOS、macOS 等。

2. Linux 操作系统

Linux 操作系统是以一种非常规的方式诞生和发展的。1991 年芬兰赫尔辛基大学的学生 Linus Torvalds 因个人兴趣开发了 Linux 内核,然后 Linux 以令人惊叹的速度发展和普及。经过 30 多年的发展,Linux 已经成为重要而广泛存在的操作系统,几乎完全替代了 UNIX 操作系统。在 2017 年世界排名前 500 台的超级计算机中,498 台(99.6%)使用的是 Linux 操作系统,尚有 2 台(0.4%)使用的是 UNIX 操作系统,而时至今日已经全部都使用 Linux 操作系统了(top500 组织的主页网址为 www.top500.org)。无论人们是否知道 Linux 系统,它都已经渗透在人们日常生活中,各种应用场景的背后,有很多都是 Linux 在支撑着那些应用的运行。

狭义的 Linux 其实只是一个操作系统内核(kernel),并非完整的操作系统;广义的 Linux 是指采用了 Linux 内核的各种集成发行版(distribution),如 RedHat、Fedora、Ubuntu、Debian、CentOS、SUSE 等。在国产操作系统中,发展迅速的也是国产 Linux 操作系统发行版,如近年来发布的系统深度(Deepin)、统信(UOS)、openEuler、鸿蒙 OS(HarmonyOS)等。深度 Linux 适合个人用户使用;UOS 分个人版和服务器版;openEuler 和鸿蒙 OS 都是华为发布的开源操作系统,opcnEuler 面向服务器应用,鸿蒙 OS 面向万物互联,可以运行在各种设备上。

目前鸿蒙操作系统设计为兼容安卓系统,这样可以把安卓应用与生态移植到鸿蒙上直接使用,从而降低了重建生态和用户改变的成本和风险。鸿蒙系统是在巨大的压力中,被迫提早加速走向台前的,新生态系统无法一蹴而就,目前的过渡阶段非常重要。方舟编译器可以对安卓应用重新编译,从而实现鸿蒙操作系统兼容安卓应用,这是过渡的第一步。但是不要误以为鸿蒙操作系统就是另一个安卓系统,鸿蒙系统面向万物互联的未来,其设计目标是跨多种物理平台,平板、手机、电视等智能设备都是鸿蒙的应用平台,物联网时代为鸿蒙系统拓展了巨大的发展空间。

云计算、人工智能、大数据和物联网的迅速发展,为国产操作系统的发展提供了难得的历史机遇。虽然发展国产操作系统困难重重,但是必须知难而进。

3. Windows 操作系统

美国微软公司的 Windows 操作系统是个人计算机系统中主流的操作系统,实现了比尔·盖茨曾经的梦想——在每家的办公桌上都有一台个人计算机，其中安装的是 Windows 操作系统。Windows 操作系统起步于单机系统 DOS(Disk Operating System)，DOS 是典型的单用户单任务系统。

20 世纪 90 年代末微软发布了 Windows 9x 系列操作系统，成为当时家用和商用个人计算机中占据垄断地位的操作系统。微软面向更高端服务器领域，需要新的操作系统与之适应，因此微软重新研发了 Windows NT 系列操作系统，并且开始划分为服务器版和桌面版两个产品分支，Windows 2000 Workstation、Windows XP、Windows Vista、Windows 7/8/10 等都属于桌面操作系统，Windows 2000 Server、Windows 2003 Server 等都属于服务器操作系统。目前最新版个人系统为 Windows 11，而服务器操作系统是 Windows Server 2019。

虽然微软的服务器操作系统在超级计算机和大中型计算机中都很难占据一席之地，之前是无法与 UNIX 抗衡的，如今依然无法抵挡 Linux 的脚步，但是在许多中小企业的办公环境中仍然很受欢迎，微软有整套的软件解决方案，可以帮助中小企业快速便捷地搭建企业办公网络，包括 Exchange、IIS、SQL Server、Office 等，构成了便捷易用、通用性很强的企业基础计算环境。Windows 平台上的软件及软件开发资源非常丰富，普通用户尤其是游戏玩家用户众多，许多程序员也愿意在此平台环境中进行软件开发工作。

目前在大数据、云计算和人工智能等领域的商业及科学研究中，Linux 占据重要地位，应用广泛。许多重要的计算机应用技术实现都是基于 Linux 系统的，如人工智能中的深度学习、计算机视觉中的同时定位与地图创建(Simultaneous Localization and Mapping，SLAM)等。微软也推出了相关的产品，如 Azure 云计算平台和 HoloLens 混合现实设备(基于 Windows 10 操作系统)等都是被微软寄予厚望的平台产品。随着移动电话等智能移动终端设备的普及，其中运行的操作系统也变得非常重要，目前占据主导地位的是苹果公司的 iOS 和谷歌公司的安卓(Android)系统。

操作系统的竞争依然激烈，关系到国家安全战略。我国对于计算机操作系统的研发十分重视，虽然基于 Linux 和安卓系统推出了一些高度定制开发和拥有自主知识产权的操作系统，但是至今仍然没有能够与世界主流操作系统抗衡的产品推出。我们所熟知的苹果、谷歌、微软、惠普和 IBM 等美国信息产业顶级企业，都拥有自己的操作系统，也说明了操作系统的重要性。如同 CPU 的研发一样，如果我国没有自主的产品，就难免受制于人。因此，我们必须坚定不移地研发自己国家自主的操作系统。

1.7　本章小结

1. 本章知识点思维导图
本章知识点思维导图如图 1-5 所示，其中灰色背景内容为重难点知识点。
2. 本章主要学习内容
(1) 什么是操作系统：我们可以从用户环境的观点、资源管理的观点以及虚拟机的观点来理解什么是操作系统。操作系统是一组控制和管理计算机硬件和软件资源，合理地对各类作业进行调度，以及方便用户使用的程序的集合。

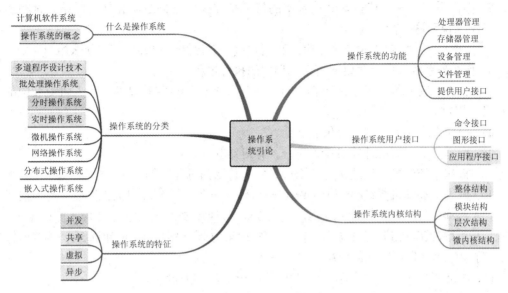

图 1-5　第 1 章知识点思维导图

(2) 操作系统的类型：操作系统是随着计算机硬件技术的不断发展和用户使用要求的提高而从无到有不断完善起来的，主要有以下几种类型：批处理操作系统、分时操作系统、实时操作系统、微机操作系统、网络操作系统、分布式操作系统、嵌入式操作系统等。

(3) 操作系统的特征：不同操作系统的特征各不相同，但都具有并发性、共享性、虚拟性和异步性这四个基本特征。

(4) 操作系统的功能：从资源管理的观点看，操作系统具有五个方面的功能，即处理器管理、存储器管理、设备管理、文件管理和提供用户接口。

(5) 操作系统提供的用户接口：为方便用户使用计算机系统的各项功能，操作系统通常为用户提供三种类型的接口，即命令接口、程序接口和图形接口。

(6) 操作系统的结构模型：常用的操作系统结构模型有四种，即整体结构、模块结构、层次结构和微内核结构。

本 章 习 题

1. 简述计算机系统的组成。

2. 什么是操作系统？它在计算机中的地位如何？其功能有哪些？

3. 批处理操作系统、分时操作系统和实时操作系统各有什么特点？你能简单地分析一下各操作系统采用了哪些设计思路来实现这些特点呢？

4. 对于用户来说，分时操作系统与批处理操作系统相比有哪些主要优点？

5. 什么是多道程序设计技术？它有什么优点？试举出三个并发运行的作业例子，并画出这三道作业的运行情况。

6. 现有以下计算机的应用场合，试为其选择适当的操作系统：① 航空航天，核变研究；② 国家统计局数据处理中心；③ 机房学生上机学习编程；④ 锅炉炉温控制；⑤ 民航机票订购系统；⑥ 两个不同地区之间发送电子邮件；⑦ 产品组装流水线。

7. 操作系统有哪些特征？其最基本的特征是什么？它们之间有什么联系？试在操作系统中举例说明这些特征。

8. 操作系统一般为用户提供了哪三种用户接口？这些接口各适用于什么用户？

9. 什么是系统调用？简要分析系统调用的执行过程。

10. 什么是交互性？除了显示器以外，你还知道曾经有哪些设备作为人机交互中的反馈设备使用过？

11. 操作系统如何为用户提供交互性？

12. 列举目前主流的计算机操作系统，并对比其优缺点。

13. 操作系统的微内核结构有什么好处？有什么问题需要解决？

14. 假设某计算机系统有一个 CPU、一台输入设备、一台打印机。假设有两个程序 A 和 B，A 程序的工作过程是计算 10 s，输入 5 s，再计算 5 s，打印输出 10 s，再计算 10 s，结束；B 程序的工作过程是先输入 10 s，计算 10 s，打印输出 5 s，再计算 5 s，再打印输出 10 s。在忽略程序切换时间的情况下，试完成以下问题：

(1) 如果两个程序顺序执行，则 CPU 的利用率是多少？

(2) 用图画出这两道程序并发执行时的工作情况。

(3) 如果两个程序并发执行，则 CPU 的利用率是多少？

15. Windows、UNIX、Linux 三种操作系统各采用了什么结构模型？

实践练习：

1. 建立操作系统学习笔记，记录后续课程中的学习和思考。例如使用印象笔记或者有道云笔记，尝试写 markdown 文档。

2. 学习和练习从优盘安装一种常见操作系统，例如 Windows 7、Windows 10 或者 Ubuntu、CentOS、Fedora 等。查阅资料并实践，可以在虚拟机中实验，例如 VMWare Workstation 或者 Virtual PC。记录如下内容：

(1) 如何制作优盘安装启动盘。

(2) 安装 Windows 与安装 Linux 过程中是如何进行磁盘分区的。

(3) Windows 操作系统安装完毕后如何进行个性化设置和系统更新。

(4) Linux 操作系统(Ubuntu、CentOS、Fedora 等)如何配置中文环境和输入法。

(5) Linux 操作系统如何设置软件源(repository)和系统更新(yum 和 apt-get)。

3. 复习数据结构的链表知识。练习用链表管理班级学生名单，实现学生的新建、查找、修改和删除操作功能，能够按照学号排序后打印输出班级名单。学生结构体示例代码如下：

```
struct student {
    char[10] sno;
    char[8] sname;
    int ssex;
    int sage;
    char[8] sclass;
    struct student *next;
}
```

习题答案

第 2 章　操作系统硬件基础

　　操作系统是硬件管理程序，应用程序使用计算机系统硬件资源需要通过操作系统。也就是说操作系统需要掌握计算机系统中所有硬件，并实施管理。反过来，操作系统本身也是一组软件，其功能也需要通过硬件的支持才能得以体现，即硬件提供了操作系统的运行基础。

　　我们可能每天都要使用计算机，但是当你面对一台计算机的时候，你真的了解它内部的硬件系统吗？请你试着回答这些问题：

　　· 购买计算机的时候，为什么你首先关注的是系统中 CPU 的型号呢？CPU 与计算机系统的性能有什么关系呢？

　　· 购买计算机的时候，你一定会关心系统中的硬盘有多大、内存容量是多少，硬盘和内存都是存储数据的器件，它们的区别是什么呢？

　　· CPU 是怎样执行你的程序的呢？

　　· CPU 内部的高速缓冲存储器是什么？为什么能加快程序的运行速度？

　　· 当你在计算机上以全屏模式观看一部电影的时候，如果按下键盘上的"Esc"键，则会退出全屏模式，为什么呢？计算机怎么会知道你所做的操作呢？

　　本章将对计算机系统中这些与操作系统密切相关的硬件资源进行简要的介绍。

　　本章学习要点：

　　· 了解处理器的基本结构、执行指令的过程以及特权级设置；

　　· 存储器结构和种类，以及堆栈的作用；

　　· 磁盘的结构和使用方式；

　　· 掌握中断的处理过程、系统调用的概念以及时钟在系统中的作用。

2.1　处 理 器 计 算

　　计算机系统中最主要的两类资源是计算资源和存储资源。本节主要介绍计算资源，包括处理器指令、寻址方式、寄存器和特权级设置，也就是简单地介绍在计算机中执行指令的过程。

2.1.1　处理器指令

　　计算机的所有操作都是由处理器指令(又称为机器指令或计算机指令)所决定的[35]。每条处理器指令必须包含处理器执行所需的信息：操作码、源操作数、目的操作数和下一条指令地址。图 2-1 给出了指令执行步骤。

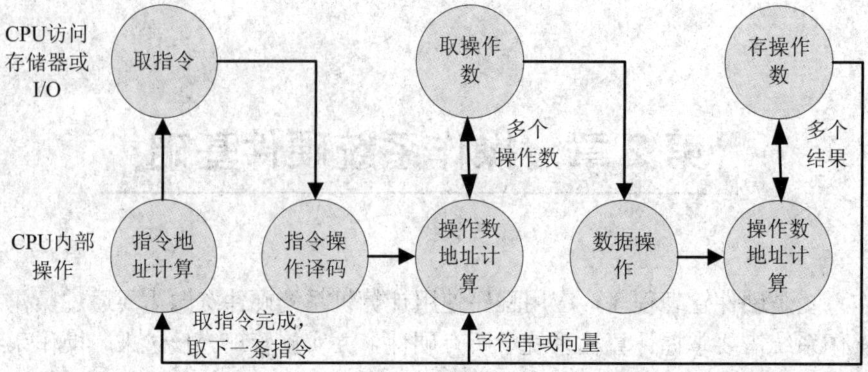

图 2-1　指令执行步骤

操作码代表了指令要完成的具体操作。操作码分成几类：数据传递、算术运算、逻辑运算、转换、输入输出、系统控制和控制传递。

源操作数是指具体操作所需的输入，可以是一个也可以是多个。源操作数一般来源于寄存器及内存。

目的操作数是指具体操作的结果，可在寄存器或者内存中。

下一条指令地址给出了当前这条指令执行完成后去哪里取下一条指令。

图 2-2 给出了一个简单的处理器指令格式，还有很多其他类型的指令格式。在指令的执行过程中，根据指令计数器给出的地址从内存读取一条指令到处理器相应的指令寄存器中，处理器通过分析这条指令所包含的各个字段获取操作数，并执行操作码所指定的操作，最后将操作结果存入目的操作数当中。同时，在读入这条指令后，指令计数器根据当前指令所占存储空间，自动地指向下一条指令的地址。

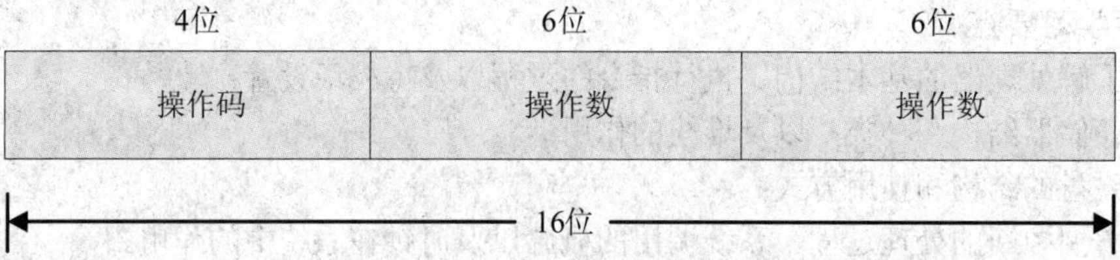

图 2-2　一种简单的处理器指令格式

因为处理器指令都是由二进制表示的，所以它的可读性差。为了增强可读性，处理器指令一般采用指令符号表示。以下给出几个简单的例子：

(1) ADD 表示加法操作；
(2) SUB 表示减法操作；
(3) MPY 表示乘法操作；
(4) DIV 表示除法操作；
(5) LOAD 表示从存储器取数据操作；
(6) STOR 表示将数据存储到存储器操作。

不但操作码可以用符号表示，而且源操作数和目的操作数都可以用符号来表示。下面给出一个简单的例子：

ADD　R，Y

这条指令包含以下几个含义：有两个源操作数，一个源操作数存储在内存中，地址是Y；另一个操作数存储在 R 寄存器中；两个操作数要进行 ADD(加法操作)，即内存中的一个数加上寄存器中的一个数；并将结果存入目的操作数，即寄存器 R 中。

2.1.2　寻址方式

　　寻址方式就是处理器根据指令中给出的地址信息来寻找物理地址的方式，是确定本条指令相关的数据地址以及下一条要执行的指令地址的方法。根据查找数据地址还是指令地址，寻址方式分为两类，即指令寻址方式和数据寻址方式，前者比较简单，后者比较复杂。但是指令寻址与数据寻址是交替进行的，先进行指令寻址，查找到指令后读入处理器，在执行这条指令的过程中需要进行多次的数据寻址，找到操作数。执行完这条指令后，又一次进行指令寻址，查找下一条指令。此过程交替执行。

1. 两种指令寻址方式

1) 顺序寻址方式

　　指令一般是顺序地存储在内存中，当执行一段程序时，通常是一条指令接一条指令地顺序取指执行。也就是说，从存储器取出第 1 条指令，执行这条指令；接着从存储器取出第 2 条指令，执行第 2 条指令；依次执行。

　　这种顺序执行的过程，对应的指令取指方式叫作顺序寻址方式。为此，必须使用程序计数器(又称指令计数器)PC 来记录指令的地址。处理器根据 PC 给出的地址取出相应指令，同时修改 PC 的值，使其指向下一条指令地址。

2) 跳跃寻址方式

　　当程序执行转移或者函数调用等相关指令时，需要改变顺序执行模式，那么指令的寻址就会采取跳跃寻址方式。所谓跳跃，是指下条指令的地址码不是由程序计数器 PC 给出，而是由正在处理器上执行的指令给出的。程序跳跃后，按新的指令地址开始顺序执行。因此，PC 的内容也必须相应改变，以便及时跟踪新的指令地址。

　　采用指令跳跃寻址方式，可以实现程序转移，构成循环程序，从而缩短程序长度，或将某些程序作为公共程序引用。指令系统中的各种条件转移指令、无条件转移指令以及函数调用，就是为了实现指令的跳跃寻址而设置的。

2. 数据寻址方式

　　形成操作数有效地址的方法称为数据寻址方式。下面介绍一些比较典型又常用的数据寻址方式。

1) 隐含寻址

　　这种类型的指令，不是显式地给出操作数的地址，而是在指令中隐含着操作数的地址。例如，单地址的指令格式，就不是显式地在地址字段中指出第 2 操作数的地址，而是规定累加寄存器 AC 作为第 2 操作数的地址。指令格式显式指出的仅是第 1 操作数的地址。因此，累加寄存器 AC 对单地址指令格式来说是隐含地址。

2) 立即寻址

　　指令的地址字段指出的不是操作数的地址，而是操作数本身，这种寻址方式称为立即寻址。立即寻址方式的特点是指令执行时间很短，因为它不需要访问内存取数，从而节省了访问内存的时间，如 MOV AX，5678H。注意：立即数只能作为源操作数，不能作为目的操作数。

3) 直接寻址

直接寻址是一种基本的寻址方法，在指令的地址字段中直接给出操作数的地址及运算结果的存放地址，不需要经过某种变换，所以称这种寻址方式为直接寻址方式。

4) 间接寻址

间接寻址是相对直接寻址而言的，在这种方式下，指令地址字段中的地址不是操作数的真正地址，而是操作数地址指针的地址。

5) 寄存器寻址和寄存器间接寻址

当操作数不放在内存中，而是放在 CPU 的通用寄存器中时，可采用寄存器寻址方式。显然，此时指令中给出的操作数地址不是内存的地址单元号，而是通用寄存器的编号(可以是 8 位，也可以是 16 位(AX，BX，CX，DX))。指令结构中的 RR 型指令，就是采用寄存器寻址方式的例子。如：MOV DS，AX。

寄存器间接寻址方式与寄存器寻址方式的区别在于：指令中寄存器所存放的内容不是操作数，而是操作数的地址。

6) 相对寻址

在这种方式下，指令中给出的操作数地址其实是操作数位置相对于当前指令位置的偏移量，因此操作数的有效地址是把程序计数器 PC 的内容(即当前指令的地址)加上指令中的地址(偏移量)而形成的。相对寻址，就是相对于当前指令的地址。采用相对寻址方式的好处是程序员无须用指令的绝对地址编程，因而所编程序可以放在内存的任何地方。

比如，指令格式：MOV AX，[BX+1200H]，操作数物理地址 PA = (DS/SS)*10H + EA，EA = (BX/BP/SI/DI) + (6/8)位偏移量。对于 BX、SI 及 DI 寄存器来说，段寄存器默认为 DS；对于 SP 来说，段寄存器默认为 SS。

7) 基址寻址

在基址寻址方式中将 CPU 中的基址寄存器的内容，加上变址寄存器的内容形成操作数的地址。基址寻址的优点是可以扩大寻址能力，因为与指令中的地址字段相比，基址寄存器的位数可以设置得很长，从而可以在较大的存储空间中寻址。

8) 变址寻址

变址寻址方式与基址寻址方式在计算地址的方法上很相似，它把 CPU 中某个变址寄存器的内容与偏移量相加来形成操作数地址。

但使用变址寻址方式的目的不在于扩大寻址空间，而在于实现程序块的规律变化。为此，必须使变址寄存器的内容实现有规律的变化(如自增 1、自减 1 及乘比例系数)而不改变指令本身，从而使地址按变址寄存器的内容实现有规律的变化。

9) 块寻址

块寻址方式经常用在输入输出指令中，以实现外存储器或外围设备同内存之间的数据块传送。块寻址方式在内存中还可用于数据块移动。

2.1.3 寄存器

寄存器是 CPU 的组成部分,是有限存储容量的高速存储部件,可用来暂存指令、数据和地址。在 CPU 的控制部件中,包含的寄存器有指令寄存器(IR)和程序计数器 / 指令计数器(PC)。在 CPU 的算术及逻辑部件中,寄存器有累加器(ACC)。

寄存器是 CPU 内部的元件,包括通用寄存器、专用寄存器和控制寄存器。寄存器的读写速度高,数据传送快,是获得操作数最快速的途径。通常所说的"8 位寄存器"或"32 位寄存器"指的是它们可以保存的位数量。

1. 寄存器分类

依据寄存器的用途,其主要分成以下几类:

(1) 数据寄存器:用来储存整数数字。在某些简单的 CPU 中,数据寄存器是累加器,作为数学计算之用。

(2) 地址寄存器:用来存放存储器地址,以访问存储器。

(3) 通用目的寄存器(GPR):用来保存数据或地址,即结合了数据寄存器或地址寄存器的功能。

(4) 浮点寄存器(FPR):用来储存浮点数据。

(5) 常数寄存器:用来存放只读的数值(例如 0、1、圆周率等)。

(6) 向量寄存器:用来储存由向量处理器运行 SIMD(Single Instruction Multiple Data)指令所得到的数据。

(7) 特殊目的寄存器:用来储存 CPU 内部的数据,比如程序计数器、堆栈寄存器、程序状态寄存器等。

(8) 指令寄存器:用来储存当前正在被执行的指令。

(9) 索引寄存器:用于在程序运行过程中更改运算对象的地址。

2. x86 寄存器

x86 有 14 个 32 位寄存器,按其用途可分为通用寄存器、指令指针(EIP)、标志寄存器(EFR)和段寄存器四类。

1) 通用寄存器

通用寄存器可用于传送和暂存数据,也可参与算术逻辑运算,并保存运算结果。除此之外,它们还各自具有一些特殊功能。通用寄存器的长度取决于机器字长。

通用寄存器有 8 个:EAX、EBX、ECX、EDX、EBP、ESP、ESI 及 EDI,可以分成两组,一组是数据寄存器,另一组是指针寄存器及变址寄存器。

(1) 数据寄存器。

① EAX:累加寄存器,常用于运算,在乘除等指令中指定用来存放操作数。另外,所有的 I/O 指令都使用 EAX 与外设传送数据。

② EBX:基址寄存器,常用于地址索引。

③ ECX:计数寄存器,常用于计数,如在移位指令、循环和串处理指令中用作隐含的计数器。

④ EDX:数据寄存器,常用于数据传递。

(2) 指针寄存器和变址寄存器。

① ESP：堆栈指针，与 SS 配合使用，可指向目前的堆栈位置。

② EBP：基址指针寄存器，可用作 SS 的一个相对基址位置。

③ ESI：源变址寄存器，可用来存放相对于 DS 段的源变址指针。

④ EDI：目的变址寄存器，可用来存放相对于 ES 段的目的变址指针。

这四个 32 位寄存器主要用来形成操作数的有效地址。

2) 指令指针(EIP)

指令指针(EIP)是一个 32 位专用寄存器，它指向当前需要取出的指令字节，当 BIU(总线接口部件)从内存中取出一个指令字节后，EIP 就自动加上所取出指令的长度，以指向下一个指令字节。如 BIU 从内存中取出的是 1 个字节，EIP 就会自动加 1；若 BIU 从内存中取出的字节数长度为 3，则 EIP 就自动加 3。注意，EIP 指向的是指令地址的段内地址偏移量，又称偏移地址(Offset Address)或有效地址(EA，Effective Address)。

3) 标志寄存器(EFR)

x86 有一个 32 位的标志寄存器(EFR)，在 EFR 中有意义的主要有 9 位，其中 6 位是状态位，3 位是控制位。标志寄存器又称程序状态字(PSW)，用于存放条件标志、控制标志等，以反映处理器的状态和运算结果的某些特征及控制指令的执行。标志寄存器各位的用途如表 2-1 所示。

表 2-1　标志寄存器各位的用途

15	14	13	12	11	10	9	8	7	6	5	4	3	2	1	0
				OF	DF	IF	TF	SF	ZF		AF		PF		CF

(1) OF：溢出标志位，用于反映有符号数加减运算所得结果是否溢出。如果运算结果超过当前运算位数所能表示的范围，则称为溢出，OF 的值被置为 1；否则，OF 的值为 0。

(2) DF：方向标志位，用于指示在串操作指令执行时有关指针寄存器发生调整的方向。

(3) IF：中断允许标志位，用于确定 CPU 是否响应 CPU 外部的可屏蔽中断发出的中断请求。但不管该标志为何值，CPU 都必须响应 CPU 外部的不可屏蔽中断所发出的中断请求以及 CPU 内部产生的中断请求。具体规定是：如果 IF = 1，则 CPU 可以响应 CPU 外部的可屏蔽中断发出的中断请求；否则，不能响应。

(4) TF：跟踪标志位，通常用于程序调试。TF 标志没有专门的指令来设置或清除。其具体规定是：如果 TF = 1，则 CPU 处于单步执行指令的工作方式，此时每执行完一条指令，就显示 CPU 内各个寄存器的当前值及 CPU 将要执行的下一条指令；如果 TF = 0，则处于连续工作模式。

(5) SF：符号标志位，用来反映运算结果的符号，它与运算结果的最高位相同。在微机系统中，有符号数采用补码表示法，所以 SF 也就反映运算结果的正负号。运算结果为非负数时，SF 的值为 0；否则，其值为 1。当运算结果没有产生溢出时，运算结果等于逻辑结果(即应该得到的正确结果)，此时 SF 表示的是逻辑结果的正负；当运算结果产生溢出时，运算结果不等于逻辑结果，此时的 SF 值所表示的正负情况与逻辑结果相反。即 SF = 0 时，逻辑结果为负；SF = 1 时，逻辑结果为非负。

(6) ZF：零标志位，用来表示运算结果是否为 0。如果运算结果为 0，则其值为 1；否则，其值为 0。

(7) AF：辅助进位标志位，下列情况中 AF 的值被置为 1；否则，其值为 0。在字操作时，发生低字节向高字节进位或借位时；在字节操作时，发生低 4 位向高 4 位进位或借位时。

(8) PF：奇偶标志位，用于反映运算结果中 1 的个数的奇偶性。如果 1 的个数为偶数，则 PF 的值为 1；否则，其值为 0。

(9) CF：进位标志位，主要用于反映无符号数运算结果是否产生进位或借位。如果运算结果的最高位产生了一个进位或借位，则其值为 1；否则，其值为 0。

4) 段寄存器

为了使用所有的内存空间，x86 设定了四个段寄存器，专门用来保存段地址：

(1) CS：代码段寄存器；

(2) DS：数据段寄存器；

(3) SS：堆栈段寄存器；

(4) ES：附加段寄存器。

当一个程序要执行时，就要决定程序代码、数据和堆栈各要用到内存的哪些位置，通过设定段寄存器 CS、DS 和 SS 来指向这些起始位置。通常是将 DS 固定，而根据需要修改 CS。所以，程序和其数据组合起来的大小，限制在 DS 所指的 64 KB 内，这就是 COM 文件不得大于 64 KB 的原因。

2.1.4　处理器特权级

计算机系统中运行的程序可以分为两大类：操作系统的管理程序(如处理器调度程序、内存管理程序、实现 I/O 操作的程序等)和用户程序。这两类程序的职责不同，在系统中的地位不同，因此对系统资源及机器指令的使用权限也应不同，以保护操作系统的管理程序不被破坏而得到稳定运行，为此将处理器的工作状态设置为不同的特权级。多数系统将处理器特权级划分为管态和目态两种级别。

管态又称为系统态、核心态等，是操作系统管理程序运行时处理器所处的状态。处理器在这种状态下，可使用系统中所有资源，访问整个存储区，使用处理器的全部指令，包括一组特权指令。所谓特权指令是指有特权权限的指令，如果使用不当，将导致整个系统崩溃，如清内存、关闭系统、设置时钟、分配系统资源、修改虚存的段表和页表、修改用户的访问权限、管理设备的 I/O 指令等。目态又称为用户态，是用户程序执行时处理器所处的状态，权限较低，只能访问自己的存储区域，不能执行特权指令，不能直接取用系统资源，而只能向操作系统提出资源使用请求，由操作系统统一分配。

2.2　存 储 系 统

存储系统是指计算机中由存放程序和数据的各种存储设备、控制部件及管理信息调度的设备(硬件)和算法(软件)所组成的系统。计算机的主存储器不能同时满足存取速度快、存储容量大和成本低的要求，在计算机中必须有速度由慢到快、容量由大到小的多级层次存储器，以最优的控制调度算法和合理的成本构成性能可接受的存储系统。

制约计算机存储器设计的因素主要有三个，即容量、速度及价格。这三个因素关系如下：

(1) 速度越快，每位价格越高，容量配置越小；

(2) 速度越慢，每位价格越低，容量配置越大。

为了权衡以上因素，目前主要采用存储器层次结构，而不是依赖单一的存储部件或技术。在现代计算机系统中存储层次可分为 CPU 内寄存器、高速缓冲存储器(简称高速缓存)、主存储器(即内存)和辅助存储器四级。高速缓冲存储器用来改善主存储器与处理器的速度匹配问题，辅助存储器用于扩大存储空间。存储系统如图 2-3 所示。

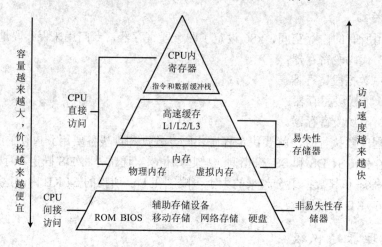

图 2-3　存储系统

图中从上到下依次是 CPU 内寄存器、高速缓冲存储器、主存储器及辅助存储器，它们的速度逐渐下降，价格也随之降低，但是容量逐步增大。因此，容量小、价格贵但速度快的存储器可作为容量大、价格便宜但速度慢的存储器的补充。这种存储器系统结构成功的关键是，随着存储器容量逐步变大、速度逐步下降，访问频率也在降低，从而保证高效的系统。

下面给出一个例子。

假设处理器支持二级存储器结构，第一级包含 1000 个字且存取时间为 0.01 μs；第二级包含 100 000 个字且存取时间为 0.1 μs。假定要存取的一个字在第一级，则处理器能直接存取它；如果它在第二级，则这个字首先传送到第一级，然后再由处理器存取它。为了简化，我们不考虑处理器确定这个字是在第一级还是第二级所需的时间。图 2-4 表示了两级存储器平均存取时间和命中率的函数关系。

这里：

T_1 = 第一级的存取时间；

T_2 = 第二级的存取时间。

可以看出，第一级存取百分比高时，总的平均存取时间接近于第一级的存取时间。

根据这个简单的例子，若 95% 的字都是在第一级存储器中找到，则存取一个字的平均时间可表示为

$$0.95 \times 0.01\ \mu s + 0.05 \times (0.01\ \mu s + 0.1\ \mu s) = 0.0095\ \mu s + 0.0055\ \mu s = 0.015\ \mu s$$

此例的平均存取时间非常接近 0.01 μs 而不是 0.1 μs，正如所期望的那样。

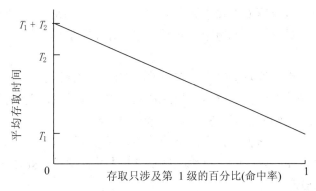

图 2-4　两级存储器平均存取时间和命中率的函数关系

2.2.1 高速缓冲存储器

高速缓冲存储器(Cache)的原始意义是指存取速度比一般随机存取存储器(RAM)更快的一种 RAM，一般而言，它不像系统主存那样使用动态随机存储器(DRAM)技术，而是使用昂贵但较快速的静态随机存储器(SRAM)技术。

高速缓冲存储器是介于主存与 CPU 之间的一级存储器，由静态存储芯片(SRAM)组成，容量较小但速度比主存快得多，其最重要的技术指标是它的命中率。高速缓冲存储器与主存储器之间信息的调度和传送是由硬件自动进行的。

1. 组成结构

高速缓冲存储器主要由以下三大部分组成：

(1) Cache 存储体：存放由主存调入的指令与数据。

(2) 地址转换部件：建立目录表以实现主存地址到缓存地址的转换。

(3) 置换部件：在缓存已满时按一定策略进行数据替换，并修改地址转换部件中的目录表。

2. 工作原理

高速缓冲存储器通常由高速存储器、联想存储器、置换逻辑电路和相应的控制线路组成。在有高速缓冲存储器的计算机系统中，处理器存取主存储器的地址划分为行号、列号和组内地址三个字段。于是，主存储器就在逻辑上划分为若干行；每行划分为若干列的存储单元组；每组包含几个或几十个字。高速存储器也相应地划分为行和列的存储单元组。二者的列数相同，组的大小也相同，但高速存储器的行数却比主存储器的行数少得多。

联想存储器用于地址联想，有与高速存储器相同行数和列数的存储单元。当主存储器某一列某一行存储单元组调入高速存储器同一列某一空着的存储单元组时，与联想存储器对应位置的存储单元就记录调入的存储单元组在主存储器中的行号。

当处理器存取主存储器时，硬件首先自动对存取地址的列号字段进行译码，以便将联想存储器该列的全部行号与存取主存储器地址的行号字段进行比较。若有相同的，则表明要存取的主存储器单元已在高速存储器中，称为命中，硬件就将存取主存储器的地址映射为高速存储器的地址并执行存取操作；若都不相同，则表明该单元不在高速存储器中，称为失效，硬件将执行存取主存储器操作并自动将该单元所在的那一主存储器单元组调入高速存储器相同列中空着的存储单元组中，同时将该组在主存储器中的行号存入联想存储器对应位置的单元内。

当出现失效而高速存储器对应列中没有空的位置时，便淘汰该列中的某一组以腾出位置存放新调入的组，这称为置换。确定替换的规则称为置换算法，常用的置换算法有最近最久未使用算法(LRU)、先进先出法(FIFO)、随机法(RAND)等，相关算法详见第 4 章 4.6.2 节内容的介绍。置换逻辑电路就是执行这个功能的。另外，当执行写主存储器操作时，为保持主存储器和高速存储器内容的一致性，对命中和失效分别进行处理。

3. 地址映像与转换

地址映像是指某一数据在主存中的地址与在缓存中的地址两者之间的对应关系。下面介绍三种地址映像方式。

1) 全相联方式

全相联方式的地址映像规则是：主存储器中的任意一块可以映像到 Cache 中的任意一块。其基本实现思路是：① 主存与缓存分成相同大小的数据块；② 主存的某一数据块可以装入缓存的任意一块空间中。

目录表存放在联想存储器中，包括三部分：数据块在主存的块地址、存入缓存后的块地址及有效位(也称装入位)。由于是全相联方式，因此目录表的容量应当与缓存的块数相同。

全相联方式的优点是命中率比较高，Cache 存储空间利用率高；缺点是访问相关存储器时，每次都要与全部内容比较，速度低且成本高，因而应用少。

2) 直接相联方式

直接相联方式的地址映像规则是主存储器中某一块只能映像到 Cache 的一个特定的块中。其基本实现思路是：① 主存与缓存分成相同大小的数据块；② 主存容量应是缓存容量的整数倍，将主存空间按缓存的容量分成区，主存中每一区的块数与缓存的总块数相等；③ 主存中某区的一块存入缓存时只能存入缓存中块号相同的位置。

主存中各区内相同块号的数据块都可以分别调入缓存中块号相同的地址中，但同时只能有一个区的块存入缓存。由于主、缓存的块号及块内地址两个字段完全相同，因此，目录登记时，只记录调入块的区号即可。目录表存放在高速小容量存储器中，包括两个字段：数据块在主存的区号和有效位。目录表的容量与缓存的块数相同。

直接相联方式的优点是地址映像方式简单，数据访问时，只需检查区号是否相等即可，因而可以得到比较快的访问速度，且硬件设备简单；缺点是置换操作频繁，命中率比较低。

3) 组相联映像方式

组相联映像方式的地址映像规则是主存储器中某一块只能存入缓存的同组号的任一块中。其基本实现思路是：① 主存和缓存按同样大小划分成块；② 主存和缓存按同样大小划分成组；③ 主存容量是缓存容量的整数倍，将主存空间按缓存区的大小分成区，主存中每一区的组数与缓存的组数相同；④ 当主存的数据调入缓存时，主存与缓存的组号应相等，也就是各区中的某一块只能存入缓存的同组号的空间内，但组内各块之间可任意存放，即从主存的组到缓存的组之间采用直接映像方式，而在两个对应的组内部采用全相联映像方式。

主存地址与缓存地址的转换由两部分构成：组地址采用的是直接映像方式，按地址进行访问；而块地址采用的是全相联方式，按内容访问。

组相联映像方式的优点是块的冲突概率比较低，块的利用率大幅度提高，块的失效率明显降低；而缺点是实现难度和造价要比直接映像方式高。

2.2.2　内存

内存(Memory)又被称为内存储器或主存储器，由半导体器件制成，是计算机的重要部件之一，是 CPU 能直接寻址的存储空间，其特点是存取速率快。计算机中所有程序的运行都是在内存中进行的，因此内存的性能对计算机的影响非常大。内存的作用是暂时存放 CPU 中的运算数据以及与硬盘等外部存储器交换的数据。只要计算机在运行中，CPU 就会把需要运算的数据调到内存中进行运算，当运算完成后 CPU 再将结果传送出来。

我们平常使用的程序，如 Windows 操作系统、打字软件、游戏软件等，一般都是安装在硬盘等外存上的，但仅此是不能使用其功能的，必须把它们调入内存中运行，才能真正使用其功能，我们平时输入一段文字，或玩一个游戏，其实都是在内存中进行的。就好比在一个书房里，存放书籍的书架和书柜相当于电脑的外存，而我们工作的办公桌就是内存。通常我们把要永久保存的、大量的数据存储在外存上，而把一些临时的或少量的数据和程序放在内存中，当然，内存的性能会直接影响电脑的运行速度。

内存包括随机存储器(RAM)和只读存储器(ROM)两类。

1. 只读存储器(ROM)

只读存储器即 ROM(Read Only Memory)。在制造 ROM 的时候，信息(数据或程序)就被存入并永久保存。这些信息只能读出，不能写入，即使机器停电，数据也不会丢失。ROM 一般用于存放计算机的基本程序和数据，如 BIOS ROM。其物理外形一般是双列直插式(DIP)的集成块。

2. 随机存储器(RAM)

随机存储器即 RAM(Random Access Memory)，表示既可以从中读取数据，也可以写入数据。当机器电源关闭时，存于其中的数据就会丢失。我们通常购买或升级的内存条(SIMM)就是用作电脑的内存，它是将 RAM 集成块集中在一起的 小块电路板，插在计算机中的内存插槽上，以减少 RAM 集成块占用的空间。

最后介绍物理存储器和存储地址空间这两个概念。它们是两个不同的概念，但因为两者间有十分密切的关系，且都使用 B、KB、MB 及 GB 来度量其容量大小，所以容易产生认识上的混淆。物理存储器是指实际存在的具体存储器芯片。如主板上装插的内存条和装载有系统的 BIOS 的 ROM 芯片，显示卡上的显示 RAM 芯片和装载显示 BIOS 的 ROM 芯片，以及各种适配卡上的 RAM 芯片和 ROM 芯片都是物理存储器。存储地址空间是指对存储器编码(编码地址)的范围。所谓编码，就是对每一个物理存储单元(一个字节)分配一个号码，通常叫作"编址"。分配一个号码给一个存储单元的目的是便于找到它，完成数据的读写，这就是所谓的"寻址"，因此有人也把存储地址空间称为寻址空间。

存储地址空间的大小和物理存储器的大小并不一定相等。举个例子来说明这个问题：某层楼共有 17 个房间，其编号为 801～817。这 17 个房间是物理的，而其地址空间采用了三位编码，其范围是 800～899 共 100 个地址，可见地址空间是大于实际房间数量的。对于 386 以上档次的微机，其地址总线为 32 位，因此地址空间可达 2^{32}B，即 4 GB。

2.2.3　堆栈

堆栈是 C 语言程序运行时的一个记录调用路径和参数的空间：包括函数调用框架、传递参数、保存返回地址及提供局部变量空间。

1. 堆栈相关基础知识

1) 堆栈相关寄存器

(1) esp：堆栈栈顶指针。

(2) ebp：基址指针(ebp 在 C 语言中用作记录当前函数调用基址)。

(3) cs : eip：指向下一条指令的地址，分以下两种情况。

① 顺序执行：总是指向地址连续的下一条指令。

② 跳转/分支：执行这样的指令的时候，cs : eip 的值会根据程序需要被修改。

(4) call：将当前 cs : eip 的值压入栈顶，cs : eip 指向被调用函数的入口地址。

(5) ret：从栈顶弹出原来保存在这里的 cs : eip 的值，放入 cs : eip 中。

(6) iret：从栈顶弹出原来保存在这里的 cs : eip 及 flags 的值，放入 cs : eip 及标志寄存器中。

2) 堆栈操作

(1) push：栈顶指针减少 4 个字节(32 位)。

(2) pop：栈顶指针增加 4 个字节(32 位)。

2. 函数调用过程中堆栈的使用过程

函数调用过程中对堆栈的操作情况如图 2-5 所示，一个主函数调用了一个子函数，调用过程的具体步骤描述如下：

(1) 执行 call 之前，esp 指向栈顶，ebp 指向栈底；

(2) 执行 call 时，cs:eip 原来的值被保存到栈顶，然后 cs:eip 的值指向被调用程序的入

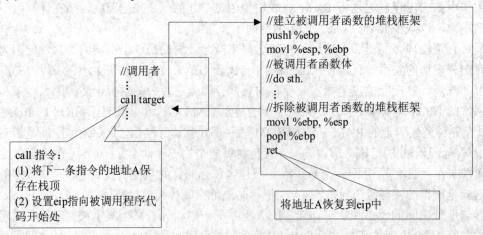

图 2-5　函数调用过程中对堆栈的操作

口地址;

(3) 进入被调用程序,第一条指令是 pushl %ebp,第二条指令是 movl %esp, %ebp;

(4) 进入被调用程序,之后堆栈可进行入栈、出栈等常规操作;

(5) 退出被调用程序,第一条指令为 movl %ebp, %esp,第二条指令为 popl %ebp,第三条指令为 ret,此时从被调用程序退出,通过 ret 将地址恢复到 eip 中。

2.2.4　磁盘

磁盘是最常用的外部存储器,它是将圆形的磁性盘片装在一个方形的密封盒子里,这样做的目的是防止磁盘表面划伤,导致数据丢失。存放在磁盘上的数据信息可长期保存且可以反复使用。磁盘有软磁盘和硬磁盘之分,当前软磁盘已经基本被淘汰了,计算机广泛使用的是硬磁盘,我们可以把它比喻成是电脑储存数据和信息的大仓库。

1. 硬磁盘的种类和构成

硬磁盘的种类主要包括小型计算机系统接口(Small Computer System Interface,SCSI)、集成磁盘电子接口(Integrated Drive Electronics,IDE)以及现在流行的串行高级技术附件(Serial Advanced Technology Attachment,SATA)等。任何一种硬磁盘的生产都有一定的标准,随着相应标准的升级,硬磁盘生产技术也在升级,比如 SCSI 标准已经经历了 SCSI-1、SCSI-2 及 SCSI-3,而目前我们经常在网站服务器看到的 Ultral-160 就是基于 SCSI-3 标准的。IDE 遵循的是高级技术附件规格(Advanced Technology Attachment,ATA)标准,而目前流行的 SATA,是 ATA 标准的升级版本。IDE 是并口设备,而 SATA 是串口,SATA 的发展是为了替换 IDE。

一般来说,无论是哪种硬磁盘,都是由盘片、磁头、盘片主轴、控制电机、磁头控制器、数据转换器、接口、缓存等组成。

硬磁盘结构如图 2-6 所示。所有的盘片都固定在一个旋转轴上,这个轴即盘片主轴。而所有盘片之间是绝对平行的,在每个盘片的存储面上都有一个磁头,磁头与盘片之间的距离比头发丝的直径还小。所有的磁头连在一个磁头控制器上,由磁头控制器负责各个磁头的运动。磁头可沿盘片的半径方向作径向移动(实际是斜切向运动),每个磁头同一时刻也必须是同轴的,即从正上方向下看,所有磁头任何时候都是重叠的(不过目前已经有多磁头独立技术,可不受此限制)。而盘片以数千转每分钟到上万转每分钟的速度高速旋转,这样磁头就能对盘片上的指定位置进行数据的读写操作。

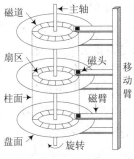

图 2-6　硬磁盘结构图

2. 硬磁盘的工作原理

1) 盘面

硬磁盘的盘片一般用铝合金材料做基片，高速硬磁盘也可能用玻璃做基片。硬磁盘的每一个盘片都有两个盘面(Side)，即上、下盘面，一般每个盘面都会利用，都可以存储数据，成为有效盘面，也有极个别的硬磁盘盘面数为单数。每一个这样的有效盘面都有一个盘面号，按顺序从上至下、从 0 开始依次编号。在硬磁盘系统中，盘面号又叫磁头号，因为每一个有效盘面都有一个对应的读写磁头。硬磁盘的盘片组的盘片有 2～14 片不等，通常有 2～3 个盘片，故盘面号(磁头号)为 0～3 或 0～5。

2) 磁道

磁盘在低级格式化时被划分成许多同心圆，这些同心圆轨迹叫作磁道(Track)，信息以脉冲串的形式记录在这些轨迹中。磁道由外向内、从 0 开始顺序编号。硬磁盘的每一个盘面有 300～1024 个磁道，新式大容量硬磁盘每面的磁道数更多。每条磁道并不是连续记录数据，而是被划分成一段段的圆弧，这些圆弧的角速度一样，但由于径向长度不一样，因此线速度也不一样，外圈的线速度较内圈的线速度大，即同样的转速下，外圈在同样时间段里，划过的圆弧长度要比内圈划过的圆弧长度大。每段圆弧叫作一个扇区，扇区从 1 开始编号，每个扇区中的数据作为一个单元同时读出或写入。磁道是看不见的，只是盘面上以特殊形式磁化了的一些磁化区，在磁盘格式化时就已规划完毕。

3) 柱面

所有盘面上的同一磁道构成一个圆柱，通常称作柱面(Cylinder)，每个圆柱上的磁头由上而下、从 0 开始编号。数据的读/写按柱面进行，即磁头读/写数据时首先在同一柱面内从 0 磁头开始进行操作，依次向下在同一柱面的不同盘面即磁头上进行操作，只有同一柱面上所有的磁头全部读/写完毕后，磁头才转移到下一柱面(同心圆的再往里的柱面)。因为选取磁头只需通过电子切换即可，而选取柱面则必须通过机械切换，电子切换时磁头向邻近磁道移动的速度比机械切换时快得多，所以数据的读/写按柱面进行，而不按盘面进行，从而提高硬磁盘的读/写效率。

一块硬磁盘驱动器的柱面数(或每个盘面的磁道数)既取决于每条磁道的宽窄(同样，也与磁头的大小有关)，也取决于定位机构所决定的磁道间步距的大小。

4) 扇区

操作系统以扇区(Sector)形式将信息存储在硬磁盘上，每个扇区包括两个主要部分：扇区标识符和存储数据的数据段(通常为 512 B)。

扇区标识符，又称为扇区头标，包括组成扇区三维地址的三个数字：① 盘面号，即扇区所在的磁头(或盘面)；② 柱面号，即磁道，确定磁头的径向方向；③ 扇区号，即数据在磁道上的位置，也叫块号，确定了数据在盘片圆圈上的位置。

扇区头标中还包括一个字段，其中有一个标识扇区是否能可靠存储数据的标记。有些硬磁盘控制器在扇区头标中还记录有指示字，可在原扇区出错时指引磁盘转到替换扇区或磁道。最后，扇区头标以循环冗余校验(CRC)值作为结束，以供控制器检验扇区头标的读出情况，确保准确无误。

扇区的数据段用于存储数据信息，包括数据和保护数据的纠错码(ECC)。在初始准备期间，计算机将 512 个虚拟信息字节(实际数据的存放位置)和与这些虚拟信息字节相对应的 ECC 数字填入这个部分。

2.2.5 非易失性存储

近年来出现的非易失性存储(Non-Volatile Memory，NVM)以其高集成度、低能耗、非易失性、字节寻址等特性得到了广泛关注。学术界和工业界已经开发了一些新型非易失存储介质和技术，例如磁存储器(Magnetic RAM，MRAM)、自旋磁存储器(Spin Transfer Torque RAM，STT-RAM)、相变存储器(Phase Change Memory，PCM)、阻变存储器(Resistive RAM，RRAM)、铁电存储器(Ferroelectric RAM，FeRAM)等。表 2-2 列举了几种主流新型存储器件的主要参数，从表中可以看出，非易失性存储在集成度、读速度方面具有较好的表现，是构建潜在新型存储器件的候选对象。

表 2-2 存储技术参数对比

存储器	参数										
	现有芯片容量级别	理论工艺制程级别/nm	特征尺寸/F^2	读操作时间	写操作时间	寿命/次	数据保持力	写操作功耗/(nJ/b)	空闲功耗	非易失性质	读过程破坏性	当前主要技术瓶颈
DRAM	~16 Gb	~20	6~10	<10 ns	<10 ns	>10^{15}	刷新	~0.1	高	易失	破坏性	需刷新，易失，作为内存工艺制程有限
NAND	~1 Tb	~16	4~11	10~50 μs	0.1~1 ms	10^4~10^6	10 年	0.1~1	低	非易失	非破坏性	寿命/性能有限，存储密度较低
STT-RAM	~64 Mb	~32	16~60	2~20 ns	5~35 ns	10^{12}~10^{15}	>10 年	1.6~5	低	非易失	非破坏性	容量小，写功耗较大，稳定性差
RRAM	~1 TB	~11	4~14	10~50 ns	10~50 ns	10^8~10^{10}	10 年	~0.1	低	非易失	非破坏性	材料级存储机理尚不明确
FeRAM	~64 MB	~65	15~34	20~80 ns	5~10 ns	10^{12}~10^{14}	10 年	<1	低	非易失	破坏性	容量小，具有读破坏性，存储密度低
PCM	~8 GB	~5	4~8	10~100 ns	20~120 ns	10^8~10^{12}	>10 年	<1	低	非易失	非破坏性	容量较小，材料可操作温度范围狭窄

但是非易失性存储也有几个明显的缺点：① 具有较大的写延时，其写延时比相应的存储介质大 1 个数量级，并且写延时大于读延时，即读写不一致；② 虽然非易失性存储的读操作比写操作快，但是仍然比传统存储介质的读操作慢；③ 非易失性存储的写寿命有限，在连续写的情况下，存储单元很快会失效。

2.2.6 局部性原理

所谓局部性原理，是指 CPU 访问存储器时，无论是存取指令还是存取数据，所访问的存储单元都聚集在一个较小的连续区域中。

局部性通常有两种形式：

(1) 时间局部性(temporal locality)：如果一个信息项正在被访问，那么在近期它很可能还会被再次访问。程序循环、堆栈等是产生时间局部性的原因。

(2) 空间局部性(spatial locality)：在最近将要用到的信息很可能与现在正在使用的信息

在空间地址上是临近的。

现代计算机系统的各个层次，从硬件到操作系统，再到应用程序，它们的设计都利用了局部性原理。在硬件层，局部性原理允许计算机设计者通过引入小而快速的高速缓冲存储器来保存最近被引用的指令和数据项，从而提高对主存的访问速度。在操作系统级，局部性原理允许系统使用主存作为虚拟地址空间最近被引用的高速缓存，局部性原理也允许系统利用主存来缓存磁盘文件系统中最近被使用的磁盘块等。局部性原理在应用程序的设计中也扮演着重要的角色，例如，Web 浏览器将最近被引用的文档放在本地磁盘上，利用的就是时间局部性。大量的 Web 服务器将最近被请求的文档放在前端磁盘高速缓存中，这些缓存能满足用户对这些文档的请求，而不需要服务器的任何干涉。

下面用三个例子来说明程序对数据引用的局部性。

例 2-1：

```
int sumvec(int v[N])
{
    int i = 0, sum = 0;
    for (int i – 0; i < N; i++)
    {
        sum += v[i];
    }
    return sum;
}
```

上述代码中，变量 sum 在每次循环迭代中被引用一次，具有时间局部性。对于数组 v 的元素，按照它们存储在存储器中的顺序，被依次读取，因此具有空间局部性，但是每个数组元素只被访问一次，所以不具有时间局部性。可见，sumvec 函数对数据的访问既有空间局部性，也有时间局部性。

例 2-2：

```
int sumarrayros(int v[M][N])
{
    int i = 0, j = 0; sum = 0;
    for (i = 0; i < M; i++)
        for (j = 0; j < N; j++)
        {
            sum += v[i][j];
        }
    return sum;
}
```

上述代码中，数组 v 的元素都是按照步长 1 来访问的，因此具有很好的空间局部性(数组元素是按照行顺序存储的)。

例 2-3：

```
int sumarrayros(int v[M][N])
```

```
    {
        int i = 0, j = 0; sum = 0;
        for (j = 0; j <N;j++)
            for (i= 0; i <M; i++)
            {
                sum += v[i][j];
            }
        return sum;
    }
```

上述代码中，数组 v 的元素都是按照步长 N 来访问的，因此其空间局部性很差。综上，可以得到如下结论：

(1) 重复引用同一个变量的程序有良好的时间局部性。

(2) 对于具有步长为 k 的引用模式的程序，步长越小，空间局部性越好。在存储器中以大步长跳来跳去的程序，空间局部性会很差。

(3) 对于取指令来说，循环有好的时间和空间局部性。循环体越小，循环迭代次数越多，局部性越好。

2.3 中断和时钟

2.3.1 中断和异常

1. 中断的基本概念

程序运行过程中，如果系统外部、系统内部或者当前运行程序本身出现紧急事件，则处理器将暂停当前程序的运行，自动转入相应的处理程序(中断服务程序)处理新情况，待处理完后，再返回原来被暂停的程序继续运行，这个过程称为中断处理。

现代计算机中采用中断系统的主要目的有：

(1) 提高计算机系统效率。计算机系统中处理器的工作速度远高于外部设备的工作速度，通过中断可以协调它们之间的工作。当外部设备需要与处理器交换信息时，由外部设备向处理器发出中断请求，处理器及时响应并作相应处理。不交换信息时，处理器和外部设备处于各自独立的并行工作状态。

(2) 维持系统可靠正常工作。现代计算机中，程序员不能直接干预和操纵机器，必须通过中断系统向操作系统发出请求，由操作系统来实现人为干预。主存储器中往往有多道程序和各自的存储空间，在程序运行过程中，如出现越界访问，有可能引起程序混乱或相互破坏信息。为避免这类事件的发生，由存储管理部件进行监测，一旦发生越界访问，则向处理器发出中断请求，处理器立即采取保护措施。

(3) 满足实时处理要求。在实时系统中，各种监测和控制装置随机地向处理器发出中断请求，处理器随时响应并进行处理。

(4) 提供故障现场处理手段。处理器中设有各种故障检测和错误诊断的部件，一旦发现故障或错误，立即发出中断请求，进行故障现场记录和隔离，为进一步处理提供必要的依据。

2. 中断的分类

中断会改变处理器执行指令的顺序，通常与 CPU 芯片内部或外部硬件电路产生的电信号相对应。在 Intel 系列 CPU 中，把中断进一步分为中断和异常两类：中断一般是异步的，由硬件随机产生，在程序执行的任何时候都可能出现；异常一般是同步的，在特殊的或出错的指令执行时由 CPU 控制单元产生。

1) 中断

中断又可进一步分为可屏蔽中断和非屏蔽中断：① 可屏蔽中断是由程序控制其屏蔽性的中断，处于屏蔽状态时，处理器将忽略该类中断信号。I/O 设备发出的所有中断请求都属于可屏蔽中断。对于可屏蔽中断的屏蔽处理，有两种方式，一是通过清除 CPU 的 EFLAG(32 位标志寄存器，Extended Flag)的中断标志位(IF)来实现，当 IF = 0 时，禁止任何外部 I/O 的中断请求，即关中断(对应指令 cli)；二是通过设置中断控制器的中断屏蔽寄存器(IMR)来实现，IMR 一共 8 位，每位对应中断控制器中的一条中断线，如果要禁用某条中断线，则将相应位置 0 即可，若要启用，则置 1。② 非屏蔽中断与可屏蔽中断相对应，不能由程序控制其屏蔽性，处理器一定要立即处理的中断称为非屏蔽中断或不可屏蔽中断。非屏蔽中断数量较少，通常是由一些紧急事件引发的中断，如断电、电源故障等情况，需要处理器立即处理。

2) 异常

异常又可进一步分为以下两类：

(1) 处理器探测异常：当处理器执行指令时探测到的反常条件所产生的异常。处理器探测异常又可分为三类，这取决于处理器控制单元产生异常时保存在内核态堆栈 eip 寄存器中的值。

① 故障：保存在 eip 中的值是引起故障的指令地址，当异常处理程序终止时，那条指令会被重新执行。

② 陷阱：保存在 eip 中的值是一个随后要执行的指令地址。只有没必要重新执行已终止的指令时，才触发陷阱。陷阱的主要用途是为了调试程序。在这种情况下，中断信号的作用是通知调试程序一条特殊指令已被执行(例如到了一个程序内的断点)。一旦用户检查到调试程序所提供的数据，它就可能要求被调试程序从下一条指令重新开始执行。

③ 异常中止：发生严重错误，控制单元出了问题，不能在 eip 寄存器中保存引起异常的指令所在的确切位置。异常中止用于报告严重错误，如硬件故障或系统表中无效的值或不一致的值。控制单元发生的这个中断信号是紧急信号，用来把处理器控制权切换到相应的异常中止处理程序，这个异常中止处理程序将强制终止受影响的进程。

(2) 编程异常：由编程者发出请求产生的异常，是由 int 或 int3 指令触发的，通常也叫作软中断。当 into(检查溢出)和 bound(检查地址出界)指令检查的条件不为真时，也会引起编程异常。控制单元把编程异常作为陷阱来处理。编程异常有两种常见的用途：执行系统调用以及给调试程序通报一个特定的事件。

3. 中断向量

为了方便异常和中断处理，系统为每个异常和中断赋予了一个唯一的标识号，称为中断向量(vector)，将其用作中断描述符表(Interrupt Descriptor Table，IDT)中的索引号，以快速定位一个异常或中断处理程序的入口地址。

　　系统允许的向量号范围是 0～255。其中，0～31 保留用作 80x86 处理器定义的异常和中断；32～255 用于用户定义的中断，通常用于外部 I/O 设备，使得这些设备可以通过外部硬件中断机制向处理器发送中断。表 2-3 以 Linux 系统为例，给出了为 80x86 定义的异常和非屏蔽中断分配的向量。表 2-4 给出了中断请求与硬件设备的对应表。

表 2-3　80x86 中 Linux 系统的中断向量

向量范围	用　　途
0～19 (0x0～0x13)	非屏蔽中断和异常
20～31 (0x14～0x1f)	Intel 保留
32～127 (0x20～0x7f)	外部中断(IRQ)
128 (0x80)	用于系统调用的可编程异常
129～238 (0x81～0xee)	外部中断(IRQ)
239 (0xef)	本地 APIC 时钟中断
240 (0xf0)	本地 APIC 高温中断(在 Pentium 4 模型中引入)
241～250 (0xf0～0xfa)	由 Linux 留作将来使用
251～253(0xfb～0xff)	处理器间中断
254 (0xfe)	本地 APIC 错误中断(当本地 APIC 检测到一个错误条件时产生)
255 (0xff)	本地 APIC 伪中断(CPU 屏蔽某个中断时产生)

表 2-4　中断请求与硬件设备的对应表

IRQ	INT	硬件设备	IRQ	INT	硬件设备
0	32	时钟	10	42	网络端口
1	33	键盘	11	43	USB 端口、声卡
2	34	PIC 级联	12	44	PS/2 鼠标
3	35	第二串口	13	45	数学协处理器
4	36	第一串口	14	46	EIDE 磁盘控制器的一级链接
6	38	软盘	15	47	EIDE 磁盘控制器的二级链接
8	40	系统时钟			

　　注：INT 是指支持外部输入到这个引脚作为中断。

4. 中断描述符表

　　IDT 在实模式中也称为中断向量表，其作用是将每个异常或中断向量分别与它们的处理程序联系起来。由于系统中最多只有 256 个中断或异常向量，因此 IDT 中的描述符个数不会超出 256 个，其中所有空描述符项设置其存在位(标志)为 0。

　　在实模式中，CPU 把内存中从 0 开始的 1 KB 用于存放中断向量表，表中每个表项占 4 B，由 2 B 的段地址和 2 B 的偏移量组成，这样构成的地址便是相应中断处理程序的入口地址。但是，在保护模式下，中断处理程序入口地址的偏移量需要 4 B，另外还要有反映模式切换的信息，因此表项长度扩展为 8 B。此时中断向量表也改称为中断描述符表 IDT，其中的每个表项叫作一个门描述符(gate descriptor)，"门"的含义是当中断发生时必须先通过这些"门"，然后才能进入相应的处理程序。保护模式下 IDT 可以驻留在内存空间的任何地方，处理器使用中断描述符表寄存器(Interrupt Descriptor Table Register，IDTR)来定位 IDT 的位置，该寄存器是一个 48 位的寄存器，其低 16 位保存 IDT 的大小，高 32 位保存 IDT 的基址。由于每个描述符的长度是 8 B，因此 IDT 的基址应对齐在 8 B 边界上，以提高访问效率。限长值是以 B 为单位的 IDT 的长度。

与 IDTR 相关的指令有加载中断描述符表(Lood Interrupt Descriptor Table，LIDT)和存储中断描述符表(Store Interrupt Descriptor Table，SIDT)。LIDT 指令用于把内存中的 IDT 的限长值和基址加载到 IDTR 寄存器中，该指令仅能由当前特权级 CPL 是 0 的代码执行，通常在操作系统初始创建 IDT 时执行。SIDT 指令用于把 IDTR 中的基址和限长值复制到内存中，该指令可在任何特权级上执行。

下面介绍保护模式下主要的门描述符[33]。

1) 任务门(Task Gate)

任务门的类型码为 101，如图 2-7 所示，该类型的门中包含了一个进程的任务状态段 (Task State Segment，TSS)段选择符，但偏移量部分没有使用，由于 TSS 本身是作为一个段来对待的，因此任务门不包含某一个入口函数的地址。TSS 是 Intel 所提供的任务切换机制，Linux 并没有采用任务门来进行任务切换。

2) 中断门(Interrupt Gate)

中断门的类型码为 110，其中包含了一个中断或异常处理程序所在段的选择符和段内偏移量，如图 2-7 所示。当控制权通过中断门进入中断处理程序时，处理器清除 IF 标志，即关中断，以避免嵌套中断的发生。中断门中的门或者段的特权级(Descriptor Privilege Level，DPL)为 0，因此，用户态的进程不能访问中断门。所有的中断处理程序都由中断门

Task Gate Descriptor

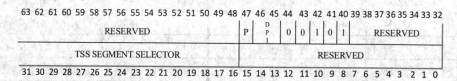

Interrupt Gate Descriptor

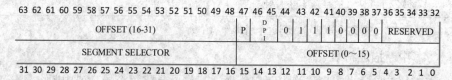

Trap Gate Descriptor

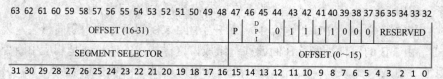

图 2-7　门描述符

激活，并全部限制在内核态中执行。

3) 陷阱门(Trap Gate)

陷阱门的类型码为 111，与中断门类似，两者唯一的区别是控制权通过陷阱门进入处理程序时维持 IF 标志位不变，即不关中断，其结构如图 2-7 中所示。

此外，Linux 内核还特别设置了系统门(System Gate)，以便让用户态的进程访问陷阱门，因此其门描述符的 DPL 为 3。通过系统门来激活 4 个 Linux 异常处理程序，它们的向量是 3、4、5 及 128，即在用户态下可以执行 int3、into、bound 及 int0x80 四条汇编指令，而 int0x80 就是大家熟知的 Linux 的系统调用指令。

5. 传统的中断控制器 8259A

传统的中断控制器使用两片 8259A 以"级联"的方式连接在一起，如图 2-8 所示。每个芯片可以处理最多 8 个不同的 IRQ 线(中断线)，为了增加 IRQ 线，使用 2 个 8259A 芯片以级联的方式进行连接，从 8259A 的输出引脚连接主 8259A 的 IRQ 输入引脚，因此，一共可以处理最多 15 个不同的 IRQ 线。IRQ 线是从 0 开始顺序编号的，第一条 IRQ 线表示为 IRQ0，其对应的缺省中断向量是 32，通常，IRQn 的缺省中断向量是 $n+32$，当然，这种映射关系可以通过向中断控制器端口发布相关的指令来修改。

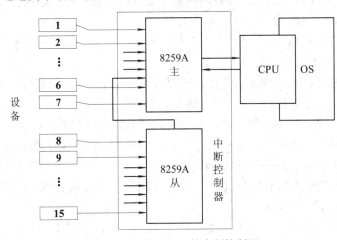

图 2-8　基于 8259A 的中断控制器

每个能够发出中断请求的硬件设备的控制器中都有一条 IRQ 输出线，与中断控制器的一个输入引脚相连。一个设备要使用中断线向 CPU 发中断请求信号，必须先申请中断线，只有拥有了某条中断线的控制权后，才能向该中断线发信号。

下面简要说明 CPU 的中断处理过程。假设内核已完成初始化，CPU 在保护模式下运行。当 CPU 正常执行完一条指令后，CS 和 EIP 这对寄存器包含了下一条将要执行的指令的逻辑地址。在执行这条指令之前，CPU 控制单元会检查前一条指令运行时是否发生了中断或异常。如果确定发生了一个中断或异常，那么 CPU 控制单元将依次执行下列操作：

(1) 确定与中断或异常关联的向量 IDi(0～255)。

(2) 读 IDTR 指向的 IDT 表中的第 i 项。

(3) 从全局描述符表寄存器(Global Descriptor Table Register，GDTR)获得全局描述符表(Global Descriptor Table，GDT)的基址，并查找 GDT，以读取 IDT 表项 i 中的段选择符所标

识的段描述符。

(4) 确定中断是由授权的发生源发出的。

(5) 检查是否发生了特权级的变化，一般指是否由用户态陷入了内核态。如果是，则控制单元必须开始使用与新的特权级相关的堆栈：读任务寄存器(Task Register，TR)，访问运行进程的 TSS 段，找到与新特权级相关的栈段和栈指针的值，然后用这些值装载 CPU 的堆栈段寄存器(Stack Segment，SS)和扩展栈指针寄存器(Extended Stack Pointer，ESP)，最后在新的栈中保存 SS 和 ESP 以前的值，这些值指明了与旧特权级相关的栈的地址。

(6) 若发生的是故障，则使用引起异常的指令地址修改代码段寄存器(Code Segment，CS)和扩展指令指针(Extend Instruction Pointer，EIP)寄存器的值，以使这条指令在异常处理结束后能被再次执行。

(7) 在栈中保存处理器状态标志寄存器(Enable FLAGS，EFLAGS)、CS 和 EIP 的内容。

(8) 如果异常产生一个硬件出错码，则将它保存在栈中。

(9) 装载 CS 和 EIP 寄存器，其值分别是 IDT 表中第 i 项门描述符的段选择符和偏移量字段，这两个寄存器值给出中断或者异常处理程序的第一条指令的地址。之后 CPU 就将去执行中断或异常处理程序了。

当中断或异常处理程序执行完成后，相应的处理程序会执行一条 iret 汇编指令，实现从中断或异常的返回。iret 指令将完成如下工作：

(1) 用保存在栈中的值装载 CS、EIP 和 EFLAGS 寄存器。如果一个硬件出错码曾被压入栈中，那么弹出这个硬件出错码。

(2) 检查处理程序的特权级是否等于 CS 中最低两位的值(即判断进程在被中断时是否运行在内核态)。若是，则 iret 终止执行；否则，转入(3)。

(3) 从栈中装载 SS 和 ESP 寄存器，即返回到与旧特权级相关的栈。

(4) 检查数据段寄存器(Data Segment，DS)、ES、标志段寄存器(Flag Segment，FS)和全局段寄存器(Global Segment，GS)的内容，如果其中一个寄存器包含的选择符是一个段描述符，并且特权级比当前特权级高，则清除相应的寄存器，以防止怀有恶意的用户程序利用这些寄存器访问内核空间。

中断举例：如图 2-9 所示，A 和 B 是两个中断，C 和 D 是两个用户进程，分析 A、B、C、D 在互相抢占 CPU 时的关系。

分析：

(1) 假设某个时刻 C 占用 CPU 运行，此时 A 中断发生，C 被 A 抢占，A 得以在 CPU 上执行。由于 Linux 不为中断处理程序设置独立堆栈，因此 A 只能使用 C 的内核堆栈(kernel stack)作为自己的运行栈。

(2) 无论如何，Linux 的 A 中断绝对不会被某个进程 C 或者 D 抢占！

这是由于所有已经启动的中断，不管是中断之间切换，还是在某个中断中执行代码，绝不可能插入调度例程 scheduler 的调用。除非中断主动或者被动阻塞进入睡眠状态，唤起 scheduler，但这种情况是必须避免的，危险性说明如下：

首先，中断没有堆栈，A 中断是"借"了进程 C 的内核堆栈运行的，若允许 A 阻塞或睡眠，则 C 将被迫阻塞或睡眠，仅当 A 被唤醒时 C 才被唤醒；而唤醒后，A 将按照 C 在就绪队列中的顺序被调度。这既损害了 A 的利益，也污染了 C 的内核堆栈。

其次,如果 A 中断由于阻塞或是其他原因睡眠,则系统对外界的响应能力将变得极差。

(3) 那么 A 中断与 B 中断的关系又如何呢?

由于可能在中断处理的某个步骤打开了 CPU 的 IF flag 标志,因此如果在 A 中断处理过程中,B 中断的中断线触发了 PIC,进而触发了 CPU IRQ pin,使得 CPU 处理 B 中断,则这是中断上下文的嵌套过程。

通常 Linux 对不同的中断不设置优先级,这种任意的嵌套是允许的。当然可能某个实时 Linux 的 patch(补丁)会不允许低优先级的中断抢占高优先级的中断。

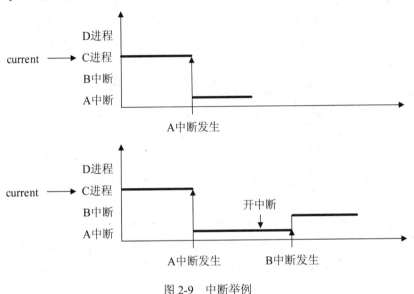

图 2-9　中断举例

2.3.2　系统调用

1. 什么是系统调用

操作系统为用户访问计算机硬件系统的功能提供了多项服务,并且为方便用户调用这些内核服务功能,还提供了多种使用接口,包括命令接口、图形接口和程序接口,其中程序接口是专门提供给应用程序请求操作系统服务的使用接口,它由一组系统调用组成。系统调用在用户程序与硬件设备之间添加了一个中间层,主要有三个作用:首先,为用户空间提供了一种硬件的抽象接口,把程序员从学习硬件设备的低级编程特性中解放出来,使得编程更加容易;其次,内核在满足某个用户程序的硬件访问请求之前,可以基于权限、用户类型和其他一些规则对该请求进行正确性判断,从而极大地提高了系统的稳定性和安全性;最后,更重要的是,系统调用使得应用程序具有更好的可移植性,因为只要不同操作系统所提供的系统调用的接口相同,比如遵循 POSIX 标准,则同一个程序就可以在不同的操作系统中正确地编译和执行。

那么,什么是系统调用呢?它是一种用户在程序一级请求操作系统内核完成某种功能服务的过程调用,每种操作系统都会提供多达几百种的系统调用,每一个系统调用都是完成某种特定内核功能的一个函数,比如大家熟悉的读磁盘操作 read()、终端显示 printf()等,这些系统调用表面上看起来与一般的过程调用(比如三角函数 cos())完全相同,但实际上有很大的区别：一般的过程调用，其调用程序与被调用过程运行在相同的状态——系统态或用户态，所以可直接由调用程序转向被调用过程；而系统调用则是调用程序运行在用户态，被调用过程运行在系统态，因而不允许由调用程序直接转向被调用过程，需要通过中断及陷入机制，先由用户态转换到系统态，经内核分析检查后，才能转向相应的内核执行被调用过程。

2. 系统调用号、系统调用服务例程及系统调用入口表

每种操作系统都会提供几百种系统调用，为了唯一地标识每一个系统调用，系统为每个系统调用都赋予了一个唯一的编号，称为系统调用号，用户程序使用系统调用号而不是系统调用名称来告诉系统到底要执行哪个系统调用。Linux 系统中大家熟悉的几个系统调用的调用号如表 2-5 所示。

表 2-5　Linux 中几个常见的系统调用号

系统调用名	系统调用号
read	0
write	1
open	2
close	3
exit	60

系统调用号非常重要，一旦分配给某个系统调用就不能再有任何改变，否则编译好的应用程序会因为执行了错误的系统调用而导致程序出错甚至崩溃。如果一个系统调用被删除，那么它所占用的系统调用号也不允许被回收利用，否则以前编译过的代码就不能正确执行这个系统调用了。Linux 中有一个"未实现"的系统调用 sys_ni_syscall()，它除了返回 –ENOSYS 外不做任何其他工作，这个错误号就是专门针对无效的系统调用而设置的。

每个系统调用都会完成操作系统内核的某项服务功能，具体是由一个特定的内核函数来实现的，称为系统调用服务例程。比如，read()系统调用最终是由内核函数 sys_read()来完成用户请求服务的。系统为了能快速地根据用户进程请求的系统调用号找到它所对应的服务例程，设置了一张系统调用入口表，用于关联系统调用号及其对应服务例程的入口地址，每个系统调用占一表项，比如前面表 2-5 中列出的几个系统调用在系统调用入口表中的内容如表 2-6 所示。

表 2-6　系统调用入口表举例

系统调用号	平台：32 位/64 位/common	系统调用名	服务例程入口
0	common	read	sys_read
1	common	write	sys_write
2	common	open	sys_open
3	common	close	sys_close
60	common	exit	sys_exit

3. 系统调用号及参数的传递

根据不同的系统，把系统调用号传递给内核的系统调用处理程序的方法也不同：有的系统直接把系统调用号放在系统调用命令中，如 IBM370 及早期的 UNIX 系统，是把系统调用命令的低 8 位用于存放系统调用号；有的系统则是通过指定寄存器来传递，如 MS-DOS 是将系统调用号放在 AH(AH 是指 AX 寄存器的高八位，其 AX 寄存器是处理器中的一个通用寄存器)寄存器中。而 Linux 则是利用 EAX 寄存器来传递的。

此外，系统调用与普通函数调用一样，通常都带有若干的参数，比如 read(fd, buf, count) 就需要三个参数，最简单的参数传递办法是把参数直接放在系统调用命令中，但由于一条指令的长度有限，因此能传递的参数很少。Linux 是利用一组寄存器来传递参数的，在 x86-32 系统上，EBX/ECX/EDX/ESI/EDI 按顺序依次存放前五个参数，因此每个参数的长度不能超出寄存器长度(即 32 位)，且参数个数不能超过五个，若某系统调用确实需要六个及以上的参数时，则只能用一个单独的寄存器指向进程地址空间中这些参数值所在的一个内存区，当然，程序员不用关心这个过程，与任何 C 语言中的函数调用一样，libc(libc 是 Linux 下的 ANSI C 的函数库，其中 ANSI C 是基本的 C 语言函数库)封装例程会自动完成这项工作。

4. 系统调用处理流程

由于应用程序运行在用户态，而系统调用服务例程运行在内核态，因此应用程序不能直接调用内核的服务例程，而是通过执行一条叫作"访管指令"的机器指令来实现调用的，这条指令的功能是引发一个编程异常(软中断)，促使 CPU 运行状态从用户态切换到系统态，比如 MS-DOS 中使用 INT 21H 指令，Linux 在 x86 系统中使用 INT 0x80 指令等。Linux 系统为 INT 0x80 指令设置的特权级为 3，即可以在用户态下执行。下面以 Linux 系统为例来说明系统调用的处理流程。

(1) 应用程序在用户态下执行访管指令 INT 0x80，产生一个编程异常，系统进行中断处理：首先将处理器状态由用户态切换到系统态，保存被中断进程(调用程序)的 CPU 现场信息，并使堆栈切换到内核栈。

(2) 使用向量号 128 查找中断描述符表，得到该异常的中断处理程序(system_call())的入口地址，system_call()其实就是 Linux 系统中所有系统调用的总处理程序，完成所有系统调用都需要的一些共同功能。

(3) 执行 system_call()函数，继续保存被中断进程的现场信息，检查本次系统调用的正确性。若通过检查，则利用 EAX 寄存器传递过来的系统调用号查找系统调用入口表，找到这个系统调用的服务例程的入口地址。

(4) 执行系统调用服务例程，完成具体的服务功能处理。

(5) 系统调用服务例程执行完后，恢复被中断进程或新调度进程的 CPU 现场信息，然后返回被中断进程或新调度进程，继续运行。

假设一个名为 xtdy()的系统调用所对应的内核服务例程的函数名是 sys_xtdy()。图 2-10 描述了上述处理流程中应用程序、相应的 libc 库封装例程、系统调用处理程序以及系统调用服务例程之间的关系。

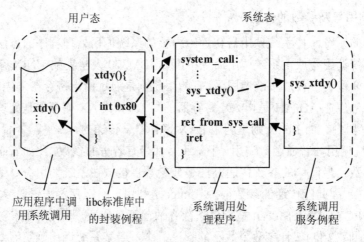

图 2-10　系统调用处理流程示意图

2.3.3　系统时钟

　　计算机中很多活动都是由定时测量来驱动的，这对用户常常是不可见的。例如，当用户停止使用计算机的控制台以后，屏幕会自动关闭，这得归因于定时器，它允许内核跟踪用户最近一次按键或移动鼠标后到现在过了多少时间；如果用户收到了一个来自系统的警告信息，则建议用户删除一组不用的文件，这是由于有一个程序能识别长时间未被访问的所有用户文件。为了进行这些操作，程序必须能从每个设备或文件中检索到它们最后被访问的时间，即时间戳，而这些时间标记必须由内核自动地设置。

　　Linux 内核提供了两种主要的定时测量手段：一是获得当前的时间和日期，包括 time()、ftime()、gettimeofday()等系统调用；二是维持定时器，包括 settimer()、alarm()等系统调用。定时测量是由基于固定频率振荡器和计数器的几个硬件电路完成的。在 x86 体系结构上，内核必须显式地与以下几种时钟打交道。

　　(1) 实时时钟(Real-time Clock，RTC)。实时时钟芯片是日常生活中应用最为广泛的消费类电子产品之一，它为人们提供精确的实时时间，或者为电子系统提供精确的时间基准，目前实时时钟芯片大多采用精度较高的晶体振荡器作为时钟源。有些时钟芯片为了在主电源掉电时还可以工作，需要外加电池供电。

　　为实现实时时钟，需要硬件结构晶振的支持。Linux 内核使用 RTC 获得时间和日期信息，其对应的设备文件为 /dev/rtc ，可以通过设备文件对其编程，内核通过 0x70 和 0x71 两个端口访问 RTC，系统管理员可以通过执行时钟程序设置时钟。

　　(2) 时间戳计数器(Time Stamp Counter，TSC)。时间戳计数器记录自启动以来处理器消耗的时钟周期数。由于 TSC 随着处理器周期速率的比例的变化而变化，因此它提供了非常高的精度，使用 rdtsc 指令可测量某段代码的执行时间，其精度达到微秒级。TSC 的节拍可以被转化为秒，方法是将其除以 CPU 时钟速率(在 Linux 中，可以从内核变量 cpu_khz 读取)。TSC 通常被用于剖析和监测代码。

　　(3) 可编程间隔定时器(Programmable Interval Timer，PIT)。每个 PC 中都有一个 PIT，通过 IRQ 产生周期性的时钟中断信号来充当系统定时器。i386 中使用的通常是 Intel 8254

PIT 芯片，它的 I/O 端口地址范围是 40～43h。

8254 PIT 有 3 个计时通道，每个通道都有其不同的用途：通道 0 用来负责更新系统时钟，它在每一个时钟滴答会通过 IRQ0 向系统发出一次时钟中断信号；通道 1 通常用于控制直接内存访问控制器(Direct Memory Access Controller，DMAC)对 RAM 的刷新；通道 2 被连接到 PC 的扬声器，以产生方波信号。

下面我们重点关心通道 0。每个通道都有一个递减的计数器，8254 PIT 的输入时钟信号的频率是 1.193 182 MHz，即 1 s 输入 1 193 182 个时钟周期。该数字在 Linux 内核中被定义为：

include/asm-i386/timex.h

#define CLOCK_TICK_RATE 1193182

每输入一个时钟周期其时间通道的计数器就自减 1，一直减到 0。对于通道 0 而言，当它的计数器减到 0 时，PIT 就会向系统产生一次时钟中断，表示一个时钟滴答已经过去了。该计数器为 16 bit，因此所能表示的最大值是 65 536，可以算出该定时器 1 s 内最慢能发生的滴答数是：1 193 182 / 65 536 = 18.206 512。

PIT 的 I/O 端口：

40h　通道 0 计数器　可读写

41h　通道 1 计数器　可读写

42h　通道 2 计数器　可读写

43h　控制字　　　　只写

注意，因为 PIT I/O 端口是 8 位的，而 PIT 相应计数器是 16 位的，所以必须对 PIT 计数器进行两次读写才能得到完整的计数值。

8254 PIT 的控制寄存器 43h 的格式如下：

(1) bit[7:6]为通道选择位：

　　00　通道 0

　　01　通道 1

　　10　通道 2

　　11　read-back command(读回命令，仅 8254)

(2) bit[5:4]为 Read/Write/Latch 锁定位：

　　00　锁定当前计数器，以便读取计数值

　　01　只读高字节

　　10　只读低字节

　　11　先高后低

(3) bit[3:1]用于设定各通道的工作模式：

　　000　mode0　当通道处于 count out 时产生中断信号，可用于系统定时

　　001　mode1　可重复触发的单稳态触发器

　　010　mode2　分频器，产生实时时钟中断，通道 0 通常工作在这个模式下

　　011　mode3　方波信号发生器

　　100　mode4　软件触发计数

　　101　mode5　硬件触发计数

(4) bit[0]总为 0。

下面来看看 Linux 2.6 中是如何对 PIT 做初始化的。

arch/i386/kernel/i8259.c

void _init init_IRQ(void)

{

⋮

```
outb_p(0x34, 0x43);          /* binary, mode 2, LSB/MSB, ch 0 */
outb_p(LATCH & 0xff, 0x40);  /* LSB(计数器的低字节) */
outb(LATCH >> 8, 0x40);      /* MSB(计数器的高字节) */
```

⋮

}

其中的 LATCH 在 include/asm-i386/timex.h 中定义为

#define　LATCH　　((CLOCK_TICK_RATE + HZ / 2) / HZ)

式中的 HZ 在 include/asm-i386/param.h 中定义为

#define　HZ　100

即 LATCH = (1193182 + 50) / 100 = 11932,加 50 是为了尽可能地减小误差(结果四舍五入)。这个结果就是 Linux 的系统嘀嗒长度(约为 0.01 s)经过所需要的 PIT 时钟周期数。

上面的那段 C 语言程序基本等价于汇编(省去了延时操作):

```
mov   ax, LATCH

out   43h, 34h

out   40h, al

out   40h, ah
```

首先写控制字 43h,通道选择位为 00(通道 0),RWL(Read/Write/Latch)锁定位为 11(先高后低),通道工作模式 010(Rate Generator,即速率产生器),最后位 0 保留,合起来就是 34h。然后把 LATCH 的值分成高低两个字节依次写入通道 0 计数器 40h,完成 PIT 编程。当 Linux 下次打开中断时,系统时钟就将会按照设定的频率(约为 100 Hz)发出时钟中断了。

2.4　本 章 小 结

1. 本章知识点思维导图

本章知识点思维导图如图 2-11 所示,其中灰色背景内容为重难点知识点。

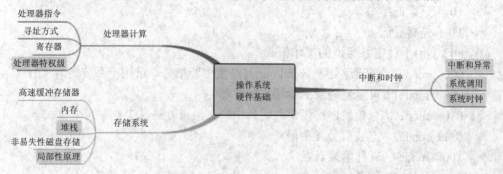

图 2-11　第 2 章知识点思维导图

2. 本章主要学习内容

本章主要介绍了如下内容：

(1) 处理器计算：包括处理器指令结构、寻址方式和寄存器。

(2) 存储系统：介绍了高速缓冲存储器 Cache 的组成结构、工作原理、地址映像与转换；内存存储器的种类和结构；堆栈的基础知识和在函数调用过程中的使用方法；磁盘的种类和构造及工作原理；对非易失性存储进行了简单分析；最后介绍了局部性原理，包括时间局部性和空间局部性。

(3) 中断和时钟：介绍了中断的基本概念及分类，分析中断向量的应用及中断描述符表的作用；简单介绍了系统调用的概念；分析了系统中存在的各种时钟，包括实时时钟、时间戳计数器及可编程间隔定时器。

本 章 习 题

一、选择题

1. 对于一个单处理器系统来说，允许若干个进程同时执行，轮流占用处理器，称它们为( )的。

A. 顺序执行　　　B. 同时执行　　　　　C. 并行执行　　　D. 并发执行

2. 用户从终端上输入一条命令，即产生了( )。

A. 程序性中断事件　　　　　　　　B. 外部中断事件

C. 输入输出中断事件　　　　　　　D. 自愿性中断事件

3. 自愿性中断事件是由( )引起的。

A. 程序中使用了非法操作码　　　　B. 程序中访问地址越界

C. 程序中使用了一条访管指令　　　D. 程序中除数为"0"

4. 中断装置根据( )判别有无强迫中断事件发生。

A. 指令操作码为访管指令　　　　　B. 基址寄存器

C. 限长寄存器　　　　　　　　　　D. 中断寄存器

5. 中断处理程序在保护现场和分析中断原因后，一般会请求系统创建相应的处理事件进程，排入( )。

A. 等待队列　　　B. 运行队列　　　　C. 后备队列　　　D. 就绪队列

6. ( )程序可执行特权指令。

A. 同组用户　　　B. 操作系统　　　　C. 特权用户　　　D. 一般用户

7. 下列指令中，只能在管态下执行的是( )。

A. 读时钟日期　　B. 访管指令　　　C. 屏蔽中断指令　　D. 取数指令

8. ( )指令不在核心态下运行。

A. 屏蔽所有的中断　　　　　　　　B. 读时钟

C. 设置时钟日期　　　　　　　　　D. 改变存储器映像图

9. 处理机处于管态时，处理机可以执行的指令应该是( )。

A. 仅限于非特权指令　　　　　　　B. 仅限于特权指令

C. 全部指令　　　　　　　　　　　D. 仅限于访管指令映像图

10. 用户程序在目态下使用特权指令将引起的中断属于( )。

A. 硬件故障中断　　　B. 程序中断　　　C. 外部中断　　　D. 访问中断

二、填空题

1. 强迫性中断事件有硬件故障中断、_____、外部中断和_____事件。

2. 自愿性中断是由进程中执行一条_____引起的。

3. 中断响应的三项工作为检查是否有中断事件发生、_____和_____。

4. 中断装置要通过检查_____才能识别是否有强迫性中断事件发生。

5. 中断处理程序一般只做一些简单的处理，然后请求系统创建_____的进程，排入_____队列。

6. 用户进程从目态(常态)转换为管态(特态)的唯一途径是_____。

7. 为了赋予操作系统某些特权，使得操作系统更加安全可靠地工作，实际系统中区分程序执行的两种不同的运行状态是_____和_____，其中_____程序不能执行特权指令。

8. 当中央处理器处于_____时可以执行包括特权指令在内的一切机器指令，当中央处理器处于_____时不允许执行特权指令。因此，操作系统占用中央处理器时，应让中央处理器在_____下工作，而用户程序占用中央处理器时，应让中央处理器在_____下工作。如果中央处理器在_____工作，却取得了一条特殊指令，则此时中央处理器将拒绝执行该指令，并形成一个"非法操作"事件，终端设备识别该事件之后，转交给操作系统处理，由操作系统通知用户"程序中有非法指令"。

三、问答题

1. 中断事件的处理应做哪几件事？

2. 中断系统有何作用？

3. 什么是特权指令？举例说明之。如果允许用户进程执行特权指令会带来什么后果？

4. 在计算机系统中，为什么要区分管态和目态(核心态与用户态)？

5. 什么是系统调用？它与普通的函数调用有什么不同？请简要说明系统调用的处理流程。

习题答案

第 3 章 进 程 管 理

请读者思考一个非常熟悉的计算机使用场景：你现在要使用 Word 编写一份报告，需要从一个已有的 Excel 文件中复制数据，同时你希望边听音乐边工作。于是你先后打开 QQ 音乐播放器，使用 Excel 打开原有的 Excel 文件，启动 Word 并创建一个新文档，之后你就可以编辑文档，复制 Excel 文件的内容并选择音乐文件进行播放了。根据这个使用场景，请你试着回答这些问题：

- 从你启动三个程序到你交替操作这些程序的过程中，系统都为你做了哪些工作呢？
- 当你启动一个程序时，Windows 系统需要为它创建进程和线程，分配必要的资源，装入程序代码和数据到内存，然后才能到 CPU 上运行。那么进程和线程是什么？
- 如果你的计算机中只有一个 CPU，那么可以同时运行多个程序吗？系统是怎么做到的呢？
- 如果在一个实验室中只有一台打印机，那么多台电脑可以同时请求打印操作吗？打印结果不会混乱吗？
- 你经常使用 QQ 聊天，知道信息是如何在你与朋友间传递的吗？

这一章的内容将为你解答上述问题。

本章学习要点：

- 进程的定义及特征，进程状态设置及其转换；
- 如何实现进程的创建、撤销、阻塞和唤醒；
- 进程互斥与同步的基本概念，同步机制及应用，典型进程同步问题的解决思路；
- 进程通信的类型；
- 常用的进程调度算法；
- 死锁的概念及处理死锁的基本方法；
- 线程的基本概念；
- Linux 进程管理的相关知识。

3.1 进程的引入

大家最熟悉的概念是程序。一个程序是为解决某一问题而设计的一系列指令的有序集合，是算法的静态描述，程序必须严格按照各指令规定的顺序依次执行。现代操作系统的重要特征是多个程序并发运行，能显著提高计算机系统的处理能力和资源利用率。但由于多个并发程序共享系统资源，因而产生了与程序顺序执行不同的新特性，静态的程序概念已经不能正确描述这些新特性，由此引入了进程的概念。它是操作系统中最重要的概念之一。

3.1.1　程序的并发执行及特征

1. 程序的并发执行

早期的单道程序系统中，一次只能运行一个程序，如有多个程序需要运行，则必须顺序执行，即只有在一个程序全部执行完成之后，才能启动下一个程序的执行。某个程序在执行期间，将独占整个计算机系统的资源，即程序是在封闭的环境中执行的，资源状态只有本程序才能改变，从而使程序的最终执行结果只由初始条件决定，而与其执行速度无关，不管它是从头到尾不停顿地执行，还是"停停走走"地执行，其运行结果都是可再现的。

为提高计算机系统的资源利用率及系统吞吐量，现代操作系统普遍采用多道程序设计技术，让多个程序同时驻留在系统中，共享资源，并发运行。

下面用一个例子来比较多个程序的顺序执行过程与并发执行过程的不同。假设系统中有 n 个功能类似的程序，每个程序有 3 个在逻辑上要求顺序执行的处理步骤：输入 I→计算 C→打印 P，于是系统中同时存在如下一组程序段等待执行：

程序 1 执行 I_1，C_1，P_1；程序 2 执行 I_2，C_2，P_2；…；程序 n 执行 I_n，C_n，P_n。

多个程序如果顺序执行，则执行过程如图 3-1 所示。

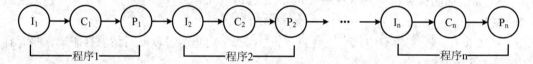

图 3-1　多个程序顺序执行过程

多个程序如果并发执行，则输入设备为程序 1 完成 I_1 操作后，可继续为程序 2 执行 I_2 操作，与此同时 CPU 为程序 1 执行 C_1 操作，即 I_2 与 C_1 可并发执行，因为这两个操作间不存在前驱后继关系。类似地，CPU 完成 C_1 操作后，打印机可执行程序 1 的 P_1 操作，若程序 2 的 I_2 操作也完成了，则 CPU 可继续执行程序 2 的 C_2 操作，而输入设备可执行程序 3 的 I_3 操作。以此类推，可得到如图 3-2 所示的并发执行过程。

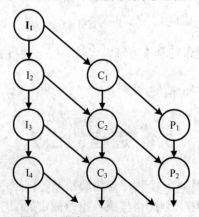

图 3-2　多个程序并发执行过程

比较图 3-1 与图 3-2 会发现，多个程序并发执行时，系统资源的空闲等待时间减少，从而提高了资源利用率和系统吞吐量。

2. 程序并发执行的特征

由图 3-2 可以看出，由于多个并发执行的程序(段)共享系统资源(输入设备、CPU、打印机等)，且为完成同一任务相互合作而形成前驱后继关系，使得多个程序(段)之间形成相互制约的关系，从而产生了与程序顺序执行不同的新特性。

1) 间断性

多个程序并发执行时，由于它们共享系统资源，以及为完成同一任务而相互合作，使得这些并发执行的程序之间形成了相互制约关系。如图 3-2 中，当输入设备正在执行程序 1 的 I_1 操作时，程序 2 的 I_2 操作只能等待；又比如，当 CPU 正在执行程序 1 的 C_1 操作时，就算程序 2 的 I_2 操作已经完成，它的 C_2 操作也必须等待，因为系统只有一个 CPU。因此，并发程序的执行通常都不是"一气呵成"，中间总会因为彼此间的各种制约关系出现暂停，表现出"执行—暂停—执行"的间断性活动规律。

2) 失去封闭性而导致程序运行结果出现不可再现性

并发执行的多个程序共享系统中的各种资源，这些资源的状态将被多个程序改变，致使一个程序的运行环境会受到其他并发执行程序的影响，即程序的运行失去了封闭性，从而造成程序的最终运行结果不仅与其初始条件有关，还与其相对执行速度有关，换句话说，就算程序多次执行时的初始条件相同，也可能得到不同的运行结果，出现了不可再现性特征。

下面用一个简单的例子来说明这个问题：设系统中两个程序 A 和 B，它们共享变量 N，N 的初始值为 0，其中 A 完成一个累加操作并将结果保存到 N 中，B 负责显示 N 的值并将 N 置 0，程序描述如下所示：

程序 A	程序 B
{ for(i = 1; i <= 10; i++);	{printf("N = %d\n", N);
N = N+i;	N = 0;
}	}

若 A、B 两个程序顺序执行且先执行 A，再执行 B，则 N 的最终值为 0，屏幕上的输出结果是 55，即程序运行结果是可再现的。但如果 A、B 并发运行，那么结果会怎么样呢？表 3-1 分析了其中三种可能的执行过程及其相应运行结果。

表 3-1　程序并发执行时的不可再现性特征

序号	A、B 可能的运行顺序	N 的最终值	屏幕输出结果
1	A 先运行完成，B 再运行	0	55
2	B 先运行完成，A 再运行	55	0
3	A 先运行，但完成 i = 5 的累加操作后，时间片到，暂停 A 的运行；运行 B；最后再接着运行 A 直到完成	40	15

大家会发现，即便 A、B 两个程序的初始运行条件不变(N 的初始值都是 0)，但由于 A、B 的相对执行速度不同，因此得到了不同的运行结果。出现上述错误的原因与并发运行程序被打断的时间和能占用处理器的时间有关。通常把这种错误称为"与时间有关的错误"，它主要是因为并发程序共享了某些软硬件资源却又没有实现对这些资源的互斥共享而造成的。本章 3.4 节"进程同步"的内容中将详细介绍避免这种错误的解决方法。

3. 静态程序结构不能支持并发运行的实现

程序只是程序员为解决某一问题而设置的一组指令的静态集合，它本身并不能支持并发运行技术的实现。下面仍然采用表 3-1 所描述的 A、B 两个程序的并发运行过程来分析。在第 3 种情况中，当 A 完成 i = 5 的累加操作后，时间片到，于是系统暂停 A 的执行，而转去执行程序 B。当 B 执行完成后系统准备继续执行 A 时，问题出现了：由于程序只是一组指令的静态集合，它自身没有机构记录上一次暂停时的运行现场信息，比如程序 A 下一条要执行的指令是第 6 次循环的开始，因此 A 无法继续顺利执行。或者说，一个静态的程序实体只能"一气呵成"地不间断地运行完成，中间不允许被暂停，即静态程序不能实现并发运行。

综上，为了支持程序能够并发运行，控制和协调各程序并发运行过程中对软、硬件资源的共享与竞争，描述和分析各程序并发运行过程中的动态特征，操作系统中引入了一个新的概念：进程。它是现代操作系统最基本、最重要的概念之一。

3.1.2　进程管理功能

进程管理实际上就是对处理器的管理，因为传统的多道程序系统中，处理器的分配是以进程为基本单位进行的。进程管理主要包括以下几方面的管理功能。

1. 进程控制

引入多道程序技术后，要使程序并发运行，必须先为程序创建一个或几个进程，并为之分配必要的资源，如内存等。进程运行结束时，应撤销该进程，并回收其所占用的资源。此外，还要控制进程在运行过程中的状态转换。

2. 进程互斥与同步

在多道程序环境中，多个进程是以异步方式运行的，并以人们不可预知的速度向前推进，但因为共享系统资源或彼此相互合作而产生制约关系。为使多个进程能有条不紊地运行，系统必须对多个进程的运行顺序进行协调。通常有两种协调方式：① 互斥方式，即多个进程在共享某些资源(临界资源)时，应采用互斥方式访问；② 同步方式，即当多个进程相互合作完成一项共同任务时，需要对它们的执行次序加以协调，以满足它们的前驱后继关系。

3. 进程通信

在系统中，经常需要多个进程相互合作完成一项共同任务，这些进程之间往往需要进行信息交换。例如有三个相互合作的进程：输入进程、计算进程和打印进程，输入进程负责数据输入并把输入数据传送给计算进程；计算进程对输入数据进行计算，并把计算结果传送给打印进程；打印进程打印计算结果。进程通信的任务就是实现相互合作进程之间的信息交换功能。

4. 调度

等待在后备队列中的作业，通常要经过调度(包括作业调度和进程调度)才能执行。作业调度的基本任务是从后备队列中按照一定的算法选择若干个作业调入内存，为它们创建进程，分配必要的资源，并插入就绪队列。而进程调度的任务，则是从就绪队列中按照一定的算法选出一个进程，把处理器分配给它，并为它设置运行现场，使其投入运行。

3.2　进程的概念

　　在多道程序环境下，允许多个程序并发执行，但只有在程序获得它所需要的资源时才能运行，因此，由于资源等因素的限制，程序的执行通常都不是"一气呵成"，而是以"走走停停"的方式进行的。当程序暂停运行时，需要将其运行现场信息作为断点保存起来，以便以后再次推进时能恢复断点信息并从断点处开始继续执行，而程序本身只是一组静态代码，并不能保存断点现场信息，也不能描述程序并发执行过程中的动态特征，为此引入了"进程"的概念。

3.2.1　进程定义与特征

1．进程的定义和特征

　　进程概念是操作系统中最基本、最重要的概念之一，最早是 20 世纪 60 年代初期，在 MIT 的 Multics 系统和 IBM 的 CTSS/360 系统中引入的。之后，人们对进程下过多种定义，但至今尚无公认的统一定义。依据动态性和并发性是进程最根本的属性，这里给出传统操作系统中进程的定义：进程是具有一定独立功能的程序关于某个数据集合的一次运行过程，是系统进行资源分配和调度的一个独立单位。

　　进程相较于程序来说，具有如下一些特征：

　　(1) 动态性。进程是程序的一次执行过程，它因创建而产生，由调度而执行，因得不到资源而暂停执行，最后因撤销而消亡。因此，进程具有一定的生命周期，其状态也会不断发生变化，是一个动态实体。动态性是进程最基本的特征。

　　(2) 并发性。进程的并发性是指同在内存中的多个进程能在一段时间内同时运行，交替使用处理器。引入进程的目的就是为了实现多道程序的并发运行。

　　(3) 独立性。进程是一个能独立运行的基本单位，也是系统进行资源分配和调度的一个独立单位。没有创建进程的程序是不能独立地参与并发运行的。

　　(4) 异步性。所谓异步性是指各进程是按各自独立的、不可预知的速度向前推进的。正因为如此，在操作系统中必须采取相应措施以保证各进程间能协调运行和正确共享资源。

2．进程映像

　　进程映像是指进程实体的组成。进程是一个程序在一个数据集合上的一次运行过程，因此一个进程必须包含一个或一组可执行的程序，与程序有关的数据集，如程序中定义的全局变量、局部变量、常量等。但这二者仅是静态的文本，不能反映进程的动态特性，因此还需要为进程设置一个数据结构，用来描述进程的状态信息、本身的属性、对资源的占用、调度信息等，称为进程控制块，简称 PCB(Process Control Block)。此外，程序在执行中还需要使用栈来跟踪过程调用中的参数传递，存放返回地址，为局部变量分配存储空间等，通常系统会在创建进程时为其建立两个栈：进程在用户态下执行时使用的用户栈以及在系统态下执行时使用的内核栈。综上，进程映像一般应该包括：程序(段)、数据集、栈和 PCB，有些系统把栈作为数据集的一部分。

3. 进程与程序的区别和联系

首先看个例子：厨师按照菜谱做菜。菜谱规定了这道菜的制作流程，相当于程序；做菜的原料如肉、青菜、佐料等相当于程序要处理的数据；做菜需要的工具如锅碗瓢盆、火等相当于进程运行所需的资源；而厨师相当于CPU，其做菜的整个过程就相当于进程。由此可见，进程与程序是两个不同的概念，它们之间既有区别又有联系。程序是构成进程实体的组成部分之一，一个进程的运行目标是执行它所对应的程序。如果没有程序，进程就失去了存在的意义；反之，如果没有进程，多道程序也不可能并发运行。但进程与程序又有着本质的区别：

(1) 程序是静态概念，本身可以作为软件资源长期保存；而进程是程序的一次执行过程，是动态的，有一定的生命周期。

(2) 进程是一个能独立运行的单位，是系统进行资源分配和调度的基本单位，能与其他进程并发执行，而程序因其自身不能描述并发运行过程中的动态信息，所以无法参与并发运行。

(3) 各进程在并发执行过程中存在异步性特征，而程序因为只能顺序执行，故没有这个特征。

(4) 程序和进程并非是一一对应关系。一个程序可由多个进程共享，而一个进程在其运行过程中又可顺序地执行多个程序。例如，在分时系统中多个终端用户同时进行C程序编译，这样，一个C编译程序就对应多个C编译进程；而对每个C编译进程来说，在进行编译的过程中会用到预处理、词法及语法分析、代码生成和优化等多个程序模块。

3.2.2　进程状态及转换

进程具有一定的生命周期，并且在其生命周期内，由于进程间的并发运行及相互制约关系，使得进程状态不断发生变化。

1. 进程的三种基本状态

不同系统设置的进程状态一般不完全相同，但通常会包括如下三种基本状态：

(1) 就绪状态：进程已分配到除处理器外的所有必要资源，只要再获得处理器就可以立即执行，这时的进程状态称为就绪状态。在一个系统里，可以有多个进程同时处于就绪状态，为便于管理，通常把处于就绪状态的进程组织成一个或多个队列，称为就绪队列。

(2) 运行状态：处于就绪状态的进程已获得处理器，其程序正在执行。

(3) 阻塞状态：正在执行的进程因等待某事件的发生(如请求 I/O 设备、等待 I/O 操作完成、等待其他进程发来信号等)而暂停执行的状态，又称为等待状态或睡眠状态。在一个系统里，可以有多个进程同时处于阻塞状态，为便于管理，通常也将处于阻塞状态的进程组织成一个或多个队列，称为阻塞队列。

进程在并发运行过程中，不断地从一个状态转换到另一个状态，它可以多次处于上述三种基本状态之一。进程状态转换的情况如图 3-3 所示。

(1) 就绪→运行：处于就绪状态的进程，当进程调度程序为之分配了处理器，并布置运行现场后，该

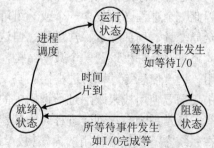

图 3-3　进程三种状态及转换

进程便由就绪状态转换到运行状态。

(2) 运行→就绪：在分时系统中，当前运行进程如果时间片用完，则暂停运行；在抢占调度方式中，如有更高优先级的就绪进程到达，将迫使当前运行进程让出 CPU。于是当前运行进程从运行状态转换成就绪状态，重新进入就绪队列排队，等待下一次 CPU 调度。

(3) 运行→阻塞：当前运行进程因需要等待某事件的发生而无法继续运行，如等待 I/O 操作的完成，或未能申请到所需的系统资源，或等待其他进程发来信号等，则进程让出 CPU，转变为阻塞状态。

(4) 阻塞→就绪：处于阻塞状态的进程，所等待的事件已经发生，如 I/O 操作已完成或获得了所需的资源等，则进程转变为就绪状态等待 CPU 调度。之所以不能直接转换到运行状态，是因为系统中此时可能有多个进程都处于就绪状态等待 CPU 调度，系统必须按一定的算法选择某个就绪进程占用 CPU 运行。

2. 创建状态和终止状态

很多实际系统还设置了两种状态：创建状态和终止状态。

(1) 创建状态：是指正在被创建，但还没有创建完成，尚未加入就绪队列时的状态，此时该进程还不能参与 CPU 调度。系统创建一个进程需要完成一系列工作，包括建立进程控制块、分配内存、装载新进程的程序和数据、建立堆栈等，完成后将进程置为就绪状态并插入就绪队列中等待 CPU 调度。

(2) 终止状态：当前运行进程完成自己的工作后正常结束，或是运行中出现了无法克服的错误(如地址越界、使用非法指令等)而被异常终止时，将被系统强制结束，进入终止状态。处于终止状态的进程不能再参与运行，但依然在系统中保留一个记录，等待父进程收集有关统计信息，如使用 CPU 时间等。一旦信息收集完成之后，该进程将立即被系统撤销，从系统中永久消失。

当引入创建状态和终止状态后，进程的状态转换如图 3-4 所示，即增加了"创建→就绪""运行→终止"两种状态转换。

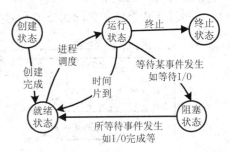

图 3-4 进程五种状态及转换

3.2.3 Linux 进程状态解析

不同版本的 Linux，其进程状态的设置是不同的，在 2.6.24 版本中进程状态由进程描述符 task_struct 结构中的 state 和 exit_state 两个字段表示。其中 state 表示进程整个生命周期中的各种状态，包括 TASK_RUNNING、TASK_INTERRUPTIBLE、TASK_UNINTERRUPTIBLE、TASK_STOPPED、TASK_TRACED、TASK_WAKEKILL、TASK_DEAD 及 TASK_WAKING；exit_state 表示进程终止过程中的状态，包括 EXIT_DEAD 及 EXIT_ZOMBIE。

(1) TASK_RUNNING：可运行状态。处于该状态的进程要么正在 CPU 上运行，要么位于就绪队列中等待 CPU 调度运行。

(2) TASK_INTERRUPTIBLE：可中断睡眠状态。因为等待某事件发生而阻塞睡眠的状态。当所等待的事件发生时，或者有其他异步信号到达时，该进程将被唤醒。

(3) TASK_UNINTERRUPTIBLE：不可中断睡眠状态。与 TASK_INTERRUPTIBLE 类似，但不响应异步信号，只能被 wakeup()(唤醒函数)显式唤醒。

(4) TASK_STOPPED：暂停状态。当进程收到 SIGSTOP(暂停执行信号)、SIGTSTP(暂停执行信号)、SIGTTIN(暂停执行信号)或 SIGTTOU(暂停执行信号)信号时进入暂停状态，不可被调度运行；之后收到 SIGCONT(让一个暂停进程继续执行的信号)信号时恢复到可运行状态。

(5) TASK_TRACED：跟踪状态。进程被调试器暂停下来，等待跟踪它的进程对其进行相关处理，例如执行 ptrace()(跟踪函数)系统调用。

(6) TASK_DEAD：终止状态。进程在退出过程中所处的状态，进程所占用的资源将被回收，很快将要被系统彻底销毁。

(7) TASK_WAKEKILL：可响应致命信号的不可中断睡眠状态。这是 Linux 内核引入的一种新状态，其属性与 TASK_UNINTERRUPTIBLE 相似，但是可以响应致命信号。

以下两种状态表示进程终止过程中的状态，保存在 exit_state 字段中：

(1) EXIT_ZOMBIE：僵尸状态。进程已终止，除了 task_struct 结构以及内核堆栈以外，其余所有资源已被系统回收，等待父进程调用 wait()系列函数收集它的相关统计信息，如运行时间等。

(2) EXIT_DEAD：进程的最终状态，表示父进程已经通过 wait()系列函数完成其相关信息的收集，或者父进程已设置 SIGCHLD(子进程结束时，向父进程发送的信号)信号的 handler(处理函数)为 SIG_IGN(不处理)，之后将很快被彻底销毁。所以 EXIT_DEAD 状态是非常短暂的，几乎不可能通过 ps 命令(ps 命令用于显示系统中进程的情况)捕捉到。

进程在几个状态之间的转换及典型原因如图 3-5 所示。

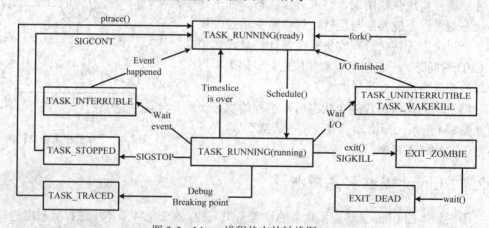

图 3-5　Linux 进程状态的转换图

3.2.4　进程控制块

进程控制块(Process Control Block，PCB)是进程映像的重要组成部分，其中记录了用于描述进程情况及控制进程运行所需要的全部信息，是进程动态特性的集中反映。通过 PCB，使得原来不能并发执行的程序，成为能并发执行的进程。系统依据 PCB 对进程实施控制和管理：随进程的创建而建立 PCB；因进程的状态变化而修改 PCB 的相关内容；当进程因某种原因暂停运行时，其断点现场信息要保存到 PCB 中；当进程被撤销时，系统收回其 PCB。

可见，系统是根据 PCB 来感知进程的存在的，PCB 是进程存在的唯一标志。

不同操作系统，其 PCB 所包含的信息会有些不同，但通常都应包含如下基本信息：

(1) 进程标识信息，包括：

① 进程标识符：系统中的每个进程都有区别于其他进程的唯一标识符，以标识一个进程，可以用字符串或编号表示。系统为方便跟踪管理进程，创建进程时会为新进程分配一个整数编号，称为进程的内部标识符(pid)，通常是进程的创建序号；另外某些系统为方便用户对进程的访问，会为进程设置一个由字母、数字组成的字符串作为外部标识符，它是由创建者提供的。

② 用户标识符：每个进程都隶属于某个用户或用户组，以便于资源共享和保护。

③ 家族关系：多个进程之间会互成家族关系，如该进程的父进程、兄弟进程、子进程等，通常也会记录在 PCB 中。

(2) 进程调度信息，它是与进程调度有关的一组信息，主要包括：

① 进程状态：说明进程当前所处的状态，如前面介绍的就绪状态、运行状态、阻塞状态等，只有处于就绪状态的进程才能参与 CPU 调度。

② 进程优先级：是系统进行 CPU 调度的重要依据，通常用一个整数数字表示。优先级高的进程会优先获得 CPU 运行。

③ 其他调度相关信息：通常与系统的进程调度算法有关，比如进程在就绪队列中等待 CPU 的时间，进程已执行的时间总和，进程到运行结束还需要的 CPU 运行时间等。

④ 事件：进程能够继续执行前需等待的事件，即进程阻塞的原因。

(3) 进程现场信息：当前运行进程因某种原因(如时间片到或等待某事件的发生等)而暂停运行时，需记录其断点处的运行环境信息，以便以后能从断点处恢复运行。进程现场信息主要是由处理器中各寄存器的内容组成：

① 通用寄存器内容：又称为用户可见寄存器，是用户程序可以访问的一组寄存器，可用于传送和暂存数据、参与算术逻辑运算、保存运算结果等。大多数处理器有 8~32 个通用寄存器，而 RISC 类(精简指令集计算机)处理器中通用寄存器数量较多，可超过 100 个。

② 指令计数器的值：其中存放了进程将要执行的下一条指令的地址。

③ 程序状态字 PSW：其中包含 CPU 运行状态信息，如条件码、中断允许/禁止标志、处理器特权级、任务嵌套标志等。

④ 栈指针：每个进程都有一到两个与之相关联的栈(用户栈或内核栈)，用于保存过程调用的参数及返回地址、系统调用的参数及调用地址以及为局部变量分配存储空间等。

(4) 进程控制信息，它是控制和管理进程所需要的相关信息，主要包括：

① 进程的程序和数据在内存或外存的地址。

② 进程同步信息：进程运行过程中与其他进程之间发生的各种制约关系。

③ 进程通信信息：记录进程运行过程中与其他进程之间发生的信息交换情况。

④ 资源管理信息：描述进程运行过程中资源占有情况，如使用 CPU 的统计时间、内存占用情况、I/O 设备使用情况、打开的文件记录等。

⑤ 链接指针：系统为有效管理数量众多的 PCB，通常将其组织成相关的队列，某个进程的 PCB 可能会同时处于多个队列中，如一个就绪进程，其 PCB 一定在某个就绪队列中，也同时在其父进程的子进程队列中。

3.3　进　程　控　制

　　进程是有生命周期的，由创建而存在，因撤销而消亡。进程在其整个生命周期中，会因为进程间的并发运行及相互制约关系而在不同的状态之间转换。进程控制就是完成这一系列工作的，包括进程的创建与撤销、控制进程在各状态之间的转换等，通常是由操作系统内核中的一组原语来实现。所谓原语，是由若干条机器指令组成的，用于完成某种特定功能的一个过程。它与一般过程的区别是原语一旦启动，它在执行过程中就不允许被中断。原语是在核心态下执行的，常驻内存。实现进程控制的原语主要包括进程创建原语、进程撤销原语、进程阻塞原语和进程唤醒原语。

3.3.1　进程创建

1. 进程图

　　进程图是用于描述进程家族关系的有向树，如图 3-6 所示。图中的节点代表进程，在进程 B 成功创建了进程 D 后，称 B 是 D 的父进程，D是 B 的子进程，而创建父进程 B 的进程 A 称为 D 的祖父进程，这样便形成了一棵进程树，把树的根节点称为进程家族的祖先。

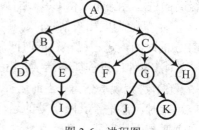

图 3-6　进程图

　　了解进程间的家族关系是很重要的。因为子进程可以继承父进程所拥有的全部或部分资源，如父进程打开的文件、分配到的内存空间、剩余时间片等。当子进程被撤销时，应将从父进程那里获得的资源归还给父进程；在撤销父进程时，也应该同时撤销其所有的子进程。为了标识进程之间的家族关系，在每个进程的 PCB 中都设置了家族关系字段，以标识自己的父进程、兄弟进程及所有的子进程。

2. 引起进程创建的典型事件

　　(1) 作业调度。批处理系统中，提交给系统的作业通常存放在磁盘上，当作业调度程序按一定算法调度某个作业进入内存运行时，必须为该作业创建进程，分配必要的资源，并插入就绪队列。

　　(2) 用户登录。交互式系统中，用户从终端登录系统成功时，系统将为该终端用户创建一个进程，如 Linux 中的 shell 进程，负责接收并解释执行用户输入的命令。

　　(3) 提供特定服务。当运行中的用户进程提出某种服务请求时，系统将专门创建一个进程来提供用户所需要的服务。比如用户进程要求打印一个文件，则系统会创建一个打印进程来完成该请求，用户不必等待打印工作结束就可以继续做其他的事情。

　　(4) 应用请求。应用进程运行过程中，可根据自身的需要调用"进程创建"系统调用创建一个子进程完成某项工作。比如一个文件服务器进程，当它监听到某个客户发来的文件下载请求时，可创建一个子进程来完成客户的文件下载请求，而它自己可继续监听其他客户的请求，提高对客户的响应速度。

3. 进程创建原语

不同操作系统所提供的进程创建原语的名称和格式不尽相同，但其所完成的工作却是大致相同的，主要包括以下几个步骤：

(1) 为新进程申请一个尚未被使用的 pid 和一个空白 PCB。

(2) 为新进程分配必要的资源，比如建立进程地址空间，为其分配内存空间以建立堆栈、存放程序与数据，此外可能还需要为其打开文件、分配设备、分配初始时间片长度等。这些资源或者从系统分配，或者从父进程继承或共享。

(3) 初始化新进程的 PCB，填入相关信息，如 pid、进程名、父进程标识符、处理器初始状态、进程状态、进程优先级、进程要执行程序的入口地址、进程同步信息、进程地址空间信息、资源分配情况等。

(4) 最后，将新进程状态置为就绪状态，并插入就绪队列，等待 CPU 调度。

3.3.2　进程撤销

1. 引起进程撤销的典型事件

引起进程撤销的典型事件通常有如下三类：

(1) 正常结束而撤销。一个进程已完成自己的任务，请求操作系统撤销自己。

(2) 异常终止而撤销。进程在运行期间出现某些错误或故障而被迫终止，如地址越界错误、执行非法指令、特权指令错、除数为 0、I/O 故障等，将导致进程被撤销。

(3) 应外界干预而撤销。这些外界干预主要有：① 操作员或操作系统干预。比如系统发生了死锁，为解除死锁需要撤销一部分死锁进程；或者某进程进入死循环，也需要操作员来撤销它。② 父进程请求。当子进程完成父进程指派的工作后，父进程可以请求系统撤销该子进程。③ 当父进程被撤销时，系统或自动撤销其所有的子孙进程。

2. 进程撤销原语

进程撤销原语所完成的工作主要包括以下几个方面：

(1) 根据被撤销进程的标识符(pid)，从系统的 PCB 集合中找到该进程的 PCB，读出其状态，若处于运行状态，则立即终止运行，并将系统调度标志置为"真"，以便撤销该进程后系统立即重新进行 CPU 调度。

(2) 若被撤销进程还有子进程，则应该进一步撤销其所有子进程，或者为这些子进程临时指定新的父进程，比如 Linux 会指定其同组进程或 init(初始)进程为其子进程的临时父进程。

(3) 回收被撤销进程所拥有的全部系统资源，或者归还给系统，如内存、I/O 设备等；或者归还给父进程，如从父进程继承来的未使用完的时间片等。

(4) 最后，将被撤销进程的 PCB 从所在队列移出，待以后父进程或系统从中收集相关信息后，最终释放它，则该进程就永远从系统中消失了。

3.3.3　进程阻塞与唤醒

1. 引起进程阻塞和唤醒的典型事件

当前运行进程因为需要等待继续执行的条件或事件时，必须放弃 CPU，进入阻塞状态，待条件满足时再转变成就绪状态。引起进程阻塞和唤醒的典型事件主要有：

(1) 请求资源失败。正在运行的进程向系统请求某种资源，但系统因资源不足不能及时分配，则该进程将不能继续运行而转变为阻塞状态，待以后其他进程释放相应资源时再唤醒它。比如进程 P1 请求使用打印机，但系统之前已将打印机分配给进程 P2，则 P1 只能阻塞，仅在 P2 释放打印机后才能唤醒 P1。

(2) 等待某种操作的完成。进程启动某种操作后，若必须等待该操作完成后才能继续运行，则该进程将进入阻塞状态，待操作完成后再被唤醒。比如进程需要从磁盘上读入一个文件内容进行处理，则发出磁盘 I/O 请求后进入阻塞状态，待磁盘 I/O 操作完成后由磁盘中断处理程序唤醒它。

(3) 前驱进程尚未完成。对于相互合作完成同一任务的多个进程，若前驱进程尚未执行完成，则后继进程必须等待。比如有两个进程 P1 和 P2，P1 从磁盘读入数据，P2 负责处理数据，若 P1 尚未完成数据的读入，则 P2 只能等待，直到 P1 读入完成后将 P2 唤醒。

(4) 进程无新工作可做。系统往往会设置一些具有某种特定功能的服务进程，每当其完成相应工作后，就进入阻塞状态等待新工作的到达。比如网络服务器中的消息发送进程，若所有消息已经全部发送完成，则进入阻塞状态，直到有新的发送请求到达时才将其唤醒。

2. 进程阻塞原语

正在运行的进程如果发生上述的某事件，将主动调用阻塞原语将自己阻塞起来。进程阻塞原语要完成的工作主要包括：首先立即停止该进程的执行，保存其 CPU 现场信息到 PCB 中，并将 PCB 中的进程状态由"运行"改为"阻塞"，然后插入相应的阻塞队列，最后转进程调度程序重新进行调度，将 CPU 分配给另一就绪进程运行。

3. 进程唤醒

当阻塞进程所等待的事件发生时，则由相关进程(通常是完成该事件的进程)调用唤醒原语将其唤醒。唤醒原语首先确定要唤醒的进程：查找该事件的阻塞队列，或者唤醒队首进程，或者唤醒指定进程，或者唤醒队列中所有进程，不同的操作系统具体实现机制会有区别；然后将被唤醒进程的 PCB 从所在阻塞队列中移出，并将其 PCB 中的进程状态由"阻塞"改为"就绪"，最后插入就绪队列中等待 CPU 调度。

3.3.4　Linux 进程管理

1. 进程描述符 task_struct

操作系统管理进程最重要的数据结构是进程控制块 PCB，Linux 中称为进程描述符，是一个 task_struct 类型的结构体，定义在文件/linux/sched.h 中。系统在创建进程时，首先会为新进程建立 task_struct 结构，用于存放进程所有的描述和控制信息。task_struct 结构体包含的内容很多，为方便读者学习和理解，下面对部分成员进行介绍。

1) 进程状态

由 state 和 exit_state 两个字段表示，详见前面 3.2.3 节所述。

2) 相关标识符信息

Linux 中每个进程都有一个唯一的标识：process ID，简称 PID。PID 是顺序编号的，系统启动时"手工"建立的第一个进程是 idle 进程，其 PID 为 0，之后建立新进程时，其 PID 为前一个进程的 PID+1。PID 的值有一个上限，32 位系统中是 32 767，64 位系统中是 4 194 303，可通过/proc/sys/kernel/pid_max 文件来查看和修改这个值。当内核使用的 PID 超过这个上限时，就要查找定义在/include/linux/pid_namespace.h 文件中的 pidmap 位图，循环使用已闲置的小 PID 号。

在 task_struct 结构中设置的相关标识符字段主要有：

(1) pid_t pid：进程标识符 PID。

(2) pid_t tgid：线程组领头线程的 PID，或者说是线程组所属进程的 PID，该线程又称为线程组长，是 getpid()的返回值。对于普通进程，其 pid 与 tgid 是相同的。

(3) pid_t pgrp：进程所属进程组的领头进程的 PID。

(4) session：进程所属会话的领头进程的 PID。

(5) uid 和 gid：uid 是进程的用户 ID，通常是进程的创建者。由于一个用户可能属于多个组，因此还需要 gid 来表示该进程属于哪个用户组。

(6) euid 和 egid：有效的 uid 和 gid，系统出于安全权限考虑，运行程序时要检查 euid 和 egid 的合法性。euid 和 egid 通常分别等于 uid 和 gid，但当用户使用"sudo"命令以超级用户或其他特许用户身份执行某些操作时，会暂时将 root(超级用户)身份赋给 euid 和 egid。

(7) suid 和 sgid：备份的 euid 和 egid，根据 POSIX 标准引入的，用于在系统调用改变 euid 和 egid 时，保存真正的 euid 和 egid。

(8) fsuid 和 fsgid：文件系统的 uid 和 gid，用于对文件系统操作时的合法性检查，一般分别与 euid 和 egid 一致，但在 NFS(Network File System，详见 6.7.2 虚拟文件系统 VFS 中的介绍)文件系统中 NFS 服务器需要作为一个特殊的进程访问文件，这时只修改客户进程的 fsuid 和 fsgid。

3) 家族关系

除 0 号进程外，Linux 中所有进程都是 PID 为 1 的 init 进程的后代，内核在系统启动的最后阶段创建 init 进程，并由其完成后续启动工作。系统中的每个进程必有一个父进程，相应的，每个进程也可以拥有零个或多个子进程。task_struct 结构中描述进程家族关系的主要字段有：

(1) struct task_struct *group_leader：指向所属进程组的领头进程的指针，它有自己的终端设备 tty，当前进程就是从这个终端上创建的。

(2) struct list_head thread_group：指向该进程所在进程组中所有进程组成的链表。

(3) struct task_struct *real_parent：指向创建该进程的父进程。

(4) struct task_struct * parent：指向该进程的当前父进程，通常与 real_parent 相同，但如果正在被 gdb(UNIX 或类 UNIX 系统中的程序调试工具)调试，则指向 gdb 进程；或者如果父进程已被撤销，则指向 init 进程或父进程的其他同组进程。

(5) struct list_head children：指向该进程的子进程链表的头部。

(6) struct list_head sibling：指向兄弟进程链表中的下一个或前一个节点，父进程相同的所有进程称为兄弟进程，由 sibling 字段链接成父进程的 children 链表，它们间的关系如图 3-7 所示。

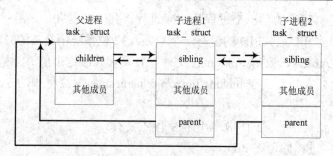

图 3-7　进程的家族关系

4) 进程调度相关信息

(1) int prio, static_prio, normal_prio：prio 是进程的动态优先级，取值范围是[0,139]。根据 prio 取值的不同可把进程分为实时进程(prio∈[0,99])和普通进程(prio∈[100,139])，针对它们分别有不同的调度策略。prio 是调度器选择下一个运行进程的主要依据，数值越小，优先级越高。static_prio 是进程的静态优先级，取值范围是[0,139]。进程被创建时从父进程继承而来，主要用于计算进程的时间片和动态优先级 prio。normal_prio 是常规动态优先级，基于 static_prio 和调度策略计算得到。使用"优先级继承协议"时(如使用实时互斥量)，可能会临时提升进程的优先级，但工作完成后应立即恢复其原来的优先级，normal_prio 就是保存这个"原来的优先级"的。

普通进程的 prio、static_prio、normal_prio 三个优先级的值通常是相同的。

(2) unsigned int rt_priority：实时进程优先级，取值范围是[0,99]，若值为 0，则表示是非实时进程，[1,99]表示是实时进程。

(3) struct list_head run_list：记录进程在就绪队列 rq 中的位置。

(4) const struct sched_class *sched_class：进程所采用的调度器类。Linux 系统根据调度策略的不同设置了五种调度器类：stop_sched_class → dl_sched_class → rt_sched_class → fair_sched_class→idle_sched_class，链接成一个简单的单向链表，且各调度器类的优先级沿链表顺序递减。

(5) struct sched_entity se 是普通进程调度实体；struct sched_rt_entity rt 是实时进程调度实体。

调度器一般不直接操作进程，而是处理调度实体，调度实体包含了关于调度的完整信息。一个调度实体既可以是一个进程，也可以是一组进程。

(6) unsigned int policy：本进程采用的调度策略。Linux 支持六种策略，详见后面"3.5.4 Linux 调度算法解析"。

(7) int on_cpu 规定本进程当前由哪个 CPU 来运行。cpumask_t cpus_allowed 是在多处理器环境下，规定本进程能在哪些 CPU 上运行。

(8) unsigned int time_slice：进程的剩余时间片长度。

(9) unsigned long nvcsw,nivcsw：表示进程的上下文切换次数。nvcsw 记录进程主动切换次数；nivcsw 记录进程被动切换次数(即被内核抢占的次数)。

5) 进程地址空间及文件系统信息

(1) struct mm_struct *mm：进程用户地址空间描述符，指向由若干 vm_area_struct 描述

的虚存块。内核线程的 mm 字段为 NULL。

(2) struct mm_struct *active_mm：该字段主要用于内核线程，内核线程永远不会在用户态下运行，其 mm 字段为 NULL，但内核要求每个进程都要有一个 mm_struct 结构，因此设置了 active_mm 字段。普通进程的 active_mm 与 mm 值相同；内核线程的 active_mm 被设置为前一个运行进程的 active_mm 值。

(3) struct fs_struct *fs：表示进程与文件系统的联系，如进程的当前目录和根目录。

(4) struct files_struct *files：记录进程当前打开的文件，前三项分别预先设置为标准输入、标准输出和出错信息输出文件。

6) void *stack：指向进程内核栈始址

Linux 中每个进程有一个内核栈,保存中断现场信息及进程在内核态调用函数等的返回地址信息，其大小是静态确定的，默认值是 2 个页面，32 位系统中是 8 KB，64 位系统中是 16 KB。由于系统会频繁访问 task_struct 结构，为快速找到该结构，系统设计了一个很小的 thread_info 结构(进程基本信息结构)嵌入到内核栈中，且位于栈的起始位置，如图 3-8 所示。thread_info 结构保存了进程运行相关的最基本信息，如指向 task_struct 的指针、进程的执行域、状态标记、所运行的 CPU、内核抢占使能标识、逻辑地址空间上限等。将 ESP 低 13 位(32 位系统)清零可得到 thread_info 结构的始址,而其中的 task 字段则指向当前进程的 task_struct。Linux 提供的 current 宏就是通过该关系获得进程的 task_struct 指针的。相关数据结构请读者自行查阅 Linux 的源码。

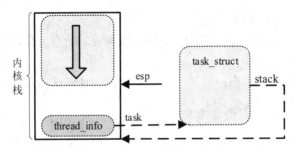

图 3-8　进程内核栈示意图

7) 进程信号处理相关信息

(1) sigset_t saved_sigmask 是进程的信号掩码，置位表示屏蔽，复位表示不屏蔽。

(2) struct signal_struct *signal 是指向进程的信号描述符。struct sighand_struct *sighand 是指向进程的信号处理程序描述符。

(3) struct sigpending pending 是记录进程所有已经触发但是还没有处理的信号。sigset_t blocked, real_blocked 是被阻塞信号的掩码，后者表示临时掩码。

8) 时间及定时器相关信息

(1) cputime_t utime, stime：记录进程在用户态(utime)和内核态(stime)的运行时间。

(2) u64 start_time：进程创建时间。

(3) unsigned long timer_slack_ns：进程不活跃时间，单位是 ns，常用于 poll()(文件描述符轮询函数)和 select()(文件描述符轮询函数)。

2. 进程创建

Linux 系统中执行一个新任务的方法通常是先调用 fork()创建一个子进程，接着调用 exec()读取指定可执行文件并载入该子进程的地址空间开始运行。传统的 fork()通过复制父进程的所有资源来创建子进程，效率低下且没有必要。现代 Linux 内核引入"写时复制 (copy-on-write)"技术：创建子进程时并不复制父进程的整个地址空间，而是允许父子进程以"只读"方式共享父进程的所有页面，并将这些页面置上"写时复制"标记；当父子进程的任何一方试图写一个物理页时，内核就复制该页面内容到一个新的物理页，并把该新物理页分配给正试图写的进程。Linux 提供了三个创建进程的系统调用：fork()、vfork()和 clone()，所调用的内核服务例程分别是 sys_fork()、sys_vfork()和 sys_clone()，而这三个服务例程最终都会调用 do_fork()来实际完成进程创建工作。

1) fork()、vfork()和 clone()的简要说明

(1) fork()：创建一个普通进程，调用一次返回两次，在子进程中返回 0，在父进程中返回子进程的 pid。

(2) vfork()：子进程能共享父进程的地址空间，且父进程会一直阻塞，直到子进程调用 exit()终止运行或调用 exec()加载另一个可执行文件，即子进程优先运行。

(3) clone()：不同于前面两个，它接受一个指向某函数的指针和该函数的参数，刚创建的子进程将马上执行该函数。clone()允许子进程有选择性地继承父进程的资源，因此通常用它来创建线程。

2) do_fork()函数简要分析

do_fork()定义在 kernel/fork.c 文件中，完成进程创建的所有工作，其间调用 copy_process()完成创建进程的大部分工作。

(1) 设置新进程的跟踪状态：如果父进程被跟踪，且调试器要求跟踪每一个子进程时，则新进程也处于跟踪状态。

(2) 调用 copy_process()完成新进程的进程空间创建和描述符域定义的大部分工作：

① 调用 dup_task_struct()为新进程创建内核栈、thread_info 和 task_struct 结构；

② 检查进程资源限制、用户拥有进程数量限制、系统进程数量限制等，若超过限制，则出错返回；

③ 初始化 task_struct 中的部分信息：互斥变量及一些统计信息等；

④ 调用 sched_fork()设置新进程初始调度相关信息，如分配运行 CPU，建立调度实体并将状态置为 TASK_RUNNING 状态；

⑤ 根据 clone_flags(创建进程时的控制标识信息)的值调用一组 copy_×××()操作复制父进程的内容，如信号量信息、文件系统信息、信号信息、地址空间信息等，但只是设置新进程的相关指针，并增加资源数据结构的引用计数；

⑥ 调用 copy_thread()复制父进程的内核栈给新进程，并将新进程内核栈中的 eax 设置为 0，因此，当从子进程返回时，fork()的返回值为 0；

⑦ 为新进程分配 PID，并建立 pid 结构；

⑧ 初始化表示进程间关系的相关字段，并将新进程插入若干链表；

⑨ 完成扫尾工作并返回新进程的 task_struct 结构的指针。

(3) 如果 clone_flags 包含 CLONE_STOPPED(强迫子进程开始于 TASK_STOPPED 状态)标志，则置新进程状态为 TASK_STOPPED，否则将新进程插入可运行队列。

(4) 如果 clone_flags 包含 CLONE_VFORK 标志，则阻塞父进程直到新进程运行结束或执行另外一个程序。

(5) 返回子进程的 pid 值，该值就是 fork()系统调用后父进程的返回值。

新进程创建完成后，当调度新进程运行时，它将从 ret_from_fork(do_fork()返回位置)开始执行，然后跳转到 syscall_exit(系统调用返回位置)，好像新进程执行了一次系统调用。接着从内核态返回到用户态，其用户空间的返回地址保存在内核栈中，与父进程一致。

3. 进程终止

当一个进程正常结束或异常终止时，应释放该进程所占用的系统资源(包括进程运行时打开的文件、申请的内存等)，向父进程发送信号。进程终止由 exit()系统调用完成，且不会返回。exit()执行内核函数 do_exit()，定义在 linux/kernel/exit.c 中，释放该进程的大多数资源：

(1) 排除一些无效的特殊情况，包括：退出进程没有处于中断处理中；确保退出进程不是 idle 进程(pid = 0)。

(2) 将 task_struct 中的 flags 域设置成 PF_EXITING(进程正在被终止的标识)，表示进程正在被终止。

(3) 设置进程退出码。

(4) 回收进程不再使用的资源：调用 exit_mm()、exit_sem()、__exit_files()、__exit_fs()及 exit_thread()释放相关资源，调用 module_put()减少模块引用计数。若该进程由 vfork()创建，则 exit_mm()将唤醒其父进程。

(5) 销毁进程在 proc 文件系统中的信息。

(6) 调用 exit_notify()将进程从其相关家族关系链表中删除，向其原父进程发送 SIGCHILD(子进程终止信号)，并置进程 exit_state 为 EXIT_ZOMBIE 或 EXIT_DEAD。

(7) 将进程状态设置为 TASK_DEAD，以便以后由 schedule()释放其 task_struck 结构，并重新进行调度。

由此可见在进程终止时，其 task_struct 结构及内核栈仍保留着，因为其父进程还需要使用其中的统计信息。通常在子进程执行期间，父进程使用 wait()或 waitpid()等待其某个子进程终止；当等待的子进程被终止并处于僵死状态时，父进程收集子进程的相关统计信息，并最终释放子进程的 task_struct 结构及内核栈。

4. 进程睡眠和唤醒

1) 进程睡眠

当前运行进程需要等待某事件的发生，如等待一次 I/O 操作的结束，从而转变为等待状态，当所等待的事件发生时会被唤醒。Linux 系统设置了 TASK_INTERRUPTIBLE 和 TASK_UNINTERRUPTIBLE 两种等待状态，处于 TASK_INTERRUPTIBLE 状态的进程，如果接收到一个信号时会被提前唤醒并响应该信号，而处于 TASK_UNINTERRUPTIBLE 状态的进程会忽略信号。

Linux 2.7 版本之前使用 sleep_on*()系列函数来实现进程睡眠操作，但 2.7 之后就改用 wait_event*()来实现该操作了，wait_event*()定义在 include/linux/wait.h 中，完成的主要工作包括：

(1) 为当前运行进程 current 新建一个等待队列节点。

(2) 进入循环：将进程状态置为 TASK_INTERRUPTIBLE 或 TASK_UNINTERRUPTIBLE，插入相应等待队列，并重新调度；当进程被唤醒后，检查指定的条件是否满足，如果满足，则跳出循环，否则重新调度，并继续睡眠。

(3) 退出循环后，调用 finish_wait()，设置状态为 TASK_RUNNING 并移出等待队列。

2) 唤醒进程

Linux 内核定义了很多唤醒睡眠进程的函数，这些函数最终都是调用__wake_up()对指定等待队列中的进程完成唤醒操作，定义在 kernel/sched.c 中：

(1) 对指定等待队列加锁。

(2) 调用__wake_up_common()完成唤醒进程的大部分工作：遍历指定等待队列，从队首第一个睡眠进程开始，执行它的唤醒函数(默认是 default_wake_function())，把被唤醒进程插入到它所分配的 CPU 运行队列中。依据给定的参数，可能唤醒等待队列中所有的睡眠进程，也可能唤醒所有非独占式睡眠进程和第一个独占式睡眠进程。

(3) 对指定等待队列解锁。

3.4　进　程　同　步

并发技术有效提高了系统资源利用率和系统吞吐量，却让系统变得更加复杂，这是因为多个进程是以异步方式并发运行的，以人们不可预知的速度向前推进，当它们共享某些资源的时候，如果处理不当，则运行结果可能会出现"与时间有关的错误"(参见 3.1.1 节内容)。因此为使多个进程能有条不紊地、正确地并发运行，系统必须对它们的运行顺序进行协调，这就是进程同步，而互斥是同步的一种特殊情况。

3.4.1　进程同步的基本概念

1. 并发进程间的间接制约关系与进程互斥

1) 临界资源

在多道程序环境中，多个进程并发运行，它们之间可能彼此无关，并不知道其他进程的存在，但因为同处于一个系统中，必然会由于资源共享(如 CPU、I/O 设备等)而存在相互制约关系，称为间接制约关系。系统中某些资源一次只允许一个进程使用，这类资源称为临界资源，许多物理设备(如打印机、磁带机等)和许多软件资源(如共享变量、文件、表格、队列等)都属于临界资源。多个进程在共享临界资源时，必须以互斥方式共享，即当一个临界资源正在被某个进程访问时，其他进程不允许同时访问该资源，只能等待前一进程访问完毕释放资源后，后一进程才能接着访问。例如，有 A 和 B 两个进程共享系统中的一台打印机，假如系统已将打印机分配给 A，如果此时 B 提出打印请求，则 B 只能等待，直到 A 使用完打印机并释放后，系统才能将该打印机分配给 B。

多个进程并发运行时，是以人们不可预知的速度向前推进的，当它们共享一些公用变量时，如果系统没有保证互斥共享，则可能会使进程的运行结果出现"与时间有关的错误"。例如，某游艺场设置了一个自动计数系统，用计数器 count 表示在场的人数，若有一个人进入游艺场，则进程 Pin 对 count 加 1，当退出一人时，进程 Pout 对 count 减 1。由于人员进出游艺场是随机的，因此进程 Pin 和 Pout 的执行是并发的。两个进程的程序描述如下，其中 main()中的 parbegin(Pin,Pout)表示 Pin、Pout 并发执行。

int count;
void main( )
{
　　count = 0;
　　parbegin(Pin,Pout);
}
	void　Pin( )
	{
	　　int　R1;
	　　R1 = count;
	　　R1 = R1+1;
	　　count = R1;
	}
		void　Pout( )
		{
		　　int　R2;
		　　R2 = count;
		　　R2 = R2−1;
		　　count = R2;
		}

假定某时刻的计数值 count = n，这时进入一个人，同时又退出一个人，则进程 Pin 和 Pout 都要执行，如果两个进程的执行都没有被打断过，那么各自完成了 count+1 和 count−1 的工作，count 的值仍是 n，这是正确的。但如果在两个进程执行过程中，由于某种原因(如时间片到)使得进程的执行被打断，又假设进程调度使它们的执行顺序如表 3-2 所示。

表 3-2　进程 Pin 和 Pout 的执行顺序 1 及执行结果

占用处理器的进程	进程执行的操作	count 值
Pin	R1 = count R1 = R1+1	n
Pin 被打断，由 Pout 占 用处理器并执行结束	R2 = count R2 = R2−1 count = R2	n−1
Pin 继续执行	count = R1	n+1

两个进程按这样的顺序执行后，count 最终的值为 n+1，而不是 n。如果进程调度使两个进程的执行顺序如表 3-3 所示。

表 3-3　进程 Pin 和 Pout 的执行顺序 2 及执行结果

占用处理器的进程	进程执行的操作	count 值
Pin	R1 = count R1 = R1+1	n
Pin 被打断，Pout 执行	R2 = count R2 = R2−1	n
Pout 被打断，Pin 继续执行直到完成	count = R1	n+1
Pin 执行完成，Pout 继续执行直到完成	count = R2	n−1

于是，两个进程执行完成后，count 最终的值为 n − 1，即两个进程的执行顺序影响了执行结果。造成这种错误的关键原因是两个进程没有互斥访问 count，而是交替访问的，出现了"与时间有关的错误"。要避免这种错误，必须把共享变量 count 作为临界资源处理，即两个进程需要互斥访问 count。

2) 临界区

由上述内容可知，无论是硬件临界资源，还是软件临界资源，多个进程必须互斥访问它，为此，Hoare 和 Hansen 于 1972 年提出了临界区的概念：每个进程中访问临界资源的那段代码称为临界区。显然，若能保证多个进程互斥地进入自己的临界区，便可实现它们对临界资源的互斥访问。为此，每个进程在进入临界区之前应先对欲访问的临界资源进行检查，看它是否正被其他进程访问。如果此刻临界资源未被其他进程访问，则该进程便可进入临界区访问该临界资源，并把临界资源状态设置为"忙"；如果此刻该临界资源正被其他进程访问，则该进程不能进入临界区。通常把这段置于临界区之前的用于检查临界资源使用状态的代码段称为"进入区"。相应地，当进程访问完临界资源退出临界区时，应将临界资源状态恢复为"空闲"，完成该项工作的代码段称为"退出区"。如果我们把进程的工作代码分为访问临界资源的"临界区"和与临界资源无关的"剩余区"，则可把一个需要循环访问临界资源的进程描述成如图 3-9 所示。

图 3-9　访问临界资源的
进程描述

3) 同步机制应遵循的原则

为实现多个进程互斥地进入临界区，可采用软件方法，也可利用硬件方法，如禁止中断等，但更常用的是在系统中设置专门的同步机制。不管采用哪种方法，所有的同步机制都应该遵循下述原则：

(1) 空闲让进：当没有进程处于临界区时，相应的临界资源为空闲状态，因而应允许任何一个请求进入临界区的进程立即进入自己的临界区，以有效利用资源。

(2) 忙则等待：当已有进程进入临界区时，表示相应的临界资源正被访问，因而所有其他试图进入相关临界区的进程必须等待，以保证诸进程互斥访问临界资源。

(3) 有限等待：对要求访问临界资源的进程，应保证该进程能在有限的时间内进入自己的临界区，以免陷入"永远等待"状态。

(4) 让权等待：当进程不能进入临界区时，应立即释放 CPU，以免 CPU 陷入"忙等"状态，以提高 CPU 利用率。

2. 并发进程间的直接制约关系与进程同步

进程在并发执行过程中除了要互斥使用临界资源，相互合作的多个进程还必须在某些特定时刻协调配合实现同步执行。所谓进程同步是指相互合作的进程需按一定的先后顺序执行，以顺利完成共同任务。具体说，这些进程之间需要交换一定的信息，当某进程未获得其合作进程发来的信息之前，该进程等待，直到接收到相关信息时才继续执行，从而保证诸进程正确的协调运行。例如，有一输入进程通过一单缓冲向计算进程循环提供数据。当缓冲区为空时，计算进程必须等待，当输入进程把数据送入缓冲区后，应向计算进程发送一信号，唤醒计算进程让其完成后续的计算工作；反之，当缓冲区满时，输入进程不能再向缓冲区中投放数据，只能等待，当计算进程从缓冲区中取出数据后，会向输入进程发送信号将其唤醒，以便让其继续向缓冲区中投放数据。由此可见，进程同步实际上就是相互合作的进程在某些关键点上相互等待和互通信息。

3.4.2　进程同步机制及应用

由上述讨论可知，为保证多个并发进程间的正确执行，使它们的执行结果具有可再现性，操作系统必须引入某种机制来控制进程间的互斥与同步关系，称为进程同步机制。从实现方法上看，进程同步机制主要有硬件方法、软件方法、锁机制、信号量机制、管程机制等，在本小节中将介绍前四种方法，管程机制将在后面 3.4.4 节中介绍。

1. 利用硬件方法解决进程互斥问题

解决进程互斥问题的硬件机制主要有禁止中断和使用专用机器指令两种方式。

1) 禁止中断

我们知道，系统只有在时钟中断或其他中断处理中才会发生进程切换，当禁止中断后，系统不会发生 CPU 从当前进程切换到另一个进程的情况，即系统中只有当前进程在运行，其他进程不可能与当前进程同时进入临界区执行，从而实现了多个并发进程对临界资源的互斥访问。采用这种方法，可以让进程进入临界区之前禁止一切中断，从而使进程切换不可能发生；在进程退出临界区时再开放中断。其代码结构如图 3-10 所示。

利用禁止中断的方法解决互斥问题，实现简单，但存在两个缺点：① 将禁止中断的权限赋予普通用户，可能会增加系统风险，比如一个进程禁止中断后一直没有重新开放中断，则会影响系统的正常运行。② 只能用于单处理器系统，对多处

图 3-10 禁止中断方法实现互斥

理器系统不适用，因为一个进程只能禁止本 CPU 的中断，那么其他 CPU 上运行的进程可能会同时访问临界资源。

2) 利用专用机器指令解决进程互斥问题

现代计算机系统，特别是多处理器系统，通常会提供一些专用机器指令，如 TSL 指令 (Test and Set Lock，检测并上锁)、Swap 指令等，可以利用这些特殊硬件指令相对简单地解决进程互斥问题。

(1) TSL 指令。TSL 指令的功能描述如图 3-11 所示：首先读出指定地址中的值，并为其赋予一非零新值，最后返回该地址中的旧值。CPU 在执行 TSL 指令时将封锁内存总线，以禁止其他 CPU 在该指令执行完之前访问内存，从而实现对指定地址的读和写是原子性地完成的。

利用 TSL 指令实现互斥时，首先为临界资源申明一个全局布尔变量 lock，表示资源的两种状态：TRUE 表示资源被占用，FALSE 表示资源空闲，初始化为 FALSE；进程 P_i 进入临界区之前必须先执行 TSL 指令，只有检测到 lock 值为 FALSE 时(临界资源空闲)才能进入临界区执行；执行完临界区后必须将 lock 置为 FALSE，表示已退出临界区。进程 P_i 的代码结构如图 3-12 所示。

```
boolean TSL(boolean *lock){
    boolean old;
    old=*lock;
    *lock=TRUE;
    return old;
}
```

```
do{
    while(TSL(&lock))
        ; //do nothing
    临界区
    lock=FALSE;
    剩余区
}while(TRUE);
```

图 3-11 TSL 指令功能描述　　　　图 3-12 利用 TSL 指令实现互斥

(2) Swap 指令。Swap 指令的功能是交换两个字的内容，与 TSL 指令一样，也是原子性地执行的，其功能描述如图 3-13 所示。

利用 Swap 指令解决进程互斥问题时，应为每个临界资源设置一个全局布尔变量 lock，初值为 FALSE，表示资源空闲；在每个进程中再设置一个局部布尔变量 key，用于与 lock 交换信息，进程进入临界区之前先利用 Swap 指令交换 lock 与 key 的内容，然后检查 key 的值，若为 FALSE，则表示临界资源空闲，进程可进入临界区执行，否则，需等待直到资源空闲。其代码结构如图 3-14 所示。

```
void Swap(boolean *a,boolean *b){
    boolean temp;
    temp=*a;
    *a=*b;
    *b=temp;
}
```

```
do{
    boolean key=TRUE;
    while(key==TRUE)
        Swap(&lock,&key);
    临界区
    lock=FALSE;
    剩余区
}while(TRUE);
```

图 3-13　Swap 指令功能描述　　　　图 3-14　利用 Swap 指令实现互斥

利用专用机器指令可以相对简单地解决多处理器系统中的进程互斥问题，但却没有遵守"让权等待"原则：当一个进程正在等待进入某临界区时，会以空循环方式继续消耗 CPU 时间；另外也可能存在饥饿现象，比如当一个进程退出某临界区而此时有多个进程正在等待进入时，选择哪一个进程是随意的，因此某些进程可能长时间被拒绝进入临界区。

2. 利用软件方法解决进程互斥问题

1) 不正确的软件算法

为了说明正确算法中相关变量设置的必要性，我们首先给出两个不正确的软件算法。

(1) 不正确算法 1(严格交替算法)。该算法希望两个进程 P0、P1 互斥进入临界区，基本思路是 P0、P1 共享一个公用变量 turn，turn = 0 时表示进程 P0 可进入临界区，turn = 1 时表示 P1 可进入临界区。算法描述如图 3-15 所示，其中 main()中的 parbegin(P0, P1)表示 P0、P1 两个进程并发运行。

```
int turn;
    void main()
    {
    turn = 0;
    parbegin(P0,P1) ;
    }
```
```
void   P0(){
    while(True){
        while(turn != 0) ; /*do nothing*/
        临界区
        turn = 1;
        剩余区
    }
}
```
```
void   P1(){
    while(True){
        while(turn != 1) ;/*do nothing*/
        临界区
        turn = 0;
        剩余区
    }
}
```

图 3-15　不正确算法 1 描述

该算法能实现互斥，但要求 P0、P1 严格交替进入临界区。若某时刻 turn = 0，但 P0

此时并不需要进入临界区，就算 P1 想进入临界区也是不允许的，违背了"空闲让进"的原则；此外，当进程不能进入临界区时，占着 CPU 空循环，违背"让权等待"原则。

(2) 不正确算法 2。为解决算法 1 中的问题，算法 2 进行如下修改：设置一个布尔数组 flag[2]，用于分别表示 P0、P1 两个进程是否在临界区中执行。若某进程希望进入临界区，则它首先检查另一个进程的 flag，若为 False 表示另一个进程不在临界区中，则可进入，否则必须等待。算法描述如图 3-16 所示。

| boolean flag[2];
　void main()
　{
　　flag[0] = flag[1] = False;
　　parbegin(P0,P1) ;
　} | void　P0(){
　while(True){
　　while(flag[1]) ;/*do nothing*/
　　flag[0] = True;
　　临界区
　　flag[0] = False
　　剩余区
　}
} | void　P1(){
　while(True){
　　while(flag[0]) ;/*do nothing*/
　　flag[1] = True;
　　临界区
　　flag[1] = False
　　剩余区
　}
} |

图 3-16　不正确算法 2 描述

该算法可能会出现比算法 1 更糟糕的情况：甚至不能保证互斥。请读者自行分析。

2) Peterson 算法

该算法是由 Peterson 提出的针对双进程互斥的算法。设置两个共享变量：布尔数组 flag[2] 表示进程是否希望进入临界区，初始值均为 False；整型变量 turn 用于标识当前优先允许哪个进程进入，turn = 0 则 P0 优先进入，turn = 1 则 P1 优先进入。算法描述如图 3-17 所示。

| boolean flag[2];
　int turn;
　void main()
　{
　　flag[0] = flag[1] = False;
　　turn = 0;
　　parbegin(P0,P1) ;
　} | void　P0(){
　while(True){
　　flag[0] = True;
　　turn = 1;
　　while(flag[1]&&turn == 1) ;
　　/*do nothing*/
　　临界区
　　flag[0] = False;
　　剩余区
　}
} | void　P1(){
　while(True){
　　flag[1] = True;
　　turn = 0;
　　while(flag[0]&&turn == 0) ;
　　/*do nothing*/
　　临界区
　　flag[1] = False;
　　剩余区
　}
} |

图 3-17　针对双进程互斥的 Peterson 算法

这里以 P0 进程的代码为例说明算法的实现思路：当 P0 希望进入临界区时，将其 flag[0] 置为 True，同时置 turn 为 1，将优先进入临界区的机会让给 P1；然后判断，若 P1 的 flag[1] 为 True 且 turn 值为 1，则等待 P1 退出临界区，否则直接进入。退出临界区时将 flag[0] 置为 False。

另外，Peterson 算法可以很容易推广到 n 个进程之间互斥问题的解决，请读者自行思考如何修改算法。

3) 面包店算法

　　该算法由美国数学家 Leslie Lamport 提出，其基本思想源于顾客在面包店购买面包时的排队原则：顾客在进入面包店前，首先取一个号，然后按照号码由小到大的次序依次进入面包店购买面包。面包店发放的号码是由小到大的，但多个顾客却有可能得到相同的号码，如果出现这样的情况，则规定按照顾客名字的字典次序进行排序(假定顾客是没有重名的)。

　　算法为每个进程设置一个唯一的编号 $P_i(i = 0 \cdots N-1)$，同时设置两个公用数据结构：

　　boolean choosing[N]：表示进程是否正在取号，初值为 False。若进程 P_i 正在取号，则 choosing[i]=True。

　　int number[N]：记录每个进程取到的号码，初值为 0。

　　算法描述如图 3-18 所示，请读者自行分析其正确性。

```
boolean choosing[N];              void    Pi()(i = 0···N-1){
int number[N];                      while (True) {
void main()                           choosing[i] = True;    //Pi 正在取号
{                                     number[i] = 1 + max(Number[0],...,Number[N-1]);   //Pi 取到的号码
  int i;                              choosing [i] = False;
  for(i = 0; i<N; i++){               for (j = 0; j < N; ++j) {
    choosing[i] = False;               while (choosing[j] != 0);
    number[i] = 0;                      while ((number[j] != 0) &&((number[j]<number[i]) || ((number[j] ==
  }                              number[i])&&( j<i) ));
  parbegin(P0,P1...,PN-1);             //当多个进程取到同号时，保证编号小的进程优先进入临界区
}                                     }
                                    临界区
                                    number[i] = 0;
                                    剩余区
                                    }
                                  }
```

图 3-18　面包店算法描述

3. 利用锁机制解决进程互斥问题

　　采用软件方法实现互斥时不仅算法复杂、正确性难以证明，而且解决多个进程间的互斥问题时更加麻烦，锁机制能简单方便地实现多进程间的互斥关系。

　　在锁机制中，需要为每个临界资源设置一把锁 w，值为 0 表示资源可用，值为 1 表示资源被占用。任一进程进入临界区之前需执行关锁操作，若成功，则进入临界区，否则，等待直到锁被重新打开；退出临界区时执行开锁操作，允许其他进程进入临界区。

　　关锁操作和开锁操作是由系统提供的两个原语实现的，其算法描述如图 3-19 所示。利

用锁机制解决进程互斥问题的代码结构描述如图 3-20 所示。

int w = 0;	

lock(w) {
　　test:　if (w == 1)
　　goto test;
　　else
　　w = 1;
}
	unlock(w) {
	　　w = 0;
	}

图 3-19　关锁原语及开锁原语

图 3-20　利用锁机制实现互斥

4. 利用信号量机制解决进程互斥与同步问题

信号量(Semaphore)机制是荷兰学者 Dijkstra 于 1965 年提出的一种非常有效的进程同步工具，经过长期的实践与发展，已经形成了整型信号量、记录型信号量、AND 型信号量、信号量集等多种机制，目前已被广泛地应用于单处理器和多处理器系统以及计算机网络中。

1) 整型信号量机制

Dijkstra 最初提出的信号量是一个共享的整型变量，并对其定义了三个操作：

(1) 初始化操作：一个信号量可以初始化为非负数，通常为对应资源的初始可用数量；

(2) P/V 两个原语操作：P 操作源于荷兰语 Proberen(测试)，V 操作源于荷兰语 Verhogen(增加)，但后来的系统中通常称 P 操作为 down()或 wait()，称 V 操作为 up()或 signal()，在本书中使用 wait()和 signal()表示这两个原语操作。

wait()首先测试信号量 S 的值，若 S≤0，则不断地循环测试，否则，对 S 减 1，进程继续执行，实际表示了进程申请某临界资源的过程；signal()则简单地对 S 加 1，表示释放对应的临界资源。其定义描述如图 3-21 所示，其中 S 表示一个信号量。

wait()操作	signal()操作

wait(S) {
　　while(S≤0);　　// do nothing
　　S--;　　//S 值减 1
}
	signal(S)　{
	　　S++；// S 值加 1
	}

图 3-21　整型信号量的 wait()/signal()原语操作定义

既然是原语操作，那么它们的执行过程是不可中断的，即当一个进程在修改某信号量时，其他进程是不允许同时对该信号量进行修改的。进一步的，对于原语操作本身的实现，在单处理器环境中，可简单地借助前述的禁止中断的方式进行；对多处理器系统，可利用前述的 TSL 专用指令或锁机制等来实现。

从整型信号量的 wait()操作的定义可看出，只要信号量 S≤0，就会不断地测试，因此该机制违背了"让权等待"原则，存在"忙等"现象，降低了 CPU 的利用率。

2) 记录型信号量机制

为克服整型信号量机制的"忙等"现象，经过实践发展，人们又提出了记录型信号量机制，它是一种结构体类型的信号量。其数据结构包含两个成员：一个是整型变量，表示信号量的值；另一个是指向对应阻塞队列的指针。具体数据结构及对应 wait()/signal()操作的定义如图 3-22 所示。

信号量数据结构	wait()操作	signal()操作

typedef　struct {
　　int value;
　　struct PCB *list;
} semaphore;
	wait(S) {
	　　S .value -- ;
	　　if (S.value < 0) block (S.list);
	}
		signal(S) {
		　　S.value ++ ;
		　　if(S.value≤0) wakeup (S.list);
		}

其中 block (S.list)表示将进程插入信号量 S 的阻塞队列中，wakeup (S.list)表示唤醒一个等待信号量 S 的进程。信号量 S 的初值为 0 或 1 或其他非负整数。		

图 3-22　记录型信号量的数据结构及 wait()/signal()操作定义

对图 3-22 中描述的记录型信号量的 wait()/signal()操作定义说明如下：

wait(S)：将信号量 S 减 1，若结果大于或等于 0，则该进程继续执行；若结果小于 0，则该进程被阻塞，并插入到信号量 S 的阻塞队列中，然后转去调度另一进程。

signal(S)：将信号量 S 加 1，若结果大于 0，则该进程继续执行；若结果小于或等于 0，则从信号量 S 的阻塞队列中唤醒一个进程(通常是队首进程)，使其从阻塞状态变为就绪状态，并插入到就绪队列中，然后返回当前进程继续执行。

信号量 wait()/signal()操作的物理含义：信号量 S 值的大小表示某类资源的数量。当 S>0 时，其值表示当前可供分配的资源数目；当 S<0 时，其绝对值表示 S 信号量的阻塞队列中的等待进程数目。每执行一次 wait()操作，S 值减 1，表示请求分配一个资源。若 S≥0，则表示可以为进程分配资源，即允许进程进入其临界区；若 S<0，则表示已没有资源可供分配，调用进程被阻塞，并插入 S 的阻塞队列中，此时 CPU 将重新进行调度。每执行一次 signal()操作，S 值加 1，表示释放一个资源。若 S>0，则表示阻塞队列为空；若 S≤0，则表示阻塞队列中有因申请不到相应资源而被阻塞的进程，于是唤醒其中一个进程，并将其插入就绪队列。无论以上哪种情况，执行 signal()操作的进程都可继续运行。

3) 信号量集机制

前述两种信号量机制，每定义一次信号量，只能实现多个进程共享一类资源且每次只能申请或者释放一个该类资源的情况，但有时候会有多个进程可能需要同时共享多类资源，一次申请或者释放多个同类资源的情况。此外，为保证系统安全，系统有时候会为某些共享资源设置下限值，当系统中该类资源的空闲数量低于所设置的下限值时，进程的资源申请将不能满足。为此，人们对信号量机制进行进一步扩充，形成了信号量集机制。

信号量集机制的基本思想是：将进程整个生命周期中需要的所有资源，一次性全部分配给它，使用完成后一次性释放；只要有一个资源不能满足进程要求，则其他所有可能为之分配的资源也不分配给它。该机制一次可定义多个信号量分别对应多类共享资源，且可以分别为每类资源设置下限值，进程一次可申请多类资源且每类资源数量可申请多个。

为与整型及记录型信号量机制区别开来，通常将信号量集机制的 wait()/signal()操作称为 Swait()/Ssignal()操作，其定义如图 3-23 所示。

Swait 操作	Ssignal 操作

Swait(S₁,t₁,d₁,S₂,t₂,d₂,···,Sₙ,tₙ,dₙ) {
　if (S₁ >= t₁&& ... && Sₙ >= tₙ) {
　　for (i=1; i<=n; i++) {
　　　Sᵢ = Sᵢ - dᵢ;
　　}
　}
　else {
　　将当前进程阻塞到第一个 Sᵢ < tᵢ 的信号量 Sᵢ
　　的阻塞队列中；
　}
}
	Ssignal (S₁,d₁,S₂,d₂,···,Sₙ,dₙ) {
	　for (i = 1; i <= n; i++) {
	　　Sᵢ = Sᵢ + dᵢ;
	　　唤醒所有因 S₁～Sₙ 而阻塞的进程，插入
	　　就绪队列；
	　}
	}

算法中变量说明：① S₁、S₂、···、Sₙ 分别表示 n 类临界资源的信号量；② d₁、d₂、···、dₙ 分别表示进程需要的每类临界资源个数；③ t₁、t₂、···、tₙ 分别表示每类资源的下限值。	

图 3-23　信号量集机制的 Swait()和 Ssignal()的定义描述

信号量集机制可能有以下几种特殊情况：

(1) Swait(S, d, d)：表示每次申请一类资源，数量为 d 个，当资源数量少于 d 个时，便不予分配。

(2) Swait(S, 1, 1)：表示记录型信号量。

(3) Swait(S, 1, 0)：可作为一个可控开关。当 S≥1 时，允许多个进程同时进入临界区；当 S = 0 时禁止任何进程进入临界区。

(4) Swait(S₁, 1, 1, S₂, 1, 1, ···, Sₙ, 1, 1)：表示 AND 型信号量(信号量机制的一种)，一次申请 n 类资源，每类资源申请 1 个。有关该信号量机制请读者自己查阅相关资源学习。

4) 利用信号量机制实现进程的互斥

记录型信号量是目前操作系统中应用最广泛的进程同步机制，因此后面的例子中都使用该机制来解决进程的互斥与同步问题。

利用信号量机制可方便地解决多个进程互斥使用临界资源的问题，首先定义一个初值为 1 的信号量 S(又称为互斥信号量)；之后当进程想要进入临界区访问临界资源时，就执行 wait()操作(申请资源)，而当进程退出临界区时执行 signal()操作(释放资源)，即只要把进程的临界区置于 wait()和 signal()之间，就可实现互斥。进程代码结构描述如图 3-24 所示。

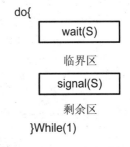

图 3-24　信号量实现互斥代码结构

例 3-1：在前面 3.4.1 节的游艺场计数器的例子中，由于进程 Pin 和 Pout 没有互斥使用

count，因此出现了与时间有关的错误，下面用信号量机制来实现正确的管理。

解答：为保证两进程互斥使用 count，为其设置一信号量 S，初值为 1，算法描述如下：

```
int count;
semaphore S;
void main(){
    count = 0;
    S = 1;
    parbegin(Pin(),
            Pout());
}
```

```
void  Pin( ) {
    int R1;
    do{
        wait(S);
        R1 = count;
        R1 = R1+1;
        count = R1;
        signal(S);
    } while(1);
}
```

```
void  Pout( ) {
    int R2;
    do{
        wait(S);
        R2 = count;
        R2 = R2 - 1;
        count = R2;
        signal(S);
    } while(1);
}
```

例 3-2：设一个机票订购系统有 n 个售票处，每个售票处通过网络终端访问系统的公共数据区，假定公共数据区中的一些单元 $A_j(j = 1, 2, …)$ 分别存放各次航班的余票数。售票时，若某次航班还有余票，则售给乘客，否则，拒绝售票。用信号量实现各售票进程的并发执行。

解答：设 $P_i(i = 1, 2, …, n)$ 表示各售票处的售票处理进程，公共数据区是多个售票进程共享的临界资源，为其设置互斥信号量 S，初值为 1。算法描述如下：

```
semaphore S;
void main(){
    S =1;
    parbegin(Pi(i=1, 2, …, n));
}
```

```
void  Pi(i=1, 2, …, n){
    do{
        int Ri;     // 表示各进程执行时所用的工作单元
        wait(S)
        Ri  = Aj;
        if  Ri ≥1 {
            Ri  = Ri - 1;
            Aj = Ri;
            signal(S);
            输出一张票
        }
        else  {
            signal(S);
            输出"票已售完"信息;
        }
    }while(1);
}
```

注意：算法中"else"部分的 signal(S)操作不能少，否则，当进程在临界区中判别条件($R_i ≥1$)不成立时无法退出临界区，当然也就不能唤醒等待进入临界区的其他进程，这就违反"空闲让进"和"有限等待"两个原则。

5) 利用信号量机制实现进程的同步

进程同步是指相互合作的进程之间存在一种直接制约关系，一个进程的执行依赖另一个进程的消息，当没有得到另一个进程的消息时应等待，直到消息到达才被唤醒。

信号量机制能方便地实现进程的同步。把一个信号量 S 与一个消息联系起来，若 S=0，则表示期望的消息尚未产生；若 S=1，则表示期望的消息已经存在。需等待消息的进程使用 wait() 操作测试自己所等待的消息是否已到达，若尚未到达，则转为阻塞状态并重新进行 CPU 调度，否则可继续执行。同样，进程可调用 signal() 操作向其他进程发送消息，此时若有进程正在等待该消息，则 signal() 操作将唤醒等待进程让其可以继续执行。

例 3-3：有三个进程 PA、PB、PC 合作解决文件打印问题。PA 将文件记录从磁盘读入内存的缓冲区 1，每执行一次读一个记录；PB 将缓冲区 1 的记录复制到缓冲区 2，每执行一次复制一个记录；PC 打印缓冲区 2 中的记录，每执行一次打印一个记录。每个缓冲区只能存放一个记录。请用信号量机制实现文件的正确打印。

解答：本题中，进程 PA、PB 及 PC 之间的合作关系如图 3-25 所示。

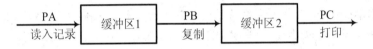

图 3-25　文件打印流程图

当缓冲区 1 为空时，PA 可将记录放入其中，否则 PA 需等待；当缓冲区 1 有记录而缓冲区 2 为空时，PB 可进行复制工作，否则 PB 需等待；当缓冲区 2 有记录时，PC 可打印记录，否则 PC 需等待。为此，设置 4 个信号量 empty1、empty2、full1 及 full2。其中 empty1 和 empty2 分别表示缓冲区 1 和缓冲区 2 是否为空，初值均为 "1"；full1 和 full2 分别表示缓冲区 1 和缓冲区 2 中是否有记录，其初值均为"0"。算法描述如下：

```
semaphore empty1,empty2,full1,full2;
void main(){
    empty1 =empty2 =1;
    full1 =full2 =0;
    parbegin(PA,PB, PC);
}


void   PB ()  {
do {
    wait(full1);
    从缓冲区 1 取一个记录;
    signal(empty1)
    wait(empty2);
    将记录存入缓冲区 2;
    signal(full2);
    }while(1);
}
```

```
void   PA () {
do {
    从磁盘读一个记录;
    wait(empty1);
    将记录存入缓冲区 1;
    signal(full1);
    }while(1);
}

void   PC ()  {
do {
    wait(full2)
    从缓冲区 2 取出一个记录;
    signal(empty2);
    打印输出记录;
    }while(1);
}
```

综上，在利用信号量解决进程的同步与互斥问题时，一般有如下的思考步骤：

(1) 确定进程：包括问题中进程的数量、每个进程的工作内容等。

(2) 确定进程间的同步与互斥关系：若进程间需要互斥使用临界资源，则是互斥关系；若进程间是相互合作、具有前后执行顺序要求，则是同步关系。

(3) 设置信号量：根据第(2)步的分析，确定信号量的个数、含义、初始值以及对信号量的 wait()/signal()操作。对互斥关系设置互斥信号量，初值通常为"1"，表示相应临界资源的初始可用数量为 1 个。对同步关系设置同步信号量，初值通常为"0"，表示进程等待的"消息"还没有产生(前驱进程尚未完成)，如前例中的 full1 及 full2；当然，如果初始时"消息"已经存在甚至有多个，则信号量初值为"消息"的个数，如前例中的 empty1 及empty2，此时又称为资源信号量。

(4) 用伪代码描述同步与互斥算法。

伟大的计算机科学家 Edsger Wybe Dijkstra

　　Edsger Wybe Dijkstra(1930.5.11 ~ 2002.8.6)与 D. E. Knuth 并称为当代最伟大的计算机科学家。Dijkstra 1930 年出生于荷兰阿姆斯特丹，毕业就职于荷兰 Leiden 大学，早年钻研物理及数学，而后转为计算学。1972 年因 Algol 60 语言获图灵奖，获得 1974 年AFIPS Harry Goode Memorial Award(哈利—古德纪念奖)、1989 年 ACM(国际计算机组织)SIGCSE(计算机科学教育)教学杰出贡献奖以及 2002 年 ACM PODC(分布式计算原理)最具影响力论文奖。Dijkstra 对计算机科学做出的贡献包括：提出"goto 有害论"；提出信号量和 PV 原语并解决了有趣的"哲学家进餐"问题；提出了避免死锁的银行家算法；最短路径算法(SPF)的创造者；Algol 60 编译器的设计者和实现者；THE 操作系统的设计者和开发者。在与癌症进行了多年斗争之后，Dijkstra 于 2002 年 8 月 6 日在荷兰 Nuenen(纽南市)的家中与世长辞！

3.4.3　经典进程同步问题

随着人们对多道程序环境中进程同步问题的深入研究，提出了一系列经典的进程同步问题，本小节将介绍"生产者-消费者问题""读者-写者问题""哲学家进餐问题"及"理发师问题"，以帮助读者更好地理解进程同步与互斥的概念及相关问题的解决思路。

1. 生产者-消费者问题

问题描述：假定系统中有 m 个生产者和 n 个消费者，它们共享一个具有 k 个缓冲区的循环缓冲池，如图 3-26 所示。生产者不断地生产产品，将每个产品依次放入缓冲区中(一个缓冲区正好放一个产品)；消费者依次从缓冲区中取出产品并进行消费。规定消费者不能从一个空缓冲区中取产品；生产者不能向一个已装满产品且尚未被取走的缓冲区中投放产品。

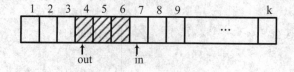

图 3-26　生产者-消费者问题

问题分析：用一个数组 buffer[k]表示具有 k 个缓冲区的缓冲池，输入指针 in 指示下一个可投放产品的缓冲区，每当生产者放入一个产品后，in 加 1；输出指针 out 指示下一个可从中取产品的缓冲区，每当消费者取走一个产品后，out 加 1，如图 3-26 所示。由于缓冲池可循环使用，因此两个指针的修改实际应该表示成：in = (in +1) mod k；out = (out +1) mod k。生产者和消费者共享的缓冲池是临界资源，设置互斥信号量 mutex 实现诸进程对缓冲池的互斥使用，初值为"1"；设置资源信号量 empty 和 full 分别表示缓冲池中空缓冲区和满缓冲区的数量，初值分别为"k"和"0"。生产者若想成功地向某个缓冲区中投放产品，则必须同时满足两个条件：缓冲池中有空缓冲区；缓冲池当前状态空闲，即没有任何进程正在访问它。同理，消费者若想成功地从某个缓冲区中取出产品，也必须同时满足两个条件：缓冲池中有尚未被取走的产品；缓冲池当前状态空闲。算法描述如下：

```
semaphore mutex;
semaphore empty,full;
buffer[k]:array of item;
int in,out;
void main() {
    in=out=0;
    mutex = 1;
    empty =k;
    full =0;
    parbegin(Producer-i,
            Consumer-j);
}
```

```
void Producer-i (i=1,2,···,m){
    do{
        produce an item nextp;
        wait(empty);
        wait(mutex);
        buffer(in) = nextp;
        in = (in +1) mod k;
        signal(mutex);
        signal(full);
    }while (1);
}
```

```
void Consumer-j (j=1,2,···,n) {
    do{
        wait(full);
        wait(mutex);
        nextc = buffer(out);
        out = (out +1) mod k;
        signal(mutex);
        signal(empty);
        consume the item in nextc;
    }while (1);
}
```

在这个算法中应注意：① 在每个进程中互斥信号量 mutex 的 wait()/signal()操作必须成对出现；② 对资源信号量 empty 和 full 的 wait()/signal()操作也必须成对出现，但分别处于不同的进程中，例如 wait(empty)在生产者进程中，而 signal(empty)在消费者进程中；③ 在每个进程中的多个 wait()操作顺序不能颠倒，应先执行对资源信号量的 wait()操作，再执行对互斥信号量的 wait()操作，否则可能引起进程死锁。有关死锁的概念参见本书 3.7 节。

2. 哲学家进餐问题

问题描述：有五个哲学家围坐在一张圆桌旁进餐，如图 3-27 所示，圆桌上有五个碗和五只筷子，他们的生活方式就是交替地进行思考和进餐。平时每个哲学家独立思考问题，饥饿时便试图分别取其左右两侧的筷子，只有两只筷子都拿到后才能进餐；进餐完毕后应立即放下筷子，然后继续思考问题。

问题分析：由问题描述可知，哲学家共享的五只筷子是临界资源，为实现对筷子的互斥使用，可为每只筷子设置一个互斥信号量,初值为 1,使用一个信号量数组来表示。为描述方便，对每个哲学家进行编号：0～4；五只筷子及

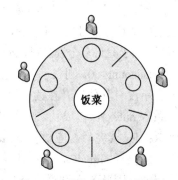

图 3-27　哲学家进餐问题描述

其对应的信号量编号也是 0～4，且与哲学家编号相同的筷子位于该哲学家左侧。一种简单的解决思路是每个哲学家都先取其左侧的筷子，成功后再取其右侧的筷子，取到两只筷子后就进餐；进餐完毕后再依次释放这两只筷子。该思路描述如下：

```
semaphore chop[5];                    void   Philosopher(i){
void main() {                           do{
    chop[5]={1,1,1,1,1};                    thinking;
    parbegin(Philosopher(i)(i=0…4));        wait(chop[i]);
}                                           wait(chop[(i+1)mod5];
                                            eating;
                                            signal(chop[i]);
                                            signal(chop[(i+1)mod5);
                                        }while(1);
                                      }
```

该算法初看没什么问题，但如果五个哲学家几乎同时感到饥饿时，他们几乎同时成功取到其左侧筷子，之后再取其右侧筷子时都将失败，则五个哲学家都等待其右侧筷子而不能吃饭，且都不能释放手中已取到的左侧筷子，最终进入死锁状态。为避免这种情况，可考虑以下几种解决思路，具体算法实现由读者自行完成：

(1) 最多只允许四个哲学家同时去取其左侧筷子，这样至少能保证一个哲学家成功拿到两只筷子。

(2) 仅当哲学家左右两侧的筷子都可用时，才允许他一次性同时拿起两只筷子。

(3) 规定奇数编号哲学家先取其左侧筷子，成功后再取其右侧筷子；而偶数编号哲学家则相反，先取其右侧筷子，成功后再取其左侧筷子。这样至少可以保证一个哲学家能取到两只筷子。

3. 读者-写者问题

问题描述：系统中有多个进程共享一个数据区，数据区可以是一个文件、一块内存空间或一组寄存器。Reader 进程只读其中的数据，而 Writer 进程对数据进行更新(写)。进程间必须满足的条件有：① 任意多个 Reader 可以同时读；② 任一时刻只能有一个 Writer 可以写；③ 如果 Writer 正在写，那么 Reader 就不能读，其他 Writer 不能写。

问题分析：为实现 Reader 与 Writer 之间、Writer 与 Writer 之间对共享数据区的互斥访问，设置一个互斥信号量 Wmutex，初值为"1"；设置一个整型变量 Readcount 表示正在读的进程数目，由于允许多个读者可以同时读，因此，若 Reader 想读时，则可首先检查 Readcount 的值。若 Readcount > 0，则表示有其他读者正在读，于是该 Reader 可直接进行读；若 Readcount = 0，则表示没有其他读者在读，此时 Reader 需要执行 wait(Wmutex)以检查有无 Writer 在写，若 wait(Wmutex)操作成功，则表示没有 Writer 在写，于是可去读，并将 Readcount 加 1。同理，当 Reader 读完后，应执行 Readcount 减 1 操作，若结果为 0，则表示它是最后一个在读读者，应执行 signal(Wmutex)以释放共享数据区。由于 Readcount 被多个 Reader 共享，是临界资源，因此为它设置一个互斥信号量 Rmutex，初值为 1。算法描述如下：

```
semaphore Wmutex;            Void   Reader-i() {              void   Writer-j()  {
semaphore Rmutex;              do {                             do {
int Readcount;                   wait(Rmutex);                    wait(Wmutex);
void main() {                    if (Readcount==0) wait(Wmutex);  Writing;
    Readcount =0 ;               Readcount++;                     signal(Wmutex);
    Wmutex =1;                    signal(Rmutex);              }while(1);
    Rmutex =1;                   Reading;                     }
    Parbegin( Reader-i,          wait(Rmutex);
    Writer-j);                   Readcount --;
}                               if(Readcount==0)signal(Wmutex);
                                 signal(Rmutex);
                              }while(1);
                             }
```

该算法隐含着"读者优先",即读者可能长期占据资源:假设某时刻有读者正在读取数据区,若此时有写者想写,则必须等待;如果之后不断有新读者到达,则它们都会绕过前面等待的写者而优先去读数据区,从而让写者产生"饥饿"现象。实际上,人们可能希望尽快更新数据,即写者在等待它前面的读者完成读数据的过程中,若有新读者到达,则应让新读者等待前面的写者完成写数据操作后,再读取数据。请读者自己实现"写者优先"的算法。

4.理发师问题

问题描述:理发店里有一位理发师、一把理发椅和 n 把供等候理发的顾客坐的椅子(等候椅)。如果没有顾客,则理发师便在理发椅上睡觉;第一个顾客到来时,他必须叫醒理发师;若理发师正在理发时又有顾客到达,且如果有空等候椅,则顾客就坐下来等待,如果满座了,就离开理发店。理发店问题经常被用来模拟各种排队情形。

问题分析:理发师开始工作时,先查看是否有顾客在等待理发,如果没有他就睡觉,如果有顾客,就为顾客服务。每位顾客进店时先看等候椅是否有空位,如果没有,就离开理发店;如果有空位,则坐到等候椅上排队,顾客等待人数加 1。然后申请理发椅的使用权,若申请到,则让出等候椅,并坐到理发椅上,叫醒理发师工作。为此,本算法中设置如下变量及信号量:

整型变量 waiting:表示坐在等候椅上的顾客数,初值为 0;信号量 cust_ready、finished、mutex 及 chair:其中 cust_ready 表示理发椅上是否有顾客在等待理发,并用作阻塞理发师进程,初值为 0;finished 表示顾客是否已经完成理发,初值为 0;mutex 用于各顾客之间互斥访问变量 waiting,初值为 1;chair 表示空闲的理发椅数量,初值为 1。具体算法描述如下所示:

```
int waiting;                             void   customer-i () {
semaphore cust_ready;                        wait(mutex);
semaphore finished;                          if( waiting < n) {
semaphore mutex;                                 waiting=waiting+1;
semaphore chair;                                 signal(mutex); }
void main() {                                else {
```

```
          waiting=0;                              signal(mutex);
           cust_ready=finished=0;                 离开理发店;
          mutex= chair=1;                         return; }
          parbegin(barber,customer-i);        wait(chair);
      }                                       sit_in_chair;
   void   barber() {                          wait(mutex);
      do {                                    waiting=waiting-1;
        wait(cust_ready);                     signal(mutex);
        cut_hair;                              signal(cust_ready);
        signal(finished)                      get-haircut;
      }while(1);                              wait(finished);
   }                                          stand_from_chair;
                                              signal(chair);

                                            }
```

理发师问题还有很多解决思路，请读者思考其他思路的算法实现。

3.4.4　管程机制

信号量机制是一种方便、有效的进程同步机制，但信号量的大量原语操作分散在各个进程中不便于系统进行统一管理。此外操作系统本身只提供了信号量及原语操作的定义，至于用户程序中需要设置哪些信号量以及具体在程序的什么位置使用原语操作，都是由应用程序员自行确定，这不仅加重了程序员的编程负担，也增加了程序出错的风险。比如生产者-消费者问题中，如果不小心将生产者代码中的两个 wait()操作(wait(empty)和 wait(mutex))互换了位置，则有可能让进程进入死锁状态，更加糟糕的是，这种错误无论是编译器还是操作系统都无法发现。为此，Dijkstra 于 1971 年提出了秘书进程的概念，之后 Hansen 和 Hoare 进一步提出并实现了管程机制(Monitor)，其基本思想是把分散在各进程中的相关临界区集中起来由系统统一管理并实现同步，从而降低出错风险，减轻应用程序员的编程负担。

1. 管程定义

管程是一种需要编译器支持的进程同步机制，目前已经在多种语言中得以实现，如并发 Pascal、Pascal_plus、Modula-2、Modula-3、Mesa、C#、Java 等。Hansen 给出的管程定义是："一个管程定义了一个数据结构和能为并发进程(在该数据结构上)所执行的一组操作，这组操作能同步进程和改变管程中的数据"。定义中的"数据结构"是对系统中各种共享软硬件资源的抽象描述，而针对该数据结构所定义的一组操作则用来实现进程间的同步及各进程对该共享资源所需进行的多种不同操作。从上述定义可知，管程是一个软件模块，由四部分组成：① 管程的名字；② 局部于管程的共享数据结构的说明；③ 对该数据结构进行操作的一组过程，每个过程完成进程对上述数据结构的某种操作；④ 对局部于管程的共享数据结构进行初始化的代码。管程的语法结构描述如下：

```
     Monitor monitor_name {          /*管程名*/
        variable declarations;       /*共享数据结构说明*/
```

```
    procedure P1(…) { … }    /*操作过程*/
    procedure P2(…) { … }
                    ⋮
    procedure Pn(…) { … }
    initialization code;       /*设初值语句*/

}
```

管程主要具有如下几个特性:

(1) 局部于管程的数据结构只能被管程内的过程访问,任何外部过程不能访问;而管程内的过程也只能访问该管程内部的数据结构。

(2) 一个进程若想访问管程内的数据结构(共享资源),只能通过调用管程内的某个过程实现间接访问。

(3) 任一时刻,管程中只能有一个活跃进程,即只能有一个进程在管程中执行管程的某个过程,其他任何调用管程的进程都将被阻塞,直到管程变成可用,这一特性使管程能有效地实现互斥。管程是编程语言的组成部分,编译器知道它们的特殊性,因此可以采用与其他过程调用不同的方法来处理对管程的调用。典型方法是,当一个进程调用管程过程时,该过程之前的几条指令将检查在管程中是否有其他活跃进程,如果有,则调用进程将被阻塞到管程的"等待进入队列"中(见后面图 3-28),直到另一个进程离开管程将其唤醒;否则调用进程可进入管程执行。多个进程进入管程时的互斥工作由编译器负责,编写管程代码的程序员无须关心编译器是如何实现互斥的,他只需将所有的临界区操作转换成管程过程即可,从而大大降低了出错的概率。

2. 条件变量

如果用管程机制来实现生产者-消费者问题,假设某时刻生产者已经进入管程,但因为无空缓冲区而不能完成投放产品的操作,若此时生产者不能立即释放管程,则会让系统进入死锁状态。为解决此类问题,管程机制中引入了条件变量(condition)的概念。

条件变量用于实现进程间的同步关系,一个条件变量代表了进程继续执行所需要的一个条件,比如生产者若想成功投放产品,则必须满足有空缓冲区的条件。一个条件变量通常对应一个等待队列,当条件不满足时,进程将进入这个等待队列阻塞,直到条件满足才被唤醒。对于条件变量,系统只提供两种操作:wait()和 signal(),比如在管程中定义了一个名为 c 的条件变量后,其对应的两种操作可分别表示为 c.wait()和 c.signal()。两个操作的含义是:

(1) c.wait()表示调用该操作的进程将被阻塞到条件 c 的等待队列上,并释放管程,此时其他进程可以进入该管程;以后当条件 c 满足时再由相关进程执行 c.signal()将其唤醒。

(2) c.signal()表示唤醒之前因执行 c.wait()而被阻塞的进程,使其可继续执行。如果条件队列上有多个等待进程,则选择其中一个唤醒;如果没有等待进程,则什么都不做。可见条件变量的 signal()操作与信号量的 signal()操作是不同的,后者一定会改变信号量的值。

综上,当一个进程希望进入管程访问共享资源时,可调用管程内的某过程,若此时有其他进程正在管程中执行,则该进程将被阻塞到管程的"等待进入队列"中,直到其他进程离开管程时将其唤醒;否则可直接进入管程执行。进程进入管程后,若继续执行的条件满足,则可顺利完成对共享资源的访问;否则调用 c.wait()将自己阻塞到条件 c 的等待队列上，并使管程可用，待条件满足时由其他相关进程将其唤醒。最后当进程完成对共享资源的访问后，应调用 c.signal() 唤醒之前等待条件 c 的进程，然后退出管程。一个管程的完整描述如图 3-28 所示。

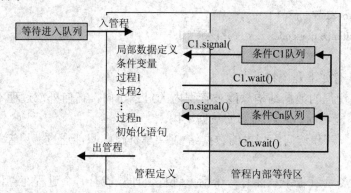

图 3-28　管程示意图

假设某时刻进程 A 正在执行 c.signal() 操作，若之前有进程 B 因为条件 c 不满足而调用 c.wait() 被阻塞，则 c.signal() 会唤醒进程 B，此时管程中将同时存在 A 和 B 两个活跃进程，这是管程不能允许的，对此可有两种解决思路：

(1) 进程 A 阻塞直到 B 离开管程或者因等待另一条件而阻塞。

(2) 进程 B 继续阻塞直到 A 离开管程或因等待另一条件而阻塞。

上述两种思路都有其合理性：由于 A 已经在管程中执行，因此让其继续执行似乎更好，可减少进程切换次数；但如果 A 继续执行，则 B 所等待的条件有可能在其重新启动时已不再满足，从而使 B 产生饥饿现象。并发 Pascal 采用了两种思路的折中：进程 A 执行完 c.signal() 后立即退出管程，让 B 马上继续执行，即 c.signal() 是一个管程过程的最后一条语句。

3. 利用管程机制解决生产者-消费者问题

利用管程机制解决生产者-消费者问题时，首先需要建立一个管程，可命名为 PC，管程中包含的内容有：

(1) 共享数据结构：用于生产者与消费者之间交换信息的循环缓冲池 buffer[K]；生产者投放产品的缓冲区指针 in 和消费者提取产品的缓冲区指针 out；缓冲池中当前产品个数 count。

(2) 两个过程：供生产者投放产品的过程 put() 和供消费者提取产品的过程 get()。

(3) 两个条件变量：生产者投放产品需满足的条件是缓冲池不满即 notfull；消费者提取产品需满足的条件是缓冲池非空即 notempty。

该管程的定义描述如图 3-29 所示；使用该管程实现生产者-消费者问题的算法描述如图 3-30 所示。

```
monitor PC {
  message buffer[K];
  int in,out,count;
  condition notfull,notempty;
  void put(item) {
    if(count==K) notfull.wait();
```

```
void main() {
  parbegin( producer-i,consumer-j);
}
void producer-i() {
  do{
    produce a message item;
```

```
    buffer[in]=item;
    in=(in+1)%K;
    count++;
    notempty.signal();
  }
  void get(item) {
    if(count==0) notempty.wait();
    item=buffer[out];
    out=(out+1)%K;
    count--;
    notfull.signal();
  }
{ in=0;out=0;count=0; }
```

图 3-29　生产者-消费者管程定义描述

```
    PC.put(item);
  }while(1);
}
void consumer-j() {
  do{
    PC.get(item);
    consume item;
  }while(1);
}
```

图 3-30　管程实现生产者-消费者的算法描述

3.4.5　Linux 同步机制解析

Linux 提供了多种同步机制，按照其适用范围，可分为两大类：内核程序使用的同步机制以及用户程序使用的同步机制，前者包括原子操作、自旋锁、读写自旋锁、信号量、读写信号量、大内核锁、互斥体、读-拷贝修改(Read-Copy Update，RCU)机制、禁止本地中断等；后者包括 IPC 信号量(后面即将介绍)、Futex 机制、主要用于线程同步的 POSIX 信号量、条件变量等。

1. 原子操作

原子操作指的是在执行过程中不会被别的代码路径所中断的操作，它是不可分割的，即在执行完毕之前不会被任何其他任务或事件中断。Linux 内核提供了两组原子操作接口：原子整数操作和原子位操作，由内核代码使用。编写内核代码时，能使用原子操作就尽量不要使用复杂的加锁机制，以减少系统开销。

1) 原子整数操作

针对整数的一组原子操作接口，只能处理 atomic_t(原子整数)类型的数据。之所以引入 atomic_t 数据类型，而没有直接使用 C 语言的整型，主要有三个原因：首先，让原子函数只接受 atomic_t 类型的操作数，可确保原子操作只处理这种特殊类型数据，同时也确保了该类型的数据不会被传递给其他任何非原子函数；其次，使用 atomic_t 类型可确保编译器不对该数据进行访问优化，以保证原子操作最终接收到正确的内存地址；最后，在不同体系结构上实现原子操作时，使用 atomic_t 可以屏蔽其间的差异。atomic_t 类型定义在 /linux/types.h 文件中：

```
    typedef   struct {
            volatile int counter;
    } atomic_t;
```

使用原子整数操作时,需要先定义并初始化,然后再使用。其最常见的用途是实现计数器。内核提供了一组操作函数,定义在 include/asm_x86/atomic_32.h 文件中,部分操作如表 3-4 所示。

表 3-4   原子整数部分操作列表

操 作 接 口	功 能 描 述
ATOMIC_INIT(int i)	在申明一个 atomic_t 变量时,将它初始化为 i
void atomic_add(int i, atomic_t *v)	原子地给 v 加 i
void atomic_inc(atomic_t *v)	原子地给 v 加 1
void atomic_dec(atomic_t *v)	原子地给 v 减 1
int atomic_dec_and_test(atomic_t *v)	原子地给 v 减 1,若结果为 0,则返回真;否则,返回假

2) 原子位操作

针对"位"这一级数据的一组原子操作接口,定义在文件 include/asm-x86/bitops_32.h 中,其所有操作函数都需要两个参数,如 set_bit(int nr,void *addr),第一个参数是要操作的位号(32 位机器上是 0~31),第二个参数指向要操作的数据。请读者自行查看具体定义。

2. 自旋锁

Linux 内核中最常见的锁是自旋锁(Spin Lock),通常用于多处理器系统中的进程互斥。自旋锁任一时刻最多只能被一个进程持有,因此它能实现多个进程互斥进入临界区。当一个进程申请某自旋锁时,如果锁是空闲的,则该进程能立刻得到锁,并继续执行;若锁已经被其他进程所持有,则该进程将会一直空循环等待,直到锁重新可用。也正是这个原因,自旋锁适于在短期间内进行轻量级加锁,特别适合可快速完成的临界区代码的互斥,但不应该被长时间持有。

自旋锁的实现与机器体系结构密切相关,相关数据结构定义在文件 asm/spinlock_types.h 中。内核为自旋锁提供了一组原子操作,定义在文件 linux/spinlock.h 中,部分如表 3-5 所示。

表 3-5   部分自旋锁操作说明

操 作 接 口	功 能 描 述
DEFINE_SPINLOCK(lock)	申明一个自旋锁 lock,并置为开锁状态
spin_lock_init(spinlock_t *)	初始化指定的自旋锁,置为开锁状态
spin_lock(spinlock_t *)	获取指定的自旋锁
spin_unlock(spinlock_t *)	释放已获得的指定自旋锁
spin_lock_irq(spinlock_t *)	禁止本地中断后再获取指定的自旋锁
spin_unlock_irq(spinlock_t *)	释放指定的锁,并开启中断
spin_trylock(spinlock_t *)	试图获取指定的锁,若成功,则返回 0;否则,返回非 0,但并不空循环等待

自旋锁的基本使用形式描述如下:

```
DEFINE_SPINLOCK (lock);     //申明一个自旋锁 lock,并置为开锁状态
spin_lock(&lock);     //获取自旋锁 lock,若成功,则进入临界区;否则循环等待临界区
```

spin_unlock(&lock); //退出临界区后，释放自旋锁，置锁为开锁状态

3. 读-写自旋锁

前面 3.4.3 节中介绍了读者-写者问题，Linux 为解决该类问题专门提供了一种同步机制——读-写自旋锁，定义在文件 linux/spinlock.h 中，相关数据结构及操作的定义请读者自行查阅。读写自旋锁的使用方法类似于上面介绍的自旋锁，基本形式为

初始化一个读写锁：DEFINE_RWLOCK(rwlock);

读者代码： read_lock(&rwlock);
    Reading data;
    read_unlock(&rwlock);
	写者代码： write_lock(&rwlock);
	    writing data;
	    write_unlock(&rwlock);

4. 内核信号量

内核信号量是允许进程睡眠的内核同步机制，当进程试图获取一个正被其他进程占用的信号量时，该进程将被阻塞并释放 CPU，直到信号量被持有进程释放时才被唤醒。正是由于进程在竞争信号量失败时可睡眠等待，因此适用于锁被长期持有的情况；相反，若锁只需短时间持有，则应该选择自旋锁，因为完成进程睡眠及唤醒操作所花费的时间可能比进程在自旋锁上循环等待的时间还长。只有可以睡眠的函数才能获取内核信号量，即只能在进程上下文中使用；中断处理程序及下半部机制的 tasklet(参见第 5 章 5.9.4 节下半部的实现机制)都不能使用内核信号量。

内核信号量定义在 include/asm-ia64/semaphore.h 文件中：

```
struct semaphore {
    atomic_t count;        //信号量的值：>0，资源空闲；=0，资源忙
                           //<0，资源不可用，并至少有一个进程等待资源
    int sleepers;          //睡眠的进程数量
    wait_queue_head_t wait;    //等待队列的队首指针
};
```

Linux 为内核信号量提供了一组相关操作，定义在文件 include/asm-x86/semaphore_64.h 中，部分操作说明如表 3-6 所示。

表 3-6　部分内核信号量操作说明

操 作 接 口	功 能 描 述
static DECLARE_SEMAPHORE_GENERIC (name, count)	静态声明一个信号量，并置其初始值为 count
static DECLARE_MUTEX(name)	静态声明一个初始值为 1 的(互斥)信号量
sema_init(struct semaphore *, int)	以给定值初始化动态创建的信号量
down_interruptible(struct semaphore *)	试图获取指定的信号量，如果信号量已被占用，则进入可中断睡眠状态
up(struct semaphore *)	释放指定的信号量，如果等待队列不为空，则唤醒其中一个任务

信号量的使用类似于自旋锁，包括信号量的创建、获取和释放，基本使用形式如下：

```
DECLARE_MUTEX(my_sem);    //申明一个互斥信号量
down_interruptible(&my_sem))  //获取互斥信号量，若成功，则进入临界区，否则，睡眠
    临界区
up(&my_sem);      //退出临界区后，释放互斥信号量，若有进程睡眠，则唤醒之
```

5. 读-写信号量

与自旋锁类似，Linux 也提供了专门用于读写操作同步的读-写信号量，定义在文件 include/asm-ia64/rwsem.h 中，相关操作如表 3-7 所示，请读者自行查阅资料学习。

表 3-7　读-写信号量操作列表

操　作	功　能　说　明
init_rwsem(struct rw_semaphore * sem)	动态创建一个读写信号量
down_read(struct rw_semaphore *)	申请一个读信号量
up_read(struct rw_semaphore *)	释放一个读信号量
down_write(struct rw_semaphore *)	申请一个写信号量
up_write(struct rw_semaphore *)	释放一个写信号量

6. 进程间通信(Inter-Process Communication，IPC)信号量(System V 信号量)

前述的几种同步机制都是用于内核代码的，下面介绍用于用户进程/线程的同步机制，包括 IPC 信号量(System V 信号量)、POSIX 信号量、Futex 机制、条件变量等，其中 IPC 信号量属于信号量集机制，可用于任意进程间的同步，Futex 机制请读者自行查阅资料学习。

1) IPC 信号量的相关数据结构

IPC 信号量是 IPC 通信机制的一种，另外两种是消息队列通信和共享内存通信(参见后面 3.6.3 节内容)，信号量、消息队列、共享内存又称为 IPC 机制的三类资源，每一类 IPC 资源都有一个 ipc_ids 结构的全局变量，用来描述该类资源的公用信息，如已分配的资源数目、当前位置序号等，定义在文件/ipc/util.h 中。系统中每个 IPC 信号量使用一个 sem_array 结构描述，所有 IPC 信号量的 sem_array 结构组成一个数组，由 ipc_ids(描述 IPC 对象的数据结构)结构中的一个指针指向它；每个 sem_array 结构中有一个指针指向 sem 结构类型数组，该数组中的每个元素代表一个信号量。所以，IPC 信号量实际上是一种信号量集机制。

(1) sem 结构。系统为 IPC 信号量中的每个信号量建立一个 sem 结构，定义在/include/linux/sem.h 中：

```
struct sem {
int semval;      //该信号量的当前值
int sempid;      //最近操作该信号量的进程 ID
};
```

(2) sem_queue 结构。系统为每个 IPC 信号量维护一个等待队列 sem_queue，用来记录正在等待该信号量集中的一个或多个信号量的进程，定义在/include/linux/sem.h 中。

(3) sem_array 结构。系统为每个 IPC 信号量建立一个 sem_array 结构，描述该信号量集的权限、属性及使用信息，所有信号量集的 sem_array 结构组成一个数组。该结构定义在 /include/linux/sem.h 中：

```
struct sem_array {
    struct kern_ipc_perm     sem_perm;      /* IPC 信号量的 kern_ipc_perm 结构 */
    struct sem               *sem_base;     /* 指向信号量集中第一个信号量的指针 */
    struct sem_queue         *sem_pending;  /* 阻塞队列 */
    unsigned long            sem_nsems;     /* 信号量集中信号量的个数 */
    ⋮
};
```

2) IPC 信号量的相关系统调用

系统提供一组 IPC 信号量的系统调用，调用时需包含两个头文件：linux/ipc.h 和 linux/sem.h。

(1) int semget(key_t key, int nsems, int semflag)。

① 功能：创建一个新的 IPC 信号量或取得一个已经存在的 IPC 信号量。

② 返回值：成功则返回 IPC 信号量的标识符 ID，否则返回 −1。

③ 参数：

key：IPC 信号量的键值，若为 IPC_PRIVATE(常数 0，类型为内核键值类型 _kernel_key_t)，则创建一个信号量，并由系统生成一个 key 值；若 key>0(可由 ftok()产生，也可直接给定常量)，则依据 semflag 标志确定创建方式。

nsems：需要创建的信号量集中信号量的个数。

semflag：说明创建方式，有两种，第一种是 IPC_CREAT，即如果内核中不存在指定 key 值的 IPC 信号量，则创建它；若已经存在，则返回其标识 ID。第二种是 IPC_CREAT|IPC_EXCL，即创建一个新的 IPC 信号量，若已经存在，则出错返回。

(2) int semop(int semid, struct sembuf *opsptr, size_t nops)。

① 功能：操作指定的 IPC 信号量，即对信号量进行 wait()/signal()操作。

② 返回值：所有操作都成功返回 0，否则返回 −1。

③ 参数：

semid：IPC 信号量的标识 ID，即 semget()系统调用的返回值。

nops：说明要操作的信号量的个数。

opsptr：指向类型为 sembuf 的一个数组，说明分别对哪些信号量执行何种操作，每个数组元素对应信号量集中的一个信号量：

```
struct sembuf {
    ushort sem_num; //被操作的信号量在信号量集数组中的索引值
    short sem_op;    //信号量操作值(正数、负数或 0)
    short sem_flg;   //操作标志，为 IPC_NOWAIT 或 SEM_UNDO(下面介绍其含义)
};
```

sem_op 指定具体的操作，它的值有以下含义：

- sem_op>0：其值加到信号量上，即释放该信号量控制的资源。
- sem_op = 0：进程睡眠，直到该信号量的值为 0；若信号量已经为 0，则立即返回。
- sem_op<0：表示请求 sem_op 的绝对值数目的资源。若信号量当前值大于或等于

sem_op 的绝对值，则将信号量的值加上 sem_op，成功返回；否则，若没有指定 IPC_NOWAIT，则调用进程睡眠，直到所请求的资源数得到满足。

sem_flag 给出操作标志，可以有两种选择：

· SEM_UNDO：进程结束时，应将信号量值重设为 semop() 调用前的值，以避免进程在异常结束时未将锁定的资源释放，造成该资源被永远锁定。

· IPC_NOWAIT：若设置了此标志，则当进程所请求的操作不能立即完成时，将立即返回；否则进程将进入睡眠状态，等待条件满足时被唤醒完成该操作。

(3) int semctl (int semid, int semnum, int cmd, union semun arg)。

① 功能：对 IPC 信号量(集)实现控制操作。

② 返回值：成功返回 0，出错返回 -1。

③ 参数：

semid：IPC 信号量的标识符 ID。

semnum：要操作的信号量在信号量集中的位置序号，即指明操作哪个信号量。

cmd：表示对指定信号量要执行的具体操作命令，部分如下所示。

· IPC_STAT：从信号量集上检索 semid_ds 结构，并保存到 semun 的 buf 中。

· IPC_RMID：删除标识为 semid 的信号量集。

· IPC_SET：设置信号量的许可权即 semid_ds 结构中 ipc_perm 域。

· SETVAL：设置信号量集中一个指定信号量的值为 arg.val。

· GETVAL：获得信号量集中一个指定信号量的值。

· GETNCNT：获得等待指定信号量变为 1 的进程数。

· GETZCNT：返回当前等待资源的进程个数。

arg：是一个特殊的联合体，必须由用户自定义。

```
union semun{
    int val;                    // cmd == SETVAL
    struct semid_ds *buf        // cmd == IPC_SET 或者 cmd == IPC_STAT
    ushort *array;              // cmd == SETALL 或 cmd == GETALL
};
```

3) IPC 信号量的使用方法

使用 IPC 信号量解决进程同步问题，通常分为以下四个步骤：

(1) 调用 semget() 函数创建信号量，或获得在系统中已经存在的信号量。不同进程通过使用同一个信号量键值来获得同一个信号量。

(2) 调用 semctl() 函数的 SETVAL 命令初始化信号量的值。

(3) 调用 semop() 函数进行信号量的 wait()/signal() 操作。

(4) 如果不需要信号量了，则调用 semctl() 函数的 IPC_RMID 命令从系统中删除它。

7. POSIX 信号量

POSIX 信号量是后面"3.8.3 Linux 线程机制"中介绍的 Pthread 线程库提供的一种同步机制，比 IPC 信号量简单，包括无名信号量和有名信号量两种机制。无名信号量又称为基于内存的信号量，常用于多线程间的同步，也可用于相关进程间的同步。当无名信号量用于相关进程间同步时，需要放在进程间的共享内存区中。有名信号量通过 IPC 名字进行进程间的同步，其特点是把信号量保存在文件中，可用于线程、相关进程和不相关进程间的同步。

注意：使用 POSIX 信号量时必须包含头文件#include <semaphore.h>，且在编译程序时，应加上"-pthread"选项，若要编译 test1.c 文件，则可使用命令：gcc -o test1 -pthread test1.c。

下面简单介绍两种信号量机制的相关系统调用。

1) 无名信号量

(1) int sem_init(sem_t *sem, int pshared, unsigned int value)。

① 功能：创建一个新的无名信号量，并进行初始化。

② 参数：

sem：信号量名称。

pshared：= 0，用于同一进程中多线程间的同步；>0，用于多个相关进程间的同步(如父子进程或兄弟进程)。

value：信号量的初始值。

③ 返回值：执行成功返回 0，失败返回 −1。

(2) int sem_getvalue(sem_t *sem, int *sval)。

① 功能：获取指定信号量当前值，并保存在 sval 中。

② 参数：

sem：信号量名称。

sval：保存指定信号量的当前值。若有 1 个或多个线程/进程调用 sem_wait()阻塞在该信号量上，则返回 0 值给 sval。

③ 返回值：成功时返回 0；错误时返回 −1。

(3) int sem_wait(sem_t *sem)。

① 功能：阻塞型申请资源操作，测试信号量 sem 的值。若大于 0，则将 sem 的值减 1 后返回；若等于 0，则调用线程/进程会进入阻塞状态直到另外一个相关线程/进程执行 sem_post()，对 sem 加 1，解除对它的阻塞为止，此时立即将 sem 减 1，然后返回。

② 参数 sem：指定的信号量名称。

③ 返回值：函数执行成功返回 0；错误时返回 −1，信号量的值不改动。

(4) int sem_trywait(sem_t *sem)。

① 功能：非阻塞型申请资源操作，测试指定信号量 sem 的值。若大于 0，则将 sem 的值减 1 后返回；若等于 0，则调用线程/进程不会进入睡眠状态，直接返回，并标识错误信息。

② 参数 sem：指定的信号量名称。

③ 返回值：函数执行成功返回 0；执行错误返回 −1，信号量的值不改动。

(5) int sem_timedwait(sem_t *sem, const struct timespec *abs_timeout)。

① 功能：预置阻塞时间型申请资源操作，测试指定信号量 sem 的值。若大于 0，则将 sem 的值减 1 后返回；若等于 0，则调用线程/进程会限时等待。当等待时间结束时，若信号量的值仍为 0，则返回错误。

② 参数 sem：指定的信号量名称；abs_timeout 是调用线程/进程阻塞等待的时间限制。

③ 返回值：函数执行成功返回 0；执行错误返回 −1，信号量的值不改动。

(6) int sem_post(sem_t *sem)。

① 功能：释放资源操作，将指定信号量的值加 1，若有线程/进程在等待，则会唤醒其中的一个线程/进程。

② 参数 sem：信号量名称。

③ 返回值：成功时返回 0；错误时，信号量的值没有更改，返回 –1。

(7) int sem_destroy(sem_t *sem)。

① 功能：删除由 sem_init()创建的无名信号量 sem。若此时有其他线程/进程阻塞在该信号量上，将导致信号量未定义错误。

② 参数 sem：信号量名称。

③ 返回值：成功时返回 0；错误时返回 –1。

2) 有名信号量

有名信号量的特点是把信号量的值保存在文件中，所以对于相关进程来说，子进程继承了父进程的文件描述符，自然共享了保存在文件中的有名信号量。因此，可以使用有名信号量实现相关进程间的同步。

(1) sem_t *sem_open(const char *name,int oflag, mode_t mode , int value)。

① 功能：打开一个已存在的有名信号量，或创建并初始化一个有名信号量，并将其引用计数加 1。

② 参数：

name：有名信号量的名称。

注意：这里的 name 不能写成/tmp/aaa.sem 这样的格式，因为在 Linux 下，sem 都创建在/dev/shm 目录下。你可以将 name 写成"/mysem"或"mysem"，创建出来的文件都是"/dev/shm/sem.mysem"，但不能写路径，也不要写成"/tmp/mysem"之类的。

oflag：说明创建方式，有 O_CREAT 或 O_CREAT|EXCL 两个取值。

· O_CREAT：若 name 指定的信号量不存在，则创建一个，且后面的 mode 和 value 参数必须有效；若指定的信号量已存在，则直接打开该信号量，同时忽略 mode 和 value 参数。

· O_CREAT|O_EXCL：若 name 指定的信号量不存在，则创建一个；否则会直接返回 error。

mode_t：控制新建信号量的访问权限，如 0644。

value：新建信号量的初始值。

返回值：成功时返回指向有名信号量的指针，出错时为 SEM_FAILED(常量，值为 2，表示信号量创建失败)。

(2) 对有名信号量的操作函数：sem_wait()、sem_trywait()、sem_timedwait()、sem_post() 及 sem_getvalue()。

上述函数的使用方法与无名信号量的相应操作函数完全一样，不再说明。

(3) 有名信号量的删除，有名信号量的删除需要两个步骤：

① 关闭信号量。

原型：int sem_close(sem_t *sem)。

功能：将信号量引用计数减 1，但并没有删除它，以后还可以使用 sem_open()打开它。

参数：sem 指向欲关闭的信号量的指针，即调用 sem_open()时的返回值。

返回值：成功时，返回 0；失败时，返回-1。

② 删除信号量。

原型：int sem_unlink(const char *name)。

功能：从系统中彻底删除该信号量，要注意的是，sem_unlink()操作只对引用计数为 0 的信号量有用，对引用计数不为 0 的信号量不会起任何作用。

参数：name 是有名信号量的标示符。

返回值：成功时返回 0，失败时返回 –1。

3.5　进 程 调 度

在多道程序环境下，进程是占用处理器运行的基本单位。由于处理器是计算机系统中最重要的资源，因此如何合理、有效地在进程间分配处理器就非常重要了，该项工作是由进程调度程序来完成的。进程调度性能的好坏，在很大程度上决定了处理器的利用率、系统吞吐量、作业周转时间以及响应时间，因而调度问题便成了操作系统设计中的一个核心问题。

3.5.1　进程调度的基本概念

1．调度的层次

调度是操作系统的基本功能，几乎所有的计算机资源在使用之前都要经过调度。系统的资源有限，当有多个作业或进程要求使用这些资源时，系统必须按照一定的原则选择某个作业或进程来占用资源参与运行，这就是调度。一个作业从提交到执行，直至完成，通常都要经历多级调度。根据调度的对象、时机、功能等的不同，可以把调度分为高级调度、中级调度和低级调度三级。

1）高级调度

高级调度又称作业调度或长程调度，其任务是根据系统的资源情况，按照一定的原则从外存上的后备队列中选择若干个作业调入内存，为他们创建进程，分配必要的资源，如内存、外设等，并将新创建的进程插入就绪队列，准备执行；此外，当作业执行完毕后，还要负责回收其所占据的资源。高级调度的运行频率较低，通常是以分钟甚至是小时为计时单位。

在每次进行作业调度时，都需要考虑两个问题：第一，选择多少个作业进入内存。这取决于多道程序度，即允许同时在内存中运行的进程数。多道程序系统中能同时容纳的进程数是有限的，进程数太少，不利于资源利用率和系统吞吐量的提高；进程数太多，可能会影响系统的服务质量，如周转时间、响应时间太长等。通常是根据计算机系统的资源配置规模、运行速度、作业大小等综合确定。第二，选择哪些作业进入内存。这取决于作业调度算法，可采用的作业调度算法有先来先服务、短作业优先、基于优先级调度、高响应比优先等，详见后面 3.5.2 节的算法描述。

在批处理系统中，作业提交后首先进入外存上的后备队列，因此需要作业调度将它们分批装入内存；而在分时系统中，为了能及时响应，用户通过键盘输入的命令和数据通常都是直接送入内存，因而无须配置作业调度；在实时系统中，通常也不需要作业调度。

2) 低级调度

低级调度通常称为进程调度，有时也称短程调度，其任务是决定就绪队列中的哪个进程获得处理器，然后由分派程序把处理器分配给该进程，并为它恢复运行现场，让其运行。进程调度的运行频率很高，通常是十几毫秒就要运行一次，因而其调度算法也备受关注。它是系统中最基本的一种调度，进程只有通过进程调度才能获得处理器运行，现代操作系统都具有进程调度功能。

3) 中级调度

中级调度又称为中程调度。引入中级调度的主要目的是为了提高内存利用率和系统吞吐量。当内存紧张时，就将那些暂时不能运行的进程(如处于阻塞状态的进程)换出到外存，回收其内存空间给别的进程，通常称此时的进程状态为挂起状态；当内存空间较充裕时，又从外存选择若干具备运行条件的挂起进程换入到内存。中级调度其实就是存储器管理中的对换功能，故又称为对换调度，其发生的频率一般是几秒一次。当存储管理机制中引入虚拟存储技术后，进程在内外存之间交换的内容通常是其部分代码或数据，而不是整个进程映像。

当一个系统中同时存在三级调度时，其相互间的关系如图 3-31 所示。简单说，作业调度从后备队列中选择一批合适的作业调入内存，并创建相应的进程，插入就绪队列；进程调度从就绪队列中选择一个合适的进程，令其投入运行；中级调度负责进程在内存与外存之间的换入与换出。

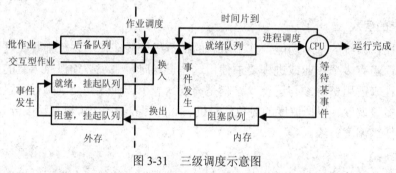

图 3-31　三级调度示意图

2．进程调度功能

在多道程序环境中，系统中的进程数往往多于处理器数，大量进程将争夺处理器的使用权；系统进程本身也需要使用处理器完成相关功能。这就需要按一定的策略，合理地把处理器动态地分配给就绪队列中的某个进程并使之运行。该项任务是由进程调度程序来完成的，具体到不同的操作系统，其实现机制会有区别，但通常应包含如图 3-32 所示的几个部分。

(1) 排队程序。为方便调度程序尽快找到下一个参加运行的进程，通常应将系统中的所有就绪进程按一定策略组织成一个或多个队列，甚至是树结构。每当有进程转变为就绪状态时，排队程序就会按照系统既定的排队原则将其插入到相应就绪队列的合适位置，在这同时，还可能会重新计算进程的优先级、下一次时间片长度等。

(2) 分派程序。本模块负责将进程调度程序所选定的待运行进程从所在就绪队列中移出，将其状态修改为"运行"，调用上下文切换程序完成 CPU 控制权的转移，并切换到用户模式运行新选中的进程。

(3) 上下文切换程序。该模块负责在 CPU 切换过程中，保存被移出进程的所有处理器寄存器内容到其 PCB 或堆栈中，恢复新选中进程的 CPU 运行环境信息。具体来说，首先要将被移出进程的用户态现场信息保存到内核栈中，包括 PS、PC 寄存器及一组通用寄存器的值；接着要将被移出进程的内核态现场信息保存到进程的 PCB 中；之后从新选中进程的 PCB 中恢复其内核态现场信息；最后从新选中进程的内核栈中恢复其用户态现场信息。在进行 CPU 切换时，会发生两次上下文切换操作：第一次是被移出 CPU 的进程与分派程序间的上下文切换，第二次是分派程序与新选中进程间的上下文切换。因为现代计算机的 CPU 中通常有大量的寄存器内容需要保存和恢复，所以上下文切换开销将对系统性能产生重要影响。因此，现在一些 CPU 会提供两组或更多组寄存器组，CPU 在核心态时使用其中一组，其余寄存器组给用户进程使用，这样在上下文切换过程中，当 CPU 在内核及用户进程之间来回转换执行时，只需改变指针使其指向当前寄存器组即可。典型的进程切换时间为几微秒。

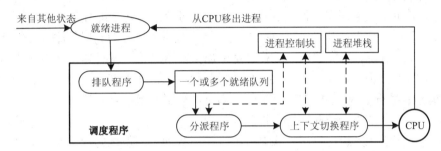

图 3-32　调度程序主要功能模块示意图[11]

3. 进程调度方式

根据能否剥夺当前运行进程的 CPU 以分配给另外一个进程运行，进程调度方式可分为非抢占方式和抢占方式两种。

(1) 非抢占方式。在这种调度方式下，系统一旦把 CPU 分配给某一进程后便会让其一直运行下去，直到它运行完成或因发生某事件(如等待 I/O 操作完成等)不能再继续运行时，系统才会将 CPU 分配给其他进程运行。该调度方式的优点是实现简单且系统开销小，但缺点是不能保证紧迫型任务(如实时进程)得到及时处理。

(2) 抢占方式。在这种调度方式下，当一个进程正在运行时，系统可以按照某种原则强制性地剥夺该进程的 CPU 而分配给其他进程，当前进程转变成就绪状态等待下一次调度。剥夺的原则可以是优先级、时间片或进程还需要的运行时间等，如在实时系统中常采用优先级原则，而在分时系统中通常采用时间片原则。该调度方式的优点是可以防止一个进程长期占用 CPU，为系统中的全体进程提供更好的服务，但缺点是系统开销比非抢占方式大，因为进程调度和切换的频率更高。

假设系统某时刻发生了引起 CPU 抢占的条件，如当前运行进程时间片到，或者出现了优先级更高的就绪进程，那么系统是否会立即进行进程调度和切换工作呢？不同系统的处理机制是不同的，主要有下面三种方式：

(1) 内核完全不可抢占。在这种方式下，当前运行进程在用户态下运行时可随时被抢占 CPU，但在内核态下运行时则完全不能被抢占。如传统 UNIX(SVR3 和 4.3BSD UNIX 及之前的所有版本)、Windows NT 等。

(2) 内核部分可抢占。在这种方式下，当前运行进程在用户态下运行时可随时被抢占

CPU，但在内核态下运行时，大部分时间不能被抢占，只能在某些特定的时刻点(称为可抢占点)被抢占。如 UNIX SVR4，它在内核代码的一些特定位置(如即将开始长时间的计算工作)设置可抢占点，当前进程运行到这些位置时，系统会检查是否有更高优先级的就绪进程出现，若有，则立即抢占当前进程的 CPU。

(3) 内核完全可抢占。在这种方式下，无论当前进程是处于用户态还是内核态，只要系统出现抢占的条件，都可以随时抢占 CPU，从而能很好地保证紧迫型任务得到及时处理。如 Solaris、Windows 2000 等。但这种完全可抢占也不是 100%的，只是系统已经将不能被抢占的代码减到了最少。

4. 进程调度时机

系统需要重新进行进程调度的原因主要有两个：一是当前运行进程已结束或无法再继续运行下去，而系统中还有其他待运行进程；二是对抢占调度方式的支持，当出现优先级更高的就绪进程时，应保证其优先得到 CPU 运行。引起进程调度的典型事件主要有如下几种：

(1) 当前运行进程已完成所有工作任务而结束，或者由于某种错误而被终止运行。

(2) 当前运行进程因需要等待某事件的发生而转变成阻塞状态，如等待 I/O 操作的完成，或执行信号量的 wait()操作时因条件不满足而被阻塞等。

(3) 在分时系统中，当前运行进程时间片用完。

(4) 采用基于优先级的抢占方式调度，当就绪队列中出现优先级更高的就绪进程时。

(5) 系统完成系统调用或中断处理后，在返回到用户态之前，通常会产生一次调度时机。

5. 选择进程调度方式及调度算法应考虑的因素

在为一个操作系统选择调度方式及调度算法时，通常要考虑系统的设计目标、资源的均衡利用、调度的公平性、系统开销等。

(1) 系统设计目标。不同操作系统设计目标通常不同，系统的调度方式及调度算法要尽可能保证系统设计目标，特别是关键性能指标的实现。批处理系统应尽量提高各种资源(尤其是 CPU)的利用率、增加系统吞吐量及缩短作业的平均周转时间；交互式系统应能及时响应各用户的请求，让它们获得均衡的响应时间，尤其当系统中有大量进程并发运行时，应使每个用户感觉不到明显的延迟；实时系统必须保证各实时任务能得到及时、可靠的处理；网络系统应使各网络用户方便、快速、安全地共享网络资源。

(2) 调度的公平性。一方面系统要考虑不同类型的进程应具有不同的优先级，保证紧迫型任务得到优先调度；另一方面也要尽量使系统中每个进程都能相对公平地共享 CPU 及其他系统资源，避免某些低优先级进程的任务完成时间被无限期地推迟。

(3) 资源的均衡利用。调度方式及算法应能使系统中各类资源都得到充分、均衡的利用，以提高整个系统的资源利用率。

(4) 合理的系统开销。进程调度时需运行调度算法以确定下一个运行进程，CPU 切换时需要保存和恢复进程上下文信息，两者都会带来额外的系统开销，因此调度算法的复杂度应适度，调度与切换的频率也不宜过高。

6. 调度性能的评价指标

不同调度方式及调度算法都有其自身的特点，可能对系统中某类进程有利，但对其他类型进程却不利。不同系统的设计目标也不同，因此很难有一套统一的评价标准来评价所有系统调度性能的优劣，通常可以从以下几方面进行评价：

(1) CPU 的利用率。应使 CPU 尽可能忙碌，在实际系统中，CPU 利用率一般从 40%(轻负荷系统)到 90%(重负荷系统)。

(2) 系统吞吐量。它是指单位时间内系统所处理完成的作业或进程数量，其值与系统处理速度、作业或进程需要处理的时间长短关系密切。

(3) 周转时间和带权周转时间。

周转时间是指从作业提交给系统到作业处理完成所经历的时间，是评价批处理系统调度性能的重要指标之一，包括作业在外存后备队列中等待进入内存的时间，进程在就绪队列中等待 CPU 调度的时间，在 CPU 上执行的时间，在阻塞队列中等待 I/O 完成或等待其他事件发生的时间之和。一组作业周转时间的平均值称为该组作业的平均周转时间。

带权周转时间在评价系统调度性能时，会同时考虑作业的周转时间及其要求服务时间，它是作业的周转时间与要求服务时间的比值，能更准确地反映用户的感受。

(4) 响应时间。它是指从用户提交一个请求开始，到系统首次对该请求产生响应为止的时间间隔，是评价交互式系统调度性能的一个非常重要的指标。

(5) 对截止时间的保证。实时系统中的实时任务通常都对应一个截止时间，系统能否保证各实时任务在截止时间完成是评价实时系统调度性能的一个很关键的指标。

3.5.2 进程调度算法

在操作系统中调度的实质是一种资源分配，因而调度算法就是根据系统的资源分配策略所采用的资源分配算法。目前存在多种调度算法，有的适于作业调度，有的适于进程调度，也有的对两者都适用。

1. 先来先服务调度算法

先来先服务调度算法(First-Come，First-Served，FCFS)是一种最简单的调度算法，可同时用于作业调度及进程调度。对于前者，是选择后备队列中驻留时间最久的若干个作业调入内存；对于后者，是选择就绪队列中驻留时间最久的进程，把 CPU 分配给它，令其投入运行，该进程将一直运行下去，直到完成或由于某些原因而阻塞，才放弃 CPU。该算法最大的优点是实现简单，如用于进程调度时，在把一个进程插入就绪队列时，链接到队列的尾部；当 CPU 空闲时，直接从就绪队列选择队首进程参与运行，不需要进行任何比较操作。

表 3-8 列出了四个作业的提交时间、要求执行时间、开始执行时间及完成时间，按 FCFS 算法调度，则调度顺序是 A→B→C→D，各作业的周转时间(= 完成时间 – 提交时间)和带权周转时间(= 周转时间/要求执行时间)如表 3-8 所示。

表 3-8 先来先服务调度算法

作业名	提交时间	要求执行时间	开始执行时间	完成时间	周转时间	带权周转时间
A	1.0	2.0	1.0	3.0	2.0	1.0
B	1.2	3.0	3.0	6.0	4.8	1.6
C	1.4	1.2	6.0	7.2	5.8	4.8
D	1.5	0.3	7.2	7.5	6.0	20.0
平均周转时间：$T = (2.0 + 4.8 + 5.8 + 6.0) / 4 = 4.65$				平均带权周转时间： $W = (1 + 1.6 + 4.8 + 20) / 4 = 6.85$			

由计算结果可知，FCFS 算法比较有利于长作业，而不利于短作业；另外，由于没有进行调度优化，可能会使系统平均周转时间较长；最后，由于 FCFS 算法是一种非抢占算法，因而不能保证紧迫型任务得到及时处理。

2．短作业优先调度算法

　　短作业优先调度算法(Shortest-Job-First，SJF)对作业调度和进程调度都适用。对于作业调度，是从后备队列中选择若干个估计运行时间最短的作业调入内存；对于进程调度，是从就绪队列中选择下一次估计运行时间最短的进程，把 CPU 分配给它，令其投入运行。如果两个作业或进程具有相同的运行时间，则可使用 FCFS 算法进行调度。为了和 FCFS 算法比较，将表 3-8 中所用的实例改用短作业优先算法进行调度，其调度顺序为 A→D→C→B，各作业的周转时间及带权周转时间如表 3-9 所示。

表 3-9　短作业(进程)优先调度算法

作业名	提交时间	要求执行时间	开始执行时间	完成时间	周转时间	带权周转时间
A	1.0	2.0	1.0	3.0	2.0	1.0
D	1.5	0.3	3.0	3.3	1.8	6.0
C	1.4	1.2	3.3	4.5	3.1	2.6
B	1.2	3.0	4.5	7.5	6.3	2.1
平均周转时间：$T = (2.0 + 1.8 + 3.1 + 6.3) / 4 = 3.3$				平均带权周转时间： $W = (1 + 6 + 2.6 + 2.1) / 4 = 2.93$		

　　由计算结果可知，相较于 FCFS 算法，SJF 算法能有效地降低作业的平均周转时间和平均带权周转时间，提高系统的吞吐量。可以证明，在各种调度算法中，SJF 算法能获得最短的平均周转时间。

　　SJF 算法可以是非抢占方式(如表 3-9 的调度过程)，也可以是抢占方式。对于后者，每当一个进程插入就绪队列时，就需要比较该进程的下一次运行时间是否比当前运行进程的剩余运行时间短，如果是，则抢占当前运行进程的 CPU。图 3-33 是抢占式 SJF 算法的调度过程，请读者自行计算其平均周转时间及平均带权周转时间。

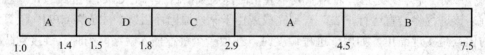

图 3-33　抢占式 SJF 算法调度过程

　　SJF 算法虽然能获得最短的平均周转时间及较高的吞吐量，但却存在下面几个问题：

　　(1) SJF 算法在实现上有困难：如何确定一个作业(或进程)下一次的运行时间。对于批处理系统中的作业调度，可以简单地采用各作业的作业说明书中给出的估计运行时间进行比较；而在进程调度中，通常是根据一个进程前几次的 CPU 运行时间来估算其下一次运行时间。因此，该算法在作业调度中使用更多。

　　(2) SJF 算法是一种不公平的调度算法：对长作业非常不利，如果系统中不断地有短作业到达，则长作业的周转时间会明显地增长，甚至出现饥饿现象。

　　(3) SJF 算法完全没有考虑任务的紧迫程度，不能保证紧迫型任务得到及时处理。

3．高响应比优先调度算法

　　高响应比优先调度算法(Highest Response Ratio First，HRRF)在调度时既考虑作业(进程)

的要求服务时间，同时也会考虑它们在后备队列或就绪队列中的等待时间。响应比的定义是：

$$响应比 = \frac{要求服务时间 + 等待时间}{要求服务时间} = 1 + \frac{等待时间}{要求服务时间}$$

从响应比的定义可见，该算法首先是照顾短作业(进程)的，因为等待时间相同时，短作业(进程)的响应比更高；而对于长作业(进程)，其响应比会随着等待时间的延长逐步升高并获得调度机会，从而改进了短作业优先算法的不公平情况，避免了"饥饿"问题。

高响应比优先调度算法对作业调度和进程调度都适用，不过更多的用于作业调度。对于作业调度，每次都从后备队列中选择响应比最高的若干作业调入内存；对于进程调度，通常以非抢占方式实现，在当前进程运行完成或转变成阻塞状态后，系统就从就绪队列中选择响应比最高的一个进程获得 CPU 参与运行。

高响应比优先调度算法的不足之处是，每次调度时都要重新计算所有作业(进程)的响应比，增加了系统开销。此外，该算法不能保证紧迫型任务得到及时处理。

作为练习，请读者针对表 3-8 所给出的已知条件，采用高响应比优先调度算法，计算调度顺序及平均周转时间。

4．优先级调度算法

前述几种调度算法都隐含地假设系统中所有进程的重要性是相同的，但实际情况并非如此，比如一个实时传输视频会议信号的进程与一个在后台统计系统资源使用情况的进程，其紧迫程度是不同的。为了照顾紧迫型任务能得到及时的处理，引入了优先级调度算法。系统为每个进程设置一个优先级，通常用一个整数表示，数字大小与优先级高低的对应关系因不同的系统而不同，有的系统用小数字表示高优先级，有的则相反，为避免混淆，本书中用小数字表示高优先级。系统进行调度时，选择就绪队列中优先级最高的进程获得 CPU 参加运行。优先级调度算法具体实现时有两种方式：

(1) 非抢占式优先级调度算法。调度时，系统总是把 CPU 分配给就绪队列中优先级最高的进程，并让它一直运行下去，直到运行完成或由于某些原因而阻塞，主动让出 CPU 时，系统才重新调度另一高优先级进程运行。

(2) 可抢占式优先级调度算法。该算法可确保紧迫型任务能得到最及时的处理。调度时，系统同样是把 CPU 分配给就绪队列中优先级最高的进程(如进程 A)，但在进程 A 的运行过程中，如果就绪队列中出现了优先级更高的进程 B，则进程调度程序将立即停止进程 A 的执行，而把 CPU 分给进程 B，让其执行。

对于优先级调度算法，很重要的一个问题是如何确定进程的优先级，通常有两种方式：

(1) 静态优先级。它是在进程创建时根据进程的类型、运行时间长短、对资源的需求(如要求内存大小、需要的外部设备种类及数量、需打开的文件数等)以及用户的要求而确定的，在进程的整个运行期间保持不变。静态优先级实现简单，系统开销小，但可能出现"饥饿"现象，比如当系统负荷较重时，不断有高优先级就绪进程到达，会导致低优先级进程长时间得不到 CPU 调度。

(2) 动态优先级。通常也是在创建进程时为其赋予一个初始优先级(比如可简单地直接从父进程处继承)，以后在进程的运行过程中随着进程特性的变化，按照一定的原则不断修改其优先级，如随着进程在就绪队列中等待时间的增长，可提高进程的优先级；随着进程连续占用 CPU 时间的增长，可降低其优先级，防止一个进程长期垄断 CPU 而导致低优先级进程产生"饥饿"现象。

> 关于优先级调度算法中的"饥饿"问题，曾经有个有趣的故事：据说，1973 年工作人员在关闭 MIT 的 IBM 7094 时，发现一个低优先级进程是于 1967 年提交的，但因优先级太低一直未能得到运行。

5. 时间片轮转调度算法

时间片轮转调度算法(Round-Robin，RR)主要用于分时系统中的进程调度。系统将所有就绪进程按先来先服务原则排成一个就绪队列，每次调度时，把 CPU 分配给队首进程，令其运行一个时间片(时间片大小一般为几十毫秒)，当其时间片用完时，如果还没有运行结束，就重新到就绪队列末尾排队，等待下一次 CPU 调度；系统把 CPU 分配给就绪队列中新的队首进程让它也执行一个时间片。就绪队列中的进程按各自的时间片轮流地占有 CPU运行，一次未运行完成的进程可再次排队调度，直到运行完成。调度过程如图 3-34 所示。

图 3-34　时间片轮转调度算法示意图

时间片轮转调度算法的调度性能很大程度上依赖于时间片的大小。如果时间片太长，每个进程几乎都能在一个时间片内运行完成，则轮转算法退化为 FCFS 算法，排在就绪队列尾部的进程可能具有较长的响应时间；如果时间片很短，用户的一个普通请求需要轮转几次才能运行完成，则进程的响应时间及周转时间都可能变长，同时过于频繁的调度和上下文切换也增加了系统开销，降低了 CPU 的利用率。因此，合适的时间片长度应能使用户获得较满意的响应时间，而响应时间与系统中就绪进程数量及时间片长度的关系大致可以表示为：

$$T(响应时间) = N(就绪进程数量) \times q(时间片)$$

因此，在确定时间片轮转调度算法的时间片长度时，应考虑以下几个因素：

(1) 系统的响应时间。用户能接受的响应时间越长，时间片可适当延长。一般来说，绝大部分的交互式请求应该能在一个时间片内运行完成。

(2) 就绪进程的数量。就绪进程越多，为获得较满意的响应时间，时间片应适当缩短。

(3) 进程调度及上下文切换的时间开销。目前的切换开销一般在 10 μs 左右，而常用的时间片长度是几十毫秒，因此切换时间只占时间片的很小部分。

(4) CPU 运行指令的速度。CPU 运行速度越快，时间片可适当缩短。

例 3-4：假设一个系统采用时间片轮转调度算法，时间片长度为 20 ms，4 个进程 P1、P2、P3 及 P4 依次进入系统，各进程所需要的运行时间为 53 ms、17 ms、68 ms 及 24 ms，给出调度顺序并计算平均周转时间。

解答：按照时间片轮转调度算法，4 个进程的调度顺序如图 3-35 所示，平均周转时间请读者自己计算。

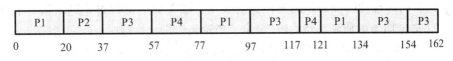

P1	P2	P3	P4	P1	P3	P4	P1	P3	P3

0　20　37　57　77　97　117　121　134　154　162

图 3-35　4 个进程调度顺序图

6. 多级队列调度算法

如果系统中的进程可以比较容易地分成多个组, 则可采用多级队列调度算法(Multilevel Queue Scheduling Algorithm)来实现进程调度。该算法将就绪队列分成多个独立队列, 如图 3-36 所示。

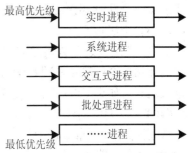

(1) 每个队列有自己独立的调度算法。比如实时进程队列采用抢占方式的优先级调度算法, 系统进程队列采用非抢占方式的优先级调度算法, 交互式进程队列采用时间片轮转调度算法, 批处理进程采用先来先服务调度算法或短作业优先调度算法等, 如此, 系统可针对不同进程的调度性能要求, 很容易地提供多种调度策略。

(2) 各队列之间的优先级不同。从上到下各队列优先级逐级降低, 系统总是优先调度高优先级队列中的进程

图 3-36　多级队列调度示意图

运行, 只有高优先级队列为空时, 才会调度低优先级队列中的进程; 如果一个低优先级进程在运行时, 到达一个高优先级进程, 则会立即抢占当前进程的 CPU。

(3) 系统根据进程的属性, 如进程类型、优先级等, 将进程永久地分配到一个固定队列中, 即只要该进程处于就绪状态, 就一定位于最初所分配的就绪队列中。这种设计方法实现简单且调度开销小, 但不够灵活且低优先级队列中的进程容易产生"饥饿"现象。

7. 多级反馈队列调度算法

多级反馈队列调度算法(Multilevel Feedback Queue Scheduling Algorithm)是一种综合性能较好的进程调度算法, 被很多操作系统所采用, 典型的如 UNIX。其基本思想是:

(1) 设置多个就绪队列。在系统中设置多个就绪队列, 并为各个队列赋予不同的优先级, 第一个队列的优先级最高, 其余各队列的优先级逐次降低。同时, 为各个就绪队列中的进程分别设置不同的时间片, 优先级最高的第一个队列时间片最短, 第二个队列的时间片增加一档, 比如可以是第一个队列的时间片的两倍, ……, 第 $i+1$ 个队列的时间片是第 i 个队列的时间片的两倍, 如图 3-37 所示(备注: 图中"CPU"是同一个 CPU)。

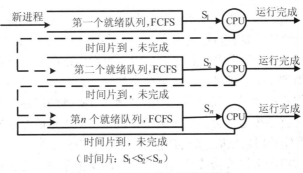

图 3-37　多级反馈队列调度算法

(2) 各队列内部按时间片轮转算法进行调度。新创建的进程首先进入第一个就绪队列末尾，按先来先服务的原则等待 CPU 调度。当轮到该进程执行时，若它能在第一个队列所对应的时间片内运行完成，则结束；若它还没用完时间片，却因 I/O 请求等原因转变为阻塞状态，那么当其阻塞原因解除并且重新转变为就绪状态后，将仍然回到原来所在的就绪队列末尾，不过有的系统对这种情况的处理方式是让该进程进入优先级高一级的就绪队列中；如果时间片到时还没有运行完成，则插入第二个队列末尾排队等待；若在第二个队列中运行一个时间片后仍未完成，则插入第三个队列末尾，如此一直进行下去，当一个长进程从第一个队列逐级降到最后一个队列后，便在最后一个队列中按时间片轮转方式进行调度，不再降级。

(3) 各队列之间采用抢占式优先级算法调度。系统规定，仅当第一个队列为空时，才会调度第二个队列中的进程运行；仅当第 $1 \sim (i-1)$ 个队列为空时，才会调度第 i 个队列中的进程运行。如果 CPU 正在运行第 i 个队列中的某个进程时，又有进程进入优先级较高的队列(第 $1 \sim (i-1)$ 中的任何一个队列)，则系统立即调度高优先级进程运行，而把正在运行的进程重新插入第 i 个队列(原队列)，至于放在队尾还是队首，因不同系统而不同，如在 Windows 2000/XP 中，放在队首。

在多级反馈队列调度算法中，第一个队列的时间片长度通常能让绝大多数交互型请求完成处理，从而使终端型用户获得较满意的响应时间；对于短批处理作业，一般也只需要一个或很少的几个时间片即可完成，可以缩短平均周转时间和提高系统吞吐量；而对于长作业，它将依次在第 1，2，…，n 个队列中运行，且每次获得的时间片长度依次增加，不必太担心长期得不到处理。不过对于一个很长的作业，它很可能会逐级插入到最后一个就绪队列中，如果系统不断地有高优先级进程到达，则该长作业将一直等待，产生"饥饿"现象，解决这个问题的方法之一是提升在低优先级队列中等待很长时间的进程的优先级，使它们能得到再次运行的机会。

3.5.3　多处理器调度

过去很多年，多处理器系统只存在于高端服务器中，现在因为多核处理器的出现，它们已经成为个人 PC、笔记本电脑和移动设备的标准配置。那么之前讨论的单处理器系统的调度策略能否直接扩展到多处理器系统中呢？还有什么新的问题需要解决？要回答这个问题，我们就要先了解多处理器调度的特点。

1．多处理器调度的特点

多处理器系统一般分为两类：一类是松散耦合或分布式多处理器或集群，由一组相对自治的系统构成，每个处理器有自己的内存和 I/O 通道；另一类是紧密耦合多处理器系统，由一组处理器构成，共享一个公共主存，并且由一个操作系统统一控制。

要理解多处理器调度带来的新问题，就必须先知道它与单处理器的差别。两者间差别的核心在于对硬件缓存的使用，以及多处理器之间共享数据的问题。为了加快处理器访问内存的速度，单处理器系统通常会设置多级硬件缓存，用以存放处理器最近访问过或即将要访问的数据。处理器访问数据时，先访问缓存，如果数据在缓存中，则直接从缓存读取；否则访问内存，同时将所访问数据及其附近数据复制到缓存中。基于进程运行的局部性原

理，接下来进程要访问的数据大概率会在缓存中找到，从而提
高进程执行速度。单处理器系统中 CPU、缓存、内存之间的
关系如图 3-38 所示。

但是在多处理器系统中，情况将会变得复杂，每个 CPU
拥有自己的硬件缓存，所有 CPU 共享内存。比如华为海思完
全自主设计的鲲鹏 920 处理器，它包含多个集群(CCL)，每个
集群又包含四个 CPU 核(Core)，每个 CPU 核拥有私有的 L1
Cache 和 L2 Cache，同一集群内共享 L3 Cache TAG，多个集
群间共享 L3 Cache Data 和内存，如图 3-39 所示。由此可见，
在多处理器架构下缓存和内存的关系发生了变化，调度系统将
面临若干新的问题：缓存一致性、CPU 间数据共享、负载均

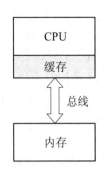

图 3-38 单处理器系统架构

衡、缓存亲和性，下面分别进行讨论。为方便阐述，本书将多处理器系统架构进行了简化，
如图 3-40 所示。

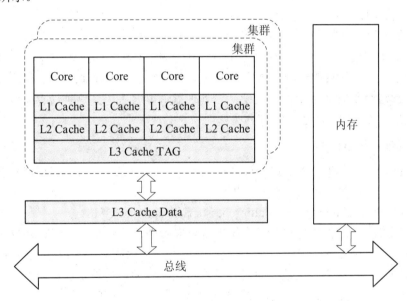

图 3-39 鲲鹏 920 处理器架构

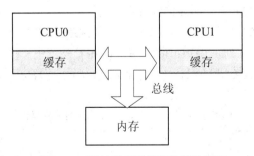

图 3-40 多处理器系统架构简化图

(1) 缓存一致性问题。假设一个运行在 CPU0 上的进程，从内存地址 A 读取数据，因
数据不在 CPU0 的缓存中，所以直接访问内存，得到值 D 并将其保存到缓存中；之后进程

修改该值为 D′，但系统其实只更新了缓存中的值，还没有将新值 D′写回内存中。假设此时该进程因某种原因(如时间片到)暂停运行，下一次被调度到 CPU1 上运行，如果又要访问地址 A 的数据，因该数据不在 CPU1 的缓存中而直接访问内存，于是读取到旧值 D，而不是正确的 D′，则会导致缓存一致性问题的出现。一般通过硬件手段来解决这个问题。比如 ARMv8 架构的多处理器系统使用窥探控制单元(Snoop Control Unit，SCU)来维护多 CPU 的缓存一致性：在 CPU0 读取地址 A 中的数据时，该数据将被保存到 CPU0 的缓存中，此后如果 CPU1 也要读取地址 A 中的数据，则 SCU 将监听到这个访问，并将该数据从 CPU0 的缓存中直接传递到 CPU1 的缓存中。

(2) CPU 间数据共享问题。当多个 CPU 同时访问(尤其是写入)共享数据时，需要使用互斥原语(比如锁)，才能保证正确性，否则可能出现与时间有关的错误，而得不到预期的结果。但使用锁会让没有占有锁的 CPU 进入等待状态，从而降低了 CPU 的利用率，导致系统性能下降。

(3) 负载均衡问题。对于多处理器系统，还应该尽可能让每个 CPU 负载均衡，不能让一些 CPU 一直空闲，而另一些 CPU 一直忙碌。

(4) 缓存亲和性问题。一个进程在某个 CPU 上运行时，会在该 CPU 的缓存中存放许多内存数据。下次该进程在同一 CPU 上运行时，由于能在缓存中找到所需要的数据，因此会使执行速度加快，但如果该进程被调度到另外一个 CPU 上运行，则会因为缓存需要重新加载数据而导致进程执行速度变慢。因此，多处理器调度要考虑到这种缓存亲和性，尽量让进程保持在同一个 CPU 上运行。

2．多处理器调度策略

针对前面讨论的多处理器调度中要考虑的问题，现有的多处理器调度策略主要有两种：一种是单队列调度，另一种是多队列调度。

1) 单队列调度(Single Queue Multiprocessor Scheduling, SQMS)

单队列调度策略的基本思想是把系统中所有就绪进程放入一个就绪队列中，所有 CPU 共享这个队列。每个 CPU 上运行自己的进程调度程序，负责为该 CPU 从就绪队列中选择就绪进程参与运行。这个方法最大的优点是能够比较容易地从单处理器调度策略扩展到多处理器系统，而不需要做太多修改，并且自动实现了多个 CPU 间的负载均衡，因为当 CPU 空闲时，会主动从就绪队列中选择一个就绪进程运行，以确保自己不会处于空闲状态。

单队列调度策略有以下两个明显的缺点：

(1) 可扩展性差。系统中所有 CPU 共享同一个就绪队列，因此需要添加锁操作以确保多个 CPU 互斥访问就绪队列，得到正确的结果。随着系统中 CPU 数目不断增加，锁的争用也会不断加剧，最终导致 CPU 浪费大量时间去等待锁，而真正用于执行进程的时间却越来越少，降低了 CPU 利用率。

(2) 违背缓存亲和性。假设就绪队列中有五个就绪进程(P1，P2，P3，P4，P5)和两个 CPU，就绪队列如图 3-41 所示。

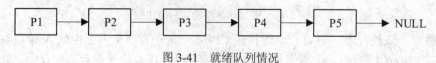

图 3-41　就绪队列情况

假设系统采用时间片轮转调度算法，CPU0 和 CPU1 先依次运行进程 P1、P2，当 CPU0 上的进程 P1 用完时间片之后，将被插入到就绪队列中进程 P5 的后面，CPU0 会调度进程 P3 来运行。以此类推，运行一段时间后，系统中两个 CPU 可能的调度序列如图 3-42 所示。

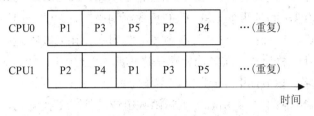

图 3-42　单队列运行情况

由于每个 CPU 都简单地从共享就绪队列中选取下一个队首进程来运行，因此进程会在不同 CPU 之间转移，这就违背了缓存亲和性。为解决这个问题，可引入亲和性机制，尽可能让进程在同一个 CPU 上运行，一种可能的情况如图 3-43 所示。比如 Linux/openEuler 内核的 task_struct 结构中有一个关联亲和性的位掩码 cpus_allowed，它由 n 位组成，与系统中的 CPU 核一一对应，用来限制进程可以在哪些 CPU 上运行。从图 3-43 中可看出，在实现 CPU 负载均衡的前提下，照顾某些进程的亲和性，就可能牺牲其他进程的亲和性，比如 P5 进程就在两个 CPU 间频繁迁移。

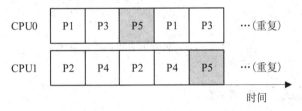

图 3-43　引入亲和性机制后的单队列运行情况

2) 多队列调度(Multi-Queue Multiprocessor Scheduling，MQMS)

多队列调度策略的基本思想是：系统为每个 CPU 设置一个就绪队列，每个队列可以使用不同的调度规则，一个进程被创建后，系统会按照一定原则(如随机或选择就绪进程少的队列或按进程类型等)将其插入某个队列，各 CPU 从自己的就绪队列中选择进程参与运行。由于每个 CPU 的就绪队列是相互独立的，不会被其他 CPU 共享访问，因此不再需要锁机制来保证多个 CPU 对就绪队列的互斥访问，很好地解决了单队列调度的可扩展性差的问题。此外，每个进程固定属于某一个就绪队列，也就固定地在同一个 CPU 上运行，从而确保了运行过程中的缓存亲和性。

但多队列调度不能保证 CPU 间的负载均衡。比如，假设系统中有 CPU0 和 CPU1 两个 CPU，各维护一个就绪队列 Q0 和 Q1，进程被创建后将会插入较空的队列，则进程 P1、P2、P3、P4 被依次创建后，Q0 和 Q1 中的进程情况可能如图 3-44 所示。

图 3-44　多队列调度队列情况

在调度初期，每个 CPU 按时间片轮转算法从各自的就绪队列中选择进程运行，可能的运行过程如图 3-45 所示，此时两个 CPU 之间的负载是均衡的。假设 P1、P3 所需执行时间较 P2、P4 长，则运行一段时间后，P2、P4 已经运行完成，CPU1 处于空闲状态，而 CPU0 还在继续运行 P1、P3，此时两个 CPU 间的负载不均衡。解决这个问题的典型方案是让就绪进程跨 CPU 迁移，比如让 P3 进程迁移到 Q1 队列中并让 CPU1 运行它，从而实现负载均衡。至于如何设计迁移模式，比如选择哪些进程跨 CPU 迁移，什么时候进行迁移等，不同系统有不同的策略。以 openEuler 为例，系统为每个 CPU 设置了一个具有最高优先级的迁移线程，每个迁移线程有一个由若干工作函数组成的停机工作队列，这些工作函数将完成进程迁移。在上面的例子中，当 CPU1 空闲时，可向 CPU0 的停机工作队列中添加一个工作函数，CPU0 上的迁移线程被唤醒后将立即执行这个工作函数，将 CPU0 的就绪队列中的一个进程(如 P3)迁移到 CPU1 上运行，以实现负载均衡。

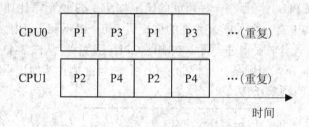

图 3-45　多队列调度初期的负载均衡情况

3.5.4　Linux 调度算法解析

1. Linux 调度器的发展

从 1991 年 Linux 第一版到 2.4 内核系列，其调度器没有太大变化，但内核从 2.4 发展到 2.6 的过程中，调度器经历了几次重大的变化：2.4 是基于优先级的调度器，2.6 则采用了非常有名的 O(1)调度器，2.6.23 开始正式采用 CFS 调度器。下面对 2.4 的优先级调度器及 2.6 的 O(1)调度器做一个简单的介绍，之后将详细介绍 CFS 调度器的实现思想。

1) Linux 2.4 内核的优先级调度器

Linux 2.4 内核的调度器将系统中的进程分成两类：普通进程和实时进程，并分别采用不同的调度算法。

对普通进程的调度基于动态优先级(又称权值 weight)设计，对这个权值影响最大的是进程的剩余时间片长度 counter，counter 越大，权值越大，其他还要考虑进程是否是线程、进程的静态优先级 nice 值等。所有就绪进程组织在一个就绪队列 runqueue 中，调度时依次计算并比较队列中所有进程的权值，选择权值最大的进程作为下一个运行进程。每个进程被创建时与其父进程平分其父进程原有的时间片，每次时钟中断时递减当前运行进程的时间片，当其变为 0 时，系统重新进行调度；当所有就绪进程的时间片 counter 都变为 0 时，系统重新计算所有进程(包括睡眠进程)的 counter，其实也是间接地重新为进程设置权值。这种设计能保证每个进程都有运行机会，不至于产生饥饿，并且会动态提升睡眠进程的权值。

对于实时进程，基于静态优先级进行调度，其权值(= 1000 + 静态优先级)将始终大于普通进程，因此只有就绪队列中没有实时进程时，普通进程才能得到调度。实时进程调度策略有两种：SCHED_FIFO 和 SCHED_RR，其中 SCHED_FIFO 采用先进先出算法，总是选择权值最高的最先进入就绪队列的进程参与运行，并且一旦得到 CPU 就会一直运行下去，直到运行完成或被更高权值的进程抢占(但在内核态下运行时不能被抢占)，通常用于运行时间比较短的实时进程；而 SCHED_RR 采用时间片轮转算法，使得相同权值的实时进程轮流得到调度。

2.4 版内核的优先级调度器的主要不足之处有：① 每次调度时需要遍历整个就绪队列并计算权值，即调度时间开销是 O(n)，当就绪进程数量多时调度开销会比较大；② 每次重新计算进程的时间片 counter 所花费的时间会随着系统中进程数量的增加而线性增长，当进程数很多时，这个开销会很高，导致系统整体性能下降；③ 调度器为进程分配的时间片较长，在高负载系统中的调度性能比较低，因为每个进程的等待时间可能都较长；④ 对交互式进程的优化并不完善，当系统中一些频繁进行 I/O 操作的非交互式进程(如后台的数据库备份进程)较多时，会影响真正的交互式进程的响应时间；⑤ 由于 Linux 2.4 版的内核是非抢占的，因此对实时进程的支持不够。

2) Linux 2.6 版内核的 O(1)调度器

相对于 2.4 版内核的优先级调度器，O(1)调度器主要从以下几个方面进行了改进：

(1) 调度时间开销为 O(1)，与系统中就绪进程数量无关。O(1)调度器为每个 CPU 设置了两个长度为 140 的优先级队列数组：active 数组(本轮调度中时间片未耗尽的进程队列)和 expire 数组(时间片已耗尽的进程队列)，数组中每个元素指向一个优先级队列，所有就绪进程按其优先级链接到相应的队列中，即具有相同优先级的所有就绪进程链接在一个链表中，其中优先级 0~99 给实时进程，100~139 给普通进程，如图 3-46 所示。

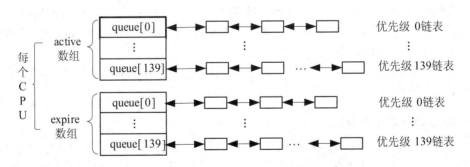

图 3-46　O(1)调度器的优先级队列

系统同时为每个队列数组设置一个优先级位图，位图中每个位对应一个优先级队列，当某队列中有进程时，该队列在位图中相应位的值为 1，否则为 0。进行调度时，首先遍历active 数组的优先级位图，找到第一个值为 1 的位，选择该位所对应就绪队列的队首进程参与运行，该进程就是系统中当前优先级最高的就绪进程，从而使调度算法的复杂度为 O(1)级，即调度的时间开销与就绪进程数量无关，如图 3-47 所示。

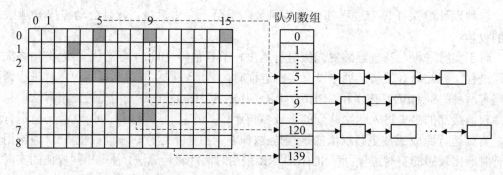

图 3-47   O(1)调度器的位图

当前运行进程时间片用完后，如果是交互式进程或实时进程，则重置其时间片，并依据其优先级插入 active 数组的相应优先级队列中，但如果该进程已经使用的 CPU 时间超过限定值后，则该进程被插入 expire 数组的相应队列；如果是其他进程，则重置时间片后插入 expire 数组的相应队列，这样既可以缩短交互式进程的响应时间，也不至于造成饥饿现象。

(2) O(1)调度器支持内核抢占，能更好地支持实时进程。如果某个新创建或刚唤醒的进程，其优先级比当前运行进程高，则可实施抢占。

(3) O(1)调度器分散计算各进程优先级及时间片，减少了计算的时间开销。此外根据一些经验公式调整进程优先级，对交互式进程进行适当照顾，动态优先级的计算公式是：

$$\text{Prio} = \max(100, \min(\text{static\_prio-bonus} + 5, 139))$$

式中 bonus 取决于进程的平均睡眠时间(进程在睡眠状态所消耗的总时间数，通常交互性越高，该时间越长)，平均睡眠时间越长，bonus 越大，进程得到的动态优先级就越高。

O(1)调度器识别交互式进程的算法虽比 2.4 大有改进，但这些经验公式不仅增加代码的复杂性，而且在某些情况下也是无效的。比如 O(1)调度器根据进程的 nice 值分配时间片，假设系统中有两个进程 P1 和 P2，其中 P1 的 nice 值为 0，P2 的 nice 值为+19(最低优先级)，则 P1 分到的时间片是 100 ms，而 P2 的时间片是 5 ms。事实上，高 nice 值的进程往往是后台进程，且多是费时的计算型进程，一般期望分配较长的时间片；而低 nice 值进程更多是前台交互式进程，通常不需要太长的时间片。

为此，Ingo Molnar 开发了 CFS 调度器，并在 2.6.23 版内核中正式采用，之后在 2.6.24 版中做了进一步的修正。

2. CFS 调度的基本概念

CFS 是"Completely Fair Scheduler"的缩写，即"完全公平调度器"，其设计思想主要有两点：一是根据系统中各进程的权重分别为各进程分配下一次 CPU 运行时间长度，进程优先级越高，权重越大，分配到的 CPU 时间越多，以保证高优先级进程获得更多的 CPU 运行时间，比如系统中有 4 个进程，共享 CPU 的一段 20 ms 的时间，若 4 个进程的权重分别为 4、3、2 及 1，则进程分别获得的 CPU 运行时间是 8 ms、6 ms、4 ms 及 2 ms；二是选择下一个运行进程时，总是选择"运行速度"最慢的进程参与运行，这个"运行速度"可粗略地以进程过去占用 CPU 的时间长短来衡量(具体见后面"虚拟运行时间"的介绍)，一个进程过去占用的 CPU 时间短，说明受到了"不公平"对待，因此下一个运行进程就是它，最终实现所有进程的公平调度。此外，CFS 放弃了 O(1)调度器中繁琐的优先级经验公式，不再跟踪进程的睡眠时间，也不再区分交互式进程，实现了简单有效的优先级方案。

1) CFS 调度器的虚拟运行时间 vruntime

　　CFS 调度器不再使用动态优先级的概念，它把进程的 nice 值(−20～19)转化为权重(weight)，每个 nice 值对应一个权重，nice 值越大，优先级越低，权重越小。nice 值每增加 1，对应权重降低 25%；nice 值每减小 1，对应权重增大 25%。进程的静态优先级保存在 task_struct 中的 prio 字段中，通过宏 PRIO_TO_NICE(prio)和 NICE_TO_PRIO(nice)可实现优先级 prio 与 nice 值的转换(依照目前的默认设置，两者相差 120)，使用 nice()可以调整进程的 nice 值。为计算方便，内核规定 nice 值 0 对应的权重是 1024，并在 kernel/sched.c 文件中设置了一个静态数组 prio_to_weight 用于存放二者的对应关系：

```
static const int prio_to_weight[40] = {
    /* -20 */    88761,    71755,    56483,    46273,    36291,
    /* -15 */    29154,    23254,    18705,    14949,    11916,
    /* -10 */     9548,     7620,     6100,     4904,     3906,
    /*  -5 */     3121,     2501,     1991,     1586,     1277,
    /*   0 */     1024,      820,      655,      526,      423,
    /*   5 */      335,      272,      215,      172,      137,
    /*  10 */      110,       87,       70,       56,       45,
    /*  15 */       36,       29,       23,       18,       15,
};
```

　　CFS 不再采用 O(1)调度器中的根据 nice 值计算每个进程的时间片，而是把 CPU 的一个总时间片长度 period，依据各就绪进程的权重按比例分配给每个就绪进程。period 是就绪队列中所有任务轮流运行一遍的时间(又称为调度周期)，内核默认的 period 时间长度按下式进行计算：

$$period = \begin{cases} 20\,\mathrm{ms} & (\mathrm{NR} \leqslant 5) \\ 20\,\mathrm{ms} \times \dfrac{\mathrm{NR}}{5} & (\mathrm{NR} > 5) \end{cases}$$

其中 NR 表示就绪队列中的进程总数。然后将 CPU 时间片 period 依据各就绪进程的权重按比例分配给每个进程，假设就绪队列中有 n 个进程，进程 i 的权重是 W_i，n 个进程的总权重是 $\sum\limits_{i=1}^{n} w_i$，则进程 i 应该占用的 CPU 时间长度 T_i 为

$$T_i = period \ \Box \ \frac{W_i}{\sum\limits_{i=1}^{n} W_i}$$

　　理想情况下，系统应该在进程 i 执行 T_i ms 后，立刻调度另外一个进程运行。例如系统中有两个就绪进程 A 和 B，$W_A = 15$(nice 值为 19)，$W_B = 110$(nice 值为 10)，根据前面的公式，可计算出 CPU 时间片 period 的值为 20 ms，进程 A 分配到的 CPU 时间为 20 ms $\times \dfrac{15}{125} =$

2.4 ms，B 分配到的 CPU 时间为 20 ms × $\dfrac{110}{125}$ = 17.6 ms，理想情况下是 A、B 各自使用完分配到的时间后，再接着下一轮的 period 分配。但现实中周期性的时钟中断很难保证恰好在各进程的执行时间 T_i 的边缘立刻发出，比如进程 B 可能会运行 20 ms 后才会重新调度，这就造成在一个 period 中，总会有进程多执行一小段时间，而其他进程少执行一小段时间，要维护公平性，系统就应该在下一轮 period 的分配中"奖励"少执行的进程，"惩罚"多执行的进程。为此，CFS 提出了虚拟运行时间 vruntime 的概念。

CFS 中实际运行时间以纳秒为单位，而进程的 vruntime 则根据如下公式计算：

$$VT_i = T \square \frac{1024}{W_i}$$

式中 VT_i 是进程 i 的 vruntime，T 是进程 i 的实际运行时间，W_i 是进程 i 的权重，1024 是 nice 值为 0(prio 值为 120)对应的权重。对于 nice 值为 0 的进程，其 VT_i 与 T 一致，这是最普遍的情况，可避免对 VT_i 的计算；若 W_i>1024(nice 值＜0)，则其 VT_i 将小于 T；若 W_i<1024(nice 值>0)，则其 VT_i 将大于 T。当实现完全公平调度时，尽管所有进程的 vruntime 相等，但高优先级进程将得到更长的实际运行时间。由于实际运行时间的单位是纳秒，为防止溢出，vruntime 的位宽是 64 位，而除法运算的时间消耗相对较大，为优化代码，内核对上述虚拟时间计算公式进行如下变换：

$$VT_i = 1024 \square T \square \frac{2^{32}}{W_i} \square \frac{1}{2^{32}}$$

式中 $\dfrac{1}{2^{32}}$ 可以转化为右移 32 位；权重 W 只有 40 个，内核已事先计算好各 W 的 $\dfrac{2^{32}}{W}$ 的值，并保存在 kernel/sched.c 文件中的 prio_to_wmult[40]数组中，请读者自行查看。同时，系统为每个进程设置了一个 load_weight 结构(位于调度实体 sched_entity 中)，专门保存该进程的当前权重 W 及对应的 $\dfrac{2^{32}}{W}$ 的值，定义在文件 include/linux/sched.h 中：

```
struct load_weight {
    unsigned long weight;        // 进程权重 W
    u32 inv_weight;              // 2³²/W 的值
};
```

内核函数 calc_delta_fair()就是根据上述原理计算进程的 vruntime 的。CFS 的调度原则是：总是把 CPU 分给 vruntime 最小的那个进程。

为了更好地理解上述内容，仍然采用前面 A、B 两个进程的例子来说明。假设系统每 10 ms 产生一次时钟中断，若首先调度 A 进程运行，则 CFS 调度序列如表 3-10 所示。

表 3-10　CFS 调度序列

CPU 实际时间/ms	T_A/ms	VT_A/ms	T_B/ms	VT_B/ms	说　明 (每次 period 中，A 可运行 2.4 ms，B 可运行 17.6 ms)
10	10	683	0	0	A 用完可运行时间，重新调度，VT_B<VT_A，调度 B 运行
20	10	683	10	93	B 未用完可运行时间，B 继续运行

续表

CPU 实际时间/ms	T_A/ms	VT_A/ms	T_B/ms	VT_B/ms	说　明 (每次 period 中，A 可运行 2.4 ms，B 可运行 17.6 ms)
30	10	683	20	186	B 用完可运行时间，重新调度，$VT_B < VT_A$，B 继续运行
40	10	683	30	279	B 用完可运行时间，重新调度，$VT_B < VT_A$，B 继续运行
50	10	683	40	372	B 用完可运行时间，重新调度，$VT_B < VT_A$，B 继续运行
60	10	683	50	465	B 用完可运行时间，重新调度，$VT_B < VT_A$，B 继续运行
70	10	683	60	558	B 用完可运行时间，重新调度，$VT_B < VT_A$，B 继续运行
80	10	683	70	651	B 用完可运行时间，重新调度，$VT_B < VT_A$，B 继续运行
90	10	683	80	744	B 用完可运行时间，重新调度，$VT_A < VT_B$，调度 A 运行
以此类推，CFS 调度器总是企图让所有进程的 VT 趋向于相等，实现公平调度						

从表中可以看出，在 CPU 前面 70 ms 时间中，当进程 A、B 的 VT 接近相等时，进程 A 实际只运行了 10 ms，而进程 B 实际运行了 60 ms，即高优先级进程将获得更多的 CPU 时间。系统为了避免某些 VT 特别小的进程长时间占用 CPU，为每个 CPU 运行队列设置了一个最小虚拟运行时间：min_vruntime，所有进程的 vruntime 调整后不能小于 min_vruntime。

2) CFS 调度器的相关数据结构

(1) 进程描述符 task_struct 结构。CFS 的 task_struct 结构中去掉了 O(1)中的 prio_array，引入调度实体 sched_entity 和调度器类 sched_class：

```
struct task_struct {
    volatile long state;   /*进程状态*/
    int prio, static_prio, normal_prio;  /*进程优先级*/
    unsigned int rt_priority;  /*实时进程的实时优先级*/
    const struct sched_class *sched_class;  /*进程的调度器类*/
    struct sched_entity se;  /*普通进程调度实体*/
    struct sched_rt_entity rt;  /*实时进程调度实体*/
        ⋮
};
```

(2) 调度实体 sched_entity。

调度实体是 CPU 的调度对象，可以是单个进程或进程组。Linux 针对不同的调度算法设置了三种调度实体：采用最早截止时间优先(Earliest Deadline First，EDF)算法调度的实时调度实体 sched_dl_entity；采用 Roound-Robin 或者 FIFO 算法调度的实时调度实体 sched_rt_entity；采用 CFS 算法调度的普通非实时进程的调度实体 sched_entity。

sched_entity 结构包含了普通进程完整的调度相关信息，定义在文件 include/linux/sched.h 中。部分内容描述如下：

```
struct sched_entity {
    struct load_weight    load;       /*进程权重结构，包括 weight 和 inv_weight*/
    struct rb_node        run_node;   /*在红黑树中的节点*/
    unsigned int          on_rq;      /*若进程在就绪队列中，则置为 1*/
```

```
        u64        exec_start;              /*进程本次调入 CPU 执行的实际开始时间*/
        u64        sum_exec_runtime;        /*进程总共执行的实际时间*/
        u64        vruntime;                /*进程总共执行的虚拟时间*/
        u64        prev_sum_exec_runtime;   /*进程前一次投入运行的总的执行时间*/
    ⋮
    };
```

(3) CFS 就绪队列 cfs_rq。CFS 就绪队列完全抛弃 O(1)调度器的双优先级数组方案，采用了新的数据结构——红黑树，它是一种平衡二叉树，树中的节点都是有序的，其操作的时间复杂度是 O(log(N))。红黑树中包含了所有处于 RUNNING(可运行状态)状态的进程，进程的 vruntime 作为树中节点的键值，最左边节点的键值最小，该节点进程就是下一个被调度的进程。

CFS 为每一个 CPU 维护一个就绪队列 cfs_rq，定义在 kernel/sched.c 文件中：

```
    struct cfs_rq {
        struct load_weight load;     /*就绪队列进程的总权重*/
        unsigncd long nr_running;    /*就绪队列中的进程数量*/
        u64 exec_clock;    /*CPU 实际执行总时间*/
        u64 min_vruntime;    /*用于为新创建的进程或刚被唤醒的睡眠进程设置 vruntime。初始值
    为 0, schedule_tick()会周期性地将其值与就绪进程中最小的 vruntime 值比较，如果该进程的 vruntime
    值比 min_vruntime 大，则将 min_vruntime 值更新为较大值。min_vruntime 的值只会随着时间的推移
    增加，不会减少*/
        struct rb_root tasks_timeline;      /*红黑树的根节点*/
        struct rb_node *rb_leftmost;        /*红黑树中最左边的节点，即下一个被调度进程*/
        struct rb_node *rb_load_balance_curr;      /*负载平衡的下一个被调度进程节点*/
        struct sched_entity *curr;     /*当前正在 CPU 上运行的进程的调度实体*/
        unsigned long nr_spread_over;
    #ifdef CONFIG_FAIR_GROUP_SCHED   /*组调度有关的数据结构*/
        struct rq *rq;    /*指向该 CPU 的就绪队列结构 rq*/
        struct list_head leaf_cfs_rq_list;
        struct task_group *tg;    /*拥有该就绪队列的任务组*/
    #endif
    };
```

(4) CPU 就绪队列 rq。系统为每个 CPU 设置了一个就绪队列 rq 结构，定义在 kernel/sched.c 文件中。rq 上链接了该 CPU 上所有就绪进程，包括实时调度进程及 CFS 调度进程，同时还记录了该 CPU 的调度信息。由于结构体较大，因此下面只列出部分内容：

```
    struct rq {
        spinlock_t lock;    /*就绪队列的自旋锁*/
        unsigned long nr_running;        /*就绪队列中的进程总数*/
        #define CPU_LOAD_IDX_MAX 5
        unsigned char idle_at_tick;        /*当前 CPU 是否处于空闲状态*/
```

```
    struct load_weight load;        /*就绪队列总权重*/
    u64 nr_switches;                /*该 CPU 进程切换次数*/
    struct cfs_rq cfs;              /*该 CPU 的 CFS 调度器的就绪队列*/
    struct rt_rq rt;                /*该 CPU 的实时进程就绪队列*/
    unsigned long nr_uninterruptible; /*该 CPU 上处于不可中断睡眠状态的进程数*/
    struct task_struct *curr, *idle;
    struct mm_struct *prev_mm;      /*该 CPU 上最后运行进程的 mm_struct */
    u64 clock, prev_clock_raw;      /*实时时钟及上次调度的时间戳*/
    int cpu;        /*本就绪队列对应的 CPU*/
        ⋮
}
```

(5) 红黑树节点 rb_node 及 rb_root。红黑树节点结构 rb_node 及根结点 rb_root 定义在 /include/linux/rbtree.h 中。红黑树的实现定义在 lib/rbtree.c 中，包括插入、删除、旋转、遍历等操作。

3) CFS 调度器的模块化调度

CFS 实现了模块化调度，使得各种不同的调度策略(算法)都可以作为一个模块注册到调度管理器中，这个模块在 Linux 中称为"调度器类"，它封装了调度策略的相关信息。不同类型的进程可以选择使用不同的调度器类。

Linux 系统根据调度策略的不同设置了五种调度器类：stop_sched_class→dl_sched_class →rt_sched_class→fair_sched_class→idle_sched_class，链接成一个简单的单向链表，且各调度器类的优先级沿链表顺序递减。stop_sched_class 是优先级最高的调度器类，它只在某些特殊情况下使用，比如当在 CPU 之间迁移任务实现负载平衡时。

Linux 支持六种调度策略：SCHED_NORMAL 用于普通进程，由 fair_sched_class 调度器类来处理；SCHED_BACH 也通过 fair_sched_class 来处理，用于非交互且 CPU 密集型的批处理进程；SCHED_IDLE 由 idle_sched_class 调度器类来处理，相对权重总是最小，用于调度系统闲散时才运行的进程，如 idle 进程；SCHED_RR 用于软实时进程，采用时间片轮转算法，由实时调度器类 rt_sched_class 处理；SCHED_FIFO 也用于软实时进程，采用先进先出算法，也是由 rt_sched_class 调度器类处理；SCHED_DEADLINE 是新支持的实时进程调度策略，针对突发型计算且对延迟和完成时间高度敏感的任务适用，基于最早截止时间优先(Earliest Deadline First，EDF)调度算法，由 dl_sched_class 调度器类处理。

内核定义了调度器类的结构(在文件 include/linux/sched.h 中)，该结构给出了一个调度模块需要实现的一组函数，相关函数的功能参见后面 CFS 调度器的介绍：

```
struct sched_class {
    const struct sched_class *next;
    struct task_struct * (*pick_next_task) (struct rq *rq);
    void (*put_prev_task) (struct rq *rq, struct task_struct *p);
    void (*task_tick) (struct rq *rq, struct task_struct *p);
        ⋮
};
```

4) CFS 调度器的组调度概念

为何要引入 CFS 组调度呢？假设用户 A 和 B 共用一台机器，我们可能希望 A 和 B 能公平的分享 CPU 资源，但如果用户 A 创建了 9 个进程，而用户 B 只创建 1 个进程，若用户进程的优先级相同，则 A 用户占用 CPU 的时间将是 B 用户的 9 倍。如果采用组调度，则把分属于用户 A 和 B 的进程各组成一组，调度程序对两个组进行公平调度：首先按 CFS 策略从两个组中选择一个组，再从选中的组中按 CFS 策略选择一个进程来执行。如果两个组被选中的概率相当，那么用户 A 和 B 将各占用约 50%的 CPU 时间。

内核使用 task_group 结构来管理组调度的组(为便于区分，本书称其为任务组)，定义在 kernel/sched.c 文件中：

```
struct task_group {
#ifdef CONFIG_FAIR_CGROUP_SCHED    /*基于 cgroup 伪文件系统分组*/
    struct cgroup_subsys_state css;
#endif
    struct sched_entity **se;   /*指向该组在每个 CPU 上的调度实体所组成的列表*/
    struct cfs_rq **cfs_rq,
    unsigned long shares;    /*任务组的权重，默认值为 1024*/
    spinlock_t lock;
    struct rcu_head rcu;
};
```

在多处理器系统中，内核在创建任务组时，会针对每个 CPU 分别给该组创建一个调度实体和一个 cfs_rq 就绪队列。比如某系统有四个 CPU，则创建一个任务组时会同时针对四个 CPU 分别创建四个调度实体和四个 cfs_rq 就绪队列。在 task_group 结构中，由字段 se 记录该任务组在每个 CPU 上的调度实体，字段 cfs_rq 记录任务组在每个 CPU 上所使用的 cfs_rq 就绪队列。在每个 CPU 上，组调度实体是一个层次结构，一个任务组中包含一个及以上的进程或下级任务组，这些组内的进程或下级任务组链接成 cfs_rq 队列，因此开启组调度后，sched_entity 结构会增加一组字段，如下所示：

```
struct sched_entity {
    ⋮
#ifdef CONFIG_FAIR_GROUP_SCHED
    struct sched_entity    *parent;  /*指向该调度实体的父节点*/
    struct cfs_rq    *cfs_rq;    /*该调度实体所在的 cfs_rq */
    struct cfs_rq    *my_q;      /*若该调度实体是任务组，则 my_q 指向其拥有的 cfs_rq */
#endif
};
```

内核在创建任务组时其优先级是固定的，nice 值为 0。对于某 CPU 来说，它的 cfs_rq 中的所有调度实体，不管是任务组还是单独的进程，地位都是一样的，即一个任务组在某 CPU 上的一个 period 中所能获得的运行时间和一个单独的 nice 值为 0 的进程所获得的运行时间相同。一个任务组在获得了一段 CPU 运行时间后，按照 CFS 算法递归地将这段时间分配给组中下一级调度实体，直到达到层次结构的最底层，找到一个可执行的进程。

3. CFS 调度器的实现

当调度器采用模块化设计后，每一个调度器类都使用一个 sched_class 结构描述，CFS 调度器类定义在文件 kernel/sched_fair.c 中，部分内容如下所示：

```
static const struct sched_class fair_sched_class = {
    .next              = &idle_sched_class,  /*指向下一个调度器对象*/
    .enqueue_task      = enqueue_task_fair,
    .dequeue_task       = dequeue_task_fair,
    .pick_next_task    = pick_next_task_fair,
    .put_prev_task      = put_prev_task_fair,
    .task_tick         = task_tick_fair,
    ⋮
};
```

该结构实际是为 CFS 调度器类设置了相关操作函数的接口，下面对部分函数进行简单说明：

1) static void enqueue_task_fair(struct rq *rq, struct task_struct *p, int wakeup)

该函数的功能是将指定进程加入到其所在的 cfs_rq 就绪队列中。首先获取进程的调度实体，检查该调度实体是否已经在 cfs_rq 队列上，如果是，则退出；否则，计算其 vruntime(由 update_curr()调用 calc_delta_fair()完成)，根据其 vruntime 加入到它所在的 cfs_rq 上，且 cfs_rq 的进程数量 nr_running 加 1。如果开启了组调度，则还要查看其父调度实体是否在 CPU 的 cfs_rq 中，如果不是，则更新调度实体的 vruntime，并加入到相应的 cfs_rq 中，nr_running 加 1；重复以上过程，直到到达最顶层的调度实体。

2) static void dequeue_task_fair(struct rq *rq, struct task_struct *p, int sleep)

当进程执行完成或进入睡眠状态的时候，调用该函数将进程从所在的 cfs_rq 中删除。首先获取进程的调度实体，把它从所在的 cfs_rq 中删除，cfs_rq 的 nr_running 减 1。如果开启了组调度，则检查该进程所在的 cfs_rq 是否为空，如果是，则将其父调度实体从所在的 cfs_rq 中删除，重复以上过程，直到到达最顶层的调度实体。

3) static void yield_task_fair(struct rq *rq)

该函数的功能是调用进程让出 CPU 使用权。实现很简单，就是将当前运行进程的 vruntime 值修改为 cfs_rq 红黑树中最右边节点的 vruntime 值加 1，即让当前运行进程的 vruntime 值成为所在的 cfs_rq 中的最大值。

4) static void check_preempt_wakeup(struct rq *rq, struct task_struct *p)

该函数检查刚创建的新进程或刚被唤醒的进程 P 是否应该抢占当前运行进程 current。即查看 current 的 vruntime 加上唤醒粒度(sched_wakeup_granularity_ns，对 CFS 默认为 10 ms)的值是否大于进程 P 的 vruntime，如果是，则调用 resched_task()设置 current 的需要调度标志 TIF_NEED_RESCHED。

5) static struct task_struct *pick_next_task_fair(struct rq *rq)

该函数的功能是从 cfs_rq 中找到下一个调度运行的进程(即红黑树中最左边的节点)。

如果开启了组调度，则查看该调度实体是否有自己的 cfs_rq，如果有，则从其 cfs_rq 中找到下一个调度实体，重复此过程，直到到达最底层的调度实体(进程)。

6) static void put_prev_task_fair(struct rq *rq, struct task_struct *prev)

该函数的功能是把当前运行进程放入其所在的 cfs_rq 中，并计算其虚拟运行时间。如果开启了组调度，则将其父调度实体也放入相应的 cfs_rq 中，重复此过程，直到到达最顶层调度实体。

7) static void task_tick_fair(struct rq *rq, struct task_struct *curr)

时间节拍函数，检查当前运行进程本次调度中实际运行时间是否大于它本次应该运行的时间(根据其 weight 从 CPU 的 period 中分配到的时间)，如果是，则调用 resched_task() 设置 current 的需要调度标志 TIF_NEED_RESCHED。如果开启了组调度，则重复此过程，直到到达最顶层的调度实体。

8) static void task_new_fair(struct rq *rq, struct task_struct *p)

该函数的功能是计算刚创建的新进程的 vruntime，并调用 enqueue_task_fair()将其加入 cfs_rq 中。如果设置了子进程先运行且新进程的 vruntime 大于当前运行进程的 vruntime，则交换两者的值，使新进程的 vruntime 在 cfs_rq 中最小。

其他相关函数的功能及实现请读者自行查阅资料学习。

4. Linux 实时调度策略

Linux 中实时进程采用静态优先级，默认取值范围是 0～99，任何实时进程都比普通进程优先得到调度。Linux 提供了两种实时调度策略：SCHED_FIFO 和 SCHED_RR，由实时调度器 rt_sched_class 处理。在高版本内核中，还新增了一种处理突发紧急事件的实时调度策略 EDF，由 dl_sched_class 调度器处理。这里介绍前两种策略。

SCHED_FIFO 策略采用简单的 FIFO 调度算法，适用于对响应时间要求较高，所需运行时间较短的实时进程。各实时进程按其优先级及进入就绪队列的先后顺序依次获得 CPU 运行；一旦获得 CPU 后将一直运行直到结束，除非因等待某事件发生主动放弃 CPU，或者被更高优先级的实时进程抢占。

SCHED_RR 策略采用时间片轮转算法，适用于对响应时间要求较高，所需运行时间较长的实时进程。各实时进程按优先级及时间片轮流使用 CPU，当其时间片用完后，系统重置其时间片(默认为 100 × Hz/1000)，并插入就绪队列末尾。

Linux 实时调度策略实现的是软实时调度，系统尽量满足实时进程的截止时间，但并不保证。实时调度使用的就绪队列是 rt_rq，定义在 kernel/sched.c 文件中：

```
struct rt_rq {
        struct rt_prio_array active;     /*实时进程的优先级队列*/
        int rt_load_balance_idx;
        struct list_head *rt_load_balance_head, *rt_load_balance_curr;
};
```

其中优先级队列 rt_prio_array 的设计方式与 O(1)调度器类似，按优先级(0～99)组建了 100 个就绪队列，并将各队列的链首指针保存在 queue[]数组中，同时设置一个优先级位图表示哪些就绪队列中有进程存在，方便快速找到优先级最高的进程，如下所示：

```
struct rt_prio_array {
    DECLARE_BITMAP(bitmap, MAX_RT_PRIO+1);   /*优先级位图*/
    struct list_head queue[MAX_RT_PRIO];    /*优先级队列*/
};
```

5. Linux 内核调度

1) Linux 进程调度时机

Linux 系统中完成进程调度工作的是 schedule()函数，而引起进程调度的时机则主要有下面几种：

(1) 用户进程运行完成调用 exit()终止时，或者因为等待某事件而调用 sleep()或者调用信号量的 down()操作睡眠时，这些函数会显式调用 schedule()进行重新调度。

(2) 进程从中断、异常及系统调用返回到用户态之前，将产生一次调度时机，内核会调用 need_resched()检查 TIF_NEED_RESCHED 标志是否设置，如果设置，则调用 schedule()，称为发生用户抢占。系统之所以在这些位置设置一个调度时机，主要是出于效率的考虑。从内核态返回到用户态，系统需要花费一定的开销，而进程调度必须在内核态进行，因此在返回到用户态前，系统应把该在内核态处理的工作全部完成后再返回，以减少系统开销。

TIF_NEED_RESCHED 标志，顾名思义表示系统需要重新调度，在 2.2 以前的内核版本中是一个全局变量，2.2 到 2.4 内核版本中保存在进程的 task_struct 中，而在 2.6 以后的版本中，保存在进程的 thread_info 结构的 flag 字段中。该标志通常在以下几种情况下被设置：

① 系统每次进行时钟中断处理时都会调用 scheduler_tick()，它会检查当前运行进程是否已经用完所分配的运行时间，如果是，则设置 TIF_NEED_RESCHED 标志，请求重新调度。

② 被唤醒的睡眠进程或者刚创建完成的新进程或者被 sched_setscheduler()函数改变调度策略的进程在插入就绪队列时，系统会检查该进程的优先级是否高于当前运行进程(或其 vruntime 是否小于当前运行进程)，如果是，则会设置 TIF_NEED_RESCHED 标志，请求重新调度。

(3) 为提高系统的及时响应能力，Linux 从 2.6 内核版本开始支持内核抢占。只要重新调度是安全的，则内核可以在任何时间抢占当前运行进程的 CPU。内核抢占主要有下面几种情况：

① 显式内核抢占：内核进程被阻塞进入睡眠状态而调用 schedule()，或者内核代码主动调用 schedule()。比如设备驱动程序执行长而重复的任务时会检查 TIF_NEED_RESCHED 标志，如果设置，则立即调用 schedule()，主动放弃 CPU。

② 隐式内核抢占：这种抢占方式必须有一个前提条件，即重新调度是安全的。只要当前进程没持有任何锁，抢占就是安全的。为此，内核在进程的 thread_info 结构中设置了 preempt_count 计数器，初始值为 0，表示进程不持有任何锁；每当使用锁时其值加 1，释放锁时其值减 1。当进程从中断处理程序返回内核空间时，会检查 TIF_NEED_RESCHED 标志是否设置以及 preempt_count 的值，如果 TIF_NEED_RESCHED 标志被设置且 preempt_count 为 0，则会调用 schedule()重新进行调度。

2) 主调度器 schedule()

前面提到的 scheduler_tick()又称为周期性调度器，在每次时钟中断处理过程中都会调用它，以便更新当前进程的时间统计信息，如果当前进程已经用完本次 period 中所分配到的运行时间且就绪队列中还有其他就绪进程，则会设置 TIF_NEED_RESCHED 标志，待中断返回时调用 schedule()重新调度。实际上，前面已经介绍过，系统可能在多种情况下产生调度时机，当确定要重新调度时会调用 schedule()函数。通常称 schedule()为主调度器，它负责从就绪队列中选定下一个运行进程并完成进程切换。schedule()独立于每个处理器运行，定义在文件 kernel/sched.c 中，源码请读者自行查看相关资料，主要完成的工作包括：

(1) 禁止内核抢占，获取当前 CPU 的 ID 及运行队列 rq，释放大内核锁(如果被锁定)。

(2) 关闭本地中断，更新 rq 的时钟信息，清除 TIF_NEED_RESCHED 标志。

(3) 如果当前进程是不可运行状态且没有在内核态被抢占：如果当前进程是 TASK_INTERRUPTIBLE 且有信号等待处理，则将当前进程状态置为 TASK_RUNNING；否则，将其从 rq 就绪队列中删除。

(4) 如果当前 CPU 的 rq 就绪队列中没有可运行进程，则调用 idle_balance(cpu, rq)从其他 CPU 上迁移一些进程到本地 rq 中。

(5) 调用所属调度器类的 put_prev_task()将当前进程插入相关队列。

(6) 调用 pick_next_task()从 CPU 的 rq 队列中选定下一个即将运行的进程。该函数首先判断是否 rq 中所有就绪进程都是采用 CFS 调度器类，如果是，则直接调用 CFS 调度器类的 pick_next_task()选择运行进程；否则从最高优先级的调度器类开始遍历(stop→dl → rt → fair→ idle)，依次调用每个调度器类的 pick_next_task()选择运行进程。

(7) 如果第(6)步中选择的下一个运行进程与当前进程不是同一个进程，则进行切换，记录当前进程切换次数，并调用 context_switch()完成上下文切换；否则不进行切换。

context_switch()主要完成以下两项工作：

① 调用 switch_mm()，把虚拟内存从当前进程映射切换到下一个运行进程映射，主要是页目录表的切换。

② 调用 switch_to()，把处理器状态从当前进程切换到下一个运行进程，包括保存、恢复栈信息和 CPU 各寄存器信息。

3.6 进 程 通 信

3.6.1 进程通信类型

多个并发运行的协作进程间通常需要进行信息交换，称为进程通信。前面介绍的锁机制及信号量机制等进程同步机制就是一种进程通信方式，这种通信方式由于交换的信息量少且效率较低，又称为低级通信方式。本节所要介绍的是高级进程通信，指用户可直接利用操作系统提供的一组通信命令(原语)，高效地传送大量数据的一种通信方式，操作系统隐藏了进程通信的具体实现细节，从而大大降低了通信程序编制上的复杂程度。高级通信方式可分为四大类：共享存储器系统通信、消息传递系统通信、管道通信以及客户-服务器系统通信。

1．共享存储器系统通信

　　共享存储器系统通信是在存储器中划出一块共享存储区，诸进程通过对共享存储区的读写操作来实现通信。进程在通信前，先向系统申请获得共享存储区中的一个分区，并指定该分区的关键字，若系统已经给其他进程分配了这样的分区，则将该分区的描述符返回给申请者；然后由申请者把获得的共享存储分区映射到本进程的虚拟地址空间中，以后该进程便可像读写普通存储器一样地读写该共享存储分区，读写完成后应将其从本进程上断开映射，如图 3-48 所示。比如 Linux 系统中，进程通信前应首先调用 shmget()系统调用请求操作系统创建一个共享存储分区，再调用 shmat()将该分区映射到本进程的虚拟地址空间中，之后可对该存储分区进行读写操作，完成后必须调用 shmdt()

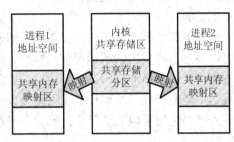

图 3-48　共享存储器通信示意图

将该存储分区从本进程虚拟地址空间中断开，通信结束后可调用 shmctl()撤销该共享存储分区，关于 Linux 的进程通信机制详见 3.6.3 节。

　　共享存储器系统通信机制最大的特点是没有中间环节，通信双方直接读写共享存储分区而实现信息交换，因此通信速度非常快。此外，每次通信能够传输的数据量由共享存储区大小决定，能方便地实现大量数据的交换。

2．消息传递系统通信

　　消息传递系统通信机制可实现不同主机间多个进程的通信。在消息传递系统中，进程间的数据交换以格式化的消息为单位，程序员直接利用系统提供的一组通信命令(原语)进行通信。所谓消息是指一组信息，通常由消息头和消息正文组成，消息头包括传输消息时所需的控制信息，如发送进程名、接收进程名、消息长度、消息类型、发送时间等，而消息正文则是实际要传输的数据。这种方式既提高了通信效率，又简化了程序编制的复杂性，因此成为最常用的进程通信机制。根据实现方式的不同，又分为直接通信和间接通信两种方式。

　　(1) 直接通信方式。其基本思想是由操作系统实现一对通信原语：send()和 receive()，并以系统调用的方式提供给通信双方使用，发送进程利用 send()原语直接把消息发送给接收进程，接收进程利用 receive()原语取出其他进程发送给它的消息。这两个原语不仅能实现本机上进程间的通信，还能用于网络上多个主机间的进程通信。比如将在 3.6.2 节详细介绍的消息缓冲队列通信机制就是采用的这种方式。

　　根据通信双方之间的同步关系，发送进程在执行 send()原语时有两种可能：① 发送消息后被阻塞直到消息被接收；② 发送消息后继续执行。接收进程在执行 receive()原语时也有两种可能：① 如果消息已经到达，则立即接收消息并继续执行；② 如果消息没有到达，则接收进程被阻塞直到一个消息到达，或者继续执行，放弃本次接收工作。因此，系统在实现时可有多种组合方式，常用的有三种组合，不过对于一个特定的系统通常只实现其中一种或两种组合：

① 阻塞发送，阻塞接收。发送进程和接收进程都被阻塞直到完成消息的交付，它要求通信双方进程间的严格同步。

② 无阻塞发送，无阻塞接收。通信双方都不需要阻塞，即它们之间没有同步要求。

③ 无阻塞发送，阻塞接收。发送进程发送消息后继续执行；接收进程被阻塞直到请求的消息到达。这可能是最有用的一种组合，它允许发送进程以尽可能快的速度向多个目标进程发送消息，而接收进程在消息到达前将被阻塞。比如一个服务器进程向其他进程提供服务或资源。

对大多数并发任务来说，无阻塞发送和阻塞接收是最自然的。比如某进程请求打印，则它以消息形式发出请求后可继续执行，无需等待打印操作的结束；而对于执行打印工作的进程，在没有新的打印请求到达时，应阻塞等待。但这种方式也有潜在的风险，如无阻塞发送可能会导致某些进程错误地重复发送消息，造成系统资源的浪费；而阻塞接收可能会导致接收进程无限制的等待，比如所等待的消息丢失或者发送进程在发送消息之前出现意外等。

(2) 间接通信方式。其基本思想是：发送进程把消息发送到一个共享的称为信箱的中间实体中，接收进程从信箱中取出对方发送给自己的消息，又称为信箱通信。所谓信箱是一种数据结构，用来存放信件，逻辑上它可分为信箱头和信箱体两部分：前者存放有关信箱的描述消息，包括信箱名、信箱属性(公用、私用或者共享)、信箱格子状态等；后者由若干格子组成，每个格子存放一个信件，格子的数量和大小在创建信箱时确定，如图 3-49 所示。

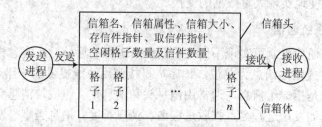

图 3-49　信箱通信示意图

信箱既可由操作系统创建，也可由用户进程创建，据此可把信箱分为三类：

① 私用信箱：由用户进程自己创建，并作为该进程的一部分。只有创建者能从该信箱中读取消息，其他进程只能把消息发送到该信箱中。

② 公用信箱：由操作系统创建，系统中所有核准进程可使用。核准进程既可向该信箱发送消息，也能从信箱中收取其他进程发送给自己的消息。

③ 共享信箱：由某进程创建，且在创建时或之后指明了该信箱的共享者，信箱的创建者和共享者都可以从该信箱中收取其他进程发送给自己的消息。

当发送进程要发送消息给接收进程时，应先由操作系统或用户进程创建链接这两个进程的信箱，然后发送进程将消息存入信箱，接收进程可在任何时候取走消息而不会出现消息丢失现象，即可实现非实时通信。

3. 管道通信

所谓"管道"是指用于连接两个进程以实现它们之间通信的一个打开的共享文件，称为管道文件。每个管道文件被打开后都有两个文件描述符 fd[0]和 fd[1]，其中 fd[0]用于从管道中读信息，fd[1]用于向管道中写信息。管道以先进先出(FIFO)的方式组织数据的传输，发送进程以字符流形式将大量数据源源不断地写入管道中，每次写入的信息长度是可变的；而接收进程则从管道中以与发送进程写入时的相同顺序读出信息，每次读出的信息长度也是可变的，因此管道文件又称为 FIFO 文件，如图 3-50 所示。

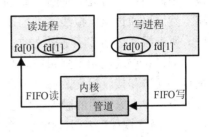

图 3-50　管道通信示意图

这种通信方式首创于 UNIX 系统，由于它能一次传送大量的数据，因而被引入到许多其他操作系统中。

管道通信通常有两种实现机制：

(1) 无名管道。无名管道是一个存在于高速缓存中的临时文件，没有对应的磁盘映像，常用于有亲缘关系的父子进程或兄弟进程之间的通信，由系统调用 pipe()建立。进程在使用无名管道通信时，可像读写普通文件一样地进行读写，使用完后应将其关闭，关闭后管道文件不复存在。

(2) 有名管道。可用于系统中任意进程间的通信，由系统调用 mkfifo()建立，它是可以在文件系统中长期存在的具有路径名的文件，因而不需要时应调用文件删除命令显式删除，其他进程可以知道它的存在，并利用路径名来访问该文件。进程对有名管道的访问方式与访问其他普通文件一样，都需要先用 open()系统调用打开它。不论是有名管道还是无名管道，进程对它们的读写方式都是相同的。

为使通信顺利进行，系统必须提供相应的进程同步机制以协调通信双方对管道的读写操作，包括：① 对管道的读写操作必须互斥进行，即当一个进程在对管道进行读写操作时，其他进程必须等待。② 对管道的读写操作必须同步进行，即当写进程写满管道后，便阻塞自己，等读进程从管道读取数据后再唤醒它。同理，当读进程读完管道中的数据后，也应阻塞，直到写进程向管道中写入新数据后再唤醒它。③ 对方是否存在，只有确定通信双方都存在时，才能进行管道通信，否则会造成因对方不存在而无限期等待。

4．客户-服务器系统通信

用户要访问的资源可能存放在网络上的某服务器中，于是客户端进程向服务器进程发请求，服务器进程可不断地接收来自多个客户端进程的服务请求，并为之提供相应服务，最后向客户端进程返回处理结果，这种通信机制称为客户/服务器系统通信(Client/Server 方式，简称 C/S 模式)，目前已成为网络环境中主流的通信机制，主要有 Socket(套接字)和远程过程调用两种实现方式。

1) Socket(套接字)

Socket 通信既适用于同一台计算机上的进程通信，也适用于网络环境中多台主机间的进程通信。Socket 又称为套接字或插口，是一条通信线路两头端口的抽象表示。一个 Socket 在逻辑上应包含网络地址、连接类型和网络规程三个要素。其中"网络地址"表明一个 Socket 处于哪种网络，比如在 Internet 中是由 IP 地址和一个端口号组成的。"连接类型"说明网络通信所采用的模式，主要分成"有连接(TCP)"和"无连接(UDP)"两种模式。在"有连接"

模式中，通信双方要先通过一定的步骤(通常是三次对话)在相互之间建立一条虚拟连接线路，然后再通过该虚拟线路进行通信。在通信过程中，所有的报文传递都保持着原来的顺序，所有报文之间都不是孤立的，而是有关联的，因物理线路引起的差错将通过网络规程中的应答和重发机制得到纠正。在"无连接"模式中，通信双方不需要事先建立连接，而是直接发送和接收报文，每个报文都是孤立的，其传输的正确性没有保证，可能出错甚至丢失报文，大家常用的聊天软件 QQ 就是采用的这种模式，因此有时会出现收不到消息的情况。"网络规程"表明具体网络的通信规程，一般来说，网络地址和连接类型基本上确定了所用的规程。

两个进程如果采用 Socket 进行通信，则需要设置一对 Socket——通信双方进程各一个。通常，Socket 采用客户/服务器结构，服务器通过监听指定端口等待客户请求；一旦收到客户请求，就接收来自客户 Socket 的连接，从而完成连接工作，之后就可以进行报文的发送和接收了，如图 3-51 所示。

当一个客户进程发出连接请求时，所在主机就为它分配一个端口号，是一个大于 1024 的任意数，所有低于 1024 的服务器端口通常用来提供一些标准服务，如 telnet 服务器监听端口是 23，ftp 服务器监听端口是 21，Web 或 http 服务器监听端口是 80 等。例如，IP 地址为 192.168.1.104 的主机 X 上的某客户进程希

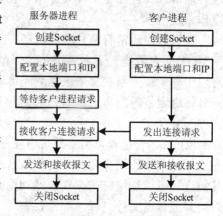

图 3-51　socket 通信流程示意图

望与地址为 161.25.20.18 的 Web 服务器建立连接，它可能被分配端口 1500，则该连接由一对 Socket 组成，即主机 X 上的 192.168.1.104：1500 和 Web 服务器上的 161.25.20.18：80。所有连接必须唯一，因此如果主机 X 上有另外一个进程希望与同一 Web 服务器建立连接，则将被分配一个大于 1024 且不等于 1500 的端口号，从而保证所有连接都由唯一的一对 Socket 组成。

2) 远程过程调用(Remote Procedure Call，RPC)

远程过程调用 RPC 允许客户机上的进程通过网络调用位于远程主机上的过程，就如同调用本地过程一样，而不需要了解底层网络通信技术的实现细节，即调用的实现过程对客户进程是透明的，采用客户/服务器结构实现。比如当主机 X 上的一个客户进程 A 调用远程主机 Y(服务器)上的某过程 B 时，X 上的 A 进程以参数形式把调用信息传送给被调用过程 B，随后 A 阻塞等待，B 在 Y 上执行；当 B 执行结束时会把处理结果返回给 A，同时 A 被唤醒。对程序员来说，完全看不到消息传送的过程。

为实现 RPC 的透明性，使得调用者感觉不到所调用的过程是在其他远程主机上执行的，RPC 在客户端及远程服务器端都设置了相应的程序构件。在本地客户端，首先每个能独立运行的远程过程都有一个"客户存根(client stub)"，负责对调用过程的标识符及参数进行数据编组，按照系统规定的消息结构将它们打包成消息，其本质上类似于一个本地过程，客户进程对某个远程过程的调用实际是调用所对应的"客户存根"；此外，在客户端设置一个"RPC 运行时库(RPC Runtime)"，是支持所有 RPC 应用的过程集合，负责将本客户端上所

有"客户存根"提交的调用消息发送给相应的远程服务器。相对应的，在远程服务器端，每个实际执行调用功能的过程都有一个"服务器存根(server stub)"，负责解析消息中的调用参数，启动相应服务过程的执行，并对处理结果进行数据编组，组织成响应消息；同时整个服务器端还有一个 RPC 运行时库，负责接收各客户端发来的调用请求，并将响应消息发送给客户端。

远程过程调用的实现框架如图 3-52 所示，主要工作步骤具体描述如下：

(1) 本地客户端的进程以本地过程调用的方式调用客户存根；

(2) 客户存根将调用参数构造成一个消息，并传给本地的 RPC 运行时库；

(3) 本地 RPC 运行时库通过网络将消息发送给远程服务器端上的 RPC 运行时库，之后客户进程阻塞；

(4) 服务器端上的 RPC 运行时库接收到消息后，转给对应的服务器存根；

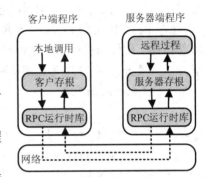

图 3-52　远程过程调用的实现框架图

(5) 服务器存根解析消息中的调用参数，执行相应的服务过程；

(6) 服务过程执行完成后，将处理结果打包成响应消息，并传给服务器端上的 RPC 运行时库；

(7) 服务器端上的 RPC 运行时库通过网络将响应消息发送给客户端的 RPC 运行时库；

(8) 客户端的 RPC 运行时库将接收到的响应消息传给相应的客户存根；

(9) 客户存根从消息中取出处理结果，并返回给对应的客户进程，同时客户进程被唤醒。

3.6.2　消息缓冲队列通信机制

消息缓冲队列通信机制是消息传递系统通信中直接通信方式的一种具体实现，最早由 Hansan 于 1973 年提出，现在被广泛地应用于本地进程间的通信中。其基本思想是：通常由系统统一管理一组用于通信的空闲消息缓冲区；某进程要发送消息时，首先在自己的地址空间中设置一个发送区，并把欲发送的消息填入其中形成消息，再申请一个消息缓冲区，把数据从发送区复制到消息缓冲区中，然后再把该消息缓冲区直接发送到接收进程的消息队列里；接收进程从自己的消息队列上取下消息缓冲区，并将其中的数据复制到自己的消息接收区中，最后释放消息缓冲区。

1. 消息缓冲队列通信机制中的数据结构

(1) 消息缓冲区。在消息缓冲队列通信机制中，最重要的数据结构是消息缓冲区，可描述如下：

```
typedef struct message_buf   {
    int sender;                      //发送进程标识符
    int size;                        //消息长度
    char *text;                      //消息正文
    time send_time;                  //发送时间
```

```
            struct message_buf next;        //指向下一个消息缓冲区的指针
                ⋮                           //其他所需要的信息
        }
```

(2) 缓冲区队列。当前并没有被任何进程使用的缓冲区通常位于某个缓冲区队列中。系统会把所有空闲缓冲区组织在一个空闲缓冲区队列中，同时会为每一个进程设置一个消息缓冲队列，用于存放所有其他进程发送给它的消息。

(3) PCB 中与通信有关的数据项。在每个进程的 PCB 中，会设置该进程的消息队列的队首指针，此外为保证多个进程对该队列的同步互斥操作，还设置了互斥信号量 mutex 和资源信号量 sm。PCB 中为该通信机制增加的数据项可描述如下：

```
        typedef struct PCB      {
                ⋮
            struct message_buf    *mq;       //进程消息队列的队首指针
            semaphore mutex;                 //进程消息队列的互斥信号量
            semaphore sm;                    //进程消息队列资源信号量
                ⋮
        }
```

2. 发送原语 send()

发送进程在调用发送原语之前，应先在自己的地址空间中设置一发送区 a，把待发送消息的相关信息(发送进程标识符、消息正文、消息长度、发送时间等)填入其中，然后再调用发送原语 send()将发送区 a 中的信息发送给接收进程。send()原语一般需要完成如下工作：① 向系统申请一个空闲消息缓冲区；② 将发送区 a 中的信息复制到该空闲消息缓冲区中；③ 将保存着待发送消息的消息缓冲区插入到接收进程的消息队列中。具体描述如下：

```
        void send(receiver,a)   {            //receiver 是接收进程的标识符
            getbuf(a.size, i);               //根据消息大小向系统申请空闲消息缓冲区，标号为 i
            copy(i, a);                      //将发送区 a 中的信息复制到消息缓冲区 i 中
            receiver_pcb = getpcb(receiver); //根据接收进程标识符获得它的 PCB
            wait(receiver_pcb.mutex);        //获得接收进程的消息队列的使用权
            insert(receiver_pcb.mq,i);       //将消息缓冲区 i 插入接收进程的消息队列
            signal(receiver_pcb.mutex);      //释放接收进程的消息队列的使用权
            signal(receiver_pcb.sm);         //接收进程消息队列中消息数加 1
        }
```

3. 接收原语 receive()

接收进程首先在自己的地址空间中设置一个消息接收区 b，然后调用接收原语 receive()接收一个消息到 b 中。receive()原语一般需要完成如下工作：① 首先从自己的消息队列中取出第一个或指定的消息缓冲区；② 把该消息缓冲区中的信息复制到接收区 b 中；③ 释放该消息缓冲区。具体描述如下：

```
        void receive(b)    {
            wait(receiver_pcb.sm);           //receiver_pcb 为接收进程的 PCB
```

```
        wait(receiver_pcb.mutex);
        remove(receiver_pcb.mq,j);          //取出接收进程的消息队列中的第一个消息 j
        signal(receiver_pcb.mutex);
        copy(b, j);                         //将消息缓冲区中的信息复制到接收区 b 中
        releasebuf(j);                      //释放已经取出消息的消息缓冲区给系统
    }
```

3.6.3 Linux 进程通信机制

本小节内容将要用到后面存储器管理及文件管理的知识，可以在了解相关知识后再来学习，更容易理解。

1. Linux 管道通信机制

管道是所有 UNIX 及 Linux 都提供的一种进程间的通信机制，它是进程之间的一个单向数据流，一个进程可向管道写入数据，另一个进程则可以从管道中读取数据，从而达到数据交换的目的。Linux 的管道通信机制有无名管道和有名管道两种机制。

1) 无名管道

(1) 无名管道的基本概念。

① 无名管道只能用于具有亲缘关系的进程(如父子进程或者兄弟进程)之间的通信。

② 无名管道是半双工的，具有固定的读端和写端。虽然 pipe()系统调用返回了两个文件描述符，但每个进程在使用一个文件描述符之前应该先将另一个文件描述符关闭。如果需要双向的数据流，则必须通过两次 pipe()建立起两个管道。

③ 无名管道可以看成是一种特殊的文件，由一组 VFS 对象(虚拟文件系统)来实现，没有对应的磁盘映像，只存在于内存的高速缓存中。Linux 在 2.6 以后的版本中，把管道相关的 VFS 对象组织成一种特殊文件系统 pipefs 进行管理，但它在系统目录树中没有安装点，因此用户看不到它。管道的读写与普通文件的读写一样，使用通用的 read()、write()等函数，但内核最终会调用管道文件的读写操作函数。

(2) 创建无名管道：pipe()系统调用。

① 函数原型：

   int pipe(int filedes[2]); /*需包含头文件<unistd.h>*/

② 参数：filedes[2]是一个输出参数，它返回两个文件描述符，其中 filedes[0]用于读管道，filedes[1]用于写管道。

③ 功能：在内存缓冲区中创建一个管道，主要是建立相关 VFS 对象，并将读写该管道的一对文件描述符保存在 filedes[2]中。不再使用管道时，只须关闭两个文件描述符即可。

④ 返回值：成功返回 0；失败返回 −1，并在 error 中存入错误码。

(3) 从管道中读取数据。进程使用 read()系统调用从管道中读取数据，内核最终会调用 pipe_read()函数来实现。Linux 2.6.10 以前，每个管道仅有一个缓冲区(4 KB)；而在 2.6.11 之后，每个管道最多可有 16 个缓冲区(64 KB)，大大提高了单次传输的数据量。从管道中读取数据有两种方式：阻塞型读和非阻塞型读，下面分别进行介绍。

① 阻塞型读取数据。若管道大小(管道缓冲区中待读的字节数)为 p，用户进程请求读

取 n 个字节，则阻塞型读取情况如表 3-11 所示。

表 3-11　无名管道阻塞型读取情况

管道大小	至少有一个写进程		没有写进程
	有睡眠写进程	无睡眠写进程	
$p=0$	读取 n 个字节并返回 n，当管道缓冲区为空时等待写进程写数据	等待写进程写数据，然后再读取数据	返回 0
$0<p<n$		读取 p 个字节并返回 p；管道缓冲区中还剩 0 个字节	
$p\geqslant n$	读取 n 个字节，返回 n，管道缓冲区中还剩 $p-n$ 个字节		

② 非阻塞型读取数据。非阻塞操作通常都是在 open() 系统调用中指定 O_NONBLOCK(非阻塞方式)标志进行请求，但这个方法并不适合无名管道，因为它没有 open()操作，不过进程可以通过对相应的文件描述符发出 fcntl()系统调用来请求对管道执行非阻塞操作。在非阻塞型情况下，如果管道大小 p 小于 n，则读取 p 个字节并返回 p，读操作完成；否则读取 n 个字节并返回 n，读操作完成。

(4) 向管道中写入数据。进程使用 write()系统调用向管道中写入数据，内核最终会调用 pipe_write()函数来实现。POSIX 标准要求涉及少量字节数($\leqslant$4096 B)的写操作必须"原子"地进行，更确切地说，如果两个或多个进程并发地写同一个管道，那么任何不超过 4096 B (PIPE_BUF，管道缓冲区)的写操作必须单独完成，不能与其他进程的写操作交叉进行。但是超过 4096 B 的写操作是可分割的。向管道中写入数据也有两种方式：阻塞型写和非阻塞型写。若管道缓冲区中还有 u 字节空闲空间，进程请求写入 n 个字节，则写入情况如表 3-12 所示。

表 3-12　向管道写入数据情况

缓冲区剩余空间	至少有一个读进程		没有读进程
	阻塞写	非阻塞写	
$u<n\leqslant4096$	等待，直到有 $n-u$ 个字节被读出为止，写入 n 个字节并返回 n	返回 -EAGAIN，提醒以后再写	写入失败，内核向写进程发送 SIGPIPE 信号，并返回-EPIPE
$n>4096$	写入 n 个字节(必要时要等待)并返回 n	如果 $u>0$，则写入 u 字节并返回 u；否则，就返回 -EAGAIN	
$u\geqslant n$	写入 n 个字节并返回 n		

2) 有名管道(FIFO)

(1) 有名管道的基本概念。无名管道应用的一个很大的限制是只能用于具有亲缘关系的进程间通信，而有名管道(named pipe 或 FIFO)克服了该限制。有名管道不同于无名管道之处在于它是有文件名的，以 FIFO 文件形式真实地存在于磁盘上的文件系统中。这样，即使与有名管道的创建进程不存在亲缘关系的进程，只要可以访问该文件，就能够彼此通过有名管道相互通信，从而实现不相关进程间的数据交换。此外，有名管道是一种双向通信管道，进程能以读/写模式打开一个有名管道文件，但一般不建议这么做，因为可能导致进程读取自己写入的数据。有名管道也严格遵循先进先出的原则，对管道的读总是从开始处返回数据，对管道的写则把数据添加到末尾。有名管道和无名管道都不支持诸如 lseek() 等文件定位操作。

(2) 创建有名管道：mkfifo()系统调用。

① 函数原型：int mkfifo(const char * pathname, mode_t mode);

需包含头文件<sys/types.h>及<sys/stat.h>。

② 参数：pathname 是路径名(含有名管道的文件名)；mode 是文件的权限。

③ 返回值：创建成功返回 0；否则返回 −1。如果 mkfifo()的第一个参数是一个已经存在的路径名时，则错误代码中会返回 EEXIST(常量，值为 17，表示文件已经存在)错误，所以一般典型的调用代码会首先检查是否返回该错误，如果是，则只要调用 open()函数打开文件即可。

(3) 打开有名管道：open()系统调用。与普通文件类似，有名管道在使用之前必须先进行 open 操作：

① 函数原型：int open(const char *pathname, int flags);

需包含头文件<sys/types.h>、<sys/stat.h>及<fcntl.h>。

② 参数：pathname 是管道文件的路径名；flags 是打开方式，包括 O_RDONLY(只读方式)、O_WRONLY(只写方式)、O_RDWR(读写方式)及 O_NONBLOCK(非阻塞方式)。

③ 返回值：打开成功返回文件描述符；否则返回 −1。

对有名管道的 open 操作必须遵循下列规则：一是如果当前打开操作是为读而打开管道时，若已经有进程为写而打开该管道，则当前打开操作将成功返回；否则可能阻塞直到有相应进程为写而打开该管道；或者成功返回(当前打开操作设置了非阻塞标志)。二是如果当前打开操作是为写而打开管道时，若已经有进程为读而打开该管道，则当前打开操作将成功返回；否则可能阻塞直到有相应进程为读而打开该管道；或者返回 ENXIO(常量，值为 6，表示管道文件不存在)错误(当前打开操作设置了非阻塞标志)。

一旦打开操作成功，便可通过返回的文件描述符，利用 read()及 write()系统调用对管道进行读写操作，读写结束后应使用 close()系统调用关闭有名管道。

(4) 从有名管道中读取数据。与无名管道一样，从有名管道中读取数据也有两种方式：阻塞型读和非阻塞型读。若管道大小为 p，进程请求读取 n 个字节，则两种读取情况如表 3-13 所示。

表 3-13 有名管道读取操作情况

管道大小	阻塞读	非阻塞读
$p = 0$	读进程阻塞，等待写进程写入数据	返回 −1，当前 errno 值为 EAGAIN，提醒以后再试
$0 < p < n$	读取 p 个字节并返回 p	
$p \geq n$	读取 n 个字节并返回 n	

(5) 向有名管道写入数据。与无名管道类似，当写入数据量不超过 4096 B 时，Linux 将保证写入操作的原子性；也有阻塞型写和非阻塞型写。若管道缓冲区中还有 u 字节空闲

空间，进程请求写入 n 个字节，则写入情况如表 3-14 所示。

表 3-14　向管道写入数据情况

缓冲区剩余空间	阻塞写	非阻塞写
$u<n\leqslant4096$	等待，直到有 $n-u$ 个字节被读出为止，写入 n 个字节并返回 n	返回 $-EAGAIN$，提醒以后再写
$n>4096$	写入 n 个字节(必要时要等待)并返回 n	如果 $u>0$，则写入 u 字节并返回 u；否则，就返回 $-EAGAIN$
$u\geqslant n$	写入 n 个字节并返回 n	

2. Linux 的 IPC 消息队列通信机制

在 IPC 消息队列通信机制中，若干个进程可以共享一个消息队列，系统允许其中的一个或多个进程向消息队列写入消息，同时也允许一个或多个进程从消息队列中读取消息，从而完成进程之间的信息交换，这种通信机制被称作消息队列通信机制。消息队列通信机制是客户/服务器模型中常用的进程通信方式：客户向服务器发送请求信息，服务器读取消息并执行相应的请求。消息可以是命令，也可以是数据。

1) IPC 消息队列通信机制中的相关数据结构

(1) 消息缓冲区 struct msgbuf。IPC 机制中的消息缓冲区是由固定大小的首部和可变长度的正文组成，系统只是给出了缓冲区的基本定义模板，在文件 include/linux/msg.h 中，程序员可据此重新定义该结构：

```
struct msgbuf{          /*消息定义的参照格式*/
    long mtype;          /*消息类型(大于 0 的长整数) */
    char mtext[1];       /*消息正文*/
};
```

该结构中的第一个成员 mtype 必须是一个大于 0 的长整数，表示对应消息的类型，以允许进程有选择地从消息队列中获取消息。成员 mtext[1]不仅能定义成长度为 1 的字符数组，也可以定义成长度大于 1 的字符数组，或定义成其他的数据类型，Linux 也允许消息正文的长度为 0，即结构体中没有 mtext 域，也允许添加其他成员，如我们可以在具体使用中重新定义成如下结构：

```
struct my_msgbuf {
    long mtype; /* 消息类型 */
    long sender_id，receiver_id;
    char mytext[1024]; /* 消息正文 */
};
```

虽然 Linux 没有限定 mtext[1]的类型，但却限定了消息的长度，一个消息的最大长度由宏 MSGMAX(常量，值为 8192，表示消息最大长度)决定，根据版本的不同，其取值可能为 8192 或其他值。

(2) 消息结构 msg_msg。消息队列中的每个消息节点由 msg_msg 结构来描述，定义在 include/linux/msg.h 文件中：

```
struct msg_msg {
```

```
        struct list_head m_list;           /*指向消息队列中的下一条消息*/
        long   m_type;   /*消息类型，同 struct msgbuf 中的 mtype*/
        int m_ts;                          /*消息正文的大小*/
        struct msg_msgseg* next;           /*消息的下一部分*/
        void *security;
    }; /*该结构后面紧接着存放消息正文*/
```

每条消息分开存放在一个或多个动态分配的内存页中，第一页起始部分存放消息头，即上面的 msg_msg 结构体，之后紧接着存放消息正文。如果消息正文超出 4072 B(第一页中剩下空间)，就继续存放在第二页，其地址存放在 msg_msg 结构中的 next 字段中；第二页以 msg_msgseg 结构体开始，该结构体只有一个成员：next 指针，指向可选的第三页，以此类推，在 msg_msgseg 结构体之后紧接着存放消息剩下部分的内容。

(3) 消息队列结构 msg_queue。系统中每个消息队列由一个 msg_queue 结构描述，定义在 include/linux/msg.h 文件中：

```
    struct msg_queue {
            struct kern_ipc_perm q_perm;    /*消息队列的 kern_ipc_perm */
            time_t q_stime;                 /*最近一次调用 msgsnd()的时间*/
            time_t q_rtime;                 /*最近一次调用 msgrcv()的时间*/
            time_t q_ctime;                 /*最近一次修改时间*/
            unsigned long q_cbytes;         /*队列中的总字节数*/
            unsigned long q_qnum;           /*队列中的消息个数*/
            unsigned long q_qbytes;         /*队列中最大消息的字节数*/
            pid_t q_lspid;                  /*最近一次调用 msgsnd()的 PID*/
            pid_t q_lrpid;                  /*最近一次调用 msgrcv()的 PID*/
            struct list_head q_messages;    /*队列中的消息链表*/
            struct list_head q_receivers;   /*接收消息的进程链表*/
            struct list_head q_senders;     /*发送消息的进程链表*/
    };
```

Linux 为避免资源耗尽，给出了几个限制：IPC 消息队列数最多为 16 个，每个消息大小最大为 8192 B，一个消息队列中全部消息大小最大为 16384 B。不过系统管理员可以通过修改/proc/sys/kernel 路径下的 msgmni 文件、msgmax 文件及 msgmnb 文件来调整这些值。

2) IPC 消息队列相关的系统调用

Linux 提供了一组相关的系统调用来方便用户实现消息通信，使用这些系统调用时，都应该包含以下三个头文件：<sys/types.h>、<sys/ipc.h>及<sys/msg.h>。

(1) int msgget(key_t key, int msgflg);

① 参数：

key：消息队列的键值，若为 0(IPC_PRIVATE)，则创建一个新的消息队列；若大于 0(通常是通过 ftok()函数生成的)，则进一步依据 msgflag 参数确定本函数的行为。

msgflg：对消息队列的访问权限和控制命令的组合。其中访问权限由三个 8 进制整数分别表示属主、同组用户及其他用户的权限。控制命令主要包括以下几个选项：

· IPC_CREAT：如果 key 对应的消息队列不存在，则创建它；如果已经存在，则返回其标识符；

· IPC_EXCL|IPC_CREATT：如果 key 对应的消息队列不存在，则创建它；如果已经存在，则出错返回 −1。

② 功能：如果参数 msgflag 为 IPC_CREAT，则 msgget()新创建一个消息队列并返回其标识符，或者返回具有相同键值的已存在的消息队列的标识符。如果 msgflag 为 IPC_EXCL|IPC_CREAT，要么创建一个新的队列并返回其标识符；要么队列已存在，返回 −1。

③ 返回值：成功，返回消息队列的标识符；出错，返回 −1。

(2) int msgsnd(int msqid, struct msgbuf *msgp, size_t msgsz, int msgflg);

① 参数：

msqid：消息队列的标识符。

msgp：存放欲发送消息内容的消息缓冲区指针。

msgsz：消息正文(而非整个消息结构)的长度。

msgflg：发送标志。

· 0：消息队列满时，调用进程(发送进程)将会阻塞，直到消息队列可写入该消息。

· IPC_NOWAIT：消息队列满时，调用进程立即返回 −1。

· MSG_NOERROR：消息正文长度超过 msgsz 时，不报错，而是直接截去多余的部分，并只将前面的 msgsz 字节发送出去。

② 功能：向标识符为 msqid 的消息队列中发送一个消息。

③ 返回值：消息发送成功，返回 0；否则返回 −1。

(3) ssize_t msgrcv(int msqid, struct msgbuf *msgp, size_t msgsz, long msgtyp, int msgflg);

① 参数：

msqid：消息队列的标识符。

msgp：用来存放接收到的消息内容的缓冲区指针。

msgsz：消息正文(而非整个消息结构)的长度。

msgtyp：接收的消息类型。

· 0：接收消息队列中的第一个消息；

· >0：接收第一个类型为 msgtyp 的消息；

· <0：接收第一个类型小于等于 msgtyp 的绝对值的消息。

msgflg：接收消息时的标志。

· 0：没有可以接收的消息时，调用进程(接收进程)阻塞；

· IPC_NOWAIT：没有可以接收的消息时，立即返回 −1；

· MSG_EXCEPT：返回第一个类型不是 msgtyp 的消息；

· MSG_NOERROR：消息正文长度超过 msgsz 字节时，将直接截去多余的部分。

② 功能：如果传递给参数 msgflg 的值为 IPC_NOWAIT，并且没有可取的消息，那么给调用进程返回 ENOMSG(错误号常量，值为 80，表示期望的消息不存在)错误码，否则，调用进程阻塞，直到一条满足要求的消息到达消息队列。如果进程正在等待消息，而相应的消息队列被删除，则返回 EIDRM(错误号常量，值为 81，表示指定消息队列不存在)。如

果当进程正在等待消息时，捕获到了一个信号，则返回 EINTR(错误号常量，值为 4，表示收到中断信号)。

③ 返回值：接收成功，返回实际接收到的消息正文的字节数；否则返回 −1。

(4)　int msgctl(int msqid, int cmd, struct msqid_ds *buf);

① 参数：

msqid：消息队列的标识符。

cmd：将要在消息队列上执行的命令，包括 IPC_STAT、IPC_SET 和 IPC_RMD，其中最常用的是 IPC_RMD，即删除消息队列，并唤醒该消息队列上等待读或等待写的进程。调用者必须有相应的权限。

buf：用户空间中的一个缓存，接收或提供状态信息。

② 功能：获取或设置消息队列的属性信息，或者删除消息队列。

③ 返回值：执行成功返回 0；否则返回 −1。

3. Linux 共享内存通信

共享内存通信是 Linux 支持的三种 IPC 机制中的一种。共享内存实际上是一段特殊的内存区域，它可以被两个或以上的进程映射到自身的地址空间中，就好像它是由 C 中的 malloc()分配的内存一样。一个进程写入共享内存中的信息，可以被其他使用这个共享内存的进程读出，从而实现了进程间的通信。这块虚拟共享内存的页面在每一个共享它的进程的页表中都有页表项引用，但是不需要在所有进程的虚拟内存中都有相同的地址。要注意的是，Linux 系统并没有为共享内存机制提供同步机制，程序员在使用这种机制实现进程间通信时，必须使用某种同步机制如信号量等保证进程间的同步关系。

1) 共享内存通信机制中的数据结构

Linux 共享内存通信机制中最重要的数据结构是 shmid_kernel 结构，系统为每一个共享内存区都设置了一个 shmid_kernel 结构，用来描述该共享内存区的属性及使用信息。该结构定义在文件 include/linux/shm.h 中：

```
struct shmid_kernel {
        struct kern_ipc_perm   shm_perm;          /*共享内存区的 kern_ipc_perm 结构*/
        struct file *        shm_file;            /*共享内存区的特殊文件*/
        unsigned long        shm_nattch;          /*共享内存区当前的共享计数*/
        unsigned long        shm_segsz;           /*共享内存区字节数 */
        time_t               shm_atim;            /* 最后访问时间*/
        time_t               shm_dtim;            /* 最后分离时间*/
        time_t               shm_ctim;            /* 最后修改时间*/
        pid_t                shm_cprid;           /*创建者的 PID*/
        pid_t                shm_lprid;           /*最后访问进程的 PID */
        struct user_struct *mlock_user;           /*使用共享内存区的用户的 user_struct 指针*/
};
```

2) 共享内存机制的相关系统调用

Linux 系统中的每个进程，都有很大的虚拟地址空间，其中只有一部分放着代码、数据、堆和堆栈，剩余部分在初始化时是空闲的。一块共享内存一旦被链接(attach)，就会被映射到进程空闲的虚拟地址空间中。随后，进程就可像对待普通内存区域那样读、写共享内存。共享内存有四个相关系统调用，使用时需要包含以下两个头文件：<sys/ipc.h>及<sys/shm.h>。

(1) int shmget(key_t key, int size, int shmflg);

① 参数：

key：标识共享内存的键值，可以是 0(IPC_PRIVATE)或大于 0(通常是由 ftok()生成)。

size：所需共享内存的最小尺寸(以字节为单位)。

shmflg：共享内存的创建方式标志。

· IPC_CREAT：如果 key 对应的共享内存不存在，则创建它；如果已经存在，则返回其标识符；

· IPC_CREAT|IPC_EXCL：如果 key 对应的共享内存不存在，则创建它；如果已经存在，则出错返回 −1。

② 功能：创建一块共享内存，若已存在，则返回其标识符。

③ 返回值：若成功，则返回共享内存的标识符；否则，返回 −1。

(2) void *shmat(int shmid, const void *shmaddr, int shmgflg);

① 参数：

shmid：共享内存的标识符。

shmaddr：指定共享内存映射到进程虚拟地址空间的位置，若置为 NULL 或 0，则让系统确定一个合适的地址位置。

shmflg：进程对共享内存的读写属性，SHM_RDONLY 为只读模式，其他为读写模式。

② 功能：把指定共享内存区映射到调用进程的虚拟地址空间。若成功，则返回映射的起始地址，并对 shmid_kernel 结构中的共享计数 shm_nattch 加 1。

③ 返回值：若成功，则返回已映射到的起始地址；否则，返回 −1。

(3) int shmdt(const void *shmaddr);

① 参数：shmaddr 表示欲断开映射的共享内存的起始地址。

② 功能：断开共享内存在调用进程中的映射，禁止本进程访问此共享内存。若成功，则会对 shmid_kernel 结构中的共享计数 shm_nattch 减 1，当 shm_nattch 为 0 时，系统才真正删除该共享内存。

③ 返回值：若成功，则返回 0；否则，返回 −1。

(4) int shmctl (int shmid, int cmd, struct shmid_ds *buff);

① 参数：

shmid：欲处理的共享内存的标识符。

cmd：要进行的操作，包括 IPC_STAT(获取状态)、IPC_SET(设置状态)和 IPC_RMID(删除共享内存)。最常用的是 IPC_RMID，实际操作是把共享内存置为删除标记，当共享计数 shm_nattch 为 0 时，才真正删除。

buf：用户空间中的一个缓存，接收或提供状态信息。

② 功能：获取或设置共享内存的属性信息或者销毁一块共享内存。

③ 返回值：若成功，则返回 0；否则，返回 −1。

3.7 进程死锁

在操作系统中，多个进程并发执行可有效提高系统资源的利用率和系统吞吐量，但也可能产生一种特殊的危险——死锁，它是操作系统乃至并发程序设计中最难处理的问题之一。死锁问题是 Dijkstra 在 1965 年研究银行家算法时首次提出的，之后又得到了 Havender、Lyach 等人的进一步研究和发展。本节主要介绍死锁的概念、产生死锁的原因以及处理死锁的方法。

3.7.1 死锁的基本概念

1. 死锁的概念

实际上，死锁现象不仅在计算机系统中存在，在日常生活中也广泛存在。例如，有一座单车道桥，只允许一辆车通过，如果有两辆车 A 和 B 分别由桥的两端驶上该桥，则会发生如图 3-53 所示的冲突状况：A 车等待 B 车让出右边的桥面，A 车不能前进；同样，B 车等待 A 车让出左边的桥面，B 车也不能前进。若 A、B 两车都不倒车，都在等待对方让出桥面，结果就会造成两车无休止地等待，这种现象就是死锁。

在计算机系统中，经常会遇到多个进程竞争系统有限资源的情况，如果资源分配操作不恰当，就可能导致死锁。例如，系统只有一台输入机 R1 和一台输出机 R2，进程 P_1 和 P_2 都需要使用 R1 和 R2，且它们的活动描述如图 3-54 所示。

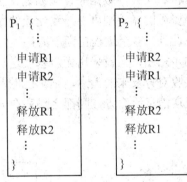

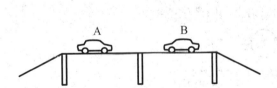
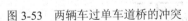

图 3-53 两辆车过单车道桥的冲突   图 3-54 两个进程共享有限资源的活动描述图

如果 P1、P2 顺序执行，即 P_1 完成后再执行 P_2，或反过来，P_2 完成后再执行 P_1，则两个进程都能顺利完成。但如果是并发执行，当 P_1 申请并获得了 R1 后，因某种原因(如时间片到)不能继续运行，则系统调度 P_2 运行，当 P_2 申请并获得了 R2 后，接着再申请 R1 时必将被阻塞，若 P_1 重新获得运行机会，则它将接着申请 R2，同样也将被阻塞，此时 P_1 和 P_2 彼此无限期地等待对方释放手中的资源，陷入了僵局。

另外，对于前面介绍的信号量机制，如果 wait()/signal() 操作使用不当，也会产生死锁。例如在生产者-消费者问题中，若将生产者中 wait(empty) 和 wait(mutex) 或消费者中 wait(full) 和 wait(mutex) 交换位置，就可能引起死锁，请读者自己分析。

综上所述，若系统中存在一组进程(两个或两个以上)，且它们中的每一个都无限等待被该组进程中另一进程所占用的且永远无法释放的资源，那么这种现象就称为进程"死锁"，或说这一组进程处于"死锁"状态。

2. 产生死锁的原因

从上面的例子可以看出，计算机系统产生死锁的根本原因是资源有限且分配不当。

1) 竞争资源

若系统中有多个进程要共享某些资源，如打印机、公共队列等，而这些资源的数量又不能同时满足各进程的需要，便会引起各进程对资源的竞争从而可能导致死锁。

系统中的资源可分为可重用资源和消耗性资源两类：可重用资源一次只能被一个进程安全地使用，且使用后资源不会减少。一个可重用资源被某进程释放后，可立即分配给其他进程再次使用，如系统中的处理器、主存、辅存、各种外设等硬件资源，以及文件、数据库、信号量等各种软件资源。消耗性资源是指可以产生、被进程使用以及使用后就消失的资源，如中断、信号、消息等。

可重用资源又可进一步分为可剥夺资源和不可剥夺资源。可剥夺资源是指状态可以被保存和恢复的资源，这类资源若已经分配给某进程且还没有被使用完毕，则系统可以根据需要强制性地剥夺该进程对这个资源的使用权并分配给其他进程，这种剥夺不会对该进程的运行造成有害影响，典型地如处理器、主存等。如分时系统中当前运行进程时间片到时即便没有运行完成，系统也会把处理器分配给另外一个就绪进程执行。不可剥夺资源是指若该类资源被分配给某进程使用，则必须等到该进程使用完毕主动归还给系统后才能再次分配给其他进程，如果强制剥夺，则会对当前使用进程造成有害影响，如绘图仪、打印机、磁带机、文件、数据库、队列等。多个进程对可剥夺资源的竞争不会引起死锁，但对不可剥夺资源的竞争则可能导致死锁的发生，如前面图 3-54 所示的例子。

此外，多个进程在竞争消耗性资源时也可能引起死锁。图 3-55 是两个进程进行双向通信的示意图，假设采用无阻塞发送、阻塞接收方式，若两个进程都是先发送消息给对方，再接收对方发来的消息，则都能顺利完成；反之，若都是先接收对方发来的消息，成功后再发送消息给对方，则都会阻塞在 receive() 原语上，即产生死锁。

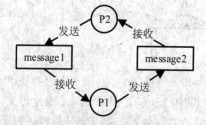

图 3-55　两个进程竞争消耗性资源引起的死锁

2) 进程推进顺序不当

资源数量不够也未必一定产生死锁，在图 3-54 的例子中，如果系统把两个设备同时分配给其中一个进程，让其使用完毕后再同时分配给另一个进程，则不会出现死锁；但像例子中所描述的那样让两个进程各自获得一种资源，则最终会在申请第二个资源时产生死锁，即由于并发进程的推进顺序不当(或者说并发进程请求和释放资源的时机不当)而引起了死锁。我们仍然采用图 3-54 所描述的例子来进一步分析这种情况，如图 3-56 所示：图中水平方向表示进程 P1 的推进过程，垂直方向表示进程 P2 的推进过程，由于并发进程具有异步性特征，因此 P1 和 P2 的推进过程可能有很多种情况，如按图中的曲线①推进：P2 开始运行→P2 请求 R2→P2 请求 R1→P2 释放 R2→P2 释放 R1→P2 运行完成→P1 开始运行→P1 请求 R1→P1 请求 R2→P1 释放 R1→P1 释放 R2→P1 运行完成，最后 P1 和 P2 都能顺利运行完成。类似地，若两进程按曲线②推进，也都能顺利完成，这就是合理的进程推进顺序。反之，若 P1 和 P2 按曲线③推进：P2 开始运行→P1 开始运行→P1 申请 R1→P2 申请 R2→P1 申请 R2(阻塞)→P2 申请 R1(阻塞)→死锁，两进程最终在图中所示死锁点发生死锁，这就不是合理的进程推进顺序。事实上，只要进程推进过程进入图中阴影区域，最终一定会发生死锁。

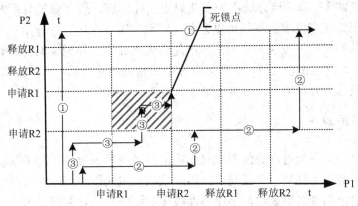

图 3-56　进程推进顺序对是否产生死锁的影响

3. 产生死锁的必要条件

由前面的分析可知，系统只有在满足特定条件的情况下才有可能发生死锁，即必须同时具备下面四个必要条件，只要其中一个条件不满足，系统就不会出现死锁。

(1) 互斥条件。某个资源在一段时间内只能由一个进程占用，一旦将其分配给某进程后，必须等待该进程使用完成且主动释放它之后，才能再次分配给其他进程使用。

(2) 占有且等待条件。进程已占有至少一个资源，又申请新的资源，由于该资源已被分配给别的进程，则该进程阻塞，但它在等待新资源时，仍继续占有已分到的资源。

(3) 不可剥夺条件。一个进程所占有的不可剥夺资源在它使用完之前，系统不能强行剥夺，只能由该进程使用完之后主动释放。

(4) 循环等待条件。系统中若干进程之间对资源的占有和请求形成了循环等待的关系，此时环路中的每个进程都已经占有一些资源，同时又在等待其相邻进程所占有的资源。如前面图 3-54 中两个进程竞争输入机和输出机的例子，在发生死锁时就存在一个"进程-资源"的循环链，如图 3-57 所示。

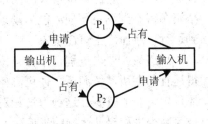

图 3-57　循环等待条件示意图

由于这四个条件是由 Edward G.Coffman, Jr. 于 1971 年首次提出的，因此又称为 Coffman 条件。

4. 处理死锁的基本方法

目前处理死锁的方法主要有三种：

(1) 预防死锁。进程申请资源或系统分配资源时必须遵循某些预先设置的限制条件，以破坏产生死锁的四个必要条件的一个或几个，防止死锁发生。该方法容易实现，但由于严格限制了系统资源的分配和使用，造成资源利用率较低。

(2) 避免死锁。该方法并不事先采取各种限制措施去破坏产生死锁的必要条件，而是在进行资源分配的过程中，用某种方法防止系统进入不安全状态，从而避免发生死锁。所谓不安全状态，是指有可能导致系统发生死锁的状态。这种方法所加限制条件较预防死锁策略少，可获得相对较高的资源利用率和系统吞吐量。

(3) 检测和解除死锁。该方法不采取任何限制性措施，进行资源分配时也不检查分配的安全性，只要系统有空闲资源就可以分配，它允许系统在运行过程中产生死锁。但系统中会设置死锁检测机构，及时地检测出系统是否出现死锁，并确定与死锁有关的进程和资源；一旦检测到系统已出现死锁，立即采取相应的措施解除死锁。这种方法没有限制条件，能最大限度地利用资源，但实现难度也最大。

3.7.2 预防死锁

预防死锁策略是在为进程分配资源时必须遵循系统预先设置的若干限制条件，以破坏产生死锁的四个必要条件的一个或几个，消除系统发生死锁的可能性。不过四个必要条件中的互斥条件对于临界资源来说，不仅不能破坏，还必须加以保证，因此下面分析对其他三个必要条件的破坏方法。

1. 破坏占有且等待条件

要破坏占有且等待条件，就必须保证一个进程在申请资源时不能占有其他资源。这可以通过两种思路来实现：

思路 1：静态分配资源。进程必须在开始执行前就申请它所需要的全部资源，并且只有在获得其全部所需资源后，才能开始执行。这样，进程在整个执行过程中无须再申请资源，从而破坏了占有且等待条件。这种方法在批处理系统中较易实现，因为可以根据作业说明书知道作业在整个运行过程中所需要的全部资源，但在交互式系统中却不容易做到这一点。由于必须在启动进程运行之前为其分配所需的全部资源，因此存在如下缺点：① 进程获得的某些资源可能很长时间都不会使用，会严重降低资源的利用率；② 进程只要有一个资源得不到满足，便不能启动运行，如果进程需要多个常用资源，则可能很长时间得不到运行，从而产生饥饿现象。

思路 2：要求进程在不占有资源时才可申请资源。它允许进程动态申请资源，只要获得运行初期所需资源后，便可开始运行；运行过程中必须释放之前已占有的全部资源后，才可申请新的资源。这种方法相对于静态分配资源在一定程度上既可以提高资源利用率，也可减少进程启动运行的延迟。

2. 破坏不可剥夺条件

要破坏不可剥夺条件，可采用如下方法：如果一个已经占有某些资源的进程请求新的资源而又不能立即得到满足时，则它当前已占有的资源可以被其他进程剥夺；只有在它获得原有被剥夺资源和所申请的新资源时，才能重新继续运行。

上述方法具体可以采用下面两种思路来实现：

思路 1：当进程 P_i 申请资源 r 时，检查有无可分配的 r 资源，有则分配给 P_i；否则 P_i 释放其占有的全部资源并进入阻塞状态。

思路 2：当进程 P_i 申请资源 r 时，检查有无可分配的 r 资源，有则分配给 P_i；否则检查占有 r 资源的进程 P_j。若 P_j 处于等待资源状态，则剥夺 P_j 的 r 资源分给 P_i；若 P_j 没有等待资源，则 P_i 进入阻塞状态(此时 P_i 原占有的资源可能被剥夺)。

这种方法通常用于可剥夺资源如处理器、内存等，但不适用于不可剥夺资源，如打印机、磁带机等，因为可能会造成进程前一阶段工作的失效，付出较大的代价。

3. 破坏循环等待条件

能够有效破坏循环等待条件的方法是按序分配资源：对系统中所有资源类型进行线性排序并编号，通常会根据大部分进程对资源类型的使用顺序进行排序；规定如果进程整个生命周期中需要申请两个及以上资源时，则必须按序号递增顺序申请资源；如果进程需要多个同类型资源，则必须同时一起申请。

设 $R = \{R_1, R_2, R_3, \cdots, R_m\}$ 为系统所有资源类型的集合，$N(R_i)$ 是资源类型 R_i 的线性编号。若 R 集合中包括磁带机、磁盘、打印机、绘图仪等资源，且系统赋予的编号分别是 N(磁带机) = 1，N(磁盘) = 3，N(打印机) = 12，N(绘图仪) = 15，如果某进程首次请求的资源是磁盘，那么以后就只能提出 $N(R_i) > 3$ 的资源类型了，如打印机、绘图仪等，但不能再申请磁带机。这样，即便进程因得不到某资源而等待，但由于获得较大编号资源的进程不允许申请小编号资源，因此不会形成循环等待。前面 3.4.3 节中介绍的哲学家进餐问题中的死锁现象就可以用本方法来解决，请读者自行写出算法描述。

按序分配资源的方法在一定程度上允许进程动态申请资源，与前面两种方法相比，其资源利用率和系统吞吐量都有较明显的改善，但也存在下述问题：① 为方便程序员编程，系统为各类资源所编序号应相对稳定，这就降低了添加新设备的灵活性；② 尽管系统在为各类资源排序时已考虑到大部分进程对资源的使用顺序，但也经常有进程不按照这个顺序使用资源，从而造成资源的浪费。

3.7.3　避免死锁

避免死锁与预防死锁同属于"预防"策略，但并不是事先规定进程申请资源的限制以破坏产生死锁的必要条件，它允许进程动态申请资源，但是在进行资源分配时会动态地检测资源分配状态，判断是否能满足进程本次资源请求，防止系统进入不安全状态，避免发生死锁，即关键是确定资源分配的安全性。资源分配状态包括系统中可分配资源数量、各进程已分配资源数量以及资源最大需求数量等信息。

1. 安全状态

安全状态定义：设系统中有 *n* 个进程，若存在一个进程序列<P_1, P_2, $\cdots$, P_i, $\cdots$, P_n>，使得进程 P_i(i = 1, 2, $\cdots$, n)以后还需要的资源可以通过系统现有空闲资源加上所有 P_j($j < i$)已占有的资源来满足，则称此时系统处于安全状态，进程序列<P_1, P_2, $\cdots$, P_i, $\cdots$, P_n>

称为安全序列，因为各进程至少可以按照安全序列中的顺序依次执行完成。若某时刻系统处于安全状态，则它的安全序列可能不止一个，只要能找到其中的一个，就可判断当前系统是处于安全状态；反之，若一个安全序列都找不到，则称当前系统处于不安全状态。系统进入不安全状态后虽然未必一定会发生死锁，但已经存在死锁的可能性了。

下面用一个简单的例子来进一步说明安全状态与不安全状态的概念：假设某系统共有 15 台磁带机和三个进程 P_0、P_1、P_2，各进程对磁带机的最大需求数量，T_0 时刻已经分配到的磁带机数量，还需要的磁带机数量以及系统剩余的可用磁带机数量如表 3-15 所示。

表 3-15　T_0 时刻系统资源分配状态

进程	最大需求	已分配数量	还需要的数量	剩余可用数量
P_0	12	6	6	4
P_1	5	2	3	
P_2	10	3	7	

经分析可知，T_0 时刻该系统处于安全状态，因为存在一个安全序列$<P_1$，P_0，$P_2>$，即只要系统按此进程序列分配资源，就能使三个进程都顺利完成：首先从 4 台剩余磁带机中分配 3 台给 P_1，使之运行完成后回收其所有已获得磁带机，系统剩余数量变为 6 台；然后将其分配给 P_0，待 P_0 运行完成后回收其所有已获得磁带机，系统剩余数量变为 12 台；最后分配 7 台给 P_2，使得 P_2 也能顺利完成。

系统可能从安全状态转换为不安全状态。假设 T_0 时刻 P_2 又申请 2 台磁带机，若系统满足 P_2 的请求，则系统将进入不安全状态，因为此时找不到一个安全序列了，如表 3-16 所示：剩余磁带机数量为 2 台，不能满足任何进程的需要，即不能保证三个进程的顺利完成。

表 3-16　满足 P_2 资源请求后的系统资源分配状态

进程	最大需求	已分配数量	还需要的数量	剩余可用数量
P_0	12	6	6	2
P_1	5	2	3	
P_2	10	5	5	

有了安全状态的概念，便可知道避免死锁的基本思想是确保系统始终处于安全状态。一个系统开始是处于安全状态的，当有进程提出资源请求时，系统必须进行动态判断，只有确定系统分配资源后仍处于安全状态，才会真的满足进程的本次资源请求。

2. 银行家算法

最有代表性的避免死锁的算法是 Dijkstra 于 1965 年提出的"银行家算法"，它是根据银行系统所采用的借贷策略建立的模型，最初是以系统中只有一类资源为背景，1969 年 Haberman 将其推广到同时拥有多类资源的环境中。

1) 银行家算法中的数据结构

要实现银行家算法，必须了解系统中资源的分配状态，并用相应的数据结构进行描述。令 n 表示系统中的进程数目，m 表示资源种类的数目，相关数据结构说明如下：

(1) 可利用资源向量 Available：是一个长度为 m 的向量，描述系统中每类资源的当前可用数量，如 Available[j] = k，表示系统中第 j 类资源 R_j 的当前可用数量有 k 个。

(2) 最大需求矩阵 Max：是一个 $n \times m$ 的矩阵，描述每个进程在整个运行过程中对各类资源的最大需求数量，如 Max[i][j] = k，表示进程 P_i 对 R_j 类资源的最大需求数量是 k 个。

(3) 分配矩阵 Allocation：是一个 $n \times m$ 的矩阵，描述每个进程当前已经分配到的各类资源的数量，如 Allocation[i][j] = k，表示进程 P_i 当前已经分配到 k 个 R_j 类资源。

(4) 需求矩阵 Need：是一个 $n \times m$ 的矩阵，描述每个进程对各类资源还需要的数量，如 Need[i][j] = k，表示进程 P_i 还需要 k 个 R_j 类资源。

上述三个矩阵之间存在关系：Need[i][j] = Max[i][j] – Allocation[i][j]。

2) 安全性算法

安全性算法是用来判定一个系统某时刻是否处于安全状态的算法，具体描述如下：

(1) 首先设置两个向量：工作向量 Work，长度为 m，描述系统某时刻能够提供的各类资源的可用数量；布尔向量 Finish，长度为 n，描述系统是否有足够的资源分配给进程，使其执行完成。初始值分别为 Work = Available，Finish[i] = False(i = 0，1，2，…，n–1)。

(2) 从进程集合中寻找能同时满足以下两个条件的进程：

Finish[i] = False；　　　Need[i][j]≤Work[j]；

若找到，则执行步骤(3)；否则，执行步骤(4)。

(3) 当 P_i 获得所需资源后，可顺利执行，直至完成并释放其所占据的资源：

Work = Work + Allocation[i]；　　Finish[i] = True；

然后转回第(2)步继续进行。

(4) 如果对所有 i(i = 0，1，2，…，n–1)，Finish[i] = True，则可判定当前系统处于安全状态；否则系统处于不安全状态。

3) 银行家算法

设 Request$_i$ 为某时刻进程 P_i 的资源请求向量，长度为 m，如 Request$_i$ [j]=k，表示 P_i 请求 k 个 R_j 类资源。当 P_i 发出资源请求后，银行家算法按下述步骤进行检查：

(1) 如果 Request$_i$≤Need$_i$，则转步骤(2)；否则出错返回，因为进程请求的资源数量已超出它所需要的资源数量。

(2) 如果 Request$_i$≤Available，则转步骤(3)；否则 P_i 等待，因为系统没有足够的资源满足 P_i 的请求。

(3) 系统尝试把资源分配给 P_i，并修改相关数据结构：

Available = Available – Request$_i$；

Allocation$_i$ = Allocation$_i$ + Request$_i$；

Need$_i$ = Need$_i$ – Request$_i$；

(4) 在第(3)步的基础上，执行安全性算法，如果资源分配后的状态仍然是安全状态，则正式将资源分配给 P_i；否则第(3)步的尝试资源分配无效，P_i 阻塞等待，恢复原来的资源分配状态。

3. 银行家算法举例

为使读者进一步理解银行家算法，下面给出一个例子：假定系统中有四个进程 P_0、P_1、P_2 及 P_3，三类资源 R_1、R_2 及 R_3，数量分别为 9、3 及 6，T_0 时刻的资源分配状态如表 3-17 所示。

表 3-17　T_0 时刻的资源分配状态

进程	Max			Allocation			Need			Available		
	R_1	R_2	R_3	R_1	R_2	R_3	R_1	R_2	R_3	R_1	R_2	R_3
P_0	3	2	2	1	0	0	2	2	2			
P_1	6	1	3	5	1	1	1	0	2	1	1	2
P_2	3	1	4	2	1	1	1	0	3			
P_3	4	2	2	0	0	2	4	2	0			

(1) 判断 T_0 时刻的安全性：利用安全性算法对 T_0 时刻的资源分配情况进行分析，如表 3-18 所示，从中可知，T_0 时刻存在着一个安全序列<P_1，P_0，P_2，P_3>，故系统是安全的。

表 3-18　T_0 时刻的安全性检查

进程	Work			Need			Allocation			Work+Allocation			Finish
	R_1	R_2	R_3	R_1	R_2	R_3	R_1	R_2	R_3	R_1	R_2	R_3	
P_1	1	1	2	1	0	2	5	1	1	6	2	3	True
P_0	6	2	3	2	2	2	1	0	0	7	2	3	True
P_2	7	2	3	1	0	3	2	1	1	9	3	4	True
P_3	9	3	4	4	2	0	0	0	2	9	3	6	True

(2) P_1 请求资源：P_1 发出资源请求 $Request_1$(1，0，1)，系统按银行家算法进行检查。

① $Request_1$(1,0,1)$\leqslant Need_1$ (1，0，2)；

　$Request_1$(1,0,1)$\leqslant Available$(1，1，2)。

② 系统尝试为 P_1 分配所请求资源，并修改相应数据结构 Available、$Allocation_1$ 及 $Need_1$，由此得到新的资源分配情况如表 3-19 所示。

表 3-19　为 P_1 尝试分配资源后的资源分配情况

进程	Max			Allocation			Need			Available		
	R_1	R_2	R_3	R_1	R_2	R_3	R_1	R_2	R_3	R_1	R_2	R_3
P_0	3	2	2	1	0	0	2	2	2			
P_1	6	1	3	6	1	2	0	0	1	0	1	1
P_2	3	1	4	2	1	1	1	0	3			
P_3	4	2	2	0	0	2	4	2	0			

③ 再利用安全性算法检查此时系统的安全性，如表 3-20 所示，从中可知，存在着一个安全序列<P_1，P_0，P_2，P_3>，即新状态仍然是安全的，所以可立即满足 P_1 的资源请求。

表 3-20　为 P_1 尝试分配资源后的安全性检查

进程	Work			Need			Allocation			Work+Allocation			Finish
	R_1	R_2	R_3	R_1	R_2	R_3	R_1	R_2	R_3	R_1	R_2	R_3	
P_1	0	1	1	0	0	1	6	1	2	6	2	3	True
P_0	6	2	3	2	2	2	1	0	0	7	2	3	True
P_2	7	2	3	1	0	3	2	1	1	9	3	4	True
P_3	9	3	4	4	2	0	0	0	2	9	3	6	True

(3) P_0 请求资源：P_0 发出资源请求 $Request_0(1，0，1)$，系统按银行家算法进行检查。

$Request_0(1,0,1) \leqslant Need_0(2，2，2)$;

$Request_0(1,0,1) > Available(0，1，1)$ 表示让 P_0 阻塞等待。

(4) P_2 请求资源：P_2 发出资源请求 $Request_2(0，0，1)$，系统按银行家算法进行检查。

① $Request_2(0,0,1) \leqslant Need_2(1，0，3)$;

$Request2(0,0,1) \leqslant Available(0，1，1)$。

② 系统尝试为 P_2 分配所请求资源，并修改相应数据结构：Available、$Allocation_2$ 及 $Need_2$，由此得到的资源分配情况如表 3-21 所示。

表 3-21　为 P_2 尝试分配资源后的资源分配情况

进程	Max			Allocation			Need			Available		
	R_1	R_2	R_3	R_1	R_2	R_3	R_1	R_2	R_3	R_1	R_2	R_3
P_0	3	2	2	1	0	0	2	2	2			
P_1	6	1	3	6	1	2	0	0	1	0	1	0
P_2	3	1	4	2	1	2	1	0	2			
P_3	4	2	2	0	0	2	4	2	0			

③ 再利用安全性算法检查此时系统的安全性，发现 Available 已经不能满足任何进程的需要，即找不到一个安全序列，系统进入不安全状态，因此不能为 P_2 分配资源，恢复原来的资源分配状态，P_2 阻塞等待。

3.7.4 死锁的检测与解除

预防死锁和避免死锁都是一种防止系统进入死锁状态的策略，通常会对资源申请或分配规定较多的限制条件，降低了资源利用率和系统吞吐量。一种更常用的做法是允许进程动态申请资源，且进行资源分配时也不检查分配的安全性，由系统提供检测和解除死锁的手段，及时发现出现的死锁，并采取相应的措施解除死锁，让系统恢复到正常状态。这种方法能最大限度地利用资源，但实现难度大。

1. 资源分配图

要检测系统某时刻是否有死锁发生，必须了解该时刻系统中的资源分配情况，这可以使用资源分配图进行精确的描述。资源分配图是一个有向图，图中用一个圆圈表示一个进程，用一个方框代表一类资源，由于同种类型的资源可能有多个，就用方框中的黑点个数表示该类资源的数目。而图中的有向边则表示了进程与资源之间的占有或请求关系：如果有向边是从进程指向资源 $P_i \to R_j$，则表示进程 P_i 向系统请求一个 R_j 类资源，该有向边称为"资源请求边"；如果有向边是从资源指向进程 $R_j \to P_i$，则表示进程 P_i 已经分配到一个 R_j 类资源，该有向边称为"资源分配边"。如图 3-58 所示的一个系统某时刻的资源分配图中，进程 P_1 已经分配到一个 R_1 资源，又请求一个 R_2 资源；进程 P_2 已经获得一个 R_1 资

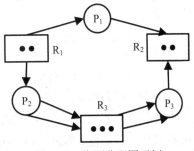
图 3-58　资源分配图示例

源，又请求两个 R_3 资源；进程 P_3 已经获得两个 R_3 资源，又请求一个 R_2 资源。

2. 死锁定理

通常采用简化资源分配图的方法来检测系统某时刻是否发生了死锁，简化步骤如下：

(1) 从资源分配图中，找出一个既不阻塞又非独立的进程节点 P_i。如果找到，就转到第(2)步；否则，转到第(3)步。

(2) 对于(1)中找到的进程 P_i，意味着在顺利的情况下，能够获得所需资源继续运行直至完成，并释放其所占有的全部资源，因此消去 P_i 的所有资源请求边和分配边，使其成为独立节点。然后再返回第(2)步继续简化。

(3) 资源分配图经过一系列的简化后，如果图中所有进程节点都成为了独立节点，则称该图是可完全简化的；若图中仍然有部分进程节点不能成为独立节点，则称该图是不可完全简化的。对于一个给定的资源分配图，无论简化顺序如何，最终得到的简化结果一定是相同的。一个系统中某时刻有死锁发生的充分条件是当且仅当该时刻的资源分配图是不可完全简化的，该充分条件称为死锁定理。

如前面图 3-58 中，首先可以对进程 P_1 进行简化，结果如图 3-59(a)所示；然后再对进程 P_3 进行简化，结果如图 3-59(b)所示；最后可对进程 P_2 进行简化，结果如图 3-59(c)所示。可见这是一个可以完全简化的资源分配图，因此可判定该系统在这个时刻没有死锁发生。

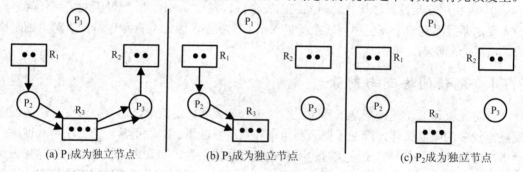

图 3-59　资源分配图简化过程

3. 死锁检测算法

最具代表性的死锁检测算法是 Coffman 于 1971 年提出的算法。该算法采用了与银行家算法中类似的数据结构(参见 3.7.3 节)：

(1) 可利用资源向量 Available。长度为 m，描述系统中每类资源的当前可分配数量。

(2) 分配矩阵 Allocation。一个 $n \times m$ 的矩阵，描述当前各进程已经分配到的各类资源的数量。

(3) 资源请求矩阵 Request。一个 $n \times m$ 的矩阵，描述当前各进程对各类资源的请求数量。

死锁检测算法的流程描述如下：

(1) 首先设置两个向量：工作向量 Work，长度为 m，描述系统能够提供的各类资源的可用数量，初始化为 Work = Available；布尔向量 Finish，长度为 n，对 $i=0$，1，2，…，$n-1$ 初始化时，若进程 i 的 Allocation[i] = 0，则其 Finish[i] = True；否则其 Finish[i] = False。

(2) 寻找能同时满足以下两个条件的进程：

$$Finish[i] = False; \qquad Request_i \leq Work;$$

如果找到，则转第(3)步，否则，转第(4)步。

(3) 执行如下操作：Work = Work + Allocation[i]，Finish[i] = True，再转回第(2)步。

(4) 如果对所有 $i(i = (0，1，2，\cdots，n-1))$，Finish[i] = True，则可判定系统没有发生死锁；否则系统有死锁发生，且如果 Finish[i] = False，则进程 P_i 死锁。

4. 死锁检测时机

从上面的分析可知，死锁检测算法需要进行大量操作，系统开销较大，那么何时执行检测算法相对合理呢？这需要综合考虑几个因素：① 死锁出现的频繁程度；② 发生死锁时受到死锁影响的进程数量；③ 进行死锁检测的系统开销。通常有以下几种思路：

(1) 每当进程请求资源且得不得满足时就做检测，因为死锁只可能在这种情况下发生，这时候检测能及早发现死锁，并及时解除。但系统中进程请求资源的频率很高，如果死锁发生的频繁程度并不高，则会浪费较多的 CPU 时间。

(2) 周期性定时检测。系统可综合考虑前面提到的三个因素，设置一个合理的检测周期，每隔一段时间检测一次，这样既能有效控制检测的系统开销，又能相对及时地发现死锁。

(3) 依据 CPU 利用率确定是否进行检测。系统为 CPU 利用率设置一个阈值，每当 CPU 利用率低于这个阈值时，就进行死锁检测，因为 CPU 利用率低有可能是某些进程发生死锁不能参与运行而造成的。

5. 死锁的解除

当利用死锁检测算法发现死锁后，必须立即采取某种措施解除死锁。常用的做法是撤销一些死锁进程或者抢占部分死锁进程的资源，以打破循环等待，从而将死锁解除掉。

(1) 撤销进程。通常又有两种思路：

① 撤销所有死锁进程。这是操作系统中最简单也最常用的方法，但其代价也大，因为系统很可能已经为这些进程做了大量的工作，以后可能还需要重新执行这些进程。

② 一次只撤销一个死锁进程直到解除死锁为止。这种方法可减少撤销进程的数量，降低系统代价，但 CPU 开销大，因为每撤销一个进程后都需要运行死锁检测算法以确定死锁是否已经解除。此外，由于是撤销部分进程，系统还必须选择撤销哪个或哪些进程，通常是基于最小代价原则，比如会考虑进程的优先级高低，进程已经运行的时间或剩余运行时间，进程已经使用资源的情况，进程是交互性的还是批处理的等。

(2) 抢占资源。逐步抢占部分死锁进程的资源给其他进程使用，并挂起被抢占资源的进程，直到解除死锁为止。这种方法往往需要人工干预，如大型主机上的批处理系统，通常由管理员从占用进程那里抢占资源分给其他进程。具体实现时需要考虑以下几个问题：

① 在选择被抢占资源的进程时要考虑代价问题，比如进程的优先级、进程的交互性、进程所占有的资源数量、各资源已经为进程所做的工作等。

② "回滚"问题。当一个进程被抢占部分资源后，这些资源之前为该进程所做的工作都作废了，因此应将进程"回滚"到以前的某个安全状态，以便以后从该状态重启进程的运行，这就需要系统维护全部进程的相关运行状态信息，增加了系统的开销。

③ 避免饥饿现象。系统往往基于某种原则来选择被抢占进程，比如最小代价原则，那

么某一进程很可能总是被选为被抢占者，结果该进程很久甚至永远都不能完成其任务，造成“饥饿”现象。为避免这种情况，可在代价因素中加入进程的回滚次数。

3.8 线程机制

大家在 Win7 中启动 QQ 程序后，打开任务管理器可看到关于 QQ 程序的如图 3-60 所示的信息。

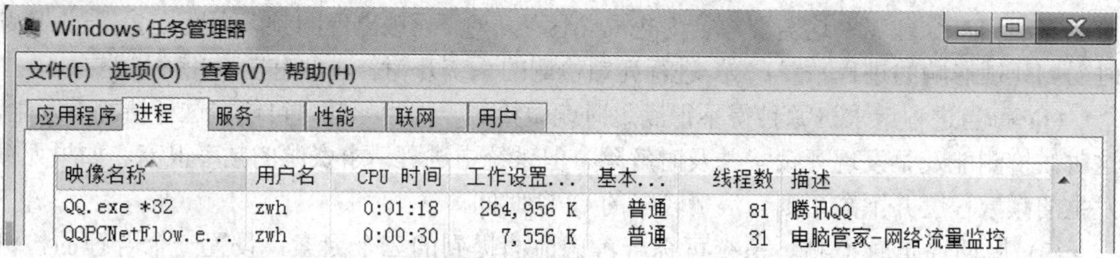
Windows 任务管理器
文件(F) 选项(O) 查看(V) 帮助(H)
应用程序 进程 服务 性能 联网 用户
映像名称 用户名 CPU 时间 工作设置... 基本... 线程数 描述
QQ.exe *32 zwh 0:01:18 264,956 K 普通 81 腾讯QQ
QQPCNetFlow.e... zwh 0:00:30 7,556 K 普通 31 电脑管家-网络流量监控

图 3-60 QQ 进程中的线程信息

系统为 QQ 程序创建了一个进程，同时为该进程创建了 81 个线程！那么线程是什么？自从 60 年代引入进程概念后，操作系统一直都是以进程作为独立运行的基本单位。直到 80 年代中期，人们又提出了比进程更小的能独立运行的基本单位——线程，以进一步提高系统的并发程度和吞吐量，又不至于过高地增加系统开销。近年来，线程概念已得到广泛应用，在新推出的绝大多数操作系统中，数据库管理系统和许多应用软件以及编程语言中，都纷纷引入线程机制来改善系统的性能。

3.8.1 线程的基本概念

1. 线程的引入

在许多实际应用中，如事务处理软件、数据库应用程序、窗口系统、Web 服务器等，经常需要同时处理来自多个客户的服务请求，这些服务请求可能执行同一服务程序，甚至基于同一数据区。如铁路公司售票系统需要同时处理来自多个售票终端的车票查询、购票、退票等请求，而这些请求很可能是针对同一个车次的车票数据。对于这种“基于同数据区的同时多请求”问题，如果采用传统的进程模型来解决，则可以有两种思路：

(1) 使用一个进程顺序处理所有请求。当该进程正在处理一个购票请求时，其他所有请求都必须等待，这必将推迟系统对后续请求的响应，尤其是客户请求频繁的情况下。

(2) 使用多个进程，让每个进程分别处理一个客户请求。这种方式能够加快系统对客户请求的响应，特别是在多处理器系统中，但却会带来新的问题：一是进程间需要大量的、复杂的通信机制及同步机制，加大了系统实现的难度及死锁发生的可能性；二是系统中管理太多的进程，也会严重增加系统开销，这是因为进程有两个基本属性：进程既是系统进行资源分配的独立单位，又是独立调度和执行的基本单位。进程是资源的拥有者，它有自己的虚拟地址空间及物理内存空间，有程序段、数据段、PCB 及其他资源，如打开的文件、子进程、I/O 设备、信号、统计信息等，负载很重。在创建和撤销进程的过程中，需要不断地进行资源分配与回收工作；而在进程切换时，又需要进行运行现场的保存和恢复工作，使得系统需要付出较大的时空开销。因此，在系统中不宜设置过多的进程数量，且进程切换的频率也不宜过高。

可见，上面两种思路都不能很好地解决"基于同数据区的同时多请求"问题。如何能使系统进一步提高并发程度且尽快处理同时发生的多个请求，而又能尽量减少系统开销、降低通信机制及同步机制的复杂度呢？操作系统设计者们设想将进程的两个属性分开，即作为调度和执行的基本单位，不再是资源分配与拥有的单位，减少管理开销，且降低通信机制及同步机制的复杂度；而对资源分配与拥有的基本单位，又不进行频繁地切换处理，以减少 CPU 切换开销。正是在这种思想的指导下，产生了线程的概念。

2. 什么是线程

在引入线程的操作系统中，线程是隶属于进程的一个实体，是比进程更小的一个运行单位。一个进程可以有一个或多个线程，这些线程共享该进程所拥有的资源，如地址空间(代码、数据及文件)、大部分管理信息(子进程、定时器、信号等)、I/O 设备等，同时每个线程也有自己的一些必不可少的资源：① 一个线程 ID，用以唯一地标识线程。② 一组寄存器集合：表示线程运行时的处理器状态，包括程序计数器、程序状态字、通用寄存器、栈指针等。③ 两个栈：一个用户栈与一个内核栈，分别供线程在用户态及内核态下运行时使用。④ 一个私有存储区：存放线程很少的私有数据。如全局变量 errno，当某个线程的系统调用失败返回时，其错误码存放在 errno 中，若进程中所有线程都共享该变量，则必然会造成混乱。⑤ 线程控制块 TCB：存放线程的管理信息，如线程 ID、寄存器的值、线程状态、调度优先级、相关统计信息、信号掩码等。图 3-61 形象地说明了线程与进程在资源方面的关系。

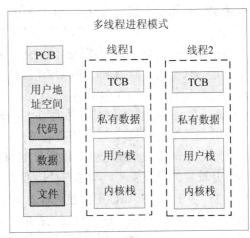

图 3-61　线程与进程间的资源关系图

如果把进程理解为需要系统完成的一项任务，那么线程就是完成该任务的许多子任务之一。例如，用户启动一个数据库应用程序，操作系统把该程序对数据库的调用表示为一个进程(如称为进程 A)。假设用户要从数据库中产生一份工资单报表，并且存到一个文件中，这是一个子任务；在产生工资单报表的过程中，用户又可输入数据库查询请求，这又是一个子任务。于是，操作系统把每个请求——产生工资单报表和新输入的数据库查询表示为进程 A 中多个独立的线程。这样，在多处理器环境下这多个线程就能在多个处理器上同时运行。

3. 线程与进程的比较

线程具有许多传统进程的特征，故又称为轻型进程；相对应地，传统的进程又称为重型进程，相当于只有一个线程的任务。引入线程后，通常一个进程拥有若干个线程，至少也有一个线程。下面从调度、并发性、拥有资源和系统开销几个方面对线程和进程进行比较。

(1) 调度。传统的操作系统中，进程既是资源分配和拥有的基本单位，又是独立调度和执行的基本单位。而引入线程后，则把线程作为调度和执行的基本单位，把进程作为资源分配和拥有的基本单位，将传统进程的两个属性分开，使线程轻装运行，从而显著提高系统的并发程度，降低 CPU 切换开销。同一进程中两个线程的切换不会引起进程切换，但不同进程中的两个线程切换将会引起进程切换。

(2) 并发性。引入线程后，不仅进程间可并发执行，而且一个进程中的多个线程间也能并发执行，系统并发度更高，能更有效地使用系统资源和提高系统吞吐量。

这里先举一个生活中的例子：一个建筑工程(看作一个"进程")有许多包工队(每个包工队看作一个"线程")，当整个工程作为一个"进程"运行时(没有线程概念)，只要有一种资源(例如水泥)得不到满足，整个工程就得停下来。但是，没有水泥只会影响到泥工队的工作，而不会影响只需要电器材的电工队的工作，当把每一个包工队分别当作一个可独立运行的"线程"时，若泥工队不能工作，则还可调度电工队或其他的包工队工作。

同理，在一个没有引入线程的操作系统中，若仅设置一个文件服务进程，当它由于某种原因(如读磁盘)而被阻塞时，便没有其他的文件服务进程来提供服务。引入线程后，可在一个文件服务进程中设置多个服务线程，当第 1 个线程阻塞时，第 2 个线程可继续运行；当第 2 个线程阻塞时，第 3 个线程可继续运行，……，从而显著提高了文件服务的质量。

(3) 拥有资源。不管操作系统中有没有引入线程概念，进程都是拥有资源的独立单位。线程基本上不拥有资源(只有一点运行时必不可少的资源)，但它可以访问所属进程的全部资源。即一个进程的代码段、数据段以及系统资源(如已打开的文件、I/O 设备等)，可供该进程的所有线程共享，如前面图 3-61 所示。

(4) 系统开销。系统在创建进程时，必须为之分配资源，如内存空间、I/O 设备等，建立进程虚址空间及相关数据结构(如段表或页表等)，还要建立 PCB，而创建线程时只需要为其建立堆栈和 TCB 即可，系统创建进程所付出的开销将显著大于创建线程所付出的开销。比如 Mach 开发者的研究表明，与没有使用线程的传统 UNIX 系统相比，创建线程比创建进程速度提高了 10 倍；Solaris 中创建进程要比创建线程慢 30 倍。相对应地，撤销进程时需回收其所占有的全部资源。同样进程切换时，需要切换进程的上下文，而线程切换只需保存和设置少量寄存器内容，不涉及存储管理方面的操作，因而进程切换的开销也远大于线程切换，如 Solaris 中线程切换比进程切换快五倍。此外，同一进程中多个线程间的数据共享及通信是通过直接读写该进程空间的公用数据来完成的，不需要进入操作系统的内核，这比利用系统调用来实现进程通信开销小多了。

4. 线程管理

1) 线程状态

与进程类似，多个线程因共享资源及相互合作而存在制约关系，使得线程在并发运行过程中呈现出间断性特征，并且在不同的条件下也会处于不同的状态，主要有以下几种状态：

(1) 就绪状态：线程已具备运行条件，一旦分配到 CPU，可马上投入运行；

(2) 运行状态：线程已经获得 CPU，正在执行程序；

(3) 阻塞状态：线程正等待某件事情的发生，如 I/O 操作结束或信号量；

(4) 终止状态：线程完成所有工作或被异常结束，释放其所占用资源(如堆栈、私有存储区等)，但可能会暂时保留 TCB，等待父进程搜集相关信息。

2) 线程控制

与进程一样，线程也有从创建到撤销之间的生命周期，也会在各种状态间转换。

(1) 线程创建：启动一个程序时，系统首先会为这个程序创建一个进程，再为这个进程创建第一个线程，为其分配并设置 TCB(如程序计数器的值、优先级、状态、栈指针等)，建立堆栈，最后插入就绪队列，等待 CPU 调度。线程在运行过程中可以根据需要调用线程创建函数(或系统调用)创建新的线程。

(2) 线程终止：线程完成其任务后会自行终止，或者是运行过程中出现异常情况而被外界强行终止。大多数操作系统中，线程被终止后并不立即释放 TCB，而是等待父进程完成信息收集后再彻底撤销。

(3) 线程阻塞：运行中的线程因为需要等待某件事情的发生，如磁盘 I/O 的完成，主动调用线程阻塞函数(或系统调用)阻塞自己，释放 CPU，变成阻塞状态，插入相应阻塞队列，并让系统重新进行线程调度。

(4) 线程唤醒：当阻塞中的线程所等待的事件已经发生时，相关线程将调用线程唤醒函数(或系统调用)唤醒该线程，置其状态为就绪状态，插入就绪队列，等待 CPU 调度。

3) 线程同步

多个线程间在共享临界资源或相互合作完成同一任务时，为保证并发运行的正确性，也需要同步机制进行管理。前面 3.4.2 节中介绍的各种进程同步机制同样适用于线程间的同步。

4) 线程调度

操作系统中引入线程后，CPU 调度就以线程为单位进行。前面 3.5.2 节介绍的所有进程调度算法同样适用于线程调度。

5) 线程通信

线程之间也经常需要进行信息交换。由于同一个进程中的多个线程共享进程的资源，如打开的文件、全局变量等，因此通信可在用户态下直接进行，不需要调用内核的系统调用。不过不同进程中的线程通信时仍然需要内核的干涉，以提供保护及通信机制。

5. 多线程的应用

许多计算任务和信息处理任务在逻辑上涉及多个子任务。这些子任务具有内在的并发性，当其中一些子任务被阻塞时，另外一些子任务仍可继续，这种情况下可采用多线程机制，以提高应用程序的并行性。以下是几个应用线程机制的例子。

(1) Word 程序。该程序在运行时一方面需要接收用户的输入信息，另一方面需要对文本进行词法检查，同时需要定时将修改结果保存到临时文件中以防意外事件发生而丢失信息。可见，该程序至少涉及三个相对独立的子任务，它们共享内存缓冲区中的文本信息。以进程方式很难恰当地处理这一问题，而采用同一进程中的三个线程是最好的解决办法。事实上，当在 Win7 系统中启动 Word 程序时，系统为其创建一个 WINWORD 进程，并为该进程创建了十几个线程，以完成不同的子任务，当然绝大多数线程都处于阻塞状态。读者可通过任务管理器或命令行下的"pslist"命令查看一个进程中的线程信息。

(2) Web 服务器。一个 Web 服务器可同时为许多 Web 用户服务，对应每个 Web 请求，Web 服务器将为其建立一个相对独立的子任务。若以进程方式实现，由于进程太多，将大大增加系统开销而影响响应速度；而以线程方式实现的效率则会比较高，每当有 Web 用户提出请求，系统就立即创建一个线程来完成这次请求。为使响应速度更快，系统还可事先建立若干线程，当请求到达时立即调用一个线程为其服务。这些服务线程执行相同的程序代码，隶属同一个进程，当没有服务任务时就阻塞等待。

(3) 媒体播放器。播放器程序在运行时，将完成三个相对独立的子任务：一是从磁盘上读入影音文件到内存的一个缓冲区($1^\#$)中；二是对 $1^\#$缓冲区中的数据信息进行解码，并将结果送入另外一个缓冲区($2^\#$)中；三是播放 $2^\#$缓冲区中的信息。这时可使用三个线程来完成上述功能，让它们并发运行，提高播放效率和质量。实际上当用 QQ 音乐播放器打开一个MP3 文件时，系统会为该 QQMusic 进程创建多达八十几个线程，以便快速提供相关服务。

需要注意的是，采用多线程也是有条件的：同一进程中的多个线程具有相同的代码和数据，这些线程之间或者是合作的(执行代码的不同部分)，如 Word 字处理程序和媒体播放器中的多个线程，或者是重复完成相同的功能(执行相同的代码)，如 Web 服务器中的服务线程。

3.8.2　线程的实现机制

当前很多系统都已经实现了线程，如 Windows、Linux、UNIX、OS/2、Java 语言、Infomix 数据库等，不同系统的实现方式可能不同，通常有三种：用户级线程、内核级线程和用户级/内核级相结合的组合方式。

1. 用户级线程 ULT(User Level Threads)

用户级线程是在用户空间中实现的。在这种方式下，线程的创建、撤销、切换、同步、通信以及线程状态的转换等操作全部由支持线程的一组应用程序代码完成，该组代码称为线程库(又称为运行时系统)，运行在用户空间。操作系统内核并不知道线程的存在，只对常规进程进行管理，其调度仍然以进程为单位。每个进程有一个私用线程表，记录该进程的各个线程的情况，如程序计数器、栈指针、寄存器的值、线程状态等，每个线程占据一个表项，保存在用户空间，由线程库进行管理；而在内核中有一个进程表，用于记录系统中每个进程的情况，如图 3-62 所示。典型的用户级线程机制，如 Java 及 Infomix 中的线程库。

用户级线程的主要优点有：

(1) 线程切换速度快。由于管理线程的数据

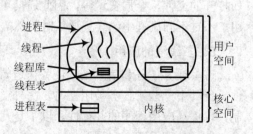

图 3-62　用户级线程示意图

结构保存在用户地址空间中，而完成线程切换的代码也运行在用户态下，因此线程切换直接在用户态下进行，不需要进入到内核模式，节省了两次模式转换的开销。

(2) 调度算法可以是应用程序专用的。线程调度是由进程地址空间中的线程库实现的，不同的应用程序可以根据自身需要选择不同的线程调度算法，比如交互式程序可选择时间片轮转调度算法，具有实时要求的程序可选择基于优先级抢占的调度算法等，而与操作系统本身采用的进程调度算法无关。

(3) 用户级线程可运行在任何操作系统上，不管该系统是否支持线程机制。因为完成线程管理工作的线程库是运行在用户态下的，而所有应用程序都可以共享它。

但用户级线程也存在一些问题：

(1) 线程执行系统调用的阻塞问题。在典型的操作系统中，许多系统调用都会引起阻塞。当一个用户级线程执行系统调用时，会引起整个进程的阻塞，因为操作系统会把这次系统调用看成是整个进程的行为。

(2) 纯用户级线程机制不能利用多处理器的优势。操作系统完全不知道用户级线程的存在，即便在多处理器环境下，也只会给一个进程分配一个 CPU，该进程中的所有用户级线程共享这个 CPU，而不能在多个 CPU 上并行执行。

2．内核级线程 KLT(Kernel Level Threads)

内核级线程是在内核空间实现的。在这种方式下，线程的创建、撤销、调度切换、通信、同步以及线程状态的转换等操作全部由系统内核完成。在内核中有一个进程表记录系统中所有进程的信息，同时有一个线程表，记录系统中每个线程的情况，如图 3-63 所示。

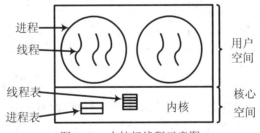

图 3-63　内核级线程示意图

相对于用户级线程，内核级线程具有如下优点：① 线程执行系统调用时，仅阻塞调用线程本身，不必阻塞整个进程，进程中其他线程仍然可以获得 CPU 运行。② 在多处理器环境下，一个进程中的多个线程可以同时在多个 CPU 上并行执行，提高了进程的执行速度。③ 操作系统内核本身可以采用多线程机制，从而提高系统的运行效率。

与用户级线程相比，内核级线程的所有管理工作都由内核完成，进行相关操作时(比如线程切换)都要先进入核心态，完成内核的工作后再转换到用户态，因此开销较大。

3．组合方式

从上面的分析可知，用户级线程与内核级线程各有优缺点，因此有些操作系统采用了两者相结合的方式：内核支持多个内核级线程的建立、管理及调度，也允许应用程序根据自身需要在用户空间建立多个用户级线程。在组合方式中，内核只知道内核级线程，用户级线程的管理完全由线程库在用户空间进行，系统会将用户级线程映射到某些内核级线程，这样一个进程中的多个线程可以在多个 CPU 上并行运行，同时某个线程执行系统调用也不会导致整个进程的阻塞，如 Solaris 系统。

依据用户级线程与内核级线程之间的映射关系，组合方式的实现模型可分为三种：多对一模型、一对一模型、多对多模型。

(1) 多对一模型。该模型把多个用户级线程(通常属于一个进程)映射到一个内核级线程上，如图 3-64 所示。对用户级线程的管理是由线程库在用户空间进行的，仅当它们需要访问内核时，才将其映射到一个内核级线程上，且每次只允许一个用户级线程进行映射。该模型的主要优点是线程管理开销小、效率高，但如果一个线程因执行系统调用而阻塞，将导致整个进程阻塞，并且因为任一时刻只有一个线程能访问内核，所以多个线程不能并行运行在多个处理器上。

(2) 一对一模型。该模型把一个用户级线程映射到一个内核级线程上，如图 3-65 所示。这样，当某个线程因执行系统调用而阻塞时，不会导致整个进程阻塞，其他线程可继续运行；此外，在多处理器环境中，也允许多个线程同时在多个处理器上并行运行。但一对一模型要求每创建一个用户级线程就必须为其建立对应的内核级线程，开销较大，因此往往要限制系统中的线程数量。Linux、Windows 家族、OS/2、Solaris 9 及更高的版本就采用这种模型。

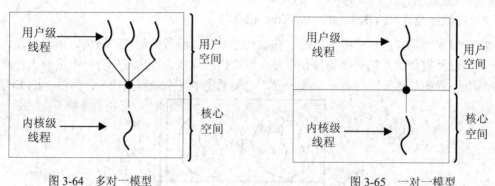

图 3-64　多对一模型　　　　　　　　　　　　　图 3-65　一对一模型

(3) 多对多模型。该模型把多个用户级线程映射到较少或同样数量的内核级线程上，如图 3-66 所示。内核级线程的数量可随应用程序的特点及机器配置而变化，比如多处理器系统中可设置更多的内核级线程。多对多模型克服了前面两种模型的缺点，程序员可以根据需要创建多个用户级线程，当一个线程执行系统调用被阻塞时，内核可调度另一个线程来运行。IRIX、HP-UNIX、Tru64 UNIX 等操作系统在实现多对多模型时进行了一些改进：既可把多个用户级线程映射到较少或同样数量的内核级线程上，又允许将一个用户级线程绑定到某个内核级线程上，从而保证该用户级线程能随时访问内核。

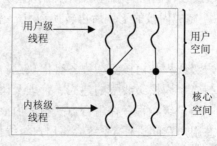

图 3-66　多对多模型

许多实现多对多模型的系统在用户级线程与内核级线程之间设置了一级中间结构，通常是轻量级进程(Light Weight Process，LWP)，如图 3-67 所示。LWP 可共享所属进程的资源，同时还有自己的资源：TCB(记录线程 ID、优先级、状态、寄存器值、与之相连的内核级线程的指针等)、栈、私有存储区等，保存在进程地址空间中，因此 LWP 对用户进程是可见的。每个 LWP 都与一个内核级线程相连，该内核级线程能被操作系统调度到 CPU 上运行。对于用户空间的线程库，LWP 表现为线程库可以调度用户级线程到其上运行的虚拟处理器。这样，用户级线程

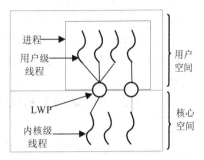

图 3-67　引入 LWP 的多对多模型

可以通过 LWP 访问内核，不过内核只能看到内核级线程与用户进程中的 LWP，不知道用户级线程的存在。当用户级线程不需要访问内核时，其管理工作全部由线程库完成；而当要访问内核时，必须由线程库为其分配一个 LWP，借助 LWP 完成内核访问工作，如执行一个系统调用。如果内核级线程阻塞(如等待一次 I/O 操作的完成)，则与之相连的 LWP 也阻塞，进而使与该 LWP 相连的用户级线程也阻塞。为使进程中的多个用户级线程能同时访问内核，可在进程中设置多个 LWP(考虑到系统开销，数量也不能太多)，组成"LWP 池"，让这些线程多路复用 LWP，这样当一个 LWP 阻塞时，其他 LWP 还能继续工作，从而提高系统的并行性。当然，也允许一些完成紧迫型任务的用户级线程"绑定"到 LWP 池中一个固定的 LWP 上，保证这些线程及时访问内核，但会增加系统开销。

3.8.3　Linux 线程机制

Linux 中的线程机制非常特殊，它不像其他操作系统将进程与线程严格区分，并在内核中提供专门的线程支持机制，如 Windows 或 Solaris 等，而是把所有的线程都当作进程来实现，内核并没有定义特别的数据结构来描述线程，也没有为线程设计专门的调度策略。相反，线程仅仅被视为一个与其他进程共享某些资源的进程，线程的描述符依然是 task_struct 结构，或者说 Linux 内核中并没有线程的概念。

Linux 中创建线程是由 clone()系统调用实现的，Pthread 线程库中的 pthread_create()也是通过调用 clone()来实现的。因此我们首先介绍 clone()系统调用的相关知识，然后再介绍 Pthread 库的使用，最后简单介绍 Linux 的内核线程的概念。

1. 创建线程 clone()

clone()系统调用的功能是创建一个线程(或进程)，其原型是：

#include <sched.h>

int clone(int (*fn)(void *), void *child_stack, int flags, void *arg);

实际上，clone()是 libc 中定义的一个封装，对应的内核服务例程是 sys_clone()，后者再调用 do_fork()完成具体的创建工作。sys_clone()中并没有 fn 和 arg 参数，封装函数 clone()把 fn 指针存放在子进程堆栈中 clone()本身的返回地址处；arg 指针存放在堆栈中 fn 的下面。当 clone()结束返回时，CPU 从堆栈中取出返回地址(即 fn)，然后执行 fn(arg)函数。

下面介绍 clone()中的参数：

(1) fn：新线(进)程即将要执行的函数。

(2) child_stack：为新线程分配的内核堆栈空间的起始地址。

(3) arg：传给新线程要执行的函数 fn 的参数。

(4) flags：创建标志，低字节指定线程运行结束时发送给父进程的信号，通常为 SIGCHLD 信号；剩下的 3B 描述新线(进)程将从父进程继承哪些资源，部分常用标志如表 3-22 所示。

表 3-22　clone()中 flags 的部分取值说明

标志名称	说　　明
CLONE_VM	父子进程运行于相同的内存空间：共享内存描述符和所有的页表
CLONE_FS	父子进程共享相同的文件系统，包括根目录、当前目录、权限掩码 umask
CLONE_FILES	父子进程共享打开文件表
CLONE_SIGHAND	父子进程共享相同的信号处理(signal handler)表、阻塞信号表和挂起信号表
CLONE_PARENT	新进程与创建它的进程拥有同一个父进程，即新进程与创建它的进程是兄弟进程
CLONE_VFORK	父进程被挂起，直至子进程终止，vfork()中设置
CLONE_THREAD	父子进程属于同一个线程组，设置该标志时，必须同时设置 CLONE_SIGHAND

2. Linux 下 Pthread 线程库介绍

Pthread 是由 POSIX 标准(IEEE1003.1c)为线程创建和同步定义的 API，它是线程实现的规范，而不是具体实现形式，具体操作系统可有不同的实现形式。许多操作系统实现了这个线程规范，如 Solaris、Linux、Mac OS X、Tru64 UNIX 等。下面介绍 Linux 的 Pthread 库的相关系统调用，注意都要包含头文件<pthread.h>。

1) 创建线程 pthread_create()

(1) pthread_create()函数的相关说明。

① 原型：int pthread_create (pthread_t *thread,const pthread_attr_t *attr, void *(*routines) (void *), void *arg);

② 功能：创建新线程，属性为 attr，将运行的函数为 routines(arg)。

③ 参数：

thread：返回参数，新线程的标识符。

attr：新线程的属性设置，若值为 NULL，则设为默认值。具体见后面的介绍。

routines：新线程要运行的函数的入口地址，该参数返回值必须为 void *。

arg：传递给新线程要运行的函数 routines()的参数。

④ 返回值：如果新线程创建成功，则返回 0；否则，返回一个非 0 的错误码。

(2) 关于线程的属性设置。线程的属性结构为 pthread_attr_t，定义在/usr/include/pthread.h 文件中，具体内容如下：

```
typedef struct  {
    int      detachstate;        /*线程的分离状态，默认为非分离*/
    int      schedpolicy;        /*线程调度策略，默认与父进程相同*/
```

```
    struct sched_param    schedparam;      /*线程的调度参数*/
    int              inheritsched;     /*线程的继承性*/
    int              scope;           /*线程竞争 CPU 的范围*/
    size_t            guardsize;        /*线程栈末尾的警戒缓冲区大小*/
    int              stackaddr_set;
    void *            stackaddr;        /*线程堆栈的位置*/
    size_t            stacksize;        /*线程堆栈的大小，默认为 1 MB*/
    }pthread_attr_t;
```

各字段含义的简要说明如下：

① detachstate：新线程是否与同进程中其他线程同步，即其他线程能否调用 pthread_join()等待它结束。 默认值为 PTHREAD_CREATE_JOINABLE，表示能与其他线程同步；如果设置为 PTHREAD_CREATE_DETACHED，则新线程不能与其他线程同步，且退出时自行释放所占用的资源。新线程运行时可调用 pthread_detach() 修改设置值。

② schedpolicy：新线程的调度策略，通常与父进程相同。

③ schedparam：调度参数，表示线程的优先级，默认与父进程相同。运行时可调用pthread_setschedparam()函数来改变。

④ inheritsched：继承属性，默认值为 PTHREAD_EXPLICIT_SCHED，表示新线程使用 attr 参数给定的值；若设置为 PTHREAD_INHERIT_SCHED，则表示继承父进程的值。

⑤ scope：表示线程间竞争 CPU 的范围。POSIX 定义了两个值，PTHREAD_SCOPE_SYSTEM 表示与系统中所有线程一起竞争 CPU 时间，PTHREAD_SCOPE_PROCESS 表示仅与同进程中的线程竞争 CPU 时间。目前 Linux 仅实现了 PTHREAD_SCOPE_SYSTEM。

这些属性值不能直接设置，只能使用相关函数进行操作，包括 pthread_attr_init()、pthread_attr_destroy()和与各个属性相关的 pthread_attr_getXXX()/pthread_attr_setXXX()函数。请读者自行查阅相关资料进一步学习。

2) 等待指定线程结束 pthread_join()

(1) 原型：int pthread_join (pthread_t thread, void **status);

(2) 功能：调用者等待指定线程结束，并将指定线程结束时的状态写入 status。

(3) 参数：thread 表示被等待的线程。

status 表示输出参数，被等待线程结束时的状态。

(4) 返回值：成功返回 0；否则，返回非 0 的错误码。

要注意的是，一个线程不能被多个线程等待，否则第一个接收到信号的线程成功返回，其余调用 pthread_join()的线程将返回错误代码 ESRCH。

3) 线程结束 pthread_exit()

(1) 原型：void pthread_exit(void* retval);

(2) 功能：终止调用线程。由于一个进程中的多个线程共享进程资源，因此被终止线程所占用的资源通常并不会随着线程的终止而得到释放。

(3) 参数：retval 表示被终止线程的返回值，可由其他函数如 pthread_join()来获取。

(4) 返回值：成功返回 0；否则，返回非 0 的错误码。

4) Pthread 线程库同步机制

Pthread 线程库提供的同步机制有互斥锁、条件变量及信号量，其中信号量就是前面"3.4.5 Linux 同步机制解析"中介绍的 POSIX 信号量，下面简单介绍互斥锁和条件变量。

(1) 互斥锁。互斥锁用来实现多个线程对临界资源的互斥使用，主要函数列举如下，各函数的具体使用方法请读者自行查阅相关资料学习。

① 创建锁。

　　int pthread_mutex_init(pthread_mutex_t *mutex, const pthread_mutexattr_t * attr);

其中参数 mutex 是新建互斥锁的标识符，是函数的返回参数；attr 是互斥锁的属性，包括锁的使用范围(多个进程间还是线程间)及类型。

② 初始化锁的属性。

　　pthread_mutexattr_init(pthread_mutexattr_t *mattr);

③ 加锁操作。

　　int pthread_mutex_lock(pthread_mutex_t *mutex);

　　int pthread_mutex_trylock(pthread_mutex_t *mutex);

pthread_mutex_lock()申请锁，如果锁已经被其他线程(或进程)持有，则申请者睡眠等待；pthread_mutex_trylock()与 pthread_mutex_lock()类似，不同的是若锁已被其他线程(或进程)持有，则申请者立即返回 EBUSY 而不等待。

④ 开锁操作。

　　int pthread_mutex_unlock(pthread_mutex_t *mutex);

释放对锁的控制权，如果有其他线程(或进程)正等待该锁，则会解除等待，获得锁。

⑤ 销毁锁。

　　int pthread_mutex_destroy(pthread_mutex_t *mutex);

销毁由 pthread_mutex_init()创建的锁。

(2) 条件变量。条件变量代表线程继续运行所需要等待的某种条件，它是利用线程间共享的全局变量进行同步的一种机制。条件的检测是在互斥锁的保护下进行的，如果一个条件为假，则等待该条件的线程睡眠；当另一个线程改变该条件后，发信号给关联的条件变量，唤醒一个或多个等待它的线程；睡眠线程被唤醒后将重新评价条件是否成立。相关的函数主要有：

① 创建条件变量。

　　int pthread_cond_init(pthread_cond_t *cond,pthread_condattr_t *cond_attr);

创建一个标识符为 cond 的条件变量，属性设置为 cond_attr 的值，若该值为 NULL，则初始化为默认属性。

② 等待条件成立。

　　int pthread_cond_wait(pthread_cond_t *cond,pthread_mutex_t *mutex);

　　int pthread_cond_timedwait(pthread_cond_t *restrict cond, pthread_mutex_t *restrict mutex, const struct timespec *restrict timeout);

pthread_cond_wait()是睡眠等待，若条件不成立，则线程睡眠到条件变量上直到条件成立。pthread_cond_timedwait()是超时等待，若条件不成立，则线程睡眠直到条件成立或等待超时。

③ 通知线程条件已满足。

```
int pthread_cond_signal(pthread_cond_t *cond);

int pthread_cond_broadcast(pthread_cond_t *cond);
```

当线程改变了某个条件的状态后(条件已满足)，使用这两个函数向关联条件变量发信号，唤醒该条件变量上睡眠的一个或多个线程；如果该条件变量上没有线程睡眠，则函数将不起任何作用。

④ 销毁条件变量。

```
int pthread_cond_destroy(pthread_cond_t * cond);
```

销毁由 pthread_cond_init()创建的条件变量，当然应用程序必须保证该条件变量当前没有被任何一个线程使用。

3. Linux 内核线程

内核经常需要在后台执行一些操作，这些任务可以通过内核线程完成。内核线程是一种独立运行在内核空间的标准进程，与普通进程的区别在于内核线程没有独立的地址空间(其 task_struct 结构中的 mm 指针被置为 NULL)，只在内核空间运行，永远不会切换到用户空间去。内核线程与普通进程一样，是可调度并且可抢占的。Linux 中内核线程很多，如ksoftirqd、kswapd 等，可使用"ps -ef"命令查看。内核线程只能由其他内核线程创建，实际上，kthreadd 内核线程是系统中所有其他内核线程的父进程。

Linux 中通常用 kthread_create()函数创建一个新的内核线程，申明在"linux/kthread.h"文件中，定义在"/kernel/kthread.c"文件中，函数原型是：

```
struct task_struct *kthread_create(int (*threadfn)(void *data),void *data,
const char *namefmt, ...);
```

若创建成功，则返回新线程的 task_struct 结构指针。新线程的名字是 namefmt，将运行threadfn 函数，其参数由 data 传入。不过刚创建好的新线程是处于不可运行状态的，必须调用 wake_up_process()显式地唤醒它，才能被调度运行。如果希望创建一个内核线程并让它能运行，则可以调用宏 kthread_run()来实现：

```
#define kthread_run(threadfn, data, namefmt, ...)
```

实际上，kthread_run()宏只是简单调用了 kthread_create()和 wake_up_process()。

内核线程一旦启动运行后，会一直运行，除非该线程主动调用 do_exit()函数，或者其他进程调用 kthread_stop()函数结束指定线程的运行：

```
int kthread_stop(struct task_struct *k);
```

该函数会给指定线程设置退出标记，并一直等待到指定线程结束。

3.9　openEuler 进程管理简介

3.9.1　进程控制块

openEuler 中进程控制块是 task_struct 结构体(路径：kernel/include/linux/sched.h)，主要保存了进程描述信息、进程控制与调度信息以及资源管理信息。task_struct 的内容太多，这里只选择部分重要信息进行说明，更多内容可参考源码文件及"3.3.4 Linux 进程管理"。

1. 进程描述信息

PCB 中的进程描述信息主要包括进程标识符、用户标识号、家族关系等。

(1) 进程标识符 pid。每个进程都有唯一的标识符，openEuler 中的进程标识符是一个 32 位正整型数，系统使用位示图来记录进程标识符的分配情况。

(2) 用户标识号 loginuid。它用来标识进程属于哪一个用户，是一个无符号整数。

(3) 家族关系。在 openEuler 启动时，手工创建的 0 号进程完成内核初始化工作，并创建 1 号和 2 号进程；1 号进程完成用户空间初始化后，成为 init 进程，它是之后创建的所有用户进程共同的祖先进程；2 号进程是之后创建的所有内核线程的祖先进程。家族相关成员说明如下：

```
struct task_struct __rcu*real_parent;    //创建该进程的父进程
struct task_struct __rcu*parent;         //当前跟踪该进程的进程
struct list_head      children;          //指向该进程的子进程链表
struct list_head      sibling;           //指向该进程的兄弟进程
```

2. 进程控制与调度信息

PCB 中保存了进程控制与调度相关信息，主要包括进程状态、进程优先级、记账信息、CPU 上下文、调度相关信息等。

(1) 进程状态 state。它记录进程的当前状态，是一个长整型数。openEuler 中主要设置了以下几种状态：

① TASK_RUNNING：可运行状态，正在一个 CPU 上运行(运行状态)，或者在就绪队列中等待处理器调度(就绪状态)。

② TASK_INTERRUPTIBLE：可中断睡眠状态，可以被信号唤醒。

③ TASK_UNINTERRUPTIBLE：不可中断睡眠状态，只能被显式唤醒，不能被信号唤醒。

④ TASK_WAKEKILL：可以被致命信号(SIGKILL)唤醒的睡眠状态。

⑤ __TASK_STOPPED：暂停状态，进程收到停止信号(SIGSTOP, SIGTTIN, SIGTSTP, SIGTTOU)时会暂停执行。

⑥ __TASK_TRACED：跟踪状态，进程被 debugger 进程或其他进程监视跟踪时，就处于跟踪状态。

⑦ TASK_DEAD：终止状态，已经运行完成，但还没有最后被撤销的状态。当进程处于终止状态时，需要进一步把 task_struct 结构中的 exit_state 字段设置为 EXIT_ZOBBIE(僵尸状态：进程所占用的资源尚未被父进程回收)或 EXIT_DEAD(死亡状态：进程资源已被父进程回收)。

⑧ TASK_NEW：创建状态，进程正在被创建中，还没有创建完成。

(2) 进程优先级。openEuler 中为进程设置了多种优先级，用整型数表示。静态优先级 static_prio 在进程创建时设置，其值越小代表进程优先级越高，它在进程整个生命周期中保持不变；动态优先级 prio 和普通优先级 normal_prio 默认等于静态优先级，但会受调度策略的影响而动态改变；实时进程的调度依据是实时优先级 rt_priority，其值越大代表优先级越高，所有实时进程都比普通进程优先调度。openEuler 进程优先级设置具体见表 3-23 的说明。

表 3-23　　openEuler 进程优先级设置

优先级	限期进程	实时进程	普通进程
prio 动态优先级(值越小表示 优先级越高)	限期进程与普通进程的调度依据。通常与 normal_prio 的值相同；特殊情况下如果进程 A 占有实时互斥锁，进程 B 正在等待锁，且 B 比 A 优先级高，则临时提高 A 的 prio，让其等于 B 的 prio。		
static_prio 静态优先级	无意义，总是 0	无意义，总是 0	120+nice 值，值越小， 表示优先级越高
normal_prio	−1	99-rt_priority	static_prio
rt_priority 实时优先级(值越大表示 优先级越高)	无意义，总是 0	实时进程的调度依据， 值范围是 1~99	无意义，总是 0

(3) 记账信息。它主要记录进程的若干时间相关信息，具体说明如下：

```
u64    utime;                //进程在用户态下占用的 CPU 时钟周期数
u64    stime;                //进程在内核态下占用的 CPU 时钟周期数
u64    gtime;                //虚拟机运行的 CPU 时钟周期数(guest time)
u64    utimescaled;          //进程在用户态下的运行时间
u64    stimescaled;          //进程在内核态下的运行时间
u64    start_time;           //进程创建时间
u64    real_start_time;      //进程创建时间(包括进程睡眠时间)
unsigned long    nvcsw, nivcsw;    //进程自愿/非自愿上下文切换次数
```

(4) CPU 上下文。CPU 上下文是指当前运行进程的 CPU 中各寄存器的值，描述了当前进程活动的状态信息，包括一组通用寄存器、程序计数器 PC、程序状态字寄存器 PS、栈指针寄存器等的值。openEuler 在进行进程切换时，会把当前进程的 CPU 上下文保存到 task_struct 结构中的 thread_struct → cpu_context 中，其中 cpu_context 结构定义在 kernel/arch/arm64/include/asm/ processor.h 中，具体内容如下：

```
struct cpu_context {
    unsigned  long x19;      //X19~X28 是 ARMv8 架构 CPU 的通用寄存器
    unsigned  long x20;
    unsigned  long x21;
    unsigned  long x22;
    unsigned  long x23;
    unsigned  long x24;
    unsigned  long x25;
    unsigned  long x26;
    unsigned  long x27;
    unsigned  long x28;
    unsigned  long fp;       //栈帧寄存器
    unsigned  long sp;       //堆栈指针寄存器
    unsigned  long pc;       //程序计数器
};
```

(5) 调度相关信息。PCB 中存放了若干与进程调度紧密相关的内容，如进程各种优先级、调度器类、调度策略、相关联的 CPU 等，具体说明如下：

```
int    prio;                              //优先级信息，参见前面的说明
int    static_prio;
int    normal_prio;
unsigned int    rt_priority;
volatile long    state;                   //进程状态，参见前面的说明
const struct sched_class    *sched_class;  //进程所采用的调度器类
struct sched_entity       se;             //普通进程调度实体
struct sched_rt_entity    rt;             //实时进程调度实体
unsigned int       policy;                //进程采用的调度策略
int    on_cpu;                            //进程当前由哪个 CPU 来运行
cpumask_t   cpus_allowed;        //在多 CPU 环境下，规定本进程能在哪些 CPU 中运行
struct sched_statistics   statistics;      //与调度有关的一组统计信息
```

3. 资源管理信息

资源管理信息即记录进程占用的资源信息，包括地址空间、文件系统、I/O 设备等，具体说明如下：

```
void    *stack;                           //指向进程的内核栈
struct mm_struct *mm，*active_mm;         //进程的用户空间描述符
struct fs_struct    *fs;                  //进程相关联的文件系统信息
struct files_struct   *files;             //进程打开的文件列表
```

其中 mm_struct 结构(路径为/include/linux/mm_types.h)的部分内容如下：

```
struct mm_struct {
    struct vm_area_struct *mmap;          //进程占用的虚存空间
    pgd_t * pgd;                          //指向页目录表首址
    //进程地址空间中各段起始/结束地址，包括栈、堆、BSS 段、数据段、代码段等
    unsigned long start_code, end_code, start_data, end_data;
    unsigned long start_brk, brk, start_stack;
    unsigned long arg_start, arg_end, env_start, env_end;
    ⋮
};
```

fs_struct 结构(路径为 include/linux/fs_struct.h)的核心内容如下：

```
struct fs_struct {
    int users;        //该结构的引用用户计数
    struct path root, pwd;     // 根目录与当前目录
    ⋮
}
```

3.9.2 进程创建与终止

1. 进程创建

openEuler 提供了两个原语函数创建进程,即 fork()和 clone()。与 Linux 一样,clone()主要用于线程创建。fork()与 clone()通过系统调用进入内核,调用内核函数 do_fork(),do_fork()主要通过调用 copy_process()实现写时复制技术,复制父进程的相关信息(只复制父进程页表,不复制页面内容)来创建一个全新的子进程,这时子进程和父进程共享地址空间,区别仅在于子进程的 PID、PPID、某些资源占有情况和统计量、一些定时器(比如 setitimer()、timer_create()、alarm())等的值与父进程不同。

2. 程序加载

fork()创建的新进程完全复制父进程的上下文,共享父进程的地址空间,并返回到与父进程调用 fork()后相同的执行点,执行与父进程完全相同的代码。但大多数情况下,新进程需要执行与父进程不一样的代码,为此,openEuler 提供了 exec 函数族来实现这个功能:

```
#include <unistd.h>

int execve(const char *path,char* const argv[],char* const envp[]);

int execv(const char *path,char* const envp[]);

int execle(const char *path,const char *arg,...);

int execl(const char *path,const char *arg,...);

int execvp(const char *file,char* const argv[]);

int execlp(const char *file,const char *arg,...);
```

上面六个函数的功能相似,仅在使用规则上有细微差别,其中只有 execve()是系统调用,其他五个都是库函数,但最终都是调用 execve()完成程序加载的。exec 函数族的功能是使用参数中提供的新程序替换调用进程地址空间中的程序实体(包括代码段、数据段),建立新的用户堆栈,沿用调用进程的 PCB,除了修改其中部分资源描述信息外,会保留包括 PID 在内的大部分信息。所以,exec 函数族并不会创建一个新进程,只是为调用进程设置了新的执行程序以完成与父进程不同的功能。

3. 进程终止

在 openEuler 中,父进程创建子进程后,通常会调用 wait()或 waitpid()进入睡眠状态,等待子进程终止;当子进程终止时会向父进程发送 SIGCHILD 信号唤醒父进程,自己进入僵尸状态;父进程被唤醒后会陷入内核去回收子进程的剩余资源,如 PCB、内核栈等。如果编程人员忘记在父进程中调用 wait()/waitpid(),或者父进程在调用 wait()/waitpid()之前异常终止,则可能导致系统中存在大量僵尸进程。这些僵尸进程会占用大量内核资源,如 PCB、内存等,从而会影响系统性能。为此,openEuler 采用了许多策略解决僵尸进程问题,比如让父进程终止时自动调用 wait();如果父进程提前异常终止,则 init 进程会周期调用 wait()清除僵尸进程;如果进程不被跟踪,内核就不向其父进程发送状态信息,直接回收该进程全部非共享资源,以避免僵尸进程的产生等。

openEuler 中进程终止主要通过调用 exit()和 wait()来共同完成,要完成的主要工作有:

① 回收被终止进程的用户空间所占用的非共享内存资源，关闭打开的文件等；② 完成大部分资源的回收后，将被终止进程的状态设置为僵尸状态(EXIT_ZOMBIE)；③ 向被终止进程的父进程发送状态信息和 SIGCHILD 信号，同时唤醒因调用 wait()而睡眠的父进程；④ 为被终止进程的所有子进程寻找新的父进程，内核会优先选择被终止进程所在进程组中的未终止进程，如果不存在，则选择 init 进程；⑤ 由父进程或内核回收被终止进程的剩余内核资源，即 PCB 和内核栈，并将这些资源链入到 slab cache 的对应空闲链表中，方便以后重用。

3.9.3　进程调度

1. 调度策略

为满足不同应用场景的需要，openEuler 提供了六种调度策略（路径为 include/uapi/linux/sched.h），简要说明如下：

(1) SCHED_DEADLINE 策略：针对突发型计算，并且对延迟和完成时间敏感的任务使用，采用最早截止时间优先(Earliest Deadline First，EDF)调度算法。该策略有三个参数：运行时间 runtime、截止期限 deadline 和周期 period。每个周期运行一次，在截止期限前完成，一次运行的时间长度是 runtime。

(2) SCHED_FIFO 策略和 SCHED_RR 策略：用于实时进程的调度。前者没有时间片的概念，每次选择优先级最高的实时进程参与运行，在此期间如果没有更高优先级的实时进程，并且当前进程不睡眠，那么当前进程将一直占用 CPU 运行；后者有时间片，当前进程用完时间片后，回到对应优先级的运行队列末尾，把 CPU 让给优先级相同的其他实时进程。

(3) SCHED_NORMAL 策略和 SCHED_BATCH 策略：用于普通进程调度。采用完全公平调度算法(CFS)，把 CPU 时间公平地分配给每个普通进程，关于 CFS 调度算法的更多内容参见"3.5.4 Linux 调度算法解析"。SCHED_BATCH 是 SCHED_NORMAL 的分化版本，用于非交互的处理器消耗型进程的调度，采用非抢占调度方式，允许任务连续运行更长时间，提高了缓存亲和性，适合在后台成批处理工作。

(4) SCHED_IDLE 策略：优先级最低，采用 CFS 调度算法，在系统空闲时运行 0 号进程。

2. 调度类

为方便添加新的调度策略，openEuler 内核设计了一个调度类 sched_class(路径为 kernel/sched/sched.h)，定义了进程调度中需要使用的若干函数接口，部分内容如下：

```
struct sched_class {
        const struct sched_class *next;   //指向下一个调度类
        //将指定进程插入运行队列
        void (*enqueue_task) (struct rq *rq, struct task_struct *p, int flags);
        //将指定进程移出运行队列
        void (*dequeue_task) (struct rq *rq, struct task_struct *p, int flags);
        void (*yield_task) (struct rq *rq);   //当前进程放弃 CPU
        //当前进程放弃 CPU 给指定进程
        bool (*yield_to_task)(struct rq *rq, struct task_struct *p, bool preempt);
```

```
//检查当前进程是否可以被抢占
void (*check_preempt_curr)(struct rq *rq, struct task_struct *p, int flags);
//选择下一个就绪进程参与运行
struct task_struct * (*pick_next_task)(struct rq *rq,
                            struct task_struct *prev,
                            struct rq_flags *rf);
//将进程插入指定运行队列中
void (*put_prev_task)(struct rq *rq, struct task_struct *p);
    ⋮
}
```

openEuler 实现了优先级从高到低的五个调度类: 停机调度类→限期调度类→实时调度类→公平调度类→空闲调度类, 下面进行简要说明。

(1) 停机调度类。该调度类是优先级最高的调度类, 调度对象是停机进程, 可以抢占所有其他进程。目前只有迁移线程属于停机进程, 每个 CPU 上都有一个迁移线程(名称是 migration/<cpu_id>), 用来把进程从当前 CPU 迁移到其他 CPU, 迁移线程对外伪装成实时优先级是 99 的先进先出实时进程。

(2) 限期调度类。调度对象是限期进程, 采用 SCHED_DEADLINE 策略, 使用红黑树把进程按绝对截止期限从小到大排序, 每次调度时选择绝对截止期限最小的进程。当限期进程用完它的运行时间后, 就让出 CPU, 并且将其从运行队列中删除, 在下一个周期开始时重新添加到运行队列中。

(3) 实时调度类。调度对象是实时进程, 它为每个优先级维护一个运行队列, 并用位图来标记队列的非空情况, 每次调度时选择优先级最高的非空运行队列的队首进程。采用 SCHED_FIFO 策略的进程没有时间片, 如果没有优先级更高的进程, 并且当前进程不进入睡眠状态, 则它会一直在 CPU 上运行下去, 直到运行完成; 采用 SCHED_RR 策略的进程有时间片, 系统默认时间片长度是 5ms, 当前进程用完时间片后, 插入相应优先级运行队列末尾等待下一次调度。

(4) 公平调度类。调度对象是普通进程, 采用 SCHED_NORMAL 和 SCHED_BATCH 两种调度策略, 使用完全公平调度算法 CFS。CFS 算法引入了虚拟运行时间的概念, 其计算公式如下:

$$进程虚拟运行时间 = 进程实际运行时间 \times \frac{nice值 "0" 对应的权重}{进程的权重}$$

CFS 调度算法使用红黑树把可运行进程按虚拟运行时间从小到大排序, 每次调度时选择虚拟运行时间最小的进程参与运行。更多 CFS 调度算法相关内容参见 "3.5.4 Linux 调度算法解析"。

(5) 空闲调度类。采用 SCHED_IDLE 策略。每个 CPU 上都有一个空闲进程, 即 0 号进程。空闲调度类的优先级最低, 仅当没有其他进程可以调度的时候, 才会调度空闲进程。

3. 调度队列和调度实体

openEuler 为每一个 CPU 都建立了一个 rq 结构体, 其中与调度队列有关的内容如下:

```
struct rq {
    ⋮
    unsigned int    nr_running;        //该 CPU 上各类调度队列中可运行进程的总数量
    struct cfs_rq    cfs;              //CFS 调度类的运行队列
    struct rt_rq    rt;               //实时调度类的运行队列
    struct dl_rq    dl;               //期限调度类的运行队列
        struct task_struct    *curr;   //当前运行进程
        struct task_struct    *idle;   //指向空闲进程
        struct task_struct    *stop;   //指向迁移线程
        int    CPU                     //调度队列所属的 CPU ID
    ⋮
}
```

值得注意的是各类调度队列中存放的并不是进程的 PCB，而是 PCB 中的一个成员——调度实体。一个调度实体代表一个特定的进程，其中保存了 CPU 调度所需的信息。因为不同调度策略所需信息有所不同，所以在进程 PCB 中共设置了如下所示的三种调度实体，至于每种调度实体中具体存放的内容，读者可自行查看相关源码文件(kernel/include/ linux/sched.h)。

```
struct task_struct{
    ⋮
    struct sched_entity    se;         //CFS 调度类的调度实体
    struct sched_rt_entity    rt;      //实时调度类的调度实体
    struct sched_dl_entity    dl;      //限期调度类的调度实体
    ⋮
}
```

4．调度时机

openEuler 中进程调度时机主要有以下几种情况：

(1) 主动调度。进程在用户态运行时，通过调用 sched_yield()主动让出 CPU；或者进程进入内核态后因等待某些资源(如互斥锁或信号量)而转为睡眠状态，主动调用 schedule()进行进程调度。

(2) 周期调度。内核利用周期性执行的时钟中断处理程序检查当前进程的执行时间是否超过限额，如果超过限额，则设置"需要重新调度标志"；当时钟中断处理程序执行完成准备返回用户态时，会检查"需要重新调度标志"，如果该标志被置为 1，则调用 schedule()进行进程调度。

(3) 唤醒睡眠进程时，被唤醒的进程可能抢占当前进程：如果被唤醒进程与当前进程属于相同的调度类，则调用所属调度类的 check_preempt_curr()检查是否可以抢占当前进程，如果是，则设置当前进程的"需要重新调度标志"；如果被唤醒进程所属调度类的优先级高于当前进程所属调度类的优先级，则直接设置当前进程的"需要重新调度标志"。

(4) 创建新进程时，新进程可能抢占当前进程：使用 fork()/clone 创建新进程，或使用 kernel_thread()创建内核线程时，最终会通过函数调用链 fork()/clone()/kernel_thread()→

_do_fork()→wake_up_new_task()→check_preempt_curr()检查新进程是否可以抢占当前进程，如果是，则设置当前进程的"需要重新调度标志"。

(5) 内核抢占，是指当前进程在内核态下运行时可以被其他进程抢占。openEuler 为支持内核抢占，在内核中增加了若干抢占点：

① 开启内核抢占时抢占：在调用 preempt_enable()开启内核抢占时，将 thread_info 结构中的抢占计数器 preempt_count 减 1，如果其值变为 0，且当前进程设置了"需要重新调度标志"，则执行抢占调度。

② 开启软中断时抢占：在调用 local_bh_enable()开启软中断时，如果抢占计数器 preempt_count 的值为 0，且当前进程设置了"需要重新调度标志"，则执行抢占调度。

③ 释放自旋锁时抢占：在调用 spin_unlock()释放自旋锁时，会调用 preempt_enable()，如果抢占计数器 preempt_count 的值变为 0，且当前进程设置了"需要重新调度标志"，则执行抢占调度。

④ 中断处理程序返回内核态时抢占：当进程在内核态下运行时，如果进行中断处理，则 ARM64 架构的中断处理程序入口是 ell_irq，中断返回时，如果当前进程抢占计数器 preempt_count 的值为 0，且设置了"需要重新调度标志"，则调用 ell_preempt()→preempt_schedule_irq()执行抢占调度；如果被选中运行的进程也设置了"需要重新调度标志"，则继续执行抢占。

无论是上面哪一种情况，最终完成调度工作的都是 __schedule() 函数 (kernel/sched/core.c)，其中的部分关键代码说明如下：首先调用 smp_processor_id()获取进行调度的 CPU_ID，然后由 cpu_rq()根据 CPU_ID 获取该 CPU 的调度队列，之后调用 pick_next_task()(kernel/sched/core.c)从调度队列中选择下一个参与运行的进程，最后由 context_switch()完成进程上下文切换。

```
static void __sched notrace __schedule(bool preempt) {
    struct task_struct *prev, *next;
    unsigned long *switch_count;
    struct rq_flags rf;
    struct rq *rq;
    int cpu;
    cpu = smp_processor_id();
    rq = cpu_rq(cpu);
    prev = rq->curr;
    next = pick_next_task(rq, prev, &rf);
    rq = context_switch(rq, prev, next, &rf);
    ⋮
}
```

3.9.4　进程同步

openEuler 基于 Linux 内核 4.19 提供了多种同步机制，总体上可分为两类：一类用于内核中的并发访问，如原子操作、自旋锁、信号量、互斥体、读写锁与读写信号量、RCU 等；

另一类用于用户态下多个进程/线程间的并发执行，如 IPC 信号量、POSIX 信号量等。下面简单介绍内核同步机制中的信号量与 RCU 机制，其他同步机制参见"3.4.5 Linux 同步机制解析"。

1．内核信号量机制

信号量是一种允许进程进入睡眠状态，避免忙等待的互斥机制，适用于一些情况复杂、加锁时间比较长的应用场景。openEuler 中内核信号量定义如下：

```
//kernel/include/linux/semaphore.h
struct semaphore {
    raw_spinlock_t    lock;        //自旋锁，保护 count 和 wait_list 成员
    unsigned int      count;       //信号量的值
    struct list_head  wait_list;   //信号量的等待队列
};
```

对于内核信号量，内核主要提供了以下几个操作函数：

(1) 信号量初始化函数：

```
static inline void sema_init(struct semaphore *sem, int val)
```

其中参数"val"是给信号量的初始值。

(2) 信号量的 down 操作，申请进入临界区：

```
void down(struct semaphore *sem);
int down_interruptible(struct semaphore *sem);
int down_killable(struct semaphore *sem);
int down_trylock(struct semaphore *sem);
int down_timeout(struct semaphore *sem, long jiffies);
```

其中 down()与 down_interruptible()的区别在于，前者在争用信号量失败时进入不可中断睡眠状态，而后者进入可中断睡眠状态。

(3) 信号量的 up 操作，释放临界区：

```
void up(struct semaphore *sem);
```

2．RCU 机制

读-复制更新(Read-Copy Update，RCU)是 Linux/openEuler 内核中一种非常重要的同步机制，主要应用对象是链表，目的是提高遍历读取数据的效率。RCU 机制的基本思想是：使用 RCU 机制读取数据时并不对链表进行耗时的加锁操作，即允许多个读者在同一时间不加任何限制地同时读取链表。而写者修改链表的过程是：首先创建一个链表副本，在副本中修改，当所有读者完成数据读取并离开临界区后，用修改后的副本替换旧数据。在写者进行复制更新的同时，读者可以读取数据，从而提高了数据并发访问的效率。如果同时有多个写者要求修改链表，则需要额外的保护机制(如锁机制)来实现多个写者之间的互斥操作。

RCU 的优点是读者访问开销小，即不需要获取任何锁。但写者的开销比较大，写者需要复制修改对象，且多个写者之间必须使用锁互斥，因此 RCU 更适合高频读低频写的情景。例如，在文件系统中，经常需要查找定位目录，但对目录的修改相对较少，这就是 RCU 发挥作用的最佳场景。

下面简要说明 RCU 机制的几个重要函数(路径为 kernel/include/linux/rcupdate.h)。

1) 读者使用的函数

(1) static __always_inline void rcu_read_lock(void)函数。该函数标识读者进入 RCU 保护的临界区。

(2) #define rcu_dereference(p) rcu_dereference_check(p, 0)函数。该函数获取 RCU protected pointer,读者使用这个指针访问共享数据。

(3) static inline void rcu_read_unlock(void)函数。该函数标识读者离开 RCU 保护的临界区。

2) 写者使用的函数

(1) #define rcu_assign_pointer(p, v) ((p) = (v))函数。在写者完成数据更新之后,调用该接口让 RCU 数据访问指针指向更新后的共享数据。

(2) void synchronize_rcu(void)函数。写者调用该函数等待宽限期结束,即等待之前所有读者退出读端临界区,它将阻塞写者,直到宽限期结束,如果有多个 RCU 写者调用该函数,则这多个 RCU 写者都将在宽限期结束之后全部被唤醒。

(3) void call_rcu(struct rcu_head *head, void (*func)(struct rcu_head *rcu))函数。该函数用来等待之前的读者操作完成之后,调用函数 func,用在不可睡眠的条件中,如中断上下文。而 synchronize_rcu()用在可睡眠的环境下。

3.10 本 章 小 结

1. 本章知识点思维导图

本章知识点思维导图如图 3-68 所示,其中灰色背景内容为重难点知识点。

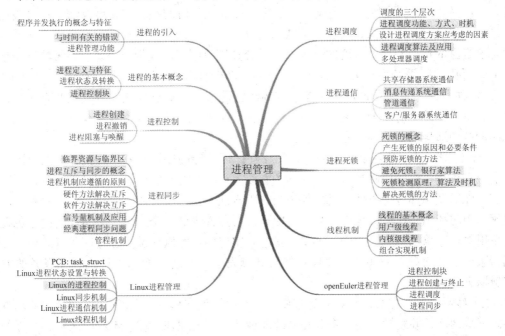

图 3-68　本章知识点思维导图

2. 本章主要学习内容

(1) 进程的基本概念：进程是具有一定独立功能的程序关于某个数据集合的一次运行活动，是系统进行资源分配和调度的一个独立单位。它具有动态性、并发性、独立性和异步性特征，其中动态性是最基本的特征。进程映像包括程序(段)、数据集、栈和 PCB，其中 PCB 是进程存在的唯一标志。进程有就绪、执行及阻塞三种基本状态，在其整个生命周期中会在这三种状态之间转换。

进程控制包括创建进程、撤销进程、实现进程的状态转换等功能，这些功能通常是由一组原语操作来实现的。

(2) 进程的互斥与同步：多个进程在共享临界资源时，必须以互斥方式共享，把每个进程中访问临界资源的那段代码称为临界区。为实现多个进程互斥地进入临界区，系统必须设置同步机制，所有的同步机制都应遵循四条准则：空闲让进、忙则等待、有限等待及让权等待。

进程同步是指相互合作的进程需按一定的先后顺序执行，以顺利完成共同的任务。

介绍了多种进程同步工具：禁止中断、专用机器指令、软件方法、锁机制、信号量机制及管程机制，其中信号量机制是一种非常有效的进程同步工具，包括整型信号量、记录型信号量、信号量集等机制。对信号量 S，只能做三种操作：初始化、wait()操作和 signal()操作。

介绍了四个经典进程同步问题的解决思路：生产者-消费者问题、哲学家进餐问题、读者-写者问题及理发师问题。

(3) 进程调度：调度分为高级调度(作业调度)、中级调度和低级调度(进程调度)三级。进程调度方式有抢占方式和非抢占方式。常用的进程调度算法有：先来先服务调度算法、短作业(进程)优先调度算法、高响应比优先调度算法、时间片轮转调度算法、优先级调度算法、多级队列调度算法、多级反馈队列调度算法等。选择调度算法时要考虑系统的设计目标、资源的均衡利用、调度的公平性、系统开销等因素。评价一个调度系统的性能指标有 CPU 利用率、系统吞吐量、周转时间及带权周转时间、响应时间、对截止时间的保证等。

(4) 进程通信：进程间的信息交换称为进程通信。高级进程通信方式主要有四种，即共享存储器系统、消息传递系统、管道通信系统以及客户/服务器系统通信。详细介绍了消息缓冲队列通信机制的实现原理。

(5) 进程死锁：死锁是指多个进程间相互循环等待的僵持现象。产生死锁的原因是竞争资源和进程推进顺序不当。产生死锁的必要条件是：互斥条件、占有且等待条件、不可剥夺条件以及循环等待条件。处理死锁的基本方法有：预防死锁、避免死锁、检测和解除死锁。预防死锁是通过破坏产生死锁的四个必要条件中的一个或多个来实现的；避免死锁是采用银行家算法避免系统进入不安全状态来实现的；检测死锁是通过简化资源分配图来判断系统是否有死锁发生；当发现系统有死锁发生时，通过撤销进程或剥夺资源的方法来解除死锁。

(6) 线程的基本概念：线程是进程中的一个可调度实体，是 CPU 调度和分派的基本单位。可从调度、并发性、拥有资源和系统开销几个方面理解线程与进程的区别。线程的实现方式有用户级线程、内核级线程及两者相结合的组合方式。而组合方式的实现模型又可分为多对一、一对一及多对多三种模型。

(7) Linux 进程管理：Linux 中使用 task_struct 结构描述进程。进程有多种状态，在其生命周期中会在不同状态间转换。介绍了 do_fork()、do_exit()、wait_event*()、__wake_up() 等内核函数的工作过程。

Linux 提供了多种同步机制，书中介绍了原子操作、自旋锁、读-写自旋锁、内核信号量、读-写信号量、IPC 信号量、Posix 信号量、条件变量等。

Linux 从第一版到 2.4 内核系列，其调度器没有太大变化；但从 2.4 发展到 2.6 的过程中，其调度器经历了几次重大的变化：2.4 是基于优先级的调度器，2.6 采用了非常有名的 O(1)调度器，2.6.23 开始正式采用 CFS 调度器。

Linux 提供了多种通信机制，包括管道通信、IPC 消息队列通信及共享内存通信。

Linux 中的线程机制非常特殊，它创建的线程其实都是进程，只不过可与其他进程共享某些资源。Linux 中最常用的线程机制是 Pthread 线程库，它实现的是用户线程。另外为重复执行某些后台工作，Linux 引入了内核线程的概念。

本 章 习 题

1. 程序并发执行与顺序执行有哪些不同？

2. 什么是进程？进程有哪些特征？简述进程与程序的区别和联系。

3. 进程有哪些基本状态？试说明引起进程状态转换的典型原因。

4. 进程控制块的作用是什么？在进程控制块中主要包括哪些信息？

5. 进程创建、进程撤销、进程阻塞、进程唤醒几个原语主要完成哪些工作？

6. 简述进程互斥与同步的概念。同步机制应遵循的四个准则是什么？

7. 如何利用硬件方法解决进程互斥问题？

8. 系统中只有一台打印机，有三个进程在运行中都需要使用打印机进行打印输出，问：这三个进程间有什么样的制约关系？试用信号量描述这种关系。

9. 在生产者-消费者问题中，如果缺少了 signal(full)或 signal(empty)，或者将 wait(full)与 wait(mutex)互换位置，或者将 signal(full)与 signal(mutex)互换位置，那么分别会有什么后果？

10. 假设有三个并发进程 A、B 和 C，其中 A 负责从输入设备上读入信息并传送给 B，B 将信息加工后传送给 C，C 负责将信息打印输出。写出下列条件的并发程序：

(1) 进程 A、B 共享一个单缓冲区，进程 B、C 共享另一个单缓冲区(一个单缓冲区中只能放一条信息)。

(2) 进程 A、B 共享一个由 m 个缓冲区组成的缓冲池，进程 B、C 共享另一个由 n 个缓冲区组成的缓冲池。

11. 病人在医院中的就医流程通常是：若没有病人，则叫号系统睡眠，医生休息；当有病人报到就诊时，叫号系统按一定规则叫号，自动分配病人给医生，医生收到叫号信号后给病人看病。病人到医院后首先通过自助挂号终端挂号，自助挂号终端一段时间只能一个人操作；病人拿到挂号凭证后到门诊大厅的一台报到机上扫描挂号凭证完成就医报到操作，报到机一段时间也只能一个人操作；然后病人坐在大厅里等待就医叫号；病人报到成功后会唤醒叫号系统，叫号系统为病人分配医生，同时唤醒医生工作，完成叫号工作后等待下一个病人报到；当病人收到就诊通知时，就到诊疗室看病，医生开出药方并提交后系统自动完成缴费操作；已完成缴费的病人到取药柜台将药方交给发药员，取药柜台一段时间只能被一个病人使用；发药员根据药方把药交给病人，病人离开医院。请用信号量实现医院就诊流程中病人、叫号系统、医生、发药员之间的工作流程管理。

12．桌上有一个盘子，只能放一种水果。请用信号量分别实现以下几个同步问题：

(1) 爸爸放苹果，妈妈放桔子，儿子只吃桔子，女儿只吃苹果。

(2) 爸爸放苹果，妈妈放桔子，儿子吃桔子、苹果。

(3) 爸爸放苹果或桔子，儿子只吃桔子，女儿只吃苹果。

13．图书馆为师生提供论文查重服务。在查重室有一个技术员专门进行查重工作，有一张椅子给正在查重的师生坐(称为查重椅)，有 10 张椅子供师生坐下等待(称为等候椅)。如果没有查重任务，则技术员休息；当有查重任务时马上进行查重工作。当师生来到查重室时，如果有空的等候椅，就坐下来，如果查重椅也空着，则离开等候椅坐到查重椅上并请技术员进行查重；如果没有空的等候椅，就在查重室外等待，直到有空的等候椅再进来坐下；查重完成后从查重椅上站起并离开查重室。试用信号量实现师生与查重技术员之间的同步关系。

14．在一个机票订购系统中，共有三个工作进程：P1、P2 和 P3。P1 负责某个航班的机票信息查询处理(只读)；P2 负责某个航班的机票退票处理(只写)；P3 负责某个航班的机票售票处理(先读后写)。当一个进程正在修改某航班的机票信息时，其他进程不能访问(即不能读/写)；但多个进程同时查询某航班机票信息是允许的。请使用信号量实现 P1、P2、P3 三个进程间的同步互斥关系，要求：① 正常运行时不产生死锁；② 机票信息的访问效率高(即系统并发度高)。

15．系统中有多个生产者进程和多个消费者进程，共享一个能存放 500 件产品的环形缓冲区(开始时为空)。当缓冲区未满时，生产者进程可以放入其生产的一件产品；否则等待。当缓冲区未空时，消费者进程可以从缓冲区取走一件产品；否则等待。当一个消费者进程获得取出产品的机会时，必须连续取出三件产品后，其他消费者才可以取产品。请写出该问题的同步算法。(2014 年计算机联考真题)

16．有一个阅览室，共有 100 个座位。读者进入阅览室时必须在入口处进行登记；离开阅览室时必须在出口处进行注销，入口和出口都不允许多人同时使用。请为阅览室设计一个管理读者进入/离开阅览室的操作流程。

17．某工厂有一个可以存放设备的仓库，总共可以存放 10 台设备。生产的每一台设备都必须入库，销售部门可从仓库提取设备供应客户。设备的入库和出库都必须借助运输工具。现只有一台运输工具，每次只能运输一台设备。请设计一个能协调工作的自动调度管理系统。

18．设有两个生产者进程 A、B 和一个销售者进程 C，他们共享一个无限大的仓库，生产者每次循环生产一个产品，然后入库供销售者销售；销售者每次循环从仓库中取出一个产品销售。不允许同时入库，也不允许边入库边出库。请回答以下问题：

(1) 对仓库中 A、B 两产品的库存件数无要求，但要求生产 A 产品和 B 产品的件数满足以下关系：

$$-n \leqslant 生产 A 的件数 - 生产 B 的件数 \leqslant m$$

其中 n，m 是正整数，请用信号量机制写出 A，B，C 三个进程的工作流程。

(2) 对生产 A 产品和 B 产品的件数无要求，但要求仓库中 A、B 两产品的库存件数满足以下关系：

$$-n \leqslant A 产品件数 - B 产品件数 \leqslant m$$

其中 n，m 是正整数，请用信号量机制写出 A，B，C 三个进程的工作流程。

19．一个管程由哪几部分组成？管程中引入条件变量有什么用处？

20．高级调度与低级调度的主要任务是什么？为什么要引入中级调度？

21．选择进程调度算法时需要考虑哪些因素？评价一个调度系统性能的指标有哪些？

22．请分别为批处理系统、分时系统和实时系统选择合适的进程调度算法，并说明理由。

23．什么是静态优先级和动态优先级？各有何优缺点？如果让你为一个调度系统设计动态优先级机制，你会怎样设计？你的设计对系统的调度性能有哪些改善？

24．试给某系统设计进程调度的解决方案，期望能满足以下性能要求：① 对各进程有合理的响应时间；② 有较好的外部设备利用率；③ 能适当照顾计算量大的进程；④ 系统调度开销(调度算法运行时间开销)与系统中就绪进程的数量无关；⑤ 紧迫型任务能得到及时处理。请详细说明你的设计方案是如何满足上述性能要求的。

25．设有五个进程，它们到达就绪队列的时刻和运行时间如表 3-24 所示。若分别采用先来先服务调度算法、短进程优先调度算法和高响应比优先调度算法，试给出各进程的调度顺序并计算平均周转时间。

26．设有四个进程，它们到达就绪队列的时刻、要求运行时间及优先级(此处优先级 4 为最低优先级，优先级 1 为最高优先级)如表 3-25 所示。若分别采用非抢占式优先级调度算法和抢占式优先级调度算法，试给出各进程的调度顺序并计算平均周转时间。

表 3-24　进程调度信息表一

进程	到达时刻	运行时间
P1	10.1	0.3
P2	10.3	0.9
P3	10.4	0.5
P4	10.5	0.1
P5	10.8	0.4

表 3-25　进程调度信息表二

进程	到达时刻	运行时间	优先级
P1	0	8	1
P2	1	3	3
P3	2	7	2
P4	3	12	4

27．某分时系统的进程出现如图 3-69 所示的状态变化。

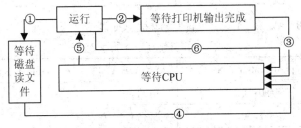

图 3-69　调度示意图

(1) 分析该系统采用的是何种进程调度算法？系统需要设置哪些进程队列？

(2) 写出图中所标示的六种状态变化及原因。

(3) 为了照顾等待 I/O 操作完成的进程能优先得到调度：① 等待磁盘 I/O 操作完成的进程最优先得到照顾；② 等待打印机输出完成的进程第二优先。应如何修改上述调度算法？请详细描述你的算法修改思路。

28．进程通信主要有哪几种类型？各有何特点？

29．有名管道和无名管道两种通信机制有什么不同？

30．什么是死锁？产生死锁的原因和必要条件是什么？处理死锁的基本方法有哪些？

31．(南京大学，1995 年)假定某计算机系统中有 R1 设备三台，R2 设备四台，它们被 P1、P2、P3 和 P4 这四个进程共享，且已知这四个进程均以下面所示的顺序使用设备：申请 R1→申请 R2→申请 R1→释放 R1→释放 R2→释放 R1。

(1) 系统运行过程中是否有产生死锁的可能性？为什么？

(2) 如果有可能产生死锁，请列举一种情况，并画出此时系统的资源分配图。

32．(西安电子科技大学，2002 年)有三个进程 P1、P2 和 P3 并发工作。进程 P1 需要资源 S3 和 S1，进程 P2 需要资源 S2 和 S1，进程 P3 需要资源 S3 和 S2。问：

(1) 若不对资源分配进行限制，会发生什么情况？为什么？

(2) 为保证进程正确运行，应采用怎样的资源分配策略？列出你能想到的方法。

33．在银行家算法中，某时刻 T 出现如表 3-26 所示资源分配情况。试问：

(1) 此时系统状态是否安全？请给出详细的检查过程。

(2) 若进程依次有如下资源请求，则系统该如何进行资源分配，才能避免死锁？

P1：资源请求 Request(1，0，2)；

P2：资源请求 Request(3，3，0)；

P3：资源请求 Request(0，1，0)；

(3) 使用银行家算法解决死锁问题时，请分析该算法在实现中的局限性。

表 3-26　T 时刻资源分配状态表

Process	Max　A B C	Allocation A B C	Available A B C
P0	7，5，3	0，1，0	3，2，2
P1	3，2，2	2，1，0	
P2	9，0，2	3，0，2	
P3	2，2，2	2，1，1	
P4	4，3，3	0，0，2	

34．某时刻系统的 A、B、C、D 四种资源状态如表 3-27 所示。

表 3-27　系统资源分配状态表

Process	Allocation A B C D	Max A B C D	Available A B C D
P0	0，0，1，2	0，1，1，2	
P1	1，0，0，0	1，7，5，0	1，5，4，0
P2	1，3，5，4	2，3，5，6	
P3	0，0，1，4	0，6，5，6	

(1) 系统中四类资源各自的总数是多少？请写出 Need 矩阵。

(2) 当前系统状态是否安全？请写出一个安全序列。

(3) 如果 P1 发出请求(0，4，2，0)，那么是否可以满足该请求？如果可以，请给出安全序列。

35．某系统 T0 时刻的资源分配图如图 3-70 所示。

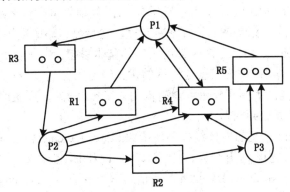

图 3-70　T0 时刻系统资源分配图

(1) 请问 T0 时刻该系统是否已经发生死锁？给出判断过程。

(2) 若此时进程 P2 申请一个 R4 资源，按照银行家算法，系统是否可以进行分配？为什么？

(3) 若要该系统预防死锁，则可以采用什么样的资源分配算法？

36．什么是线程？线程有哪几种实现方式？简述线程与进程的区别和联系。

37．Linux 系统设置了哪几种进程状态？简要说明各状态之间转换的典型原因。

38．fork()、vfork()、clone()三个系统调用的区别是什么？

39．do_fork()在创建一个进程时，大致要做哪些事情？

40．Linux 中当首次将 CPU 调度给子进程时，它将从哪里开始执行指令？

41．虽然父子进程可以完全并发执行，但在 Linux 中，成功创建子进程之后，通常让子进程优先获得 CPU，这种做法有什么好处？

42．在 Linux 系统中运行下面程序：

```
main(){
    int num = 0;
    fork();
    printf("hello1\n");
    fork();
    printf("hello2\n");
    fork();
    num++;
    printf("hello3\n");
}
```

问：(1) 最多可产生多少个进程？画出进程家族树(包含 main 进程在内)。

(2) 其中 hello1、hello2 及 hello3 各被输出多少次？

(3) num 最后的计算结果是多少？如果将程序中的 fork()换成 vfork()，则 num 最后的计算结果又是多少？

43．试分析 Linux 提供的 clone()操作如何支持线程和进程？

44．Linux 分别为内核程序和用户程序各提供了哪些同步机制？线程间同步通常采用哪几种同步机制？Linux 中 POSIX 信号量与 System V 信号量有什么区别？

45．Linux 系统为了实现 O(1)级算法复杂度，在调度策略中采用了什么措施？

46．简要说明 Linux 系统的 CFS 调度策略的基本思想。

47．Linux 系统中实时进程及普通进程的优先级范围各是多少？

48．Linux 系统提供了哪几种进程通信机制？Linux 消息队列通信机制与书中的消息缓冲队列通信机制存在哪些异同？

49．请分析 Linux 系统的内核线程创建函数 kthread_create()大致是如何实现的？

50. (2020 年统考题)现有五个操作 A、B、C、D 和 E，操作 C 必须在 A 和 B 完成后执行，操作 E 必须在 C 和 D 完成后执行，请使用信号量的 wait()、signal()操作(P、V 操作)描述上述操作之间的同步关系，并说明所用信号量及其初值。

51. (2021 年统考题)(1) 如下两个操作对 S 为什么要互斥？

```
wait(S):{while(S≤0);              signal(S):{

            S--;                              S++;

        }                                 }
```

(2) 算法 1 和算法 2 哪个可以实现临界区的互斥？

```
算法 1:                            算法 2:
wait(S){         signal(S){        wait(S){         signal(S){
关中断;          关中断;           关中断;          关中断;
while(S≤0);      S++;              while(S≤0){      S++;
S--;            开中断;            开中断;          开中断;
开中断;          }                 关中断;}          }
}                                  S--;
                                   开中断;}
```

(3) 用户程序能不能用开关中断实现互斥访问临界资源？

52. (2019 年统考题)有 $n(n \geq 3)$ 位哲学家围坐在一张圆桌边，每位哲学家交替地就餐和思考。在圆桌中心有 $m(m \geq 1)$ 个碗，每两位哲学家之间有 1 根筷子。每位哲学家必须取到一个碗和两侧的筷子之后才能就餐，进程完毕，将碗和筷子放回原位，并继续思考。为使尽可能多的哲学家同时就餐，且防止出现死锁现象，请使用信号量的 P、V 操作(wait()、signal()操作)描述上述过程中的互斥与同步，并说明所用信号量及初值的含义。

53. (2017 年统考题)某进程中有三个并发执行的线程 thread1，thread2 和 thread3，其伪代码如下所示：

```
//复数的结构类型定义:           thread1                    thread3
typedef struct{              { cnum w;                  { cnum w;
   float a;                    w=add(x,y);                w.a=1;
   float b;                    ⋮                          w.b=1;
}cnum;                       }                            z=add(z,w);
cnum x,y,z;//全局变量          Thread2                      y=add(y,w);
//计算两个复数之和             { cnum w;                     ⋮
cnum add(cnum p,cnum q)        w=add(y,z);                }
{ cnum s;                      ⋮
   s.a=p.a+q.a;              }
   s.b=p.b+q.b;
   return s; }
```

请添加必要的信号量和 P、V(或 wait()、signal())操作,要求确保线程互斥访问临界资源,并且最大程度地并发执行。

54. (2016 年统考题)某进程调度程序采用基于优先数(priority)的调度策略,即选择优先数最小的进程运行,进程创建时由用户指定一个 nice 作为静态优先数。为了动态调整优先数,引入运行时间 cpuTime 和等待时间 waitTime,初值均为 0。进程处于执行态时,cpuTime 定时加 1,且 waitTime 置 0;进程处于就绪态时,cpuTime 置 0,waitTime 定时加 1。请回答下列问题。

(1) 若调度程序只将 nice 的值作为进程的优先数,即 priority=nice,则可能会出现饥饿现象,为什么?

(2) 使用 nice、cpuTime 和 waitTime 设计一种动态优先数计算方法,以避免产生饥饿现象,并说明 waitTime 的作用。

55. (2015 年统考题)有 A、B 两人通过信箱进行辩论,每个人都从自己的信箱中取得对方的问题,将答案和向对方提出的新问题组成一个邮件放入对方的信箱中。假设 A 的信箱最多放 M 个邮件,B 的信箱最多放 N 个邮件。初始时 A 的信箱中有 x 个邮件($0<x<M$),B 的信箱中有 y 个邮件($0<y<N$)。辩论者每取出一个邮件,邮件数减 1。A 和 B 两人的操作过程描述如下:

```
A {                              B {
while(TRUE){                     while(TRUE){
从A的信箱中取出一个邮件;            从B的信箱中取出一个邮件;
回答问题并提出一个新问题;            回答问题并提出一个新问题;
将新邮件放入B的信箱;   }            将新邮件放入A的信箱;   }
}                                }
```

当信箱不为空时,辩论者才能从信箱中取邮件,否则等待。当信箱不满时,辩论者才能将新邮件放入信箱,否则等待。请添加必要的信号量和 P、V(或 wait()、signal())操作,以实现上述过程的同步。要求写出完整的过程,并说明信号量的含义和初值。

56. (2014 年统考题)系统中有多个生产者进程和多个消费者进程,共享一个能存放 1000 件产品的环形缓冲区(初始为空)。当缓冲区未满时,生产者进程可以放入其生产的一件产品,否则等待;当缓冲区未空时,消费者进程可以从缓冲区取走一件产品,否则等待。要求一个消费者进程从缓冲区连续取出 10 件产品后,其他消费者进程才可以取产品。请使用信号量 P、V(wait(),signal())操作实现进程间的互斥与同步,要求写出完整的过程,并说明所用信号量的含义和初值。

57. (2013 年统考题)某博物馆最多可容纳 500 人同时参观,有一个出入口,该出入口一次仅允许一个人通过。参观者的活动描述如图 3-71 所示,请添加必要的信号量和 P、V(或 wait()、signal())操作,以实现上述过程中的互斥与同步。要求写出完整的过程,说明信号量的含义并赋初值。

```
cobegin
参考者进程:
{ …
  进门;
  …
  参观;
  …
  出门;
  … }
coend
```

图 3-71　参观活动

58. (2011 年统考题)某银行提供一个服务窗口和 10 个供顾客等待的座位。顾客到达银行时,若有空座位,则到取号机上领取一个号,等待叫号。取号机每次仅允许一位顾客使用。当营业员空闲时,通过叫号选取一位顾客,并为其服务。顾客和营业员的活动过程描述如下:

```
process顾客i {              process 营业员{
从取号机获取一个号码;          while(TRUE){
等待叫号;                     叫号;
获取服务;                     为客户服务;}
}                          }
```

请添加必要的信号量和 P、V(或 wait()、signal())操作,实现上述过程中的互斥与同步。

59.(2009 年统考题)三个进程 P1、P2、P3 互斥使用一个包含 $N(N>0)$ 个单元的缓冲区。P1 每次用 produce()生成一个正整数并用 put()送入缓冲区某一空单元中;P2 每次用 getodd()从该缓冲区中取出一个奇数并用 countodd()统计奇数个数;P3 每次用 geteven()从该缓冲区中取出一个偶数并用 counteven()统计偶数个数。请用信号量机制实现这三个进程的同步与互斥活动,并说明所定义信号量的含义。要求用伪代码描述。

习题答案

第 4 章　存 储 器 管 理

在现代计算机系统中配置了多种类型的存储器，它是存储各种数据的重要部件。不同类型的存储器在性能、价格等方面有各自的特点，它们共同构成了计算机系统的存储体系。本章首先介绍存储器体系，接下来主要讨论操作系统运行时使用的存储器，即内存(memory)，也称为主存。现代操作系统普遍采用多用户多任务的工作方式，需要大量内存来存储许多并发执行的任务，因此存储体系的性能对于计算机系统的整体性能影响很大，内存始终是紧缺和昂贵的系统资源，甚至成为计算机系统性能的瓶颈，许多新技术都旨在通过改进存储器系统的性能来提高计算机系统的整体性能。

内存是我们熟悉又陌生的部件，许多人都知道它的存在，但是对它的工作方式和它对系统的影响却不了解，请你试着回答下列问题：

- 为什么磁盘中存储的程序和数据必须加载进入内存才能执行？
- 能够直接从磁盘上启动和执行程序吗？
- 磁盘和内存都是存储器，它们有什么不一样？
- 购买物理内存的时候应该关注哪些指标数据？
- 内存里同时存储了那么多进程的代码和数据，相互之间不会影响吗？
- 台式计算机、笔记本计算机和手机中的内存一样吗？
- 系统配置的内存会不会不够用？如果不够用系统会怎样？

内存的分配、共享和保护都是系统能否正常运行的基础，有效地管理内存对整个系统的正常运行和提高系统性能很重要，所以内存管理一直是操作系统领域研究的重要问题之一。

本章学习要点：

- 存储器体系的层次结构；
- 连续存储器管理方式；
- 分页和分段存储器管理方式；
- 段页式存储器管理方式；
- 虚拟存储器的基本实现原理；
- 请求分页存储管理方式的实现原理及页面置换算法；
- Linux 存储器管理的相关知识。

4.1　存储器管理概述

4.1.1　多级存储器体系

在计算机系统中配置了多种类型的存储器，这是权衡存储器的容量、性能、价格三者之间关系的结果，总的目标是以可接受的成本为基础，尽可能获得更高的性能。多级存储器体系结构是包含两个或两个以上容量、性能、价格不同的存储器，用硬件、软件或者两者相结合的方法协调起来组成多级存储器体系。其总体性能尽量靠近系统中高性能的存储器，容量和价格却都尽量靠近廉价存储器。

计算机的存储系统如图 2-3 所示，包括 CPU 内寄存器、高速缓存、内存、辅助存储器等层次。处理器内部的寄存器、Cache 和主存都是处理器可以直接访问的存储器。在存储器系统的层次结构中，越高层的存储器速度越快，价格越高，通常配置的数量较少，所以容量比较小，例如处理器内部的寄存器，其工作频率与处理器相同，都为纳秒级(10^{-9} s)，通常只配置几十个到上百个寄存器；而越低层的存储器速度越低，但是价格也更低廉，所以容量通常很大，例如我们熟知的硬盘(hard disk)，通常是计算机系统中的大容量存储设备，目前的系统中配置的固态硬盘(SSD)一般容量可达到几百个吉字节(GB)，主流普通硬盘的容量则可达到太字节(TB，1 TB＝1024 GB)，但是磁盘的访问速度仅为毫秒级(10^{-3} s)。关于磁盘空间的管理将在文件系统中进行更详细的讲述。

高层存储器容量小，所以其存放的数据只能是低层存储器数据的子集；相邻两层之间的数据基于一定的算法，以行(line)、页面(page)或者数据块(data block)为单位进行交换。越高层的存储器被处理器访问的频率越高，如 L1 Cache。若要访问的数据不在高层存储器中，则需要继续往下层访问提取数据。例如在 Cache 中没有需要的数据(即不命中)，则需要访问内存获取数据。寄存器、Cache、内存和磁盘之间的速度差异巨大，目前处理器内部甚至配置了多达三级 Cache，用以缓解处理器与内存之间的速度差距。当高层存储器访问不命中时，往往需要访问内存甚至外存提取数据，导致数据访问速度大大下降，因此只有高层存储器的命中率很高时，才能提高访问数据的性能。

例题 4-1： 假设某系统中 Cache 访问周期 T_C 为 20 ns，内存访问周期 T_M 为 100 μs。数据存放在内存中，Cache 中有部分缓存的数据，当访问 Cache 不命中的时候才访问内存读取数据。若访问 Cache 的命中率 A 为 95%，则访问数据的有效时间 T_A 是多少？配置 Cache 使访存性能提升了多少？

分析： 访存时间与 CPU 的工作周期差异太大，为了提高访存性能才设置了 Cache，缓存一部分数据在 Cache 中，如果命中 Cache，则访存时间就缩短为访问 Cache 的时间，因此 Cache 命中率是提升访存性能的关键。要注意的是时间单位要换算为一致后再运算。

有效访问时间＝命中率 × 访问 Cache 时间＋(1−命中率) × Cache 不命中时花费的时间

即
$$T_A = A \cdot T_C + (1-A) \cdot (T_C + T_M)$$

考虑到访问 Cache 的时间 T_C 一般都远远小于访存时间 T_M，所以也可以近似认为 $T_C + T_M \approx T_M$，因此也可以使用如下简化近似公式：

$$T_A = A \cdot T_C + (1-A) \cdot T_M$$

解答：

有效时间计算：$T_A = 95\% \times 0.02 + (1-95\%) \times (0.02+100) = 0.019 + 5.001 = 5.02$ μs

使用近似公式：$T_A = 95\% \times 0.02 + (1-95\%) \times 100 = 0.019 + 5 = 5.019$ μs

性能提升：$T_M / T_A = 100 / 5.02 = 19.92$，访存性能提升大概 20 倍。

计算机中采用多级存储体系也是基于存储器特性的结果。内存属于易失性存储器，需要不断地供电进行刷新才能维持存储数据的状态；而辅助存储器，如磁盘等则是非易失性存储器,断电后数据不会丢失。在断电的时候,计算机系统中的程序及数据都必须存储在非易失性存储器中才能保持,包括操作系统本身的程序和数据也是如此。因此,计算机系统一般都会配置磁盘或者 ROM 存储器作为断电时保存数据的存储器,如保存 BIOS 程序的 Flash 存储器件,用于在计算机系统启动的时候完成系统初始化的工作。

多级存储器体系对于不同程序员的可见度和可访问性是不同的。Java 等高级语言不提供直接针对寄存器的编程,可以编程访问的是虚拟机提供的资源,而低级语言如汇编语言则可以直接编程访问寄存器。C 语言是高级语言,但是又具有一定的低级语言的特征,它有伪寄存器变量可以访问寄存器,或者通过内嵌式汇编语言访问寄存器资源。目前没有语言直接针对 Cache 编程。随着 GPU 的迅速发展,现在出现了针对 GPU 及其所配显存的编程。

4.1.2　存储器管理功能

本章讲述的存储器限于内存,其主要任务是为多道程序的运行提供良好的环境,方便用户使用内存,提高内存的利用率,保障内存使用的安全性,并能从逻辑上对内存进行容量扩充,以满足需要。存储器管理的功能主要包括内存的分配与回收、内存的共享与保护、地址映射、内存扩充等方面。

1.　内存的分配与回收

内存的分配是指在进程创建时和运行过程中,为进程分配所需要的存储空间;回收是指在进程结束或不需要的时候及时回收内存空间,供其他进程使用。内存管理机制有多种,都需要设置相应的数据结构记录内存的使用情况(占用或者空闲),并配以相应的分配和回收算法。

内存的分配和回收包括静态和动态两种方式。采用静态方式时,创建进程时为其分配足够的内存空间,进程在整个生命周期中不能申请新的内存,不能在内存中变更位置;采用动态方式时,允许进程在运行过程中动态申请和释放内存空间,因此也有条件实现进程在生命周期中变更所占内存位置。

2.　地址映射

编译器在对程序进行编译的时候,通常从 0 开始为程序代码编址,程序中涉及的所有地址都是相对起始地址 0 确定的,这种地址称为虚地址、相对地址或逻辑地址。相应地,这些地址构成的地址空间称为虚地址空间、程序空间或者逻辑地址空间。当程序加载到内存中时,通常都不会加载到从 0 开始的内存空间,程序在物理内存中的地址称为实地址、绝对地址或物理地址,构成的地址空间称为实地址空间、内存空间或物理空间。虚地址空间可能是一维线性的连续空间,也可能是二维非线性空间,这是存储器管理方式所决定的,而实地址空间则总是一维线性的。程序运行过程中使用的地址都是虚地址,而程序加载到物理内存的实际地址往往与虚地址不同,因此虚地址不能直接用于访存。为了能够正确地访问内存,必须将程序中使用的虚地址转换为实际的物理地址,这个从虚地址映射到实际物理地址的地址转换功能称为地址映射,又叫作地址重定位,完成这个功能的部件称为地址映射机构。存储器管理方式不同,其地址映射的原理也不同。例如在连续分配方式中,可将程序的起始物理地址存储在重定位寄存器中,当 CPU 执行一条指令时,把要访问的虚地址与重定位寄存器中的起始地址求和,就可以得到实际物理地址,即可正确访存了,这就是一种地址映射机构,如图 4-1 所示。

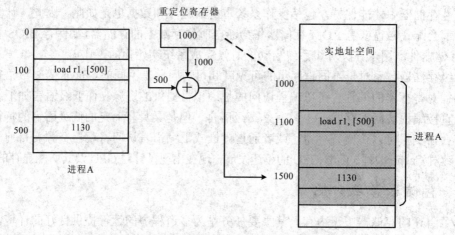

图 4-1　连续分配方式的地址映射示意图

3. 内存的共享和保护

内存共享是指多个进程共享(share)访问某一段内存空间中的程序或者数据,也是进程之间的一种高级通信方式。内存共享可以节省公共代码占用的空间,提高内存的利用率,容纳更多的进程并发执行。

内存保护是为了避免各进程之间相互干扰,对内存中各进程的程序和数据进行保护。内存保护主要包括:保护系统程序区不被用户进程侵犯,限制用户进程只能访问属于自己地址空间的内存空间,防止进程对共享区域越权访问等。对于连续分配方式,内存保护可以通过界地址寄存器或者限长寄存器进行。采用界地址寄存器,可在系统中设置上、下界两个地址寄存器,分别用来存放当前运行进程在内存的末地址及起始地址,当 CPU 执行一条指令时,将其物理地址与两个寄存器的值进行比较,即判断"下界寄存器的值≤物理地址≤上界寄存器的值"是否成立来确定是否越界。若采用限长寄存器,则将当前运行进程的长度(字节数)存放在限长寄存器中,进行越界检查时,只需直接将逻辑地址与限长寄存器中的值比较即可判读是否越界,无须先进行地址转换再判断。

4. 内存扩充

因为受到成本限制不能配置更多的内存资源,导致内存始终是计算机系统中一种紧缺资源。为了满足多进程并发运行的需要,操作系统用部分外存空间补充内存空间,从逻辑上扩充内存容量,将一些暂时不能运行的进程换出到外存上,从而在内存中容纳更多的可运行进程。这种扩充可以在内存紧缺的时候,无须增加物理内存而满足需要,但是必须付出访存性能下降的代价。虚拟存储器一节将会讲述这种逻辑扩充内存的原理。

4.1.3　程序的装入和链接

用户编写的源程序并不能直接装入内存执行,必须经过编译生成若干目标模块,然后再将这些目标模块与所需要的库模块链接,生成一个可以装入内存执行的程序,执行前由装入程序将可执行程序装入内存并创建进程,再经进程调度而得到运行。随着软件技术的发展,程序的编译、链接和装入也都在发展。

根据链接工作进行的时机，程序的链接方式有三种：

(1) 静态链接：程序在装入内存执行前就将目标模块与库模块链接成为一个完整的可执行程序，不能拆开，所以无法单独进行某个模块的升级，只能整体重新编译链接进行更新升级。该链接方式下，无论是在磁盘还是内存中，都不能实现模块共享，每个可执行程序都拥有一份共享模块的副本。

(2) 装入时动态链接：目标模块的链接工作是在程序装入内存执行时边装入边链接的。装入前各模块在磁盘上是独立保存的，因此模块可以单独进行升级，下一次运行时会在装入时重新链接，则使用的就是更新升级之后的模块了。该链接方式下，一个模块在磁盘上只需保留一份副本，但因为每个程序在装入内存时都会装入所有模块进行链接，所以不能实现内存中的模块共享。

(3) 运行时动态链接：程序装入内存时仍然是目标模块，等执行到需要的模块或者库时才进行相应的链接。这种链接方式既可以方便单独模块更新，也可以实现模块在磁盘上或内存中的共享。此外，因为是按需链接，所以可减小程序尺寸，从而减小装入量，加快程序的启动速度并节省内存空间。

根据地址映射进行的时机，程序的装入方式也有三种：

(1) 绝对装入：将程序加载装入到某个指定地址开始的一段内存空间，该地址是在编译时就已经确定的，装入及运行过程中都不能改变这个起始地址，因为模块中所有的地址都是基于这个起始地址进行编译的。这种情况下程序中使用的是绝对地址，无须进行地址映射，一般适合用于烧写驻留在设备中的固件程序之类的情况。

(2) 静态重定位装入：程序可加载到内存中任一合适的位置，在装入内存时，装入程序根据可执行程序即将装入到的内存起始地址，把相关的所有目标模块装配在一起，并且修改模块中各逻辑地址为统一物理地址空间中的实际物理地址。在装入时一次性完成地址映射工作，装入工作完成，则地址映射工作也完成，之后不会再进行地址映射，所以程序一旦装入内存后就不能再移动位置。

(3) 动态重定位装入：装入时各目标模块中依然使用逻辑地址，当真正执行指令时再将指令本身或指令中操作数的逻辑地址转换成物理地址。由于是边执行指令边进行地址映射，因此为加快指令执行速度，往往需要专门的地址映射机构。如前面图 4-1 所示的连续分配方式中的地址映射机构，在执行指令时需动态地根据重定位寄存器中的值计算实际物理地址。当程序在内存中移动了位置时，只需把程序最新的内存起始地址设置在重定位寄存器中即可，再次进行地址映射时就会动态产生新的正确的物理地址。

4.2　连续存储器管理方式

连续存储器管理方式就是为进程分配一段连续的物理内存空间，也就是将一维线性连续的虚地址空间映射到一维线性连续的实地址空间的方法，包括固定分区方式和可变分区方式两种管理方式。

4.2.1　固定分区方式

固定分区方式是将物理内存空间划分为大小和数量都固定的若干分区，按照进程的请求分配分区，每个分区只能装入一个程序。固定分区又可进一步分为分区大小相同和大小不同两种方式(如图 4-2 所示)。分区大小相同就是将物理内存按照固定尺寸大小均等分为若干分区，不管进程内存需求量是多少，都是分配一样大小的分区。分区大小不同是将内存划分为若干大小各异的分区，如少量大分区、中等数量的中等大小分区、数量较多的小分区等，可以根据进程的需求分配大小较为合适的分区。

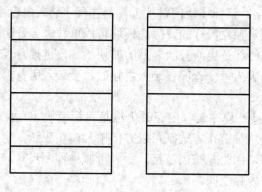

(a) 分区大小相同　　　　(b) 分区大小不同

图 4-2　两种固定分区法

固定分区的管理方式实现比较简单，可以使用分区分配表和相应的分配回收算法实现。当有内存分配需求的时候，遍历分区表查找空闲状态的大小合适的分区进行分配，并修改相应分区表记录的分配状态；回收分区与之相反，将回收分区的相应记录的分配状态标记为空闲。分区分配表如表 4-1 所示。

表 4-1　分区分配表示例

序号	起始地址	大小/KB	分配状态
1	5 K	17	已分配
2	22 K	78	未分配
3	100 K	42	未分配
4	142 K	20	已分配

固定分区的分区数量及分区位置都固定，这导致系统中可以容纳的并发进程的最大数量固定。分区大小固定，可能比进程需求大很多，导致分区内部存在空间的浪费，称为内部碎片。碎片降低了内存利用率，并且系统可容纳的进程最大尺寸固定，凡是比这个尺寸大的进程都无法创建和执行，即使内存总的空闲空间足够也不行。

4.2.2　可变分区方式

可变分区方式的分区大小和数量都是可以变化的。分配的时候根据进程需求分配大小合适的空间；回收的时候相邻空闲分区可以合并成为较大的分区。可变分区的管理方式使用空闲分区链和相应的分配回收算法实现。

1. 分配算法

当进程有内存需求时，依据分配算法选择可用空闲分区分配，常用的算法有首次适应算法、最佳适应算法和最坏适应算法三种。

1) 首次适应算法

该算法要求空闲分区链按各空闲分区起始地址递增的顺序链接。每次分配时，总是从第一个空闲分区开始查找，找到第一个可以满足需求的分区就进行必要的划分和分配。这种算法倾向于多分配使用低端内存区域，便于在高端内存留下较大的连续内存空间以满足空间需求大的进程。不过低端内存反复分配和回收可能出现小的难以利用的碎片空间，这种碎片是在分区之间，所以称为外部碎片。对这种情况的一种改进是每次都从上一次分配的地方继续往后进行查找，直至空闲分区链表结束再返回链表开始查找，称为循环首次适应算法，这种算法使内存的使用比较平均，产生碎片的概率减小了，但在高端内存却难以留下较大的连续空间，不容易满足大进程的需要。

2) 最佳适应算法

该分配算法是在空闲分区链中查找与请求大小最接近的空闲分区，进行划分和分配。空闲分区链应该按照各空闲分区大小由小到大排序。最佳适应算法的优点是能最大限度地保留大的空闲分区，方便大进程的需要；但其缺点也是很明显的：分区划分后留下的空间往往都是很小的，非常容易形成外部碎片。

3) 最坏适应算法

该分配算法是在空闲分区链中根据分区大小查找与请求大小相差最大的分区(即内存中最大的空闲分区)进行划分和分配。空闲分区链应该按照分区大小由大到小排序。最坏适应算法的思路是为了尽量使留下的空闲空间比较大，增大余下空间的可利用率。

例题 4-2： 某系统内存空间分区分配状态如图 4-3(a)所示，程序 A 运行请求 20 KB，程序 B 运行请求 15 KB，程序 C 运行请求 34 KB，分别采用首次适应算法、最佳适应算法和最坏适应算法讨论内存分配情况。

解答： 分别采用三种算法的分配情况如图 4-3(b)、(c)、(d)所示。

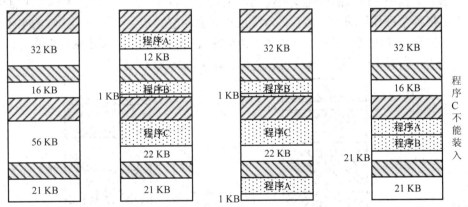

(a) 系统内存空间分区分配状态 (b) 首次适应算法 (c) 最佳适应算法 (d) 最坏适应算法

图 4-3 空间分配状态及三种算法分配情况

2. 回收算法

当进程运行结束释放内存空间的时候，操作系统进行内存回收并标记相应分区为空闲状态。内存回收分为上邻接、下邻接、上下邻接和无邻接四种情况，如图 4-4 所示。

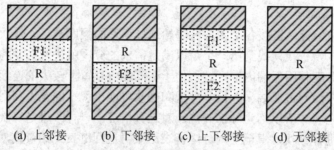

　　　(a) 上邻接　　　(b) 下邻接　　　(c) 上下邻接　　　(d) 无邻接

图 4-4　内存回收的四种情况

（1）上邻接：指的是待回收分区 R 在低端地址与另一个空闲分区 F1 相邻。回收 R 时，R 与 F1 合并成为新的 F1 空闲分区，分区的起始地址不变，但是大小变为 F1 与 R 大小之和。

（2）下邻接：指的是待回收分区 R 在高端地址与另一个空闲分区 F2 相邻。回收 R 时，R 与 F2 合并成为新的 F2 空闲分区，分区的起始地址变为原来 R 的起始地址，并且大小变为 F2 与 R 大小之和。

（3）上下邻接：指的是待回收分区 R 在低端地址与空闲分区 F1 相邻，同时在高端地址与空闲分区 F2 相邻。回收 R 时，R、F1 和 F2 合并成为新的 F1 空闲分区，分区的起始地址不变，仍为原来 F1 的起始地址，但是大小变为 R、F1 和 F2 大小之和。并且原来的 F2 分区节点要从空闲分区链中删除，导致空闲分区数量减 1。

（4）无邻接：指的是待回收分区 R 不与任何其他空闲分区相邻。回收 R 时，需要在合适的位置创建新的空闲分区节点，这样导致空闲分区数量加 1。

连续存储管理方式要求为进程分配大小够用的连续空间，即分配连续的整块内存。这样的分配方式虽然简单，但是若内存中没有足够大的连续空闲空间就不能装入进程，就算空闲分区的大小总和足够满足需求也不行，这样会导致内存分配失败。

那么能否把不连续的空间变成连续的空间呢？通过"紧凑"可以达到这样的目的。"紧凑"是把各个进程移动到紧接着另一个进程后面的空间，使得原来不连续的空闲分区变成了高端内存连续的空间，从而解决了不连续空间的问题，不过操作系统为此所付出的代价是很大的。如图 4-5 所示，紧凑之后进程 P 就可以装载进入内存了。

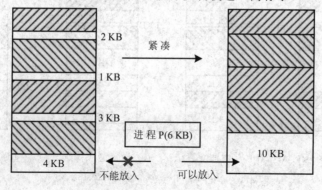

图 4-5　"紧凑"示意图

那么进程能否装载到不连续的内存空间中呢？如果把进程装载到不连续的内存空间中，那么进程依然能够正常运行吗？现代操作系统普遍使用的就是非连续存储管理方式，也称为离散存储管理方式，把进程装载到内存中不连续的空间中，其实现机制有分页存储管理方式、分段存储管理方式和段页式存储管理方式三种。

4.3　分页存储管理方式

现代操作系统中普遍采用了离散的内存分配方式，能够将一个进程装入多个不相邻接的内存分区中，显著提高了内存的利用率。本节讲述的是离散方式中的分页存储管理。

4.3.1　分页存储管理基本原理

1. 页与页框

分页存储管理是将内存物理空间和程序逻辑空间分成大小相等的块(512 B～8 KB)，其大小一般是 2^k B，具体大小是由 CPU 硬件机构决定的。在逻辑空间中的块称为页面(page)，物理空间中的块称为物理块，或者页框和帧(frame)。页面和物理块分别从 0 开始编号，即页号和物理块号。在装载的时候，进程的各个页面装入物理块中，不要求物理块构成连续空间，也无前后次序要求，只要有足够容纳所有页面的物理块即可，如图 4-6 所示。

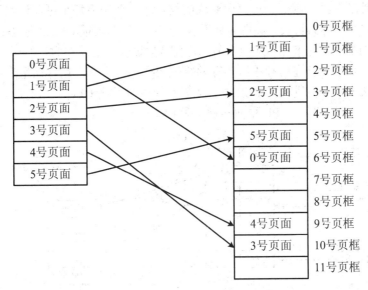

图 4-6　分页系统示意图

2. 逻辑地址结构

分页系统的逻辑地址结构包括两部分：页号 P 和页内地址 d(又称为页内偏移量)。页面的大小决定页内地址的位数，页号位数决定了逻辑地址空间中页面的总数。以 32 位计算机的逻辑地址为例，其地址结构如图 4-7 所示。逻辑地址为 32 位，则地址空间大小为 2^{32} 字节(4 GB)。若页面大小为 4 KB(2^{12} B)，则低位的 0～11 位为 12 位页内地址；其余高位的 12～31 位为 20 位页号，即地址空间中最多包含 2^{20} 个页面。分页系统的逻辑地址空间是一维线性地址空间。

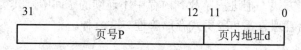

图 4-7 分页系统逻辑地址结构示意图

在进行地址映射时，需要根据给定的逻辑地址 A 计算得到页号 P 和页内地址 d，计算公式如下：

$$P = INT\ [A/L];\qquad d = A\ mod\ L$$

其中，L 为页面大小，INT 是向下取整函数，mod 是取余除法。

例题 4-3：某 32 位系统，页面大小为 1 KB，对于逻辑地址 3150，试确定逻辑地址的结构，并计算页号和页内地址。

解答：因为页面大小 1 KB = 2^{10} B，所以 32 位逻辑地址的页内地址为低 0～9 位共 10 位，页号为 10～31 位，共 22 位。

$$P = INT\ [3150 / 1024] = 3;\qquad d = 3150\ mod\ 1024 = 78$$

所以，页号为 3，页内地址为 78。

3. 页表

在进行地址映射时，需要知道页面对应的物理块，系统为每个进程设置了一张页号到物理块号的映射表，称为页表，如图 4-8 所示。页表的每个表项 PTE(Page Table Entry)由页号 P 和其对应的物理块号 F 组成，以页号为序建立。进行地址映射时，根据页号查询页表，得到物理块号。页表存储在内存中，只存储物理块号，页号不占用存储空间；然后将页表的起始地址及长度保存在进程的 PCB 中，当以后调度进程到 CPU 上运行时，再将 PCB 中保存的页表始址及长度写入 CPU 的页表寄存器中。

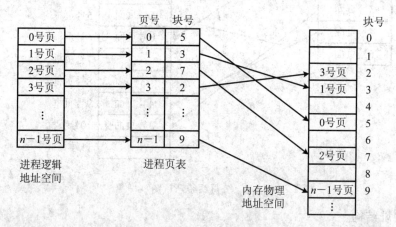

图 4-8 页表示意图

例题 4-4：某分页系统页面大小为 4 KB，每个 PTE 占用 4 B，若某进程大小为 120 MB，请计算回答：(1) 每个页面可以存储几个 PTE？(2) 该进程的页表占用多少内存？(3) 该进程的页表需要多少页面存储？

解答：

(1) 页面大小/PTE 大小 = 4 KB/4 B = 1024 个，所以每个页面可以存储 1024 个 PTE。

(2) 进程的页数 = 进程大小/页面大小 = 120 MB / 4 KB = 30 720 个。每个页面对应页表中的一个 PTE，所以页表总共是 30 720 个 PTE，则

$$页表大小 = 30\ 720 \times 4B = 120\ KB$$

(3) 存储页表需要的页面数 = PTE 总数 / 每页 PTE 数 = 30 720 / 1024 = 30 页，所以共需 30 个页面存储该进程的页表。

4. 地址映射与越界保护

在前述计算页号、页内地址并查询物理块号 F 的基础之上，可以计算得出物理地址：

$$A' = F \times L + d$$

式中：A'为物理地址，F 为页面所对应的物理块号，L 为页面大小，d 为页内地址。

从上述过程可以看到，每次地址映射都要进行两次除法、一次乘法和一次加法，而每条指令的执行几乎都要涉及地址映射，因此这样的地址映射过程虽然可以正确实现逻辑地址到物理地址的转换功能，保证程序可以正确执行，但是这个地址映射过程带来的系统开销及对性能的影响无疑是巨大的。实际地址映射过程并不进行计算，而是由如图 4-9 所示的地址映射机构来完成的。

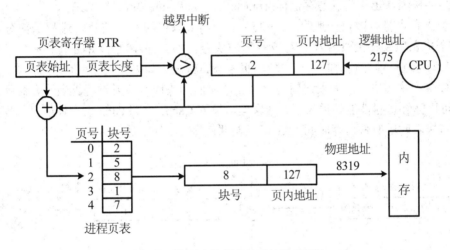

图 4-9　分页存储管理的地址映射机构

当调度一个进程运行时，切换程序会将下一个运行进程的页表始址及页表长度写入页表寄存器 PTR 中。进行地址映射时，首先根据逻辑地址 A 自动获得页号 P 和页内地址 d，比如一个 32 位系统中，若页面大小为 1 KB，则 32 位逻辑地址中的低 10 位为页内地址 d，高 22 位为页号 P。然后判断页号是否超过页表长度，如果超过了，则产生"地址越界"中断，停止指令的执行，操作系统进行越界中断处理，通常是终止整个进程的执行；如果不越界，则根据页表寄存器 PTR 中的页表起始地址访问内存中的页表，检索得到相应的物理块号 F。然后用 F 与页内地址 d 一起构成实际物理地址 A'，地址映射过程结束。地址映射的过程由处理器中的地址映射机构完成，对于进程来说这个映射过程是透明的。

例题 4-5：某分页系统逻辑地址 20 位，其页面大小为 2 KB。某进程共三页依次放入 2、3、7 号物理块，请回答如下问题：(1) 该系统逻辑地址结构是怎样的？进程最多可以有多少个页面？(2) 逻辑地址 2500 对应的物理地址是多少？(3) 逻辑地址 15ACH 对应的物理地

址是多少？

解答:

(1) 因为页面大小为 2 KB(2^{11})，所以逻辑地址中，低位 0～10 为页内地址，高位 11～19 为页号。因为页号为 9 位，所以进程最多有 2^9(即 512)个页面。

(2) 页号 P = 2500/2048 = 1，页内地址 d = 2500%2048 = 452，查页表可知 1 号页面对应的物理块是 3 号，则物理地址：$3 \times 2048 + 452 = 6596$。

(3) 逻辑地址 15ACH 的二进制形式为 0001 0101 1010 1100，根据(1)中逻辑地址结构，可知页号为 $010_B = 2_D$，查页表可得物理块号为 $7_D = 111_B$，所以物理地址为 0011 1101 1010 1100，即 3DACH。

5. 快表

进程的页表存储在内存中，因此在地址映射过程中需要进行一次内存访问，检索页表获取物理块号。这样原来的一次访存获取数据就变为了两次访存才能获取到数据，在访存周期一定的情况下，有效访存时间(Effective Access Time，EAT)理论上是原来的两倍时间。为了提高内存访问速度，通常会在地址映射机构中增加一个具有并行查找能力的高速缓冲存储器——快表，也称为联想存储器(Translation Lookaside Buffer，TLB)。

由于快表容量有限，一般有 32～256 个表项，只能缓存当前执行进程的部分页表，因此每个快表项要存储页号及其对应的物理块号，如图 4-10 所示(图中所示系统页面大小为 1 KB)。进行地址映射时，首先使用页号检索快表，如果找到相应页表项，称为命中，则可直接得到物理块号，无须访问内存页表，从而加快地址映射过程。当快表命中率很高时，就可以弥补访存性能的损失了，其原理与设置 Cache 提高 CPU 访存性能是相同的，所以计算带快表时的有效访存时间 EAT 可以参照例题 4-1 的方法。

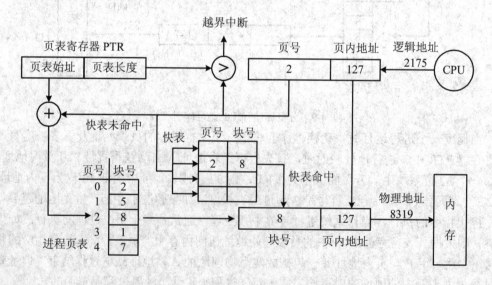

图 4-10　带快表的分页系统地址变换机构

若快表不命中，则仍然需要访问内存页表，且获得物理块号后，要将刚访问页面的页号和物理块号构成的页表项加入快表；若快表此时已被占满，即没有空闲的快表项，则需要根据一定的算法进行快表项淘汰。

4.3.2 两级和多级页表

如果进程的页表很大，则页表自身也需要多个页面来存储，如前面例题 4-4 中进程的页表需要 30 个页面存储，此时就需要采用两级或者多级页表。

两级页表就是为进程的页表另外设置一张目录表，用以记录存放进程页表的物理块号，也称为外部页表，或者一级页表，进程自身的页表称为二级页表。两级页表的逻辑地址结构如图 4-11 所示，分为三个部分：外部页号 P1、外部页内地址 P2 和页内地址 d。若页面大小为 2^k B，则页内地址 d 的位数为 k；若页面可以存放页表项 PTE 的数量为 2^m 个，则外部页内地址 P2 的位数为 m。例如，页面为 4 KB(2^{12})，32 位逻辑地址中 d 占 12 位，每个 PTE 占 4 B，所以每页有 4 KB / 4 B = 1024 = 2^{10} 个 PTE，所以 P1 占 10 位，P2 占 10 位。

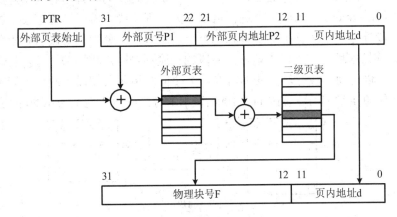

图 4-11　两级页表地址结构及转换示意图

对逻辑地址 A 进行地址映射时，基于逻辑地址结构，先根据页表寄存器 PTR 中的外部页表起始地址和外部页号 P1 检索外部页表(一级页表，也叫页目录)，找到存放相应页表的物理块，然后根据外部页内地址 P2 检索该物理块中的二级页表项，得到物理块号 F，最后 F 与 d 一起构成实际物理地址 A'。

对于更大的进程来说，当外部页表的大小也超过一个页面时，就需要使用三级页表。32 位系统逻辑地址为 32 位，进程的虚地址空间为 2^{32}B(4 GB)，可以采用二级页表；对于 64 位系统来说，虚地址空间巨大，则需要使用更多级的页表。由于多级页表占用空间大，因此操作系统仅将顶级页表存储在内存中。

当采用两级或者多级页表时，每次进行地址映射都需要更多次访问内存，导致有效访存时间 EAT 成倍增长，这个时候快表 TLB 就更加必要，能显著加速地址映射，提高访存性能。

4.4 分段存储管理方式

分页是一种物理划分的角度管理进程的虚地址空间，在编程时往往还需要一种逻辑的角度划分和管理进程的虚地址空间。程序根据功能划分模块，模块的长度由其实现的功能决定，独立地进行编辑和编译，程序发布后可以单独进行模块更新升级，模块是一种逻辑意义角度的划分。系统在实现信息共享、信息保护、动态链接以及程序的动态增长时，也是以信息的逻辑意义为基础的，如共享一个子程序，保护一组共享数据等。

分页存储管理方式有效地提高了内存的利用率，实现了进程加载到不连续的内存空间中也依然可以正常运行的目的。但是页面仅仅是进程的虚地址空间的物理划分，与进程本身的逻辑信息无关，一个函数可能被分开在几个页面中，或一个页面中包含多个函数。所以，分页的方式管理进程的虚地址空间不便于程序模块的更新升级和共享保护。

分段存储管理方式将进程的虚地址空间按逻辑信息划分为若干段，存储有逻辑关系和意义的部分，相对完整的一组逻辑信息组织成一个段，能够更容易地实现程序的更新和升级、数据的共享和保护等。

1. 段

分段存储管理也属于离散存储器管理方式，但是其划分的单位是有逻辑意义的一组相关信息，称为段(segment)，例如一个进程可以分为主程序段、若干子程序段、数据段、堆栈段等。每个段都有一个字符串标识符和一个唯一的编号，分别称为段名和段号；每个段都是从 0 开始连续编址，称为段内地址；各段的长度不是固定相同的，甚至在运行过程中还会有变化。所以访问分段存储系统的时候，需要同时指明段和段内地址才能唯一确定一个存储位置，如图 4-12 所示，例如[1，1000]表示 1 号段的段内地址为 1000 的位置。

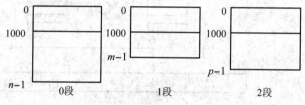

图 4-12　程序分段示意图

2. 逻辑地址结构

分段存储管理的逻辑地址结构分为两个部分，低位的 $0 \sim 15$ 位是段内地址 d，高位的 $16 \sim 31$ 位为段号 S，如图 4-13 所示。虽然看起来与分页存储管理的逻辑地址结构十分相似，但两者有本质的不同，分段逻辑地址空间是二维的非线性地址空间。要注意的是，段内地址 d 的位数决定了段的最大长度，而不是段的长度；段号 S 的位数决定了一个进程的段的最大数量。

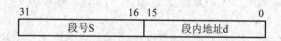

图 4-13　分段管理方式的逻辑地址结构图

3. 段表

分段后的进程以段为单位装入内存，每个段装入一段连续的内存空间，但各段之间不要求连续，所以分段是离散方式的内存分配。为了访问段，需要建立一张段的映射表，记录各个段在内存中的起始地址(即段基址)和段长，称为段表，每个分段占一个表项，每个段表项由段号、段长和段基址三部分构成，并按照段号排序，如图 4-14 所示。进程的段表存放在内存中，而段表在内存的始址及长度则保存在进程的 PCB 中。

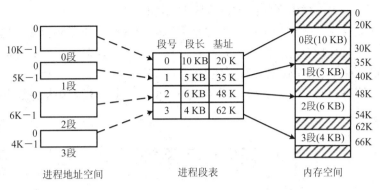

图 4-14　段与段表

4. 地址映射与越界保护

分段存储管理的地址映射机构中，段表寄存器存储当前运行进程的段表在内存的始址和段表长度。当处理器访问内存时，地址映射机构按照逻辑地址结构将段号 S 与段表长度进行比较，若段号不小于段表长度，则将产生"地址越界"中断，系统进行地址越界处理，通常是终止当前进程的执行。若未越界，则根据段表始址和段号检索段表找到对应的表项，从中得到该段的基址和段长，然后检查段内地址 d 是否超出该段的段长，若超出，则同样产生"地址越界"中断，系统将终止当前进程的执行。若未越界，就用基址与段内地址相加得到实际物理地址，地址映射机构如图 4-15 所示。

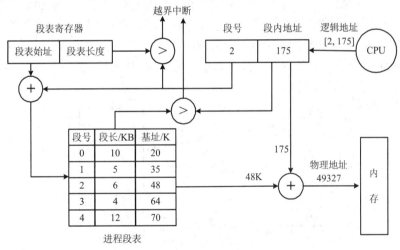

图 4-15　分段存储管理的地址映射机构

5. 段共享与保护

为了实现段共享，可在系统中配置一张共享段表，每个共享段在共享段表中占一个表项。共享段表项中记录了共享段的段名、段长、内存始址、存在位(是否已调入内存)、共享进程计数等信息，并记录了共享此段的每个进程的情况，包括共享进程的 PID、存取控制字段、段号等。

共享段是多个进程都需要的，共享进程计数记录共享该段的进程数。当某进程不再需要该段而释放它时，系统并不马上回收该段所占的内存，仅当所有共享该段的进程全部不再需要时(共享计数＝0)，才由系统回收该段所占内存区。

共享段的存取控制就是控制不同进程对该共享段拥有不同的存取权限，包括读、写和执行三种权限。当执行指令时，除了要判断是否地址越界以外，还要判断存取权限是否相符。例如，LOAD r1, [1, 300]就需要对 1#段有读的权限。

共享段被不同进程共享时，其段号无需相同，所以在共享段表中记录了共享段在不同进程中的相应段号。

4.5　段页式存储管理方式

分页和分段系统都是离散存储管理方式，两种管理方式各有特点。分页系统中页面大小是系统固定的，虽然有的操作系统也允许同时使用两种大小不同的页面尺寸，但是一经选定某种页面大小，则系统中所有页面的大小是统一不变的；页面是容纳进程映像的物理容器，进程的页面数量可能很大；分页系统的逻辑地址是一维线性地址；分页系统以页面为单位实现内存的离散分配，内存利用率高，但最后一个页面里可能有内部碎片。分段系统中进程分为有一定逻辑意义的段，段长不是固定的，执行期间可能变化，但是有最人限制；段是根据逻辑意义进行划分的，因此更方便程序的更新和升级、数据的共享和保护；进程分段的数量一般不会太多；内存中各分段之间可能存在外部碎片；分段系统的逻辑地址是二维非线性地址。将分页和分段两种内存管理方式结合在一起，发挥各自的优点，既适合程序员的分段需要，也适应系统的分页管理要求，这种结合后的内存管理方式称为段页式存储管理。

段页式存储管理首先将进程按逻辑信息分为若干段，然后每个段再按系统规定的页面大小划分为若干页面，如图 4-16 所示。因为段的长度可能不是页面大小的整数倍，所以在段的最后一页可能会产生内部碎片。段页式的逻辑地址结构分为三个部分，即段号 S、段内页号 P 和页内地址 d，如图 4-17 所示。

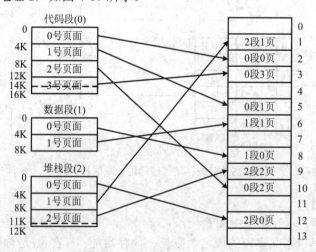

图 4-16　段页式系统中进程示意图

段号S	段内页号P	页内地址d

图 4-17　段页式存储管理系统的逻辑地址结构

在段页式存储管理方式中，由于每个段都是从 0 开始编址，即每个段都是一个独立的虚地址空间，因此系统需要为每个分段设置一张页表，记录本分段每个页面对应的物理块号，如图 4-18 所示；再为每个进程配置一张段表，每个分段在段表中占一个表项，表项内容包括段号、页表起始地址和页表长度，这样根据段号检索段表就可以找到该段对应的页表。仔细对比一下分页系统的地址映射机构，不难看出段表中每个段表项包含的就是页表寄存器的内容。因此每个进程的段表只有一张，页表则有多张。

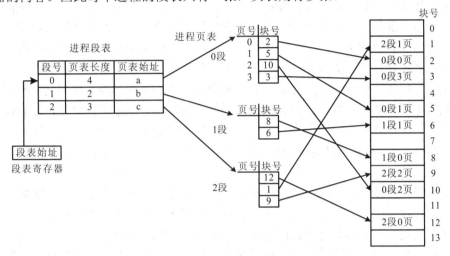

图 4-18　段页式存储管理的段表与页表

对逻辑地址 A 进行地址映射时，先根据段表始址和段号 S 检索段表找到相应的页表，然后根据段内页号 P 检索页表，获得物理块号 F，最后 F 和页内地址 d 一起构成物理地址。与分段系统地址映射类似，段页式地址映射过程中也需要两次判断是否越界：第一次是使用段号与段表长度比较判断是否越界，第二次是使用段内页号与页表长度比较判断是否越界。段页式地址映射机构如图 4-19 所示。

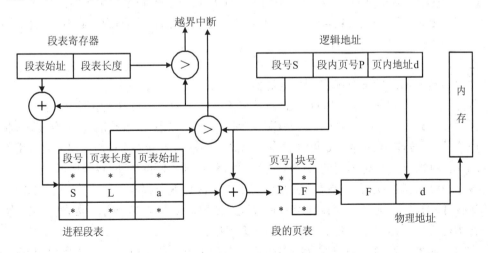

图 4-19　段页式存储管理地址变换机构图

由于段表和页表都存储在内存中，需要三次访存才能完成一次数据访问，因此系统仍然需要措施提高访存性能，比如引入快表机制。

4.6　虚拟存储系统

4.6.1　虚拟存储器的基本概念

在多任务操作系统中同时存在着很多进程，所以对存储器的容量有很高的需求；另外，存储器的价格一般较高，所以系统中实际配置的物理内存往往比系统支持的虚存空间小。存储器容易出现紧缺的情况，很可能无法满足进程的存储器分配请求，导致进程执行受影响或者无法创建新进程。虚拟存储器就是为了缓解存储器紧缺的问题而提出的一种技术。

虚拟存储器(Virtual Memory)是指具有请求调入功能和置换功能，能够利用外存储器的空余空间从逻辑上对内存容量进行扩充的一种存储器系统。从用户角度看，该系统所具有的内存容量可能比实际内存容量大得多，但这并非真实地增加了物理内存，所以称为虚拟存储器。需要注意的是，虚拟存储器与前面提到的虚地址空间容易混淆，但是这两者是不同的。

在引入虚拟存储器的系统中，进程不再是一次性全部都装入内存，也不是装入内存后就一直驻留在内存中直到运行结束。这说明进程只有一部分代码和数据在内存中，那么还能保证进程的正常运行吗？答案是肯定的，通过前面"2.2.6 局部性原理"一节的学习，我们知道，对于集中存储且顺序执行的程序来说，其执行过程具有明显的局部性特性，包括时间局部性和空间局部性，因此在一段时间内，程序的执行仅限于某个局部范围(代码和数据)，因而它所访问的内存也限于某个局部空间。如果进程当前执行所需的那部分程序和数据都在内存之中，则它在一段时间内是可以顺利运行的。

与没有引入虚拟存储技术的常规存储管理方式相比较，虚拟存储系统在以下两方面进行了改变：

(1) 将进程装入的一次性或者整体性改为多次性：改变进程必须全部装入内存才能运行的方式，只将部分页面(段)装入内存就可启动运行，其余部分暂时存放在外存上(如硬盘)，后续逐次装入需要使用的其他部分。

(2) 将进程的驻留性改为置换性：改变进程一旦装入就一直驻留内存直到结束的方式，在需要时将暂时不用的部分换出到外存储器，装入运行所需要的部分。

程序运行时，如果要访问的页面(段)已装入内存，便可继续执行下去；如果它要访问的页面(段)尚未装入内存，则发生缺页(段)中断。此时，系统将启动请求调页(段)功能，将作业所需的页(段)装入内存。如果这时内存已满，无法装入新的页(段)，则需要调用页(段)置换功能，将内存中暂时不用的页(段)置换到外存上，腾出内存空间将程序所需的页(段)装入内存，使之继续执行。这样，进程只需较小的内存就可以执行，内存中也可以装入更多的进程并发执行，提高了内存利用率和进程并发度，如图 4-20 所示。因此，虚拟存储器管理技术已被广泛地应用于各类计算机操作系统中。

虚拟存储器的实现，必须建立在离散存储器管理方式的基础之上，因此可以有三种实现方式：请求分页、请求分段和请求段页式，不过当前主流操作系统普遍采用请求分页方式实现虚拟存储，因此在下面的内容中将以请求分页存储管理方式的实现机制为例来说明虚拟存储管理方式的实现原理。

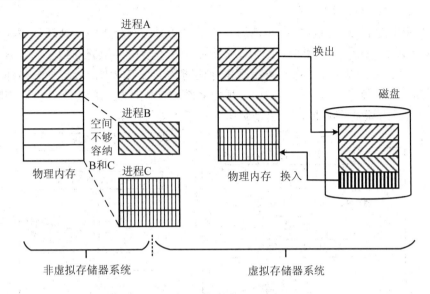

图 4-20 虚拟存储系统示意图

4.6.2 请求分页存储管理方式

请求分页存储管理方式是实现虚拟存储器的方式之一，它是在基本分页存储管理系统基础之上，增加了请求调页功能和页面置换功能而实现的。进程在内外存之间进行换入换出的基本单位都是页面，大小固定，所以相比较于置换大小不定的段来说更容易实现。请求分页需要使用带有缺页中断机构的地址映射机构实现逻辑地址到物理地址的转换过程。

1. 页表

请求分页系统的页表，其基本作用仍然是实现页号到物理块号的映射。但是有的页面可能不在内存中，所以在页表中需要增加若干字段，供页面调入调出时参考，如图 4-21 所示。

页号	物理块号	状态位P	访问字段A	修改位M	外存地址

图 4-21 请求分页存储系统的页表

对增加的各字段的说明如下：

(1) 状态位 P：表示页面是否在内存，若不在内存，则产生缺页中断，也称为存在位。

(2) 访问字段 A：记录页面被访问的情况，依据所采用的页面置换算法，可能是被访问次数或者未访问时间，供页面置换时参考。

(3) 修改位 M：表示页面装入内存后是否被修改过，供页面置换时参考。内存中的每个页面都有一份副本存在外存上。若页面未被修改，则淘汰该页面时无须写回到外存上，可减少页面置换时间；若已被修改，则必须将该页面写回到外存上，以保证外存中保留最新副本。

(4) 外存地址：记录页面在外存上的地址，通常是物理块号，供调入页面时参考。

2. 缺页中断机构

在请求分页系统中，当所要访问的页面不在内存中时，地址映射机构将产生缺页中断，请求操作系统将所缺的页面调入内存。如果需要，还要根据页面置换算法先淘汰若干页面之后，再将请求的页面调入内存。

缺页中断处理需要经过保护中断现场、分析中断原因、转入中断处理程序、恢复中断现场等几个步骤，如图 4-22 所示。因为缺页中断是在发现所要访问的指令或数据不在内存时产生的，所以缺页中断总是在一条指令执行期间产生并完成中断处理的。另外，一条指令在执行期间，可能产生多次缺页中断，所以系统中的硬件机构应能保存多次中断时的状态，并保证最后能返回到中断前产生缺页中断的指令处继续执行。

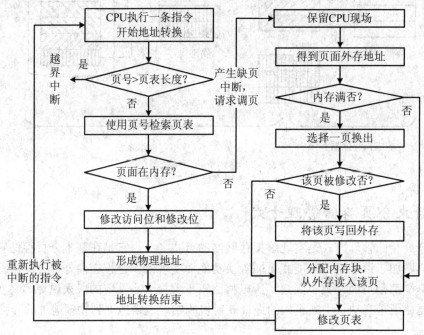

图 4-22   请求调页流程图

3. 地址映射机构

请求分页系统中的地址映射机构，是在分页系统地址映射机构的基础上，增加了缺页中断产生及处理、页面换出和换入等功能。

在进行地址映射时，首先使用页号检索页表，根据找到的页表项中的状态位 P 判断该页是否已调入内存。若该页已调入内存，则获取物理块号，与页内地址构成物理地址，同时修改页表项中的访问位，对于写指令，还需将修改位 M 置成"1"；若该页尚未调入内存，则产生缺页中断，请求操作系统从外存把该页调入内存，然后重新执行这条指令。

若配置了快表，则先使用页号检索快表。若快表命中，便可以快速完成地址映射，同时修改页表项的访问位 A 及修改位 M。若是快表没有命中，则在检索页表后，应及时将此页的页表项写入快表，当快表已满时，需要按一定算法淘汰一个快表项。

4. 抖动/颠簸(thrashing)

当系统内存过于缺乏时，就会频繁地进行页面的换出与换入，导致系统中任务的执行受到严重影响，这种反复频繁进行的页面置换称为抖动，即系统颠簸。这是页面置换过程中的一种很糟糕的情形，刚刚换出的页面马上又要换入内存，刚刚换入的页面马上又要换出内存。如果一个进程在换页上用的时间多于执行时间，那么这个进程就在颠簸。

频繁地发生缺页中断(抖动)，其主要原因是某个进程频繁访问的页面数目高于可用的物理块数目。虚拟内存技术可以在内存中保留更多的进程以提高系统效率。在稳定状态，几乎内存的所有空间都被进程页面占据，处理器和操作系统可以直接访问到尽可能多的进程。但如果管理不当，那么处理器的大部分时间都将用于交换页面，即请求调入页面的操作，而不是执行进程的指令，这就会大大降低系统效率。

那么如何解决抖动问题呢？主要有如下一些思路：

(1) 如果是因为页面置换策略失误，则可以修改置换算法来解决这个问题；

(2) 如果是因为运行的进程太多，造成进程无法同时将所有频繁访问的页面调入内存，则要降低多道程序的数量；

(3) 终止发生抖动的进程；

(4) 增加物理内存容量。

5. 工作集(work set)

工作集理论是由 Denning 在 1968 年提出并推广的。所谓工作集，是指在某段时间间隔内，进程实际要访问的页面集合。经常被使用的页面需要在工作集中，而长期不被使用的页面要从工作集中被丢弃。为了防止系统出现抖动现象，需要选择合适的工作集大小。

工作集模型的原理是：让操作系统跟踪每个进程的工作集，并为进程分配大于其工作集的物理块。如果还有空闲物理块，则可以再调一个进程到内存以增加多道程序数。如果所有进程的工作集之和超过了可用物理块的总数，那么操作系统会暂停一个或多个进程，将其页面调出至外存并且将这些物理块分配给其他进程，防止出现抖动现象。

正确选择工作集的大小，对存储器的利用率和系统吞吐量的提高都将产生重要影响。

6. 页面置换策略

页面置换策略确定页面如何置换，包括三种策略：可变分配全局置换、可变分配局部置换和固定分配局部置换。"可变"指的是进程分配的内存物理块数量可以变化，如果不能变化，就是"固定"。"全局"指的是进程置换页面的时候可以从内存所有页面中进行置换；"局部"指的是进程置换页面的时候只能从本身已经在内存的页面中选择置换。显然，不会有固定分配全局置换这种策略。

(1) 可变分配全局置换：进程分配的物理块数量是可变的，进行页面置换时可以从内存中所有进程的页面中寻找可置换的页面。

(2) 可变分配局部置换：进程分配的物理块数量是可变的，进行页面置换时只能从该进程已经在内存的页面中寻找置换页面。

(3) 固定分配局部置换：进程分配的物理块数量是固定不变的，进行页面置换时只能从该进程已经在内存的页面中寻找置换页面。

7. 页面置换算法

当调入进程所请求的页面时，如果内存中已经没有空闲块了，则必须按照某种算法将内存中的若干页面淘汰至外存。用于选择淘汰页面的算法称为页面置换算法(Page Replacement Algorithm，PRA)，置换算法的好坏，将直接影响到请求分页系统的性能。下面介绍几种常用的页面置换算法。

1) 最佳置换算法(Optimal，OPT)

该算法的思路是选择将来永远不再访问的页面或者最长时间内不会访问的页面进行淘汰，以降低缺页率。

假设系统为进程分配了三个物理块，页面访问走向(引用串)为 4，1，3，2，7，3，5，4，1，3，2，3，6，1，0，1，2，3，0，2。采用固定分配局部置换策略，下面基于 OPT 算法考察缺页及页面置换的情况。

假设开始没有页面在内存中，则 4、1、3 三个页面依次装入内存，产生三次缺页中断，但是无需置换。访问页面 2 时产生缺页中断，根据 OPT 算法在(4，1，3)三个页面中选择。由于三个页面后续都要访问，因此淘汰第 9 次才访问的页面 1。然后，访问页面 7 时，淘汰页面 2；继续访问页面 3，无缺页中断。依此类推可以得到其他页面访问的情况，如图 4-23 所示。

页走向	4	1	3	2	7	3	5	4	1	3	2	3	6	1	0	1	2	3	0	2
1	4	4	4	4	4		4		4		2		2		2			2		
2		1	1	2	7		5		1		1		1		1			3		
3			3	3	3		3		3		3		6		0			0		
缺页	+	+	+	+	+		+		+		+		+		+			+		

图 4-23 基于 OPT 置换算法的情况

基于 OPT 算法时，发生缺页中断的次数为 11，页面置换的次数为 8，缺页率为 11/20。

对于实际系统来说，页面走向其实是无法预先获知的，所以最佳置换算法只是理论上的算法，但可以用来作为评价其他算法性能的参照。

2) 先进先出置换算法(First In First Out，FIFO)

该算法的思路是选择淘汰最先调入内存的页面，或者说是在内存中驻留时间最久的页面。因为最早调入内存的页面不再被使用的可能性也最大，所以相应的后续引发缺页的概率也小。

仍以上述页面走向为例，采用 FIFO 置换算法考察缺页及调页的情况。页面 4、1 和 3 的访问须调页但无须置换；访问页面 2 时，页面 4 被淘汰；访问页面 7 时，页面 1 被淘汰。后续依此类推，如图 4-24 所示。基于 FIFO 算法时，缺页 15 次，置换 12 次，缺页率为 15/20。

页走向	4	1	3	2	7	3	5	4	1	3	2	3	6	1	0	1	2	3	0	2
1	4	4	4	2	2		2	4	4	4	2		2	2	0		0	0		
2		1	1	1	7		7	7	1	1	1		6	6	6		2	2		
3			3	3	3		5	5	5	3	3		3	1	1		1	3		
缺页	+	+	+	+	+		+	+	+	+	+		+	+	+		+	+		

图 4-24 基于 FIFO 置换算法的情况

FIFO 算法的优点是简单易实现；缺点是没有考虑页面调入内存后被访问的情况，最早进入内存的页面虽然驻留最久，但是也可能是频繁访问的页面，可能导致较高的缺页率，性能较差，因而很少单独使用。

1969 年匈牙利科学家 László Bélády 发现 FIFO 算法有一种异常现象，就是当所分配的物理块数增大时，缺页率不减反增，称为 Belady 现象(Belady's Anomaly)，参见本章习题 23。

3) 最近最久未使用置换算法(Least Recently Used，LRU)

该算法的思路是选择淘汰在最近一段时间内最长时间没有被访问的页面。仍然以上面的页面走向为例，采用 LRU 算法进行页面置换，考察缺页和调页的情况。页面 4、1 和 3 的访问须调页但无须置换；访问页面 2 时，页面 4 被淘汰；访问页面 7 时，页面 1 被淘汰；访问页面 5 时，淘汰页面 2。后续依此类推，如图 4-25 所示。

页走向	4	1	3	2	7	3	5	4	1	3	2	3	6	1	0	1	2	3	0	2
1	4	4	4	2	2		5	5	5	3	3		3	3	0		0	3	3	
2		1	1	1	7		7	4	4	4	2		2	1	1		1	1	0	
3			3	3	3		3	3	1	1	1		6	6	6		2	2	2	
缺页	+	+	+	+	+		+	+	+	+	+		+	+	+		+	+	+	

图 4-25　基于 LRU 置换算法的情况

基于 LRU 算法时，缺页 16 次，置换 13 次，缺页率为 16/20。因为 LRU 算法是根据前面各页的使用情况来预测后面页面可能的访问情况，而进程在执行过程中具有局部性特性，所以一般来说，LRU 算法的性能较好，接近于 OPT 置换算法，但如果经常出现访问较长时间以前曾经访问过的页面，则 LRU 的缺页率就会变高，如上例中的缺页率甚至比 FIFO 算法还高。对于 LRU 置换算法来说，要想快速地找出最近最久未被访问的页面，往往需要较多的硬件支持，如移位寄存器或栈等，因此在实际系统中更常用的是它的近似算法，如 LFU 算法和 CLOCK 算法。

4) 最近最少使用置换算法(Least Frequently Used，LFU)

该算法的思路是选择淘汰过去一段时间里访问次数最少的页面，所以 LFU 存储的是页面被访问的频次而不是 LRU 中的时间。LRU 与 LFU 都是堆栈型置换算法，随着分配给进程的内存物理块数增加，内存命中率单调上升，不会出现 Belady 异常现象。FIFO 算法基于队列实现，不是堆栈型置换算法。

5) 时钟(CLOCK)置换算法

简单 CLOCK 置换算法是给每个页面关联一个访问位 u，用以记录该页面过去一段时间中被访问的情况。具体实现时，可将所有页面组织成一个循环队列，并设置一个替换指针，让其始终指向最近被淘汰的页面所在的物理块块号，当某页被访问时，其访问位被置为"1"，系统周期性地对所有页面的访问位清"0"。当需要淘汰一页时，从替换指针的下一个页面开始查看，检查其访问位，如果为"0"，就淘汰该页；如果是"1"，则将它改为"0"，暂不淘汰，再检查下一个页面，直到找到一个访问位为"0"的页面为止，并将替换指针指向它。由于该算法循环地检查各页面的访问情况，故称为 CLOCK 算法，又称为最近未用(Not Recently Used，NRU)算法，用较小的开销获得接近 LRU 算法的性能。改进型的 CLOCK 置换算法在简单 CLOCK 置换算法的基础上为每个页面又增加了一个修改位 m，于是每个页面都处于下述四种情况之一：最近未被访问，也未被修改("00"型，即 $u = 0$，$m = 0$)；

最近被访问，但未被修改("10"型，即 $u=1$，$m=0$)；最近未被访问，但被修改("01"型，即 $u=0$，$m=1$)；最近被访问，也被修改("11"型，即 $u=1$，$m=1$)。最好的淘汰页面是"00"型，其次是"01"型。算法在选择淘汰页面时执行如下操作步骤：

(1) 从替换指针的当前位置开始扫描，对访问位不做任何修改。查找"00"型页面用于置换，如果找到，则结束。

(2) 如果第(1)步失败，则重新扫描，查找"01"型页面用于置换，在本轮扫描中，将所有扫描过的页面的 u 位置为"0"。如果找到相应类型页面，则结束。

(3) 如果第(2)步仍未找到，则将所有页面的 u 位置为"0"，此时所有页面一定属于"00"或者"01"两种情况之一。重复第(1)步，如果仍然没有找到，则再重复第(2)步，必然会找到用于置换的页面。

6) 页缓冲思想

前面介绍了多种页面置换算法，实际上，无论哪一种置换算法都很难保证不会出现错选淘汰页的情况，为此，现代很多操作系统(如 UNIX、Windows 系统等)都在其页面置换算法中引入了"页缓冲"的思想，即在使用系统既定的页面置换算法选中一页淘汰时，系统并非马上将其淘汰出内存，而是让其在内存中暂时"缓冲"一段时间，如果该页面是一个错选的淘汰页，进程很快又会对其进行访问，则在内存中能找到这个页面，不需要真正从磁盘上读入，从而显著减少磁盘的启动次数，也允许进程尽可能快地重启运行。

比如 VAX/VMS 系统就采用了这种思想。该系统采用最简单的 FIFO 页面置换算法，并将系统中所有的空闲内存块按照其属性不同分别组织在两个链表中：

(1) 空闲页面链表，由所有空白内存块或者未完成进程的未修改淘汰页所在内存块组成。

(2) 修改页面链表，由所有未完成进程的修改淘汰页所在内存块组成。

当某个进程发生缺页时，系统首先查找上面两个链表，如果找到进程所缺的页面，则直接从相应链表中取出页面使用，避免从磁盘读入；如果确实不在，则分配空闲页面链表的链首块给进程以装入所缺页面。当系统中空闲内存块数量紧张时，系统会按照 FIFO 算法选择页面淘汰，如果选中的淘汰页进入内存后没有被修改过，则将页面所在内存块挂到空闲页面链表末尾，否则挂到修改页面链表末尾。系统每隔一段时间可以将修改页面链表中的多个页面一次性写出到磁盘，并将这些内存块挂到空闲页面链表中供分配使用。

页缓冲思想可以用在任何一种页面置换算法中，以降低因错误选择淘汰页而引起的磁盘读写操作的增加。

4.7 Linux 内存管理机制

Linux 操作系统的内存管理是内核最复杂同时也是最重要的内容之一。本节选择了内存管理的几个重点进行讲述，包括地址映射机制、物理内存管理和虚拟地址空间管理。虽然涉及一些 Linux 源代码的讲述，但仍然是以内存管理的原理介绍为主要内容。

4.7.1 Linux 地址映射机制

Linux 系统中的各个进程运行在各自的虚拟地址空间中，且只有一部分映射到实际物理内存中。当 CPU 执行进程的指令时，指令中给出的虚拟地址先通过地址映射得到实际物理地址，然后再进行物理内存的访问。

1. 虚拟地址空间与虚拟地址

虽然现代计算机的 CPU 字长已经达到了 64 位(8 B)，但是依然采用字节编址，即每个字节分配一个地址。CPU 字长(n 位)决定了地址位数，也就决定了可寻址空间的最大长度(2^n)。程序可以看到和使用的空间大小也受此限制，并且与实际可用的物理内存数量无关，所以称为虚拟地址空间，例如 32 位系统是 2^{32}=4 GB，现代 64 位处理器已经广泛应用，虚拟地址空间理论上可以达到 2^{64}B。但是综合考虑到其他因素，实际系统中使用的 64 位虚拟地址中有效位可能只有 48 位，即虚拟地址空间实际为 2^{48}=256 TB。

虚拟地址空间中的地址称为虚拟地址，程序中使用的就是虚拟地址。每个进程的虚拟地址空间都是独立的，进程所在的虚拟地址空间中只有该进程自己，仿佛计算机系统中只有一个进程，而感知不到其他进程的存在。

Linux 虚拟地址空间划分为两个部分，包括内核空间和用户空间。0 至 TASK_SIZE 部分的空间是用户空间，这之上的空间保留内核专用，用户进程不能访问。TASK_SIZE 是与体系结构相关的常数，用于按比例划分虚拟地址空间。例如 32 位系统中 0~3 GB 空间是用户空间，之上的 1 GB 是内核空间。虽然进程之间的虚拟空间是彼此完全独立的，但是 1 GB 的内核空间部分总是相同的。

Linux 特权级只有核心态和用户态两种。用户进程处于用户态，只能访问用户空间，禁止访问内核空间。除用户进程外，还有内核线程在运行，内核线程运行在核心态，与用户进程无关，不能访问用户空间。利用 ps 命令可以查看到内核线程列表，用方括号标识出来的就是内核线程。在多处理器系统中，如果线程名称后面带有斜线和数字，则表明该内核线程限制在特定 CPU 上启动执行，例如[events/0]。

Linux 采用分页机制，并且使用四级页表地址结构，虚拟地址分为五个部分，从高位到低位依次是页全局目录索引 PGD(Page Global Directory)、页上级目录索引 PUD(Page Upper Directory)、页中间目录索引 PMD(Page Middle Directory)、页表项索引 PTE 和页内偏移量 offset，如图 4-26 所示。

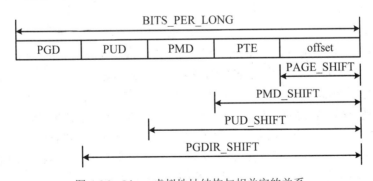

图 4-26 Linux 虚拟地址结构与相关宏的关系

不同体系结构不仅虚拟地址长度各不相同，而且各部分的位数也不相同，所以 Linux 定义了一些宏，用于确定虚拟地址结构中的各个部分，包括 BITS_PER_LONG、PGDIR_SHIFT、PUD_SHIFT、PMD_SHIFT、PAGE_SHIFT 等，如图 4-26 所示。其中，BITS_PER_LONG

是虚拟地址总位数，PGDIR_SHIFT 是包含 PUD 和 PUD_SHIFT 的位数，PUD_SHIFT 是包含 PMD 和 PMD_SHIFT 的位数，PMD_SHIFT 是包含 PTE 和 offset 共同的位数，PAGE_SHIFT 就是页内偏移量 offset 的位数。页面的大小 PAGE_SIZE 就是基于页内偏移量的宏而定义为：

```
#define PAGE_SIZE      (1UL << PAGE_SHIFT)
```

由于虚拟地址的结构并非一成不变，例如 32 位系统中的虚拟地址与 64 位系统中的虚拟地址肯定是不同的，因此 Linux 对不同体系结构使用不同的宏定义，就可以改变虚拟地址的结构，从而可以适应不同体系结构对于虚拟地址结构的影响。

从虚拟地址中提取页内偏移量则需要使用掩码 PAGE_MASK，掩码的总位数与虚拟地址位数相同，低位的 PAGE_SHIFT 个位上均为 1，而其他高位均为 0。所以 PAGE_MASK 定义为：

```
#define PAGE_MASK      (~(PAGE_SIZE-1))
```

同理，获取虚拟地址中其他分量部分也都需要使用掩码，分别是 PUD_MASK、PMD_MASK 和 PGDIR_MASK。

本章论述中经常涉及一些宏定义、数据结构以及相关函数等源码片段，由于内存管理相关的这些内容常常与体系结构相关，因此这些内容不是包含在一个文件中，而是带有体系结构标记的命名相似的若干个文件，例如页和页表相关的头文件是 include/asm-arch/page.h 和 include/asm-arch/pgtable.h，但是涉及其他体系结构时就会使用 page_xx.h 和 pgtable_xx.h 头文件，例如 include/asm-x86/page_32.h 和 include/asm-x86/pgtable_64.h，并且文件的路径也变化为相应体系结构的目录。

2. 物理内存空间与物理地址

物理内存空间是系统配置的物理内存所提供的存储空间。物理内存也是采用字节编址，同理 CPU 的字长也限制了物理内存的最大长度。物理内存与进程的虚拟地址空间无关，实际上，系统配置的物理内存数量往往小于虚拟地址空间的大小，例如 32 位系统一般配置 2~3 GB 内存，而 64 位系统则可能配置 8 GB 内存。

进程的虚拟地址空间通常比实际可用的物理内存空间大，而且也不会把全部物理内存空间都分配给一个进程使用，其实进程的虚拟空间只有很少一部分映射到物理内存空间。这种映射关系通常保存在进程的页表之中。

物理内存空间也划分为许多等长的部分，与页面大小(2^m B)相同，称为页框(页帧或物理块)。装载进程就是将进程的虚拟地址空间中的页面装入物理内存空间中的页框之中。Linux 使用伙伴系统管理物理内存的分配和回收，页框是分配的最小单位；为了提高内存利用率，减少碎片，Linux 还提供了 slab 机制，用以为内核分配小于一个页框的内存。

物理地址是一维线性地址，划分为两个部分：页框号和页内地址。通过地址映射机制，虚拟地址空间中的页面与物理内存中的页框关联起来。如果两个进程各自虚拟空间中的某些页，通过映射指向相同的物理页框，那么进程之间就可以共享该页框中的数据，进程间基于共享内存的高级通信机制就是通过这种页面共享实现的。

x86 架构有些改进，可以支持超过其字长限制的内存空间大小。其字长是 32 位，可以支持的物理内存最大为 4 GB，但是引入了物理地址扩展(Physical Address Extension，PAE)之后，物理地址位数达到 36 位，于是支持的物理内存就可以超过 4 GB，为 2^{36}=64 GB。

不过，虚拟地址空间依然是 32 位。一般情况下，系统内存配置小于 4 GB，无须启用 PAE，采用二级页表，外部页内地址为 10 位，页表项为 32 位(4 B)；但是如果需要管理更大的内存空间(超过 4 GB)，则必须启用 PAE。在 64 位系统中，需采用四级页表，外部页内地址变为 9 位，因为页表项扩展为 64 位(8 B)。

3. 地址映射机制

Linux 系统的进程看到和使用的是虚拟地址空间，以为自己独占使用虚拟地址空间。实际上每个进程只有一部分页面是装载在物理内存中的，大部分页面都不在内存中，而是在外存上备用。进程执行期间所产生的地址都是虚拟地址，不能直接用于访存，必须进行地址转换，得到虚拟地址对应的实际物理地址，然后才能进行访存操作。

Linux 内存管理主要通过四级页表完成地址映射，其中涉及的地址有四种，包括虚拟地址(virtual address)、逻辑地址(logical address)、线性地址(linear address)和物理地址(physical address)。地址映射完成了从虚拟地址到物理地址的转换。

物理地址是用于对物理内存进行单元寻址的地址。虽然物理地址指向的是物理内存中的某个字节，但是数据在 CPU 和内存之间传输的基本单位则是字。

虚拟地址是进程的虚拟地址空间中的地址，由操作系统协助相关硬件，映射转换为实际物理地址。所以程序可以使用比真实物理地址大得多的地址空间，例如实际物理内存只有 2 GB 大小，而 32 位系统中进程的虚拟空间则有 4 GB 大小。多个进程也可以使用相同的虚拟地址，因为经过映射转换后的实际物理地址是不相同的。

逻辑地址是由段标识符和段内偏移量构成的，表示为[段标识符：段内偏移量]。Intel 为了兼容的缘故，保留了早期的段式内存管理方式，但是 Linux 并不需要使用段式内存管理方式，只是形式上使用了段式地址。

线性地址与逻辑地址类似，也是一种虚拟地址。逻辑地址经过段式地址转换之后得到线性地址，再将线性地址经过内存管理单元(Memory Management Unit，MMU)进行页式地址转换，得到实际物理地址。

在前面章节中操作系统基本原理中虚拟地址和逻辑地址是相同的，都是指令中给出的指向一个操作数或者一条指令的地址，但是在 Linux 系统中两者所指并不相同。虚拟地址是在程序编译的时候就已经生成了，通过创建进程而将程序和数据等装载到物理内存之后，虚拟地址和物理地址才建立相应的映射关系。逻辑地址和线性地址都是虚拟地址，线性地址等于段基址加上逻辑地址中的段内偏移量。在 Linux 中段标识符是另外一个 16 位的字段，称为段选择器，而逻辑地址就只是段内偏移量了。Linux 又将各个段基址设定为相同的 0x00000000，于是线性地址就总是等于段内偏移量，所以逻辑地址与线性地址也就相等了。

可见，在 Linux 的虚拟地址空间中的虚拟地址转换为实际物理内存中的物理地址，需要经过两个步骤：第一步是将给定的逻辑地址(其实是段内偏移量)通过 CPU 的段式内存管理单元，转换成相应的线性地址(其实与逻辑地址相同)；第二步是利用其页式内存管理单元，将线性地址转换为实际的物理地址。

1) 段描述符、段描述符表和段选择器

段描述符(Segment Descriptor)是描述一个段的大小、地址及各种状态的一种数据结构。每个段描述符占 8 B 的内存空间，每个段都有一个对应的段描述符。根据描述符所描述对

象的不同，描述符分为储存段描述符、系统段描述符和门描述符(控制描述符)三种。在段描述符中定义了段的基址、限长和属性。其中段基址给出该段的基础地址，用于形成线性地址；限长说明该段的长度，用于段的内存空间的保护；段属性说明该段的访问权限、该段当前在内存中的存在性以及该段所在的特权级等信息。

段描述符以线性表的组织方式存储在内存中，称为段描述符表。一张段描述符表内最多存储 8129 个描述符。Linux 系统中有三个重要的段描述符表：全局描述符表(Global Discriptor Table，GDT)、局部描述符表(Local Discriptor Table，LDT)和中断描述符表(Interrupt Discriptor Table，IDT)。GDT 包含系统使用的代码段、数据段、堆栈段和特殊数据段描述符，以及所有进程的局部描述符表 LDT 的描述符；LDT 用于记录本进程中涉及的各个代码段、数据段和堆栈段以及使用的门描述符。GDT 在内存中的地址和大小存放在 CPU 的 GDTR(GDT Register)控制寄存器中，而 LDT 则在 LDTR(LDT Register)控制寄存器中。

段选择器(Segment Selector)是一个 16 位长的字段，其中 D0、D1 位是请求者特权级，是用于特权检查的优先级，D2 位是描述符表引用指示位 TI，D3～D15 位是段描述符在段描述符表中的索引值。TI = 0 表示从全局描述表 GDT 中读取描述符，TI = 1 表示从局部描述符表 LDT 中读取描述符。英特尔构想在整个系统中，为每个 CPU 配置 张 GDT 和 IDT，而每个进程都有自己私有的 LDT，但是 Linux 其实通常只使用 GDT。

在地址映射过程中，对于每个逻辑地址，先根据段选择器中的索引值从 GDT 或者 LDT 中找到一个段描述符，然后从段描述符中获得段的基址，加上段内偏移量(即逻辑地址)可以得到线性地址。

2) Intel 处理器中的控制寄存器

Intel 处理器中配置了四个控制寄存器 CR0、CR1、CR2 和 CR3，用于控制处理器的工作模式和当前执行任务的特性。CR0 中有控制处理器工作模式和状态的标志位；CR1 保留未用；CR2 存放引起缺页中断的线性地址；CR3 也称为页目录基地址寄存器 PDBR(Page Directory Base address Register)，用于存放页目录表的物理内存起始地址，在地址映射时需要使用该寄存器的值访问页目录表。

3) 页表

Linux 采用四级页表，每级页表也称为页目录，其表项也称为页目录项。在 page.h 中，内核提供了四个数据结构来定义各级页目录的表项结构，包括 pgd_t、pud_t、pmd_t 和 pte_t。

虚拟地址的各个部分是各级页表的索引，各级页表的页表项(页目录项)都是采用 32 位或 64 位类型表示，页表项存储的是下一级页表的基址，所以页表项的有效位小于 32 或 64，即有冗余位，被内核用于保存额外信息。在最后一级页表项 PTE 的冗余位中存储了关于访问控制的一些信息，例如_PAGE_PRESENT 位指示虚拟内存页是否在物理内存中，_PAGE_DIRTY 位指示页面是否被修改过，_PAGE_USER 位指示页面是否允许用户空间代码访问，还有_PAGE_READ、_PAGE_WRITE 和_PAGE_EXECUTE 指示普通用户是否拥有对页面中的代码进行读取、写入和执行的权限。

4) 地址映射

Linux 系统中的虚拟地址被划分为五个部分(见图 4-26)，虚拟地址到物理地址的地址映射按照如下过程进行：先利用多级页表(页目录)完成从虚拟页面到物理页框的映射，然后利用 offset 部分和页框号得到实际物理地址，如图 4-27 所示。

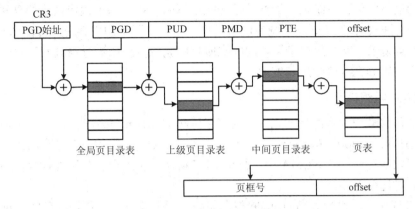

图 4-27　Linux 多级页表和地址映射示意图

页全局目录索引(Page Global Directory，PGD)是用于检索页全局目录表的索引值，每个进程有且只有一个页全局目录表，进程运行时该表的起始地址保存在 CR3 寄存器中。该表存放的是各个页上级目录表的起始地址，基于虚拟地址的 PGD 部分的值检索页全局目录表就可定位一张页上级目录表。页上级目录表中存放的是页中间目录表的起始地址，基于虚拟地址的 PUD 部分的值检索前面找到的页上级目录表，就可定位一张页中间目录表。页中间目录表存放页表的起始地址，基于虚拟地址的 PMD 部分的值检索前面找到的页中间目录表，就可定位一张页表(是进程众多页表中的一张)。然后根据 PTE 部分的值检索页表，就能找到对应的页框。从而完成了从虚拟地址空间中的页面到物理内存中的页框的地址映射。检索页表得到的页框号与虚拟地址最后一部分页内偏移量 offset 拼接合并，就可以得到实际物理地址，从而完成虚拟地址到物理地址的地址映射。

系统中往往不需要(或不支持)使用四级页表，例如 IA-32 体系结构只有两级页表。对于不支持三级或者四级页表的体系结构，Linux 内核中与体系结构相关的代码通过空页表对缺少的页表进行仿真。例如对于 32 位系统，Linux 将 PUD 和 PMD 页目录表的表项的数量都设置为只有 1 项(PTRS_PER_PMD 和 PTRS_PER_PUD 都等于 1)，如此在形式上依然保持着四级页表的系统结构，但是实际上退化为两级页表结构了。然后内核与体系结构无关的部分的代码就可以总是假定使用的是四级页表进行处理了。在只有两级地址映射的系统中，内核使用 include/asm-generic/pgtable-nopud.h 和 pgtable-nopmd.h 模拟页上级目录和页中间目录。在一些 Linux 原理分析相关的书籍中，讲述 Linux 内存管理的原理时也有基于三级页表结构的。

进程的虚拟地址空间其实有许多是没有用到的，例如假设进程大小为 4000 KB(1000 个页面)，那么 4 GB 虚拟地址空间只用了大概千分之一。对于 32 位系统，假设页面大小为 4 KB，则 1000 个页面的进程仅需一个页面存储页表，页全局目录、页上级目录和页中间目录各自只有一张表且表中只有一个表项；其他的未用空间的页面无须为之设置各级页目录。可见，采用多级页表的好处是不必为所有的虚拟地址空间页面创建各级页表，可以大量节约内存。

4.7.2　Linux 物理内存空间管理

Linux 物理内存页划分为内核空间和用户空间，内核空间在系统启动的过程中加载了操作系统的内核,而用户空间的管理采用的是伙伴系统,实现对内存页框的分配和回收,页框是管理的最小单位。系统记录页框的已分配或空闲状态,基于伙伴系统的算法实现连续空间的分配与回收管理。Linux 系统也能够处理小于一个页框的内存空间分配请求。对于用户进程的此类请求,交由用户空间中的标准库程序完成页框的拆分与分配;对于内核线程的此类请求,交由 slab 分配机制处理。

1. 内存的组织模型

CPU 访问物理内存有两种方式:一致内存访问(Uniform Memory Access,UMA)和非一致内存访问(Non-Uniform Memory Access,NUMA)。UMA 中的内存是连续的一个整体,CPU 可以一致地访问;在 NUMA 中,每个 CPU 访问其本地内存时速度很快,当访问其他 CPU 的内存时速度就要慢一些。

每个 CPU 都有一个内存节点 node 与之关联,每个节点包含若干内存域 zone,每个内存域包含许多页框,连续页框构成的内存块使用伙伴系统进行管理。node、zone 及页框间的关系如图 4-28 所示。

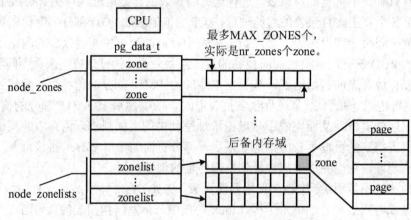

图 4-28　内存节点、内存域和页框的关系模型图

内核使用相同的数据结构管理 UMA 和 NUMA 系统,如果在 NUMA 系统中只使用一个节点来管理整个内存,那么 NUMA 就蜕变为 UMA 了。

1) 节点 node

在 NUMA 系统中,内存以节点 node 为起始,每个节点关联一个 CPU,表示为一个 pg_data_t 数据结构的实例,定义在 include/linux/mmzone.h 文件中。多个 CPU 则对应多个节点和多个 pg_data_t 结构体的实例。

```
typedef struct pglist_data {
        struct zone node_zones[MAX_NR_ZONES];
        struct zonelist node_zonelists[MAX_ZONELISTS];
        int nr_zones;
        struct page *node_mem_map;
        struct bootmem_data *bdata;
```

利用 offset 部分和页框号得到实际物理地址，如图 4-27 所示。

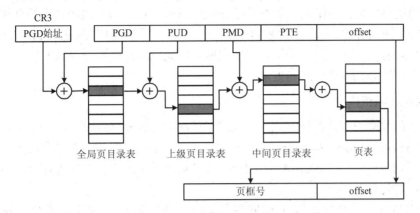

图 4-27　Linux 多级页表和地址映射示意图

页全局目录索引(Page Global Directory，PGD)是用于检索页全局目录表的索引值，每个进程有且只有一个页全局目录表，进程运行时该表的起始地址保存在 CR3 寄存器中。该表存放的是各个页上级目录表的起始地址，基于虚拟地址的 PGD 部分的值检索页全局目录表就可定位一张页上级目录表。页上级目录表中存放的是页中间目录表的起始地址，基于虚拟地址的 PUD 部分的值检索前面找到的页上级目录表，就可定位一张页中间目录表。页中间目录表存放页表的起始地址，基于虚拟地址的 PMD 部分的值检索前面找到的页中间目录表，就可定位一张页表(是进程众多页表中的一张)。然后根据 PTE 部分的值检索页表，就能找到对应的页框。从而完成了从虚拟地址空间中的页面到物理内存中的页框的地址映射。检索页表得到的页框号与虚拟地址最后一部分页内偏移量 offset 拼接合并，就可以得到实际物理地址，从而完成虚拟地址到物理地址的地址映射。

系统中往往不需要(或不支持)使用四级页表，例如 IA-32 体系结构只有两级页表。对于不支持三级或者四级页表的体系结构，Linux 内核中与体系结构相关的代码通过空页表对缺少的页表进行仿真。例如对于 32 位系统，Linux 将 PUD 和 PMD 页目录表的表项的数量都设置为只有 1 项(PTRS_PER_PMD 和 PTRS_PER_PUD 都等于 1)，如此在形式上依然保持着四级页表的系统结构，但是实际上退化为两级页表结构了。然后内核与体系结构无关的部分的代码就可以总是假定使用的是四级页表进行处理了。在只有两级地址映射的系统中，内核使用 include/asm-generic/pgtable-nopud.h 和 pgtable-nopmd.h 模拟页上级目录和页中间目录。在一些 Linux 原理分析相关的书籍中，讲述 Linux 内存管理的原理时也有基于三级页表结构的。

进程的虚拟地址空间其实有许多是没有用到的，例如假设进程大小为 4000 KB(1000 个页面)，那么 4 GB 虚拟地址空间只用了大概千分之一。对于 32 位系统，假设页面大小为 4 KB，则 1000 个页面的进程仅需一个页面存储页表，页全局目录、页上级目录和页中间目录各自只有一张表且表中只有一个表项；其他的未用空间的页面无须为之设置各级页目录。可见，采用多级页表的好处是不必为所有的虚拟地址空间页面创建各级页表，可以大量节约内存。

4.7.2　Linux 物理内存空间管理

Linux 物理内存页划分为内核空间和用户空间,内核空间在系统启动的过程中加载了操作系统的内核，而用户空间的管理采用的是伙伴系统，实现对内存页框的分配和回收，页框是管理的最小单位。系统记录页框的已分配或空闲状态，基于伙伴系统的算法实现连续空间的分配与回收管理。Linux 系统也能够处理小于一个页框的内存空间分配请求。对于用户进程的此类请求，交由用户空间中的标准库程序完成页框的拆分与分配；对于内核线程的此类请求，交由 slab 分配机制处理。

1. 内存的组织模型

CPU 访问物理内存有两种方式：一致内存访问(Uniform Memory Access，UMA)和非一致内存访问(Non-Uniform Memory Access，NUMA)。UMA 中的内存是连续的一个整体，CPU 可以一致地访问；在 NUMA 中，每个 CPU 访问其本地内存时速度很快，当访问其他 CPU 的内存时速度就要慢一些。

每个 CPU 都有一个内存节点 node 与之关联，每个节点包含若干内存域 zone，每个内存域包含许多页框，连续页框构成的内存块使用伙伴系统进行管理。node、zone 及页框间的关系如图 4-28 所示。

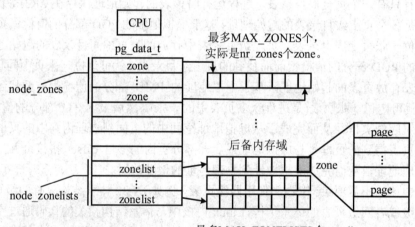

图 4-28　内存节点、内存域和页框的关系模型图

内核使用相同的数据结构管理 UMA 和 NUMA 系统，如果在 NUMA 系统中只使用一个节点来管理整个内存，那么 NUMA 就蜕变为 UMA 了。

1) 节点 node

在 NUMA 系统中，内存以节点 node 为起始，每个节点关联一个 CPU，表示为一个 pg_data_t 数据结构的实例，定义在 include/linux/mmzone.h 文件中。多个 CPU 则对应多个节点和多个 pg_data_t 结构体的实例。

```
typedef struct pglist_data {
        struct zone node_zones[MAX_NR_ZONES];
        struct zonelist node_zonelists[MAX_ZONELISTS];
        int nr_zones;
        struct page *node_mem_map;
        struct bootmem_data *bdata;
```

```
        unsigned long node_start_pfn;
        unsigned long node_present_pages;
        unsigned long node_spanned_pages;
        int node_id;    // 节点的全局 id
        struct pglist_data *pgdat_next;
        wait_queue_head_t kswapd_wait;
        struct task_struct *kswapd;
        int kswapd_max_order;
    } pg_data_t;
```

每个节点包含若干不同类型的内存域 zone，组织在 pglist_data 结构的 node_zones 数组中，node_zonelists 是节点的后备内存域列表，当前节点的空闲内存不够时可以使用备用 (fallback) 内存域。整型变量 nr_zones 存储了节点中所包含的内存域的数量。node_mem_map 指针指向该内存域包含的所有页框的 page 结构体数组。变量 node_spanned_pages 存储了节点所包含的页框的总数。节点的 pg_data_t 结构体实例通过 pgdat_next 指针构成单向链表，内核遍历该链表可以找到所有的 NUMA 内存节点。

节点中包含的内存域主要有以下四种类型(mmzone.h)：

(1) ZONE_NORMAL 类型：标记的内存域是可以直接映射到内核的普通内存；

(2) ZONE_HIGHMEM 类型：标记的是内核空间之上的高端物理内存；

(3) ZONE_DMA 和 ZONE_DMA32 类型：都是标记适合 DMA(Direct Memory Access) 使用的内存域，在 64 位计算机上才有差异。

节点中的多个 zonelist 结构体队列将所有的内存域按照相对于此节点的优先级进行排序，此节点的 ZONE_MOVABLE(在防止物理内存碎片机制中需要使用此种类型)、ZONE_HIGHMEM、ZONE_NORMAL 和 ZONE_DMA 四个内存域排在链表最开始，然后是此节点之后的那个节点的这四个内存域，然后再是此节点之前的那个节点的这四个内存域。分配时按照此顺序直到得到相应数量的页框为止。

在同一个节点中的内存域中的分配也有规定的顺序。当需要从高端内存域申请内存时，系统按照 ZONE_HIGHMEM→ZONE_NORMAL→ZONE_DMA 的顺序尝试分配；当需要从普通内存域申请内存时，系统按照 ZONE_NORMAL→ZONE_DMA 的顺序尝试分配；当需要从 DMA 内存域申请内存时，系统仅从 ZONE_DMA 区分配。在 NUMA 架构里也同样只在其他节点上的相应的内存域中分配内存。

2) 内存域 zone

内存域的数据结构 zone 结构体定义在文件/include/linux/mmzone.h 中，主要内容如下：

```
    struct zone {
            /*通常由页分配器访问的字段*/
            unsigned long            pages_min, pages_low, pages_high;
            unsigned long            lowmem_reserve[MAX_NR_ZONES];
#ifdef CONFIG_NUMA
            int node;
            unsigned long            min_unmapped_pages;
```

```
                unsigned long                min_slab_pages;
                struct per_cpu_pageset       *pageset[NR_CPUS];
        #else
                struct per_cpu_pageset       pageset[NR_CPUS];
        #endif
                spinlock_t            lock;
                struct free_area      free_area[MAX_ORDER];        /*不同大小的空闲区域*/
                ZONE_PADDING(_pad1_)
                /*通常由页面回收扫描器访问的字段*/
                spinlock_t            lru_lock;
                struct list_head      active_list;
                struct list_head      inactive_list;
                unsigned long         nr_scan_active;
                unsigned long         nr_scan_inactive;
                unsigned long         pages_scanned;        /*上一次回收后扫描过的页*/
                unsigned long         flags;                /*内存域标志，见下文*/
                /*内存域统计*/
                atomic_long_t         vm_stat[NR_VM_ZONE_STAT_ITEMS];
                int prev_priority;
                ZONE_PADDING(_pad2_)
                ⋮
        } __cacheline_internodealigned_in_smp;
```

每个内存域都包含一定数量的页框，页框的管理采用伙伴系统，把连续的空闲页框组织成不同大小的内存块，free_area 数组用来存储指向不同大小内存块队列的指针，该数组是管理空闲内存页的起始点。lru_lock、active_list、inactive_list、nr_scan_active、nr_scan_inactive、pages_scanned、flags 等是 zone 结构体的第二部分，用于页框回收置换时使用。

3) 页框 page

页框是物理内存最小的分配单位，内存中的每个页框都有一个 page 结构体实例。由于页框数量巨大，因此 page 结构体必须尽可能小，以避免占用大量内存空间。例如 32 位系统中假设页框大小为 4 KB，则 1 GB 的内存空间包含约 26 万(2^{18})个页框，所以 page 结构体的微小变化可能对占用空间带来巨大影响。page 结构体定义在/include/linux/mm_types.h 文件中：

```
        struct page{
                unsigned long flags;      /*原子标志，有些情况下会异步更新*/
                atomic_t _count;          /*使用计数器，见下文*/
                union{
                        atomic_t _mapcount;      /*内存管理中映射的页表项计数器*/
                        unsigned int inuse;      /*SLUB：对象的数目*/
                };
```

```
            union{
                struct{
                    unsigned long private;
                    struct address_space *mapping;
                };
                    ⋮
                struct kmem_cache *slab;   /*指向 slab 的指针*/
                struct page *first_page;   /*复合页的尾页，指向首页*/
            };
            union{
                pgoff_t index;          /*映射内的偏移量*/
                void *freelist;         /*freelist 需要 slab 锁*/
            };
            struct list_head lru;         /*换出页列表，例如 zone->lru_lock 保护的 active_list!*/
        #if defined(WANT_PAGE_VIRTUAL)
                void *virtual;            /*内核虚拟地址 (若未映射，则为 NULL，即高端内存)*/
        #endif  /*WANT_PAGE_VIRTUAL*/
            };
```

在 page 结构体中使用了 C 语言中的联合 union，这是为了减少冗余，尽量缩减空间占用。这里说的冗余并不是真的不需要，而是在某种情况下只使用其中一部分，而另一部分根本用不到，但是到了其他情况时，另外的部分又需要使用，而这一部分反而不需要了。例如同一个页框可能经过不同的映射与多个虚拟地址空间关联，所以设置了_mapcount 变量记录映射数量，但是当一个页框被用于 slab 分配器时，这个页框会被细分为更小的部分进行分配，也就不会被多次映射到多个虚拟地址空间，那么映射计数器就多余了，需要的是记录页框被细分成多少个小部分的对象计数器。在 page 结构体中就将映射计数器_mapcount 和对象计数器 inuse 联合，而不是简单使用一个计数器变量 counter，这样更容易阅读和明白该计数器的用途，而且能够区分_mapcount 需要原子性访问，inuse 不需要原子性访问，而占用的空间并未增加。

2. 伙伴系统(buddy)

伙伴系统最早出现在 1965 年的一篇论文中，距今已经有半个多世纪的历史，是一种古老的算法，但是却能够很好地兼顾内存分配的速度和效率。当 Linux 内核加载初始化完毕之后，内存管理的任务就交由伙伴系统处理，完成内存块的分配和回收。

1) 基本原理

伙伴系统的基本思想是将连续的页框构成内存块，分配的时候从空闲块中检索大小合适的内存块进行分配。如果没有合适大小的块，则可以将大内存块拆分之后再分配。回收的时候两个伙伴内存块可以合并。伙伴系统是将 2 的幂次方大小的内存块进行分配，所以其主要作用就是减少内存中的外部碎片。

伙伴系统将一定数量的连续页框构成内存块，内存块包含的页框数量必须是 $2^k(0\leqslant$

$k<11$)，记为 order $= k$。包含相同数量页框的内存块放置在同一个队列中管理，即 2^k 内存块队列表示该队列中的各个块都包含 2^k 个页框。假设有分配请求 n 个块，在大小与分配请求 n 最接近的内存块队列 2^m 中查找($2^m \geqslant n$)，如果该队列非空，则获取一个块并完成分配；如果 2^m 内存块队列为空，则从 2^{m+1} 队列中获得一个块，将该块拆分为两个 2^m 块(伙伴)，一个用于分配，另一个插入 2^m 块队列；如果 2^{m+1} 块队列为空，则继续检索上一级内存块队列，直至 2^{11} 块队列，如果仍然为空，则说明没有合适的内存块可以满足分配请求，该次内存分配请求失败。伙伴系统分配示例如图 4-29 所示。

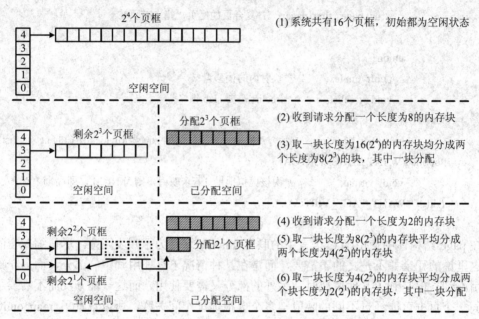

图 4-29　伙伴系统分配示例

假设系统中初始有一块长度为 16 个页框的内存块(2^4)，存储在 order $= 4$ 的空闲块列表中。有一个长度为 8 的分配请求，因为 $8 = 2^3$，所以先查询 order $= 3$ 的队列，队列为空；检查高一阶的队列(order $= 4$)，队列非空，则获取一个长度为 16 的块，均分为两个长度为 8 的块，一块用于分配，留下的另一块插入 order $= 3$ 队列。又有一个请求分配长度为 2 的内存块，所以先检查 order $= 1$ 的队列，队列为空；然后检查 order $= 2$ 队列，也为空；继续检查 order $= 3$ 的队列，队列非空，取一块长度为 8 的内存块，均分为两个长度为 4 的内存块，将其中一块插入 order $= 2$ 的队列。另一块均分为两个长度为 2 的内存块，一块插入 order $= 1$ 的队列，另一块用于分配。

伙伴系统和当前状态的相关信息可以在/proc/buddyinfo 中获取。

```
/*mmzone.h*/
struct zone {
    ⋮
            /*不同长度的空闲区域*/
    struct free_area        free_area[MAX_ORDER];
    ⋮
};
```

在 zone 结构体中的 free_area 数组就是用于伙伴系统管理内存的，其定义如下：

```
/*mmzone.h*/
struct free_area {
        struct list_head    free_list[MIGRATE_TYPES];
        unsigned long nr_free;
};
```

变量 nr_free 存储的是当前内存域中空闲页框 page 的数量。free_list 是用于链接空闲内存块的链表，包含大小相同的连续页框构成的内存块。为了表述内存块的大小，伙伴系统使用阶(order)来描述内存分配的数量单位。内存块的长度是 2^{order}，其中 $0 \leqslant order \leqslant$ MAX_ORDER(order 的最大值)。

```
/*mmzone.h*/
/*空闲内存管理——内存域伙伴分配器*/
#ifndef CONFIG_FORCE_MAX_ZONEORDER
#define MAX_ORDER 11
#else
#define MAX_ORDER CONFIG_FORCE_MAX_ZONEORDER
#endif
#define MAX_ORDER_NR_PAGES (1 << (MAX_ORDER - 1))
```

在 32 位体系结构中，阶的最大值通常被设置为 11，表明一次内存请求的页框数量最大是 $2^{10} = 1024$。对于其他体系结构，配置 FORCE_MAX_ZONEORDER 选项，就可以改变阶的最大值，例如 64 位系统中可以取值达到 18，或者在 ARM 系统结构中减小到 8。

free_area[] 数组中各个元素的索引(数组下标)也可以解释为阶，确定了对应空闲块链表中内存块所包含的连续页框的数量。例如 free_area[0]对应的内存块是单个页框($2^0 = 1$)，free_area[1]对应链表中的内存块包含两个页框，free_area[2]中的内存块包含四个页框，其他链表依此类推，如图 4-30 所示。

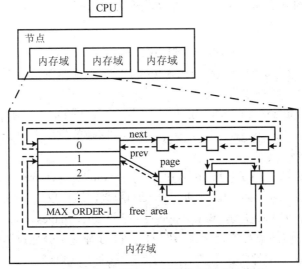

图 4-30　伙伴系统内存域中空闲内存块链表

从 free_area 结构的定义看到相同大小的空闲内存块队列 free_list 又细分为不同类型，由宏 MIGRATE_TYPES 定义类型的数量。这是为了反碎片(anti-fragmentation)而采取的措施，避免或者减少碎片的产生。内核根据已分配页框的可移动性(迁移性)又划分为三种类型：

　　(1) 不可移动页框：在内存中位置固定，不能移动到其他页框位置，内核的大多数内存都是此类页框。

　　(2) 可回收页框：不能直接移动，但可以删除，因为其内存可以从其他某些源重新生成。例如映射自文件的数据属于此类页框。kswapd 守护进程根据可回收页框的访问频繁程度，周期性释放此类内存。

　　(3) 可移动页框：可以随意移动到其他页框的位置，用户空间中的应用程序所拥有的内存就是此类页框。因为当页框被复制到其他位置的时候，只需要改变映射的页表项就可以了，所以应用程序不会受到影响。

　　当不可移动页框散布在内存中时，要获取较大的空闲内存块就变得很困难，因为那些不可移动的页框把内存分隔成了小空间，所以反碎片技术要求不可移动页框不能位于可移动的连续页框构成的内存块中间。将可移动性不同的页框相应地聚集到不同队列中，这样处理之后，从可回收页框列表中获取较大空闲内存块就比较容易了。表示可移动性的宏定义如下：

```
/*mmzone.h /
#define MIGRATE_UNMOVABLE       0
#define MIGRATE_RECLAIMABLE     1
#define MIGRATE_MOVABLE         2
#define MIGRATE_RESERVE         3
#define MIGRATE_ISOLATE         4 /*不能从这里分配*/
#define MIGRATE_TYPES           5
```

其中：UNMOVABLE 就是不可移动页框；RECLAIMABLE 是可回收页框；MOVABLE 是可移动页框；RESERVE 的页框留待紧急情况处理；ISOLATE 列表中的页框是专门用于跨 NUMA 节点移动物理内存页，分配时不能从此列表中选择。

　　2) 分配内存

　　伙伴系统提供了如下多个申请页框时使用的接口：

　　(1) struct page * alloc_pages (gfp_mask, order)：向伙伴系统请求连续的 2 的 order 次方个页框，返回第一个页框描述符。

　　(2) struct page * alloc_page (gfp_mask)：相当于 struct page * alloc_pages(gfp_mask, 0)。

　　(3) void * __get_free_pages (gfp_mask, order)：该函数类似于 alloc_pages()，但返回第一个所分配页框的线性地址。

　　(4) void * __get_free_page (gfp_mask)：相当于 void * __get_free_pages (gfp_mask, 0)。

　　这些申请页框接口最后都调用__alloc_pages()函数，这里仅以 alloc_pages()宏为例进行说明，从如下代码片段可以看到，alloc_pages()宏通过 alloc_pages_node()函数最终调用的是__alloc_pages()函数，该函数被称为伙伴系统的心脏，处理整个分配过程中遇到的各种问题，定义在 mm/page_alloc.c 文件中。

```
/*gfp.h*/
```

```
#define alloc_pages(gfp_mask, order) \
                        alloc_pages_node(numa_node_id(), gfp_mask, order)
/*gfp.h*/
static inline struct page *alloc_pages_node(int nid, gfp_t gfp_mask, unsigned int order)
{
    ⋮
            return __alloc_pages(gfp_mask, order,
                NODE_DATA(nid)->node_zonelists + gfp_zone(gfp_mask));
}
```

　　伙伴系统的内存块分配方式主要有两种：快速分配和慢速分配。伙伴系统分配可用内存块时，首先尝试快速分配，根据 zonelist 链表的优先级顺序，以内存域的 low 阈值从相应内存域的伙伴系统中分配内存块，成功则返回内存块的第一个页框的描述符。如果所有内存域的快速分配都不成功，则进行慢速分配。根据 zonelist 链表的优先级顺序，以内存域的 min 阈值从相应内存域的伙伴系统中分配连续页框，如果失败，则唤醒 kswapd 内核线程，进行页框回收、异步压缩、轻同步压缩等操作来使系统获得更多的空闲页框，并且在这些操作的过程中继续尝试调用快速分配获取内存。

　　在伙伴系统的核心函数 __alloc_pages() 中，快速分配使用 get_page_from_freelist() 函数获取页框。该函数是获取页框时必须调用的函数，即使在慢速分配过程中，如果要获取页框，也需要调用这个函数。get_page_from_freelist 函数的定义在 mm/page_alloc.c 文件中，部分代码如下：

```
static struct page *
get_page_from_freelist(gfp_t gfp_mask, unsigned int order, struct zonelist *zonelist, int alloc_flags)
{
    struct zone **z;
    struct page *page = NULL;
    int classzone_idx = zone_idx(zonelist->zones[0]);
    struct zone *zone;
    ⋮
zonelist_scan:
    /*扫描 zonelist 查找有足够空闲空间的内存域*/
    z = zonelist->zones;
    do {
        ⋮
        zone = *z;
        ⋮
        page = buffered_rmqueue(zonelist, zone, order, gfp_mask);
        if (page)
            break;
this_zone_full:
```

```
                if (NUMA_BUILD)
                        zlc_mark_zone_full(zonelist, z);
        try_next_zone:
                if (NUMA_BUILD && !did_zlc_setup) {
                        allowednodes = zlc_setup(zonelist, alloc_flags);
                        zlc_active = 1;
                        did_zlc_setup = 1;
                }
        } while (*(++z) != NULL);
        if (unlikely(NUMA_BUILD && page == NULL && zlc_active)) {
                zlc_active = 0;
                goto zonelist_scan;
        }
        return page;

}
```

该函数判断内存域中是否有足够的空闲页框可以满足分配请求，如果有，就调用函数 buffered_rmqueue()尝试分配；如果没有足够数量的空闲页框，则继续在备用列表中判断下一个内存域。

```
/*mm/page_alloc.c*/
static struct page *buffered_rmqueue(struct zonelist *zonelist, struct zone *zone, int order, gfp_t
gfp_flags)
{
        unsigned long flags;
        struct page *page;
        int cold = !!(gfp_flags & __GFP_COLD);
        int cpu;
        int migratetype = allocflags_to_migratetype(gfp_flags);
again:
        cpu   = get_cpu();
        if (likely(order == 0)) {
                struct per_cpu_pages *pcp;
                pcp = &zone_pcp(zone, cpu)->pcp[cold];
                local_irq_save(flags);
                if (!pcp->count) {
                        pcp->count = rmqueue_bulk(zone, 0,
                                pcp->batch, &pcp->list, migratetype);
                        if (unlikely(!pcp->count))
                                goto failed;
                }
```

```
                /*找到满足移动性类型的页*/
                list_for_each_entry(page, &pcp->list, lru)
                        if (page_private(page) == migratetype)
                                break;
                /*如果必要的话分配更多一些给 pcp 列表*/
                if (unlikely(&page->lru == &pcp->list)) {
                        pcp->count += rmqueue_bulk(zone, 0,
                                        pcp->batch, &pcp->list, migratetype);
                        page = list_entry(pcp->list.next, struct page, lru);
                }
                list_del(&page->lru);
                pcp->count--;
        } else {
                spin_lock_irqsave(&zone->lock, flags);
                page = __rmqueue(zone, order, migratetype);
                spin_unlock(&zone->lock);
                if (!page)
                        goto failed;
        }
        __count_zone_vm_events(PGALLOC, zone, 1 << order);
        zone_statistics(zonelist, zone);
        local_irq_restore(flags);
        put_cpu();
        VM_BUG_ON(bad_range(zone, page));
        if (prep_new_page(page, order, gfp_flags))
                goto again;
        return page;
failed:
        local_irq_restore(flags);
        put_cpu();
        return NULL;
}
```

buffered_rmqueue()函数完成页框的连续性检查和从伙伴系统中移除页框的工作，由于前面的 get_page_from_freelist()仅仅是保证内存域内有数量够用的空闲页框，但是这些页框有可能是不连续的，因此该函数需要先判断这些页框是否构成连续的且满足大小要求的内存块。对于请求单页的会从每个 CPU 的缓存进行分配，但是请求多页(2^{order})的，则需要从内存域的伙伴列表中查找合适的内存块，必要时还会分解大块内存，将未分配的部分放回列表中。

如果第一次分配内存时 get_page_from_freelist()不能找到合适的空闲内存块，则内核需要再次遍历备用列表中的所有内存域，但是每次都先进行一次回收内存的工作，回收是通过调用 wakeup_kswapd()实现的，该函数唤醒负责换出页的守护进程 kswapd，写回或者换出很少使用的页，增加空闲空间。然后再次尝试调用 get_page_from_freelist()分配所需要的空间。

如果这样的操作之后仍然无法找到合适的内存分配，则可以结束搜索，返回 NULL 指针给调用者，或者报告错误消息。但是也可以使用 try_to_free_pages 函数查找不急需的页，通过换出不急需的页而腾出空闲空间，这是一种非常耗时的方法，因而很少使用。

3) 释放内存

释放内存页框的步骤相对简单很多，主要包括如下几个步骤：

(1) 检查要释放的页框是否被其他进程使用(页描述符 page 的_count 是否为 0)。

(2) 归还单页框：如果要释放的是单个页框，则优先归还到相关联的 CPU 的单页框高速缓存链表中，如果该 CPU 的单页框高速缓存的页框过多，则把页框高速缓存中的一部分页框(pcp→batch 个)放回伙伴系统链表中。

(3) 归还 2^k 个页框的内存块：归还到伙伴系统链表中。在归还过程中，可能会与伙伴合并，变为更高阶(order)的链表中的节点。例如，释放两个连续页框构成的内存块(order=1)，需要检查链表中是否有其伙伴存在，即能否合并成 4 个连续页框的内存块(order=2)。如果可以合并得到大小为 4 的内存块，则再继续检查是否有伙伴可以合并成为大小为 8 的内存块(order=3)，依次类推进行检查和合并，直到找不到伙伴不能合并为止，并将这些连续页框的内存块放入内存域 free_area 对应 order 的链表中。

释放页框的操作最后都会调用到 __free_pages()函数，定义在 mm/page_alloc.c 文件中。该函数使用了 fastcall 调用约定后，函数的两个参数通过 CPU 的两个通用 32 位寄存器 ECX 和 EDX 进行传递，加快短小函数的调用。常用的函数调用约定还有 stdcall(WindowsAPI 使用)和 cdecl(C/C++默认使用)，而 fastcall 适合需要快速性能的场合，所以在内核中经常会看到使用 fastcall 调用约定的函数。

```
/*mm/page_alloc.c*/
fastcall void __free_pages(struct page *page, unsigned int order)
{
    if (put_page_testzero(page)) {
        if (order == 0)
            free_hot_page(page);
        else
            __free_pages_ok(page, order);
    }
}
```

先调用 put_page_testzero()(include/linux/mm.h)判断 page 描述符所对应的页框是否被使用，就是检查 page 中的_count 是否等于 0。若没有进程使用该页框，则进行回收。回收操作根据是否是单页框有所区别：如果是单页框(order=0)，则使用 free_hot_page()放入 CPU 的页框高速缓存中，最终是调用 free_hot_cold_page()完成页框的释放。

```
/*mm/page_alloc.c*/
void fastcall free_hot_page(struct page *page)
{
        free_hot_cold_page(page, 0);

}
```

对于单页框，有"热页"和"冷页"之分，这与 CPU 的 Cache 有关系，是为了提高 Cache 的命中率。在要释放的页框上，一些地址中的数据可能仍然被映射在 CPU 的 Cache 中，在后续分配页框时，如果可以优先分配这样的页框，就有利于提高 Cache 的命中率，这样的页框就作为"热页"，回收到 CPU 的页框高速缓存中。如果是热页，则把页框的 page 描述符添加到 CPU 页框高速缓存链表的开头；如果 Cache 中没有映射，则作为冷页添加到链表的尾部。

```
/*mm/page_alloc.c*/
static void fastcall free_hot_cold_page(struct page *page, int cold)
{       struct zone *zone = page_zone(page);
        struct per_cpu_pages *pcp;
        unsigned long flags;
        if (PageAnon(page))
                page->mapping = NULL;
        if (free_pages_check(page))
                return;
        if (!PageHighMem(page))
                debug_check_no_locks_freed(page_address(page), PAGE_SIZE);
        arch_free_page(page, 0);
        kernel_map_pages(page, 1, 0);
        pcp = &zone_pcp(zone, get_cpu())->pcp[cold];
        local_irq_save(flags);
        __count_vm_event(PGFREE);
        list_add(&page->lru, &pcp->list);
        set_page_private(page, get_pageblock_migratetype(page));
        pcp->count++;
        /*若 CPU 页框高速缓存链表中的页框数量高于最大值 pcp->high,
            则将其中 pcp->batch 数量的页框释放归还给伙伴系统*/
        if (pcp->count >= pcp->high) {
                free_pages_bulk(zone, pcp->batch, &pcp->list, 0);
                pcp->count -= pcp->batch;
        }
        local_irq_restore(flags);
        put_cpu();

}
```

如果要释放的是内存块，则 order 大于 0(即包含 2^{order} 个连续页框)，由__free_pages() 调用__free_pages_ok()并进一步调用 free_one_page()完成从指定页框开始的连续 2^{order} 个页框构成的内存块的释放。free_one_page()定义在 mm/page_alloc.c 文件中：

```
static void free_one_page(struct zone *zone, struct page *page, int order)
{
    spin_lock(&zone->lock);
    zone_clear_flag(zone, ZONE_ALL_UNRECLAIMABLE);
    zone->pages_scanned = 0;
    __free_one_page(page, zone, order);
    spin_unlock(&zone->lock);
}
```

　　可见释放页框的核心函数是__free_one_page()，该函数不仅处理单独页框的释放，也处理由多个连续页框组成的内存块的释放，函数定义在 mm/page_alloc.c 文件中：

```
static inline void __free_one_page(struct page *page, struct zone *zone, unsigned int order)
{
    unsigned long page_idx;
    int order_size = 1 << order;
    int migratetype = get_pageblock_migratetype(page);
    ⋮
    while (order < MAX_ORDER-1) {
        unsigned long combined_idx;
        struct page *buddy;
        buddy = __page_find_buddy(page, page_idx, order);
        if (!page_is_buddy(page, buddy, order))
            break;              /*Move the buddy up one level.*/
        list_del(&buddy->lru);
        zone->free_area[order].nr_free--;
        rmv_page_order(buddy);
        combined_idx = __find_combined_index(page_idx, order);
        page = page + (combined_idx - page_idx);
        page_idx = combined_idx;
        order++;
    }
    set_page_order(page, order);
    list_add(&page->lru,
        &zone->free_area[order].free_list[migratetype]);
    zone->free_area[order].nr_free++;
}
```

__free_one_page()最终将内存块释放添加到伙伴系统中 free_area 的合适链表中。调用 __page_find_buddy()计算要释放的内存块的潜在伙伴内存块的地址，然后 page_is_buddy() 检查潜在伙伴内存块内所有页框是否都是空闲的，如果是，则进行内存块的合并及升阶的操作。__find_combined_index()用于计算内存块合并后的内存块的索引。这种检查和合并操作会继续进行直到没有可以合并的伙伴为止，__free_one_page()函数中的 while 循环就是完成这个功能的。

```
/*mm/page_alloc.c*/
static inline struct page *
__page_find_buddy(struct page *page, unsigned long page_idx, unsigned int order)
{
        unsigned long buddy_idx = page_idx ^ (1 << order);
        return page + (buddy_idx - page_idx);
}
static inline unsigned long
__find_combined_index(unsigned long page_idx, unsigned int order)
{
        return (page_idx & ~(1 << order));
}
static inline int page_is_buddy(struct page *page, struct page *buddy,
                                int order)
{
        if (!pfn_valid_within(page_to_pfn(buddy)))
            return 0;
        if (page_zone_id(page) != page_zone_id(buddy))
            return 0;
        if (PageBuddy(buddy) && page_order(buddy) == order) {
            BUG_ON(page_count(buddy) != 0);
            return 1;
        }
        return 0;
}
```

3. slab 分配器

　　分配内存的请求并不都是以页大小为单位的，经常会有小于一页的内存申请，例如下述 C 语言代码使用 malloc()函数分配 10 B 的内存空间：

```
char *p;
p = (char *)malloc(sizeof(char) * 10);
```

　　如果使用伙伴系统为其分配一个 4 KB 的页框就太浪费了。内核也经常需要比完整页框小很多的内存块，如进程的 task_struck 结构，所以需要在伙伴系统基础上定义额外的内存管理层，将伙伴系统提供的页框划分为更小的内存块进行管理。slab 分配器就是在这种背景下提出的，最先由 SUN 公司的 JeffBonwick 在 Solaris 2.4 中设计并实现的。

　　slab 分配器先向伙伴系统申请分配单个页框或者一个内存块，然后在此基础上将整块页面分割成大小相等的小内存块，称为对象，以满足小内存空间分配的需要。例如，划分的 slab 对象有 8 B 大小的，还有 16 B 大小的；当分配请求是 1～8 B 时，就分配一个 8 B 的 slab 对象响应请求，如果请求是 8～16 B 大小，则分配一个 16 B 的 slab 对象。这样的设计大大减少了内存碎片。

　　slab 分配器对于频繁使用的对象，采用了缓存的方式提高系统效率。内核定义了一个只包含所需类型对象实例的缓存。slab 分配器在回收被释放的对象时，仅仅标记该对象为空闲，归入同类型对象实例缓存的链表中，而不是归还给伙伴系统；当又有同类型新对象实例空间申请时，slab 分配器直接从对象实例缓存链表中分配，且优先分配最近释放的对象，因为这样的对象有可能还在硬件高速缓存中，可以提高系统的效率。

　　在内核中 slab 是默认使用的分配器，其他备用分配器还有 slob 和 slub。因为内核不能使用标准库的函数，所以必须实现一组特定的函数，用于内存分配和缓存。所有的分配器使用的前端接口都是相同的。

　　(1) 用于内存分配：kmalloc()、__kmalloc()和 kmalloc_node()。

　　(2) 用于内核缓存：kmem_cache_alloc()和 kmem_cache_alloc_node()。

　　slab 分配器包含的各种数据和结构看起来并不容易理解，需要先理解 slab 缓存的构成关系。slab 缓存基本可以分成两部分：保存管理性数据的缓存对象和保存被管理对象的各个 slab。每个缓存只管理某一种类型的对象或提供缓冲区，而各个缓存中的 slab 的数目也各不相同，与已经分配的页数目、对象长度、被管理对象的数量等因素相关。所有的缓存保存在 cache_chain 指向的一个双向链表中，链表的节点就是各个 slab 缓存的描述符 kmem_cache，所以内核可以遍历这个链表访问全部缓存，如图 4-31 所示。

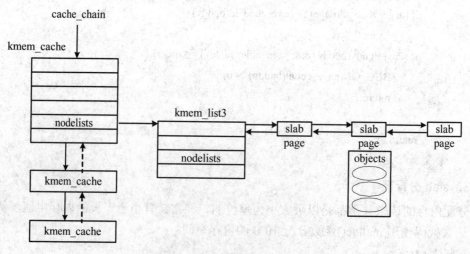

图 4-31　slab 分配器结构示意图

　　slab 缓存的描述符 kmem_cache 定义在 mm/slab.c 文件中。

```
/*mm/slab.c*/
```

```
struct kmem_cache {
/*(1) per-CPU 的数据，在每次分配/释放期间都会访问*/
        struct array_cache *array[NR_CPUS];
/*(2) 可调整的缓存参数，有 cache_chain_mutex 保护*/
        unsigned int batchcount;
        unsigned int limit;
        unsigned int shared;
        unsigned int buffer_size;
        u32 reciprocal_buffer_size;
/*(3)后端每次分配和释放内存时都会访问*/
        unsigned int flags;            /*常数标志*/
        unsigned int num;             /*每个 slab 中的对象数量*/
/*(4) 缓存的增长/缩减*/
        /*每个 slab 中的页框数，取以 2 为底的对数*/
        unsigned int gfporder;
        /*force GFP flags, e.g. GFP_DMA*/
        gfp_t gfpflags;
        size_t colour;               /*cache colouring range*/
        unsigned int colour_off;      /*colour offset*/
        struct kmem_cache *slabp_cache;
        unsigned int slab_size;
        unsigned int dflags;           /*dynamic flags*/
        /*constructor func*/
        void (*ctor)(struct kmem_cache *, void *);
/*(5) 缓存创建/移除*/
        const char *name;
        struct list_head next;
/*(6) 统计数据*/
        ⋮
        struct kmem_list3 *nodelists[MAX_NUMNODES];
};
```

每个缓存描述符中的 struct kmem_list3 包含了三种情况的 slab 列表：

(1) slabs_full：完全分配的 slab——管理的对象全部都已经分配了。

(2) slabs_partial：部分分配的 slab——管理的对象有一部分分配了，还有未分配的。

(3) slabs_free：空闲 slab——管理的对象全部都未分配。在进行回收(reaping)时是主要备选对象，回收的空间被返回给操作系统供其他用户使用。

```
/*mm/slab.c*/
struct kmem_list3 {
        struct list_head slabs_partial;
```

```
                struct list_head slabs_full;
                struct list_head slabs_free;
        ⋮
        };

        struct slab {
                struct list_head list;
                unsigned long colouroff;
                void *s_mem;
                unsigned int inuse;        /*slab 中活动对象的数量*/
                kmem_bufctl_t free;
                unsigned short nodeid;
        };
```

slab 链表中的每个 slab 都是一个连续的内存块，包含一个或多个连续页框。每个 slab 被分配为多个对象，这些对象是从特定缓存中进行分配和释放的基本单位。单个 slab 可以在 slab 链表之间进行移动。例如，当一个 slab 中的所有对象都被分配出去时，该 slab 就从 slabs_partial 链表中移动到 slabs_full 链表中；当一个完全分配的 slab 中有对象被释放后，该 slab 就从 slabs_full 链表中移动到 slabs_partial 链表中；当所有对象都被释放之后，就从 slabs_partial 链表移动到 slabs_free 链表中。

内核会频繁进行小对象的内存空间分配请求，slab 分配器通过将页框划分为类似大小的对象满足小内存分配需求，同时也避免常见的碎片问题。slab 分配器还支持通用对象的初始化，避免对象的重复初始化。slab 分配器支持硬件缓存的对齐和着色，允许不同缓存中的对象占用相同的缓存行，从而提高缓存的利用率并具有良好的性能。因此，slab 缓存分配器与传统内存管理模式相比具有很多优点。

Linux 内核中还配置了两个备用分配器——slob 和 slub。slob 分配器代码量很小，适合对代码量敏感的系统，如嵌入式系统；slub 分配器将页框分组，虽然并没有明显简化结构定义，但是在大型计算机上却能比 slab 提供更好的性能。

4.7.3　Linux 虚拟地址空间管理

每个进程都有一个可以访问的连续内存区，但不是实际的物理内存，所以称为虚拟地址空间。每个进程都具有同样的系统视图，多个进程因此可以同时运行，而不会相互干扰。虚拟地址空间通过地址映射与物理地址空间关联，但是并非所有的页面都有对应的页框，因为只有部分页面装载到物理内存中，所以必要时会从块设备加载需要的页面内容。

各个进程的虚拟地址空间从 0 开始直到 TASK_SIZE−1，其上是内核地址空间。在 32 位体系结构的计算机中虚拟地址空间可以达到 2^{32}=4 GB，整个虚拟地址空间按照 3∶1 的比例划分，内核空间部分占用其中的 1 GB(0xC0000000～0xFFFFFFFF)地址空间，用户进程占用其中的 3 GB(0x00000000～0xBFFFFFFF)地址空间。无论当前执行的是哪个进程，虚拟地址空间的内核空间部分的内容总是相同的，但是用户进程不能访问内核部分的 1 GB

空间，也不能访问其他用户进程的虚拟地址空间，因为那是完全不可见的。

1. 进程虚拟地址空间

虚拟地址空间包含许多区域，也称为段，用于不同的目的。这里的内存段并不是前面内存管理中讲述的分段管理方式中的段，只是虚拟地址空间中的不同区域。虚拟地址空间包括了如下区域(见图 4-32)：

(1) 当前运行的二进制代码 text 段；

(2) 程序使用的动态库的代码；

(3) 存储全局变量和动态产生数据的堆；

(4) 用于保存局部变量和实现函数/过程调用的栈；

(5) 环境变量和命令行参数的段；

(6) 将文件内容映射到虚拟地址空间中的内存映射。

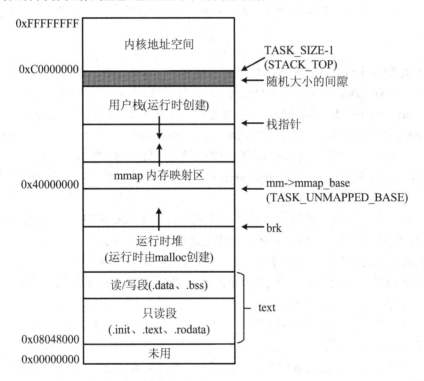

图 4-32　进程的虚拟地址空间

2. 数据结构

Linux 系统中进程的描述符 task_struck 结构中有一个指向内存管理信息的 mm_struck 结构的指针 mm，该结构体中的成员包含了进程虚拟地址空间的管理信息，定义在 include/linux/mm_types.h 文件中：

```
struct mm_struct {
        struct vm_area_struct * mmap;              /*list of VMAs*/
        struct rb_root mm_rb;
```

```
        struct vm_area_struct * mmap_cache;        /*last find_vma result*/
        unsigned long (*get_unmapped_area) (struct file *filp,
                            unsigned long addr, unsigned long len,
                            unsigned long pgoff, unsigned long flags);
        void (*unmap_area) (struct mm_struct *mm, unsigned long addr);
        unsigned long mmap_base;            /*mmap 区域基地址*/
        unsigned long task_size;            /*进程虚拟空间的长度*/
        pgd_t * pgd;    /*进程的页目录表指针*/
        ⋮
        unsigned long start_code, end_code, start_data, end_data;
        unsigned long start_brk, brk, start_stack;
        unsigned long arg_start, arg_end, env_start, env_end;
    ⋮
    };
```

虚拟地址空间中可执行代码段占用的部分从 start_code 开始，到 end_code 结束。数据段占用的是从 start_data 到 end_data 的空间。堆空间是在 start_brk 到 brk 之间，在进程的生命周期中 start_brk 不改变，但是 brk 值会改变，因为堆的长度是可以变化的。

mm_struct->mmap_base 表示虚拟地址空间中用于内存映射的起始地址，通常起始于 TASK_UNMAPPED_BASE 所指向的地址，一般都是 TASK_SIZE 的 1/3 处，在 32 位系统中为 0x40000000。调用 get_unmapped_area() 可以在 mmap 区域中找到适当的位置进行新映射。

task_size 存储了进程的地址空间长度，该值通常是 TASK_SIZE。但是当在 64 位计算机上执行 32 位进程代码时，task_size 表示的是该进程可见的地址空间长度。

text 段的起始地址与体系结构有关，在 32 位系统中是 0x08048000，其他系统中也有使用其他起始地址的。该地址之前的地址空间(约 128 MB)，用于捕获 NULL 指针。text 段之后紧接着就是堆，自下向上增长。

栈起始于 STACK_TOP 所指向的地址，如果设置了 PF_RANDOMIZE 标志，则栈的起始地址会在进程启动时减少一个随机量，引入了复杂性，提高了恶意代码通过缓存溢出攻击的难度。大多数体系结构设置的 STACK_TOP 就是 TASK_SIZE，即用户空间中最高可用地址。栈是自顶向下进行扩展的。进程的参数列表和环境变量都是栈里的初始数据，两个区域的位置分别由 arg_start 和 arg_end、env_start 和 env_end 描述，都是位于栈中最高的区域。

进程的虚拟内存包括很多区域，每个区域都有一个描述符 vm_area_struct。区域由开始和结束地址描述，所有的区域以起始地址递增排序建立线性链表。由于当区域数量很大的时候，在链表中搜索特定区域的效率很低，因此在链表之外，还使用了红黑树管理这些区域的描述符，显著加速扫描。红黑树的根节点是 mm_struct->mm_rb。当增加新区域的时候，内核通过搜索红黑树找到新区域之前的区域，然后将新区域的描述符插入线性链表。进程虚拟地址空间管理使用的数据结构相互之间的关系如图 4-33 所示。

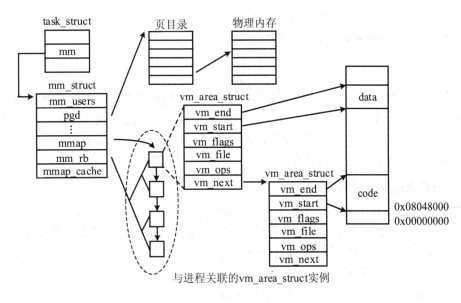

图 4-33　进程虚拟内存相关数据结构之间的关系

程序如下：

```
/*include/linux/mm_types.h*/
struct vm_area_struct {
        struct mm_struct * vm_mm;
        unsigned long vm_start;
        unsigned long vm_end;
        struct vm_area_struct *vm_next;
        pgprot_t vm_page_prot;
        unsigned long vm_flags;
        struct rb_node vm_rb;
        union {
            struct {
                    struct list_head list;
                    void *parent;
                struct vm_area_struct *head;
                } vm_set;
            struct raw_prio_tree_node prio_tree_node;
        } shared;
        struct list_head anon_vma_node;
        struct anon_vma *anon_vma;
        struct vm_operations_struct * vm_ops;
        unsigned long vm_pgoff;
        struct file * vm_file;
```

```
            void * vm_private_data;
            unsigned long vm_truncate_count;
          ⋮
        };
```

Linux 采用多级页表，每个进程都有自己的页目录表 PGD，指向该目录表的指针存储在 mm_struck 结构的 pgd 字段中。当一个进程被调度而即将进入执行态时，内核使用该进程的 PGD 指针设置 CR3 寄存器(switch_mm())。这样不同进程只能访问自己的虚拟地址空间，而不会与其他进程的虚拟地址混淆。

3. 内核虚拟地址空间

在整个物理内存中内核只存储了一份，映射到每个进程的虚拟地址空间中，所以每个进程的内核虚拟地址空间内容都是相同的。在 32 位体系结构的系统中，按照 3∶1 的比例划分，Linux 内核空间占用进程虚拟地址空间的 3～4 GB 的地址空间，大小为 1 GB。内核地址空间又划分为三种类型的区：

(1) ZONE_DMA：3 GB 之后起始的 16 MB。

(2) ZONE_NORMAL：16～896 MB。

(3) ZONE_HIGHMEM：896 MB～1 GB。

内核的虚拟地址和内核的实际物理地址其实只相差一个起始地址偏移量：

$$实际物理地址 = 虚拟地址 - 0xC0000000$$

如果 1 GB 内核虚拟空间完全与实际物理内存的 1 GB 空间进行线性映射，那么内核只能访问 1 GB 空间的物理内存，这显然是比较大的局限。ZONE_HIGHMEM 区就是专门开辟的一块不必线性映射、可以灵活定制映射的区域，用于访问 1 GB 以上物理内存的区域，所以称为高端内存。

高端内存是通过借一段虚拟地址空间，建立临时地址映射，用完后释放，这段虚拟地址空间可以循环使用，访问所有物理内存。例如，假设内核要访问 2 GB 开始的一段大小为 1 MB 的物理内存，则先在虚拟地址空间中找到一段 1 MB 大小的空闲空间，通过地址映射把虚拟地址空间映射到 2 GB 开始的 1 MB 大小的物理内存上，使用完毕之后再释放这段虚拟地址空间。

内核将高端内存空间 ZONE_HIGHMEM(128 MB)划分为三个功能区部分，如图 4-34 所示。

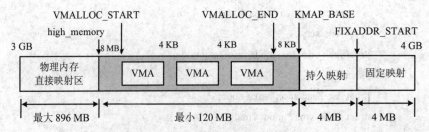

图 4-34　Linux 内核虚拟空间分布示意图

(1) VMALLOC 部分：从 VMALLOC_START 到 VMALLOC_END 的区域，用于物理上不连续的内核映射，访问 1 GB 以外的物理内存空间。

(2) 持久映射部分：从 KMAP_BASE 到 FIXADDR_START 的区域，用于将高端内存域中的非持久页映射到内核中。

(3) 固定映射部分：从 FIXADDR_START 到 4 GB 的区域，用于虚拟地址空间中的页面与物理地址空间中的页框的固定映射。

VMALLOC 部分包含的是映射到物理内存的多个线性子区域(Virtual Memory Area, VMA)，相互之间以一个页面相隔(4 KB 大小)。每个子区域使用一个 vm_struck 结构描述，所有的 vm_struck 结构构成一个单向链表。

```
/*include/linux/vmalloc.h*/
struct vm_struct {
        struct vm_struct    *next;
        void                *addr;
        unsigned long       size;
        unsigned long       flags;
        struct page         **pages;
        unsigned int        nr_pages;
        unsigned long       phys_addr;
};
```

addr 定义了分配的子区域的虚拟地址的起始地址；size 是该区域的长度；flags 指定内存类型，包括 VM_ALLOC、VM_MAP 和 VM_IOREMAP 三种；pages 是指向 page 指针的数组，数组的每个成员都对应一个映射到当前虚拟子区域的物理内存页框的 page 实例；phys_addr 仅当使用 ioremap 映射了物理内存区域时才有用；next 构成虚拟子区域的单向链表。

ioremap()把高端内存的 VMALLOC 部分中的虚拟区域映射到设备 I/O 的物理地址空间。ioremap()的实现与 vmalloc()很相似，所不同的地方就是 ioremap()直接利用设备的 I/O 物理地址，而不是页框，vmalloc()是通过伙伴系统获得页框。例如，ioremap()多用于将 PCI 缓冲区物理地址空间映射到内核虚拟地址空间。

4.8　openEuler 中的多级页表

ARMv8 架构的 AArch64 状态是 64 位架构，服务器操作系统 openEuler 是 64 位架构，可访问的进程地址空间巨大，为此虚拟内存空间管理采用的是基于多级页表的虚拟内存管理方式。

4.8.1　openEuler 的虚拟内存

虚拟内存就是进程的地址空间，该空间中的地址都是虚拟地址，也称为逻辑地址，与实际物理地址不同，所以不能用虚拟地址直接访问物理内存。CPU 执行指令过程中产生的地址都是虚拟地址，必须经过地址映射，得到实际物理地址，才能进行访存操作，即读写内存的存储单元。

1. 虚拟内存布局

在 ARMv8 架构的 openEuler 操作系统中，进程的虚拟内存空间分为两部分：用户空间和内核空间，各占 512 GB(2^{39} B)大小，用户空间位于虚拟地址空间的低端，内核空间位于虚拟地址空间的高端，如图 4-35 所示。

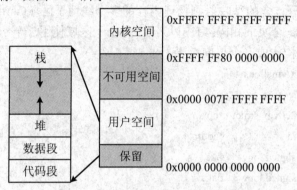

图 4-35　进程虚拟内存空间布局

在 ARMv8 架构中，这两部分空间的地址位数是通过 TCR 寄存器中的 T0SZ 和 T1SZ 字段设置的，在 openEuler 中这两个字段设置的值是一样大小，所以这两个空间的大小是一样的。实际给用户空间和内核空间的地址位数都是 39 位，两个空间的虚拟地址范围如表 4-2 所示。

表 4-2　虚拟内存用户空间和内核空间地址

	起始地址	结束地址
用户空间	0x0000 0000 0000 0000	0x0000 007F FFFF FFFF
内核空间	0xFFFF FF80 0000 0000	0xFFFF FFFF FFFF FFFF

64 位系统的存储空间理论上应该是 2^{64} B，在 ARMv8 架构 AArch64 状态中支持的最大虚拟地址是 48 位，在实际计算机系统中，地址位数可以少于 48 位，openEuler 中的用户空间和内核空间都是 39 位地址。从表 4-2 中的地址范围可以看出，在用户空间上界和内核空间下界之间还有一部分空间，这部分是不可访问空间，即不在寻址空间中。如果要访问这个区域，硬件就会触发异常。

虚拟内存使每个进程工作在自己的用户空间中，空间是独立的，进程之间并不会相互访问，因此即便物理内存是单一的，每个进程也都以为自己拥有全部内存。虽然进程虚拟地址范围都是 0x0000 0000 0000 0000～0x0000 007F FFFF FFFF，但需要经过地址映射才能得到真实的物理地址，在地址映射过程中还要进行地址的合法性检查，从而保证进程不能访问无权限的地址空间，例如其他进程的物理空间，这样就达到了进程相互隔离的目的。

2. 内核空间保护

用户进程运行在用户空间中，操作系统内核运行在内核空间中。为了保护操作系统内核的安全，需要限制用户进程的访问权限，不允许进程读写内核空间中的代码和数据。这是通过 ARMv8 架构的特权级来实现的。

ARMv8 架构中的特权级又称为异常(exception)级别，共有四级，分别是 EL0、EL1、

EL2 和 EL3，其中 EL0 级别最低，EL3 级别最高。应用程序运行的异常级别越高，对于硬件的控制权限、寄存器的访问权限以及指令的执行权限就越高。用户应用程序运行在 EL0 级别，称为用户模式；操作系统内核运行在 EL1 级别，称为内核模式。由于应用程序的 EL0 级别低于内核的 EL1 级别，因此应用程序就不能访问内核空间中的资源了，操作系统内核的安全得以保护。

4.8.2　内存管理单元 MMU

虚拟地址映射到物理地址的过程是由内存管理单元(Memory Management Unit，MMU)完成的。MMU 位于 CPU 核和连接内存的总线之间，能够进行访问权限控制。MMU 中设置了转换旁路缓存 TLB(Translation Lookaside Buffer)，可以通过缓存最近访问的虚拟地址的映射关系来加速地址映射，从而提高内存访问性能。MMU 中的页表遍历单元(Table Walk Unit)负责实现多级页表中的地址转换。

虚拟地址空间被划分为用户空间和内核空间，这两个空间的大小是通过 TCR_EL1 寄存器的 T0SZ 字段(bits[5-0])和 T1SZ 字段(bits[21-16])设置的，如图 4-36 所示。在 openEuler 中，T0SZ 和 T1SZ 设置的值相同，都是 39。转换粒度(Translate Granule)字段 TG0(bits[15-14]) 和 TG1(bits[31-30])指定 TTBR0_EL1 和 TTBR1_EL1 的页面尺寸大小。

32 31 30 29		22 21	16 15 14 13		6 5	0
…	TG1	…	T1SZ	TG0	…	T0SZ

图 4-36　TCR_EL1 寄存器字段描述

openEuler 采用多级页表，每个进程有两个页表寄存器，即 TTBR0_EL1 和 TTBR1_EL1，分别存储用户空间的页表基址和内核空间的页表基址。在进行地址映射的时候，根据虚拟地址的第 63 位(bits[63])决定使用的是用户空间还是内核空间，从而确定使用的页表基址寄存器是 TTBR0_EL1 或 TTBR1_EL1。

4.8.3　openEuler 多级页表

由于 ARMv8 架构的虚拟地址最大为 48 位，可寻址的最大空间为 256TB，地址空间巨大，因此需要采用多级页表的方式管理虚拟内存，实现虚拟内存空间中虚拟地址到物理地址的映射。

1. 虚拟地址结构

在 openEuler 系统中使用三级页表，如果页面大小为 4 KB，则 39 位虚拟地址结构如图 4-37 所示。虚拟地址结构中 bits[11-0]是页内地址，bits[20-12]是页表索引，bits[29-21]是页中间目录索引，bits[38-30]是页全局目录索引。如果采用 64 KB 页面大小，则只需要二级页表即可。以下地址映射过程的相关讲述采用三级页表的地址映射过程。

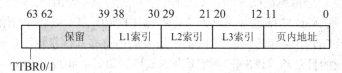

图 4-37　39 位虚拟地址结构(页面 4 KB 大小)

在 openEuler 中,各级页表的单个表项的总位数宽度是 64 位,即 8 B,则在每个页框(4KB)中可以存储 512 个表项(4 KB/8 B = 512),所以使用 9 位可以索引相应的全部表项。同理,查询三个级别的页表(页目录)的 L1 级索引、L2 级索引和 L3 级索引都是 9 位,如图 4-37 所示。

虚拟地址的 bits[63-39]部分有两种情况,如果是用户空间的虚拟地址,则这部分所有位为 0,如果是内核空间的虚拟地址,则这部分所有位为 1。所以 MMU 通过 bits[63]位判断是用户空间虚拟地址还是内核空间虚拟地址,并选择相应的页表基址寄存器进行后续的地址映射。

2. 描述符

openEuler 中的三级页表分别称为页全局目录(Page Global Directory,PGD)、页中间目录(Page Middle Directory,PMD)和页表(Page Table,PT)。各级页目录和页表中包含的是描述映射关系的表项,即页目录项或者页表项,都称为描述符(descriptor)。跟多级页表有关的描述符共有三种:块描述符、表描述符和页描述符。三种描述符的字段结构如图 4-38 所示。

图 4-38　三种描述符的字段结构

1) 块描述符

块描述符用于指向一块连续的物理内存。如果页目录项的 bits[1-0]位为 01,则说明该表项是块描述符。块描述符的地址输出字段 bits[38-n]有两种情况,即 n = 30 和 n = 21,分别表示输出地址为 9 位或者 18 位,块描述符输出的是一个连续内存块的基址。

2) 表描述符

表描述符用于保存下一级页表的基址。在页全局目录项和页中间目录项中,如果 bits[1-0]位为 11,则说明该表项是表描述符。字段 bits[38-12]保存的就是下一级页表的基址。

3) 页描述符

页描述符用于指向一个物理页框。输出字段是 bis[38-12](27 位),就是页框号,与虚拟地址中的页内地址共同构成物理地址。在页描述符中还包含上部属性字段 bits[63-51]和下部属性字段 bits[11-2],用于支持访问控制。

3. 三级页表

在 Linux 系统的内核中,设计的是四级页表 L0～L3,openEuler 使用的是其中的三级页表。由 MMU 完成虚拟地址映射转换的工作,转换过程是:MMU 根据虚拟地址的 bits[63]位确定页全局目录 PGD 的基址寄存器,从寄存器 TTBR0_EL1 或者 TTBR1_EL1 中读取页全局目录基址。PGD 中保存的目录项 PGDE 是表描述符格式,根据 L1 级索引(见图 4-37)查询 PGD 中相应的目录项,输出下一级页表的基址,即页中间目录 PMD 的基址。根据 L2 级索引查询 PMD 中相应的目录项,输出页表 PT 的基址。根据 L3 级索引查询 PT 中的相应表项，输出页框号，MMU 将页框号与虚拟地址中的页内地址合并构成虚拟地址对应的物理地址。

4.8.4 加速地址转换

由于多级页表地址转换过程中，需要多次访问内存中的页表，以获得页框的映射信息，因此会导致额外的内存访问开销。对于三级页表系统来说，需要三次访存完成地址转换，然后再访问一次内存获取数据，这样就是每四次访存才能完成一次有效的内存访问。openEuler 通过引入转换旁路缓存 TLB 来加速地址转换，从而有效降低访存时间。

TLB 是在 MMU 中增加的一小片缓存，CPU 访问 TLB 的速度远高于访问内存的速度。在 TLB 中存储了最近访问过的虚拟地址对应的转换关系。若 TLB 中可以得到映射信息，则称为 TLB 命中；否则称为 TLB 不命中，这时候仍然需要多次访问内存获取页表信息，完成地址转换，同时会将本次转换关系存储到 TLB 中，以加速后续的转换过程。使用 TLB 加速地址转换速度的原理是进程执行的局部性原理，如果内存中某个地址被访问之后，则这个地址可能很快会再次被访问，或者该地址附近的其他地址很快会被访问。如果将地址转换关系存储在 TLB 中，则后续的内存访问就不用多次访问内存中的页表，而是直接从速度更快的 TLB 中获取，这样多次内存页表访问就变为一次 TLB 访问，大大缩短了获取地址映射信息的时间，从而显著加速地址转换的过程。

在 ARMv8 架构的 AArch64 状态中，TLB 的构成如图 4-39 所示，包含的主要是页号和页框号的映射关系，另外还包含了标志位、标识符等。nG(not Global)为非全局位，用于区分进程和内核的 TLB 表项。VMID(Virtual Machine Identifier)是虚拟机标识符，用于区分不同虚拟机的表项。TLB 是多个进程共享的，所以使用地址空间标识符(Address Space ID，ASID)区分 TLB 表项所属的进程。openEuler 为每个进程分配一个唯一的 ASID，保存在进程的 TTBR0_EL1 寄存器的 ASID 字段中。在进行地址映射的过程中，MMU 查询 TLB 时，会忽略 TLB 中与进程 ASID 不匹配的记录项，因此在进行进程切换时，就无须整体清空和刷新 TLB 记录项了。当有多个虚拟机共享 TLB 时，可能两个虚拟机中的不同进程具有相同的 ASID，为此 ARM 又加上一个 VMID 来标识每个虚拟机，以确保不同虚拟机能同时利用 TLB。nG 位标识该页面是否为全局页，如果是全局页(nG=0)，则所有进程都能访问，此时 ASID 无效；否则只有 ASID 一致的进程才能访问。

nG	VMID	ASID	页号	页框号

图 4-39 TLB 的表项基本构成

由于 TLB 的存储空间很小，通常只有 16～512 个表项，因此当 TLB 全部表项都被占用之后，新的映射关系存储就需要替换旧表项。TLB 的维护完全由硬件完成，相应的 TLB 替换策略也是固化在硬件中的。最近最久未使用(Least Recently Used，LRU)策略是常用的 TLB 策略，另外随机替换也是一种常用的替换策略。

4.8.5 标准大页和大页池

当用户程序需要较大内存的时候，如果仍然使用 4 KB 的小页面，就会导致页面数量巨大。例如，一个 4 MB 的内存空间需求，需要占用 1024 个 4 KB 的页框，在页表中将占用

1024 个页表项 PTE(未计算页目录)，给页表管理和存储带来负担。当 TLB 不命中的时候，需要访问内存中的页表，然后完成地址转换，这是一个十分耗时的过程。

一种解决方法是使用大页或巨页(huge page)，如 MB 或者 GB 级别大小的页面，这样的页称为标准大页。例如，假设页面大小为 2 MB，则上述 4 MB 的空间分配需求只需要两个页框和两个页表项。对于这两个页面的访问只会引发两次 TLB 不命中和相应的页表查询。

若要在一个使用 4 KB 页面的系统中同时兼容使用大页面，则需要解决以下问题：

(1) 如何在页目录中区别性地记录普通页表目录项和大页的目录项，即其中所包含的映射关系如何构成。

(2) 底层硬件如何处理这种大页的页表项，构成发生变化之后，硬件如何正确识别和解释。

(3) 操作系统管理大页的方法，以及如何向用户提供相应的接口。

1. 块描述符与标准大页

前面在讲述描述符(页目录项或页表项)的时候，共有三种描述符(见图 4-38)，在普通多级页表中使用的是其中两种，即表描述符(输出下一级页表基址)和页表描述符(输出页框号)。使用大页就需要用到块描述符。块描述符与表描述符不同，输出的基址是一块连续物理内存的基址，例如 2 MB 的块，就是 512 个连续的页框。

从虚拟地址的结构来看(见图 4-37)，每个页表 PT 的页表项 PTE 指向一个页框，这个页框的大小就是 4 KB(2^{12} B)；那么如果把页中间目录的目录项 PMDE 看成是 PTE 的话，则每个 PMDE 就指向一个包含 512(2^9)个连续页框的物理内存块，即 2 MB(2^{21} B)；同理，如果把页全局目录项 PGDE 看成是 PTE 的话，则每个 PGDE 就指向一个包含 256 K(2^{18})个连续页框的物理内存块，即 1 GB(2^{30} B)。所以，大页的基本原理就是把上一级页表当成直接页表 PT，这样每个页目录项就指向了一个大的页框，包含 2^k 个连续的小页框(4 KB)，其中 k 是页目录位数的整数倍，参照 openEuler 的三级页表虚拟地址结构(见图 4-37)可以知道，k 的取值为 9 或者 18。

根据上述大页的原理，块描述符输出的基址位数是可变的，例如在 openEuler 中这个位数可能是 9 位(bits[38-30]，指向一个 1 GB 的块)，也可能是 18 位(bits[38-21]，指向一个 2 MB 的块)，所以在块描述符的结构中存在一个可变的量 n，如图 4-38 所示。

MMU 得到块描述符中的基址之后，就直接与虚拟地址中低 30 位或者低 21 位合并构成物理地址，从而完成地址转换过程，不再进行其他级别的页表处理。由于在 L1、L2 级页表中可能存在表描述符和块描述符，因此需要通过页目录项中 bits[1-0]位的取值情况来判断是哪种描述符。01 表示块描述符，11 表示表描述符，如图 4-38 所示。

从上述地址转换原理和过程来看，使用大页的地址转换过程减少了进行多级页表地址映射的访存次数，提高了地址转换效率。对于连续的物理内存块，使用大页的地址转换只要存储一个映射关系，即只使用一个表项存储，所以也降低了页表存储的开销。

2. 大页池

openEuler 采用大页池(huge page pool)管理基于大页的内存。openEuler 在内核启动的时候，根据相关配置信息确定支持的大页长度和数量，在内存中预留相应数量的大页空间，待用户程序发出大页分配申请时，openEuler 查询大页池，寻找空闲可用的大页进行分配。

在 openEuler 中,使用一个全局结构体数组 hstates 存储全部大页池信息,数组的元素是 hstate 结构体,用于存储每个大页池的信息(页大小、空闲页数量等)。所以不同的大页池可以有不同的大页尺寸。

      struct hstate   hstates[HUGE_MAX_HSTATE]

    在 openEuler 中可以通过调整/sys/kernel/mm/hugepages 目录中的目录和文件参数来控制大页池的情况。例如,hugepages/hugepages-2048kB 目录中保存的就是 2 MB 大页池的信息。如果把目录中的文件 nr_hugepages 内容设置为 N,就表示 2 MB 大小大页池中页的数量设置为 N。如果 N=0,则不使用 2 MB 的大页。如果当前有进程正在占用大页,则待进程结束释放内存时全部归还系统,surplus_hugepages 文件记录了这种待释放的大页数量。

3. 伪文件系统 hugetlbfs

    用户使用大页的方法与普通申请内存访问不同,在 openEuler 中是通过读写伪文件系统 hugetlbfs 来进行的。openEuler 将标准大页封装为一个伪文件系统 hugetlbfs,调用函数 hugetlbfs_mount()挂载该文件系统,就是把该文件系统与大页内存关联起来,之后访问该文件系统就是访问内存了。用户程序使用 open()函数在 hugetlbfs 文件系统上创建新文件,触发内核调用 hugetlbfs_create()函数创建索引节点(inode)结构,然后用户程序调用函数 mmap()将文件映射到虚拟地址空间,相应的内核调用 hugetlbfs_file_mmap()为用户进程建立映射,mmap()函数的返回值是虚拟地址,通过这个虚拟地址就可以读写标准大页对应的内存了。示例代码如下:

```
#define LENGTH   2048*1024*5
#define PROTECTION (PROT_READ | PROT_WRITE)
int main(void) {
    // 在 hugetlbfs 伪文件系统中创建文件
    fd = open("/mnt/hugetlbfs/hgtest", O_CREAT | O_RDWR, 0755);
    // 将大页内存映射到进程的堆所处的虚拟地址
    void *addr = mmap(0, LENGTH, PROTECTION, MAP_SHARED, fd, 0);
    *(int *)addr = 100;                    // 写入一个整数
    printf("write integer: %d\n",*(int *)addr);    // 输出写入的数据
    unlink("/mnt/hugetlbfs/hgtest");               // 释放大页内存
}
```

    为了节省篇幅,省略了相关头文件。使用 gcc 编译即可。执行示例程序之前,还需要先设置内核参数和挂载大页伪文件系统,设置方法如下:

```
# 内核预留 10 个 2MB 大页
echo 10 > /sys/kernel/mm/hugepages/hugepages-2048kB/nr_hugepages
# 创建文件系统挂载点
mkdir -p /mnt/hugetlbfs
# 挂载大页伪文件系统
mount -t hugetlbfs none /mnt/hugetlbfs -o pagesize=2048K
```

完成上述步骤后,可以执行示例程序。

另外，用户也可以通过使用共享内存的方式来使用大页，具体参看进程通信的系统调用 shmget、shmat 等。如下代码可以申请到一块大页内存。

```
key_t    our_key = ftok("/mnt/hugetlbfs", 6);
// 申请内存
int shm_id = shmget(our_key, 2048*1024*5, IPC_CREAT|IPC_EXCL|SHM_HUGETLB);
// 映射到进程的虚拟地址空间
void *addr = shmat(shm_id, NULL, 0);
......   // 对内存进行读写操作
shmdt(addr);                       // 断开映射
shmctl(shm_id, IPC_RMID, NULL);    // 释放共享内存
```

　　得到映射的地址 addr 之后，就可以对该内存空间进行读写了。

　　标准大页的思想和技术也存在一些缺点，大页池需要预留空间，用户进程使用大页池内存之前，需要先挂载伪文件系统，手动管理大页的申请与释放，不够友好。因此，人们引入了透明大页(Transparent Huge Pages，THP)，其思想是：为用户优先分配大页内存，如果分配不成功，则再分配普通页内存。

4.9　本章小结

1．本章知识点思维导图

本章知识点思维导图如图 4-40 所示，其中灰色背景内容为重难点知识点。

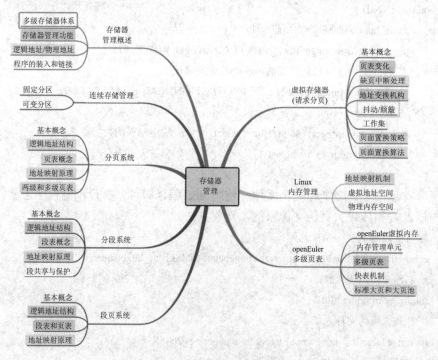

图 4-40　第 4 章知识点思维导图

2. 本章主要学习内容

本章讲述了关于存储管理的基本知识，主要讲述的是内存的管理，其他类型的存储器不在本章的讨论范围之内。

(1) 存储器管理概述：首先介绍了计算机系统中配置的多级存储器层次体系。其次是概述了存储器管理所涉及的四个方面，包括内存的分配与回收、内存共享与保护、地址映射和内存扩充。最后介绍了程序装入和链接的几种方式。

(2) 连续存储管理方式：连续存储管理方式是为进程分配连续的内存空间，有固定分区和可变分区两种实现机制。固定分区把内存区域划分成若干分区，其大小不能变化；可变分区则是根据需求动态划分分区进行分配，回收时也动态进行相邻分区的合并。

(3) 离散存储管理方式：连续存储管理方式的缺点是对于连续空间的严格要求会导致空间的利用率不高，并发程度降低，所以离散存储管理方式被提出来。离散存储管理无需连续空间，进程可以装载到分散不连续的若干个内存片段中，依然可以保证正确执行。主要有三种离散存储管理方式：分页存储系统、分段存储系统及段页式存储系统。另外，还讲述了两级和多级页表的概念。

(4) 虚拟存储器系统：介绍了虚拟存储器系统的基本原理和实现方式，包括请求分页、请求分段和请求段页式三种。虚拟存储器系统是为了缓解内存紧张的问题而提出的措施，是从逻辑上进行的扩充，并非物理上的扩充。介绍了工作集的概念和三种置换策略，讲述了选择淘汰页面时常用的置换算法。

(5) Linux 系统的存储管理：介绍了 Linux 内存管理的一些基本原理和思路，包括地址映射机制、虚拟地址空间管理和物理内存管理。

(6) openEuler 操作系统的多级页表：介绍了 ARMv8 的 AArch64 架构的 openEuler 三级页表虚拟存储器管理方式、地址映射的过程以及三种页目录项和页表项描述符；引入了 TLB 加速地址映射过程，并引入了标准大页的思想，以减少多级页表访存次数和页表项存储空间。

本 章 习 题

1. 为什么要进行内存管理？要管理与内存相关的哪几方面问题？

2. 程序装载和链接各有哪几种方式？

3. 某程序执行过程中提示有 dll 文件缺失，为什么有文件缺失的程序还能够执行？如何解决？

4. 可变分区分配时有哪几种基本分配算法？对于每一种算法，回答下列问题：

(1) 应如何将各空闲分区链接成空闲分区链？

(2) 在回收内存时，可能出现哪几种情况？应怎样处理这些情况？

(3) 分析该算法的内存管理性能。

5. 什么是碎片？碎片是如何产生的？碎片对系统性能有什么影响？

6. 可变分区回收时有哪几种情况？哪种情况会减少空闲分区数量？

7. 什么时候需要使用紧凑？对系统有怎样的影响？

8. 分页存储管理系统中页面大小的选择对进程有什么影响？

9. 为什么要使用多级页表？32 位系统使用几级页表？如何进行地址转换？

10. 在 64 位现代操作系统中，采用几级页表？其逻辑地址的结构是怎样的？

11. 在 32 位操作系统中，用户程序可以使用的虚拟地址空间是多大？

12. 在 32 位的 Windows 7 操作系统中怎样启用管理超过 4 GB 的内存空间？

13. 什么是程序执行的局部性原理？为什么有这样的规律？

14. 对比分页与分段两种方式看待进程的差别。

15. 为什么分页系统中增加快表 TLB 可以加快地址转换的速度？

16. 什么是 Belady 异常现象？在哪种置换算法中可能会出现这样的情况？

17. 分段存储管理系统中进行地址转换的时候需要进行几次越界检查？如何检查？

18. 为什么要引入虚拟存储器技术？虚拟存储器系统对于系统的性能有怎样的影响？

19. 缺页中断与一般中断有什么区别？

20. 在段页式存储管理系统的段表中没有段长一项，那么地址转换时如何判断逻辑地址是否会段长越界？

21. 为了实现请求分页虚拟存储系统，需要对页表进行哪些扩充？说明扩充部分的作用。

22. 某分页系统页面大小为 2 KB，进程 A 的 0、1、2、3 号页面分别装在 2、7、4、8 内存块中，请回答如下问题，并给出计算过程：

(1) 虚拟地址为 02A5 对应的物理地址是多少？

(2) 物理地址为 251D 对应的虚拟地址为多少？

(3) 若进程 A 长度为 8 页，试图写数据到虚拟地址 2A3D 对应的内存单元，然后再从该地址读取数据，这两次内存访问能否正常执行？为什么？

23. 假设某进程有如下页面走向：3、2、1、0、3、2、4、3、2、1、0、4，请基于 FIFO 算法考察物理块分别为 3 和 4 时的缺页及置换情况(Belady 现象)。

24. 在四个页框上使用 LRU 页面替换算法，当页框初始为空时，引用序列为 0、1、7、8、6、2、3、7、2、9、8、1、0、2，计算置换次数和缺页率？

25. 某系统采用二级页表的分页存储管理方式，页面大小为 2 KB，页表项 4 B，逻辑地址结构为：

|页目录号　|页号|　　页内偏移量　　|

逻辑地址空间大小为 2^{20} 个页，则页目录表中包含表项的个数至少是多少项？

26. 某分页管理系统主存为 128 KB，划分为 64 块，若某程序占用了 8 页，0、1、2、3 页装入了 9、2、4、6 块中。回答如下问题：

(1) 该程序有多大？

(2) 逻辑地址 01A5CH 的物理地址是什么？

27. 某分页系统将页表存储在内存中，请回答如下问题：

(1) 如果一次访存的周期为 150 ns，那么进行一次读取数据的内存访问时间是多少？

(2) 如果配置了 TLB 快表，命中率为 90%，访问快表的时间可以忽略不计，那么读取一次数据的内存访问时间是多少？

(3) 若希望访问内存的性能损失不超过 10%，则 TLB 的命中率不低于多少？

28. 某分段管理系统中，有段表如下表所示，请计算以下指令中的逻辑地址对应的物理地址，并判断指令的执行情况。

段号	段长	基址	控制
0	200	1100	R
1	20	510	RW
2	80	1510	X
3	310	100	W

(1) LOAD　r1,　[0, 80];

(2) STORE　r1,　[1, 30];

(3) LOAD　r1, [3, 200];

(4) JMP [2, 75]。

29. 什么是系统抖动？发生系统抖动怎么办？

30. 某虚拟分页存储系统，用于页面交换和调入的磁盘平均访问及传输时间为 20 ms，页表保存在主存，访问时间为 100 ns，为了提高访存性能设置了快表 TLB，假设快表的命中率为 80%，访问快表的时间忽略不计。当快表未命中时，有 10%的概率缺页，请计算有效访存时间。

31. 在某请求分页存储管理系统中，一个作业的页面走向为 5、2、1、3、2、5、2、6、5、4、3、2，当分配的物理块数分别是 3 和 4 时，试分别计算采用 OPT、FIFO 和 LRU 算法的缺页次数和缺页率(假设初始没有页面驻留内存)；并从实现的难易程度及置换性能方面分析上述三种页面置换算法的优缺点。

32. 针对某虚拟存储系统，进行了 CPU 利用率和页面交换磁盘利用率的检测，发现有四种情况：

(1) CPU 利用率低，磁盘利用率高；

(2) CPU 利用率高，磁盘利用率低；

(3) CPU 利用率低，磁盘利用率低；

(4) CPU 利用率高，磁盘利用率高。

请你分析一下，系统在这些不同情况时发生了什么事情？当 CPU 利用率低的时候，如果增加进程并发数能提高 CPU 利用率吗？虚拟存储器是否起到作用了？

33. 某请求分页系统采用局部置换策略，已知为某进程分配了四个页框，页面的使用情况如下表所示。

页号	装入时间	上次引用时间	R	M
0	130	248	0	0
1	210	230	1	0
2	100	244	1	1
3	180	260	1	1

如果某时刻进程要访问 5 号页面，请基于 FIFO、LRU、简单 CLOCK 和改进型 CLOCK 置换算法确定需要置换的页面。

34. 某计算机系统按字节编址，逻辑地址结构如下所示：

页目录号(10 位)	页表索引(10 位)	页内偏移量(12 位)

请回答下列问题：

(1) 该系统采用的是几级页表？逻辑地址空间是多大？

(2) 若假设页目录项和页表项都是 4 B，则页目录需要占多少页？进程页表最多需占多少页面？

35. Linux 系统中使用的四级分页系统，地址结构包括哪些部分？各部分的位数在 32 位和 64 位系统中如何变化？

36. Linux 在管理物理内存页框时采用伙伴算法。① 请先分析一下伙伴算法的优点和缺点。② 描述以下页框的分配和回收过程。(其中系统中总共有 2 K 个物理页框，一个进程第一次请求 20 个连续页框，第二次请求 100 个连续物理页框；接着另一个进程第一次请求 50 个连续物理页框，第二次请求 200 个连续物理页框；最后第一个进程执行结束。)

37. (2009 年统考真题)某请求分页管理系统中，假设进程的页表如下表所示。页面大小为 4 KB，一次内存的访问时间为 100 ns，一次快表(TLB)的访问时间是 10 ns，处理一次缺页的平均时间为 100 ms(已含更新 TLB 和页表的时间)，进程的驻留集大小固定为两个页框，采用 FIFO 法置换页面。假设：① TLB 初始为空；② 地址转换时，先访问 TLB，当 TLB 未命中时再访问页表(忽略 TLB 更新时间)；③ 有效位为 0 表示页面不在内存中。请问：

(1) 该系统中，一次访存的时间下限和上限各是多少？给出计算过程。

(2) 若已经先后访问过 0、2 号页面，则虚地址 1565H 的物理地址是多少？给出计算过程。

页号	页框号	有效位	装入时间
0	101H	1	2
1	—	0	—
2	254H	1	4

38. 某请求分页系统，用户空间为 32 KB，每个页面 1 KB，主存 16 KB。某用户程序有 7 页长，某时该用户进程的页表如下表所示。

(1) 计算两个逻辑地址：0AC5H、1AC5H 对应的物理地址。

(2) 已知主存的一次存取为 15 ns，对于 TLB 表(快表)的查询时间可以忽略，则访问上述两个逻辑地址共耗费多少时间？

页号	物理块号	是否在 TLB 中
0	8	是
1	7	是
2	4	否
3	10	否
4	5	否
5	3	是
6	2	是

39. (2010 年统考题)设某计算机的逻辑地址空间和物理地址空间均为 64 KB,按字节编址。若某进程最多需要 6 页(Page)数据存储空间,页的大小为 1 KB,则操作系统采用固定分配局部置换策略为此进程分配 4 个页框(Page Frame)。在时刻 260 前的该进程访问情况见下表(访问位即使用位)。

页号	页框号	装入时间	访问位
0	7	130	1
1	4	230	1
2	2	200	1
3	9	160	1

当该进程执行到时刻 260 时,要访问逻辑地址为 17CAH 的数据。请回答下列问题:

(1) 该逻辑地址对应的页号是多少?

(2) 若采用先进先出(FIFO)置换算法,则该逻辑地址对应的物理地址是多少? 要求给出计算过程。

(3) 若采用时钟(CLOCK)置换算法,则该逻辑地址对应的物理地址是多少? 要求给出计算过程(设搜索下一页的指针沿顺时针方向移动,且当前指向 2 号页框,示意图如图 4-41 所示)。

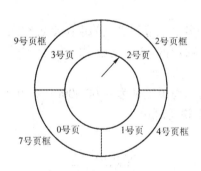

图 4-41　题 39 图

40. (2013 年统考题)某计算机主存按字节编址,逻辑地址和物理地址都是 32 位,页表项大小为 4 B。请回答下列问题。

(1) 若使用一级页表的分页存储管理方式,逻辑地址结构为:

页号(20 位)	页内偏移量(12 位)

则页的大小是多少字节? 页表最大占用多少字节?

(2) 若使用二级页表的分页存储管理方式,逻辑地址结构为:

页目录号(10 位)	页表索引(10 位)	页内偏移量(12 位)

设逻辑地址为 LA,请分别给出其对应的页目录号和页表索引的表达式。

(3) 采用(1)中的分页存储管理方式,一个代码段起始逻辑地址为 0000 8000H,其长度为 8 KB，被装载到从物理地址 0090 0000H 开始的连续主存空间中。页表从主存 0020 0000H 开始的物理地址处连续存放，如图 4-42 所示(地址大小自下向上递增)。请计算出该代码段对应的两个页表项的物理地址、这两个页表项中的页框号以及代码页面 2 的起始物理地址。

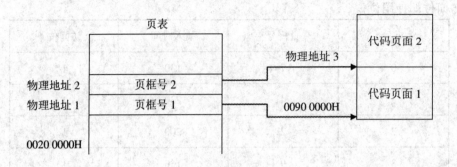

图 4-42　题 40 图

41. (2015 年统考题)某计算机系统按字节编址，采用二级页表的分页存储管理方式，虚拟地址格式如图 4-43 所示。

10 位	10 位	12 位
页目录号	页表索引	页内偏移量

图 4-43　虚拟地址格式

请回答下列问题。

(1) 页和页框的大小各为多少字节？进程的虚拟地址空间大小为多少页？

(2) 假定页目录项和页表项均占 4 B，则进程的页目录和页表共占多少页？要求写出计算过程。

(3) 若某指令周期内访问的虚拟地址为 0100 0000H 和 0111 2048H，则进行地址转换时共访问多少个二级页表？要求说明理由。

习题答案

第 5 章 设 备 管 理

"设备"是指计算机系统中的外部设备，主要指外存和各种 I/O 设备。外部设备不仅种类繁多，而且特性和操作方式也有很大差别，因而设备管理成为操作系统中最繁杂且与硬件最紧密相关的部分。设备管理有两个主要目标：一是提供设备与系统其他部分的简单、统一的接口，方便设备的使用；二是优化 I/O 操作，提高设备与 CPU 之间以及各种设备之间的并行性，从而提高 CPU 和设备的利用率。

只要你使用计算机，就不可避免地与各种设备打交道，如键盘、显示器、鼠标、优盘、耳机等，那么你真的了解这些设备吗？请你试着回答这些问题：

- 为什么你从键盘上输入的内容，马上就能在显示器上看见呢？
- 为什么你通过 USB 接口插入一个优盘后，马上就能看见优盘中存放的内容呢？
- 当你在计算机中添加一个新设备后，为什么需要为这个设备安装驱动程序呢？
- 当你在 Word 中发出一个文档打印请求后，不必等待打印操作完成就可以关闭这个文档，而不会影响这次打印请求，为什么呢？

这一章的内容将为你解答上述问题。

本章学习要点：

- 设备管理的主要功能；
- I/O 系统的组织架构及相关硬件组成；
- 缓冲管理的实现机制；
- I/O 软件的组成及各层软件的功能；
- 设备分配；
- SPOOLing 系统的构成及实现原理；
- Linux 系统的字符设备驱动程序介绍、中断处理机制。

5.1 设备管理的功能

设备管理是操作系统的主要功能之一，它是研究在多道程序环境中，如何在多个用户作业间合理地分配设备以充分发挥设备的作用。设备管理的主要任务是完成用户进程提出的 I/O 请求，为用户进程分配 I/O 设备，提高 CPU 与 I/O 设备的利用率，提高 I/O 操作的速度，方便用户使用设备。为此，设备管理应具有如下几个功能：

(1) 设备分配。多道程序系统中的设备不允许用户直接使用，而是由操作系统统一分配和控制，否则多个用户进程对设备的无序使用将导致设备工作混乱，甚至使系统死锁。设备分配的基本任务就是根据用户进程的 I/O 请求、系统当前的资源情况，按照某种设备分配算法为用户进程分配所需的设备。为此，系统应设置相应的数据结构以记录设备的使用状态。设备使用完后，系统应立即回收，以分配给其他进程使用，提高设备的利用率。

(2) 缓冲管理。为缓和 CPU 与 I/O 设备间速度不匹配的矛盾，提高 CPU 与 I/O 设备之间以及各设备之间的并行性，几乎所有现代操作系统中都引入了缓冲技术。通常是在内存中开辟若干区域作为用户进程与外部设备间数据传输的缓冲区，用于缓存输入/输出的数据，故又称为 I/O 缓冲区。系统要合理组织这些缓冲区，并为使用者提供获得和释放缓冲区的手段。

(3) 设备处理。又称为设备驱动，是指对物理设备进行控制，以实现真正的 I/O 操作，是由设备驱动程序以及中断处理程序完成的。其基本任务是实现 CPU 与设备控制器之间的通信，即接收由 CPU 发来的 I/O 命令，如读/写命令，转换为具体要求后，传给设备控制器，启动设备去执行；同时也将由设备控制器发来的信号传送给 CPU，如设备是否完好、是否准备就绪、I/O 操作是否已完成等，并据此进行相应的处理，在设备完成具体的 I/O 操作后，及时响应中断，进行相应的中断处理。

5.2　I/O 系统

I/O 系统是实现数据输入、输出以及数据存储的系统。在 I/O 系统中，除了需要直接用于 I/O 操作和信息存储的设备外，还需要有相应的设备控制器和高速总线，在有的大、中型计算机系统中，还配置了 I/O 通道。

5.2.1　设备的分类

从不同的角度出发，可以把设备分成不同的类型。

(1) 按数据传输速率分类：高速设备、中速设备和低速设备。高速设备是指传输速率在每秒钟传输几百万个字节及以上的一类设备，如磁盘、光盘、优盘等。中速设备是指传输速率在每秒钟传输几千个字节到几十万个字节的一类设备，如打印机、扫描仪等。低速设备是指传输速率在每秒钟传输几个字节到几百个字节的一类设备，如鼠标、键盘等。

(2) 按信息交换单位分类：块设备和字符设备。块设备是指数据的基本传输单位是固定长度的数据块。块设备属于有结构设备，如磁盘、优盘等。其特点包含：传输速率高、可寻址及一般采用 DMA 方式。字符设备是指数据的输入和输出的基本单位是字符。字符设备属于无结构设备，其种类繁多，如交互式终端、打印机等。字符设备的特点包含：传输速率较低，不可寻址，一般采用中断驱动方式。

(3) 按设备共享属性分类：独占设备、共享设备和虚拟设备。独占设备是指在同一段时间内只允许一个进程使用的设备，系统一旦把这类设备分配给某个进程后，该进程将独占地使用该设备，直到其用完后将设备释放，一般为低速 I/O 设备，如打印机。共享设备是指允许多个进程同时访问的设备，当然这里的"同时"是宏观上的，微观上是多个进程交替地对其进行信息的读写操作，其资源利用率较高，如磁盘。虚拟设备是通过虚拟技术将一台独占设备虚拟成多台逻辑设备，供多个用户进程同时使用，以提高设备的利用率，如后面将介绍的 SPOOLing 技术。

(4) 按工作特性分类：存储设备和 I/O 设备。存储设备主要用于存储信息，如优盘、磁盘、光盘、存储卡等。信息在这类设备上是按数据块组织的，信息的写入和读出也是以数据块为单位进行的，每一块的大小固定，因此这类设备又称为块设备。I/O 设备是用来向计算机输入信息或输出计算机加工处理好的信息的设备，如键盘、显示器、打印机、扫描仪、绘图仪等，这类设备在进行信息的输入或输出时，是以字符为单位进行的，因此又称为字符设备。当然，目前不少 I/O 设备为提高数据传输效率，都不再以字符为传输单位，而是以记录为传输单位，如显示器是以帧为传输单位。

5.2.2 设备控制器

1. 设备控制器的功能

设备控制器的主要功能是控制一个或多个 I/O 设备，以实现 I/O 设备与计算机之间的数据交换。它是 CPU 与 I/O 设备之间的接口，接收从 CPU 发来的命令，并控制 I/O 设备工作。

1) 接收和识别命令

CPU 可以向控制器发送多种不同的命令，设备控制器应能接收并识别这些命令。在控制器中应有相应的控制寄存器，用来存放接收的命令和参数。同时设备控制器需要对所接收的命令进行译码，因此有命令译码器。例如，磁盘控制器可以接收 CPU 发来的 Read、Write、Format 等 15 条不同的命令，而且有些命令还带有参数，相应地，在磁盘控制器中有多个寄存器及命令译码器等。

2) 数据交换

这是指实现 CPU 与设备控制器之间、控制器与设备之间的数据交换。CPU 与设备控制器之间的数据交换是通过数据总线，由 CPU 并行地把数据写入控制器或从控制器中并行地读出数据；控制器与设备之间的数据交换是设备将数据输入控制器或从控制器传送给设备。所以在控制器中需要设置数据寄存器。

3) 地址识别

系统中每个设备都需要有一个地址，就像内存中的每个单元都有一个内存地址一样，从而使设备控制器能够识别它所控制的每个设备。此外，为使 CPU 能读写控制器中寄存器里的数据，这些寄存器也都需要具有唯一的地址。地址识别的功能是由控制器中的地址译码器来完成的。

4) 数据缓冲

由于 I/O 设备的速率较低而 CPU 和内存的速率却很高，因此在控制器中必须设置缓冲器，用于缓和 I/O 设备和 CPU、内存之间的速度矛盾。在输出时，用缓冲器缓存由 CPU 传来的数据，然后以 I/O 设备所具有的速率将缓冲器中的数据传给 I/O 设备；在输入时，缓存器缓存 I/O 设备送来的数据，待接收到一批数据后，再将缓冲器中的数据高速地传送到内存中。

5) 识别和报告设备的状态

控制器应跟踪记录设备的状态供 CPU 了解。例如，仅当该设备处于发送就绪状态时，

CPU 才能启动控制器从设备中读出数据。为此，在控制器中应设置状态寄存器，用来记录设备的具体状态。当 CPU 将状态寄存器的内容读入后，就可以了解该设备的状态。

6) 差错控制

设备控制器还兼管对由 I/O 设备传送来的数据进行差错检测。若发现传送中出现了错误，则通常是将差错检测码置位，并向 CPU 报告，于是 CPU 将本次传送来的数据作废，并重新传送一次。这些可以保证数据传输的正确性。

2. 设备控制器的组成

由于设备控制器位于 CPU 与设备之间，它既要与 CPU 通信，又要与设备通信，还应具有按照 CPU 所发来的命令去控制设备工作的功能，因此现有的大多数控制器都是由以下三部分组成[34]。

(1) 设备控制器与处理器的接口。该接口用于实现 CPU 与设备控制器之间的通信，共有三类信号线，即数据线、地址线和控制线。数据线通常与两类寄存器相连接：数据寄存器与控制/状态寄存器。地址线上传输设备的寻址信息。控制线上传输控制信号和时序信号，如从 CPU 传给设备的读/写信号、中断响应信号，从设备传给 CPU 的中断申请信号、复位信号、设备就绪信号等。

设备控制器是通过其内部的若干个寄存器与 CPU 进行通信的，如用于数据缓冲的数据寄存器，用于保存设备状态的状态寄存器，用于保存 CPU 发来的命令以及各种参数的命令寄存器等。为了标识这些寄存器，有的计算机系统分出一部分常规存储器地址给它们，有的系统则给予它们专用的 I/O 地址，如 IBM PC。表 5-1 列出了 IBM PC 上某些控制器所配置的 I/O 地址及相应的中断向量。

表 5-1　IBM PC 上控制器的 I/O 地址

I/O 控制器	I/O 地址	中断向量
键盘	060～063	9
主 RS232 接口	3F8～3FF	12
硬盘	320～32F	13
打印机	378～37F	15
软盘	3F0～3F7	14

(2) 设备控制器与设备的接口。在一个设备控制器上，可以连接一个或多个设备。相应地，在控制器中便有一个或多个设备接口，一个接口连接一台设备。在每个接口中都存在数据、控制和状态三种类型的信号线。控制器中的 I/O 逻辑根据处理器发来的地址信号去选择一个设备接口。

(3) I/O 逻辑。设备控制器中的 I/O 逻辑用于实现对设备的控制。它通过一组控制线与处理器交互，处理器利用控制线向控制器发送 I/O 命令；I/O 逻辑对收到的命令进行译码。每当 CPU 要启动一个设备时，一方面将启动命令发送给控制器；另一方面又同时通过地址线把地址发送给控制器，由控制器的 I/O 逻辑对收到的地址进行译码，再根据所译出的命令对所选设备进行控制。设备控制器的组成如图 5-1 所示。

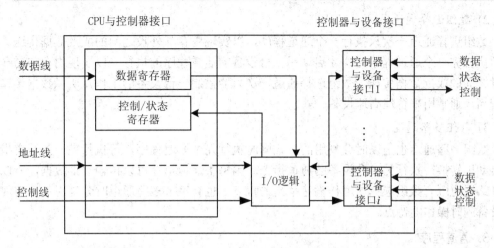

图 5-1　设备控制器的组成

5.2.3　I/O 通道

1. I/O 通道的引入

虽然设备控制器能够有效地减少 CPU 对 I/O 操作的干预，但当主机所配置的外设很多时，CPU 的负担还是非常重。为此，在 CPU 和设备控制器之间又引入了一个新的设备——通道。通道的主要目的是建立独立的 I/O 操作，满足数据的传输能够独立于 CPU，同时对 I/O 操作的组织、管理及结束也尽量独立，从而可以保证 CPU 能够有更多的时间进行数据处理。简单地说，通道就是用来完成原来由 CPU 处理的 I/O 任务，从而把 CPU 从繁忙的 I/O 操作中解放出来。在设置了通道后，CPU 只需向通道发送一条 I/O 指令，通道在接收到该指令后，便从内存中取出本次要执行的通道程序并执行，仅当通道执行完该通道程序后，才向 CPU 发中断信号。

其实，I/O 通道就是专门负责输入输出工作的处理器。它有自己的指令系统，能按照指定的要求独立地完成输入输出操作，实现数据在内存与外设间的直接传输，把 CPU 从繁杂的 I/O 事务中解脱出来，让 CPU 与设备并行工作。通道的指令系统比较简单，一般只有数据传送指令、设备控制指令等，由若干通道指令构成的程序称为通道程序，通道一般没有自己的内存，它与 CPU 共享内存。

2. 通道类型

根据信息交换方式，通道可以分成三种类型：字节多路通道、数组选择通道和数组多路通道。

1) 字节多路通道

字节多路通道以字节为单位传输信息。通道程序由一组通道指令组成，一个字节多路通道以时分复用的方式可以同时执行几个通道程序，以管理多台设备的工作，通常适用于管理多个低速或者中速设备。当通道执行一个设备的通道程序的一条通道指令，实现该设备与内存之间的一个字节数据的传送后，立即执行另外一台设备的通道程序，以实现该设备与内存之间的字节数据传送。

2) 数组选择通道

数组选择通道一次只执行一个通道程序，以实现内存与外设之间的成批数据传送。当通道执行完一个通道程序时，才启动另一台设备的通道程序的执行，以实现内存与另一个外设之间的成批数据传送。数组选择通道一次只能控制一台设备的工作，所以数据传输速率较高，通常用来管理高速设备。

3) 数组多路通道

数组多路通道也是以时分复用的方式同时执行几个通道程序，每执行完一条通道指令就自动地转换，执行另一台设备的通道指令。因每条通道指令可以传输一批数据，所以数组多路通道既有数组选择通道传输速率高的特点，也有字节多路通道时分复用从而实现多台设备同时操作的特点。

3. 通道程序

通道是通过执行通道程序与设备控制器共同实现对 I/O 设备的控制。通道程序由一系列的通道指令构成。通道指令和一般的机器指令不同，在每条通道指令中通常包含以下内容：

(1) 操作码。操作码定义了每条指令所执行的具体操作，如读、写、控制等。

(2) 内存地址。内存地址给出了数据在内存中的起始地址。

(3) 计数。指明本条通道指令所要操作数据的字节数。

(4) 通道程序结束位 P。用来指示通道程序是否结束：P=1 表示本条指令是通道程序的最后一条指令，表明该通道程序的结束。

(5) 记录结束标志 R。R=0 表示该通道指令与下一条指令所处理的数据同属一个记录；R=1 表示该通道指令是处理某记录的最后一条指令。

下面给出了一个通道程序的例子，如表 5-2 所示。该通道程序由 6 条通道指令组成，其功能是将内存中不同地址中的数据写成多个记录。前 3 条通道指令分别向设备写出从内存地址 1000、2000、3000 开始的 50、80、100 个字符，并组成 3 个记录；后 3 条通道指令向设备写出分别来源于内存地址 4000、5000、6000 处的 470 个字符，并组成一条记录。

表 5-2　通道程序示例

操作码	P	R	计数	内存地址
WRITE	0	1	50	1000
WRITE	0	1	80	2000
WRITE	0	1	100	3000
WRITE	0	0	120	4000
WRITE	0	0	150	5000
WRITE	1	1	200	6000

5.2.4　I/O 系统结构

对于不同规模的计算机系统，其 I/O 系统的结构也有差异，通常有总线型 I/O 系统和通道型 I/O 系统两种结构。

1. 总线型 I/O 系统结构

通常微机采用总线型 I/O 系统结构，如图 5-2 所示。由图可知，CPU 和内存是直接连接到总线上的；而 I/O 设备是通过设备控制器连接到总线上的。CPU 并不直接与 I/O 设备通信，而是与设备控制器进行通信，并通过它去控制相应的设备。当然，图 5-2 仅仅是一个简化的示意图，表示了 CPU 与 I/O 设备连接的独立性，实际的系统要复杂得多，主要体现在总线的变化上。总线是计算机中各部件间进行信息传送的一组公共通路，随着技术的进步，总线类型越来越多，如微型机中的工业标准体系结构(Industry Standard Architecture，ISA)总线、PCI 总线以及显示设备专用的加速图像接口(Accelerated Graphics Port，AGP)总线等。

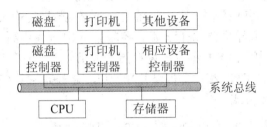

图 5-2　总线型 I/O 系统结构

2. 通道型 I/O 系统结构

当主机所配置的 I/O 设备较多时，特别是配有较多的高速设备时，采用总线型 I/O 系统结构会加重 CPU 和总线的负担，为此，在 CPU 和设备控制器之间又增加了一级 I/O 通道，用来代替 CPU 与各设备控制器进行通信，如图 5-3 所示。一个通道可以控制一个或多个设备控制器，而一个设备控制器又可以控制一个或多个同类型的设备。

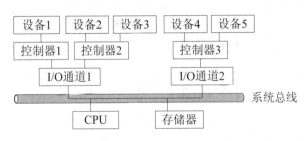

图 5-3　通道型 I/O 系统结构

5.3　I/O 控制方式

随着计算机技术的发展，I/O 控制方式也在不断地发展，从最早的程序直接控制方式到中断驱动控制方式，再到 DMA 控制方式、通道控制方式，其目的是尽量减少 CPU 对 I/O 控制的干预，把 CPU 从繁杂的 I/O 控制事务中解脱出来，以便更多地去完成数据处理任务。

1. 程序直接控制方式

这是早期计算机系统采用的 I/O 控制方式，也称程序循环测试方式。以输入过程控制为例，当 CPU 向控制器发出一条 I/O 指令启动设备输入数据时，同时将控制器中的忙/闲标志置为 "1"，然后循环测试该标志位的值，直到标志位变为 "0"，表明数据已送入控制器的数据寄存器，于是 CPU 从数据寄存器中取出数据存入内存指定单元，完成本次 I/O 操作。该方式的缺点是 CPU 与设备完全串行工作，而设备的速度远低于 CPU，致使 CPU 大部分时间处于等待状态，严重降低了 CPU 的利用率。

2. 中断驱动控制方式

当计算机系统中引入中断机构后，I/O 控制方式广泛采用中断驱动控制方式。仍然以输入为例，当 CPU 向控制器发出一条 I/O 指令启动设备输入数据后，CPU 立即返回，或继续执行原来的任务，或执行其他任务，而由设备控制器控制数据的输入，此时 CPU 和设备并行工作。当数据送入控制器的数据寄存器后，控制器向 CPU 发中断，接着 CPU 响应中断，从控制器的数据寄存器中取出数据并存入内存指定单元，完成本次 I/O 操作。

中断驱动控制方式使 CPU 和设备可以并行工作，显著提高了 CPU 的利用率，至今仍然是字符设备的 I/O 控制方式。

3. 直接存储器存取(Direct Memory Access，DMA)方式

目前块设备的 I/O 控制方式普遍采用 DMA 方式，它要求控制器支持直接存储器存取。DMA 控制器中有四个寄存器：命令/状态寄存器，用于存放 CPU 发来的 I/O 命令或有关控制信息，或设备状态；地址寄存器，用于存放输入数据的内存目标地址或输出数据的内存源地址；数据寄存器，用于暂存从设备到内存或从内存到设备的数据；字节计数器，用于存放本次 CPU 要读/写的字节数，如图 5-4 所示。

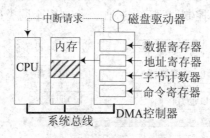

图 5-4　DMA 控制方式

下面以从磁盘读入一块数据为例来说明 DMA 方式的工作流程。CPU 向 DMA 控制器发读命令，存入命令寄存器中，把欲读数据的磁盘地址传给控制器，同时将内存目标地址送入地址寄存器，要传送的字节数送入字节计数器。接着 CPU 启动 DMA 控制器进行数据传送，之后 CPU 便返回处理其他任务，整个数据传送过程便由 DMA 控制器进行控制。DMA 控制器将整个数据块从磁盘读入其数据寄存器并进行校验，然后向 CPU 请求数据总线，获得控制权后将该块数据的第一个字节或字通过总线送入地址寄存器所指示的内存单元中。接着对地址寄存器中的内存地址加 1，将字节计数器的值减 1，若减 1 后的结果不为 0，则表示传送未完成，重复上述数据传送过程，直到字节计数器的值变为 0，表示数据传送完成，于是 DMA 控制器向 CPU 发中断。

由此可见，DMA 方式的最大特点是数据传送直接在设备与内存之间进行，整块数据的传送是由 DMA 控制器完成的，仅在数据传送开始和结束时才需 CPU 干预，较之中断驱动控制方式，进一步减少了 CPU 对 I/O 操作的干预。

4. 通道控制方式

通道控制方式与 DMA 方式类似，也是一种以内存为中心，实现设备与内存直接进行数据交换的控制方式。与 DMA 方式相比，CPU 对 I/O 控制的干预更少，从而进一步减轻了 CPU 的负担。当用户进程提出 I/O 请求后，CPU 首先根据本次 I/O 请求的要求组织通道程序并存放在内存中，然后发出启动 I/O 指令，启动相应的通道工作。启动成功后，CPU 立即返回执行其他任务，通道则从内存中取出通道程序，依次执行其中的通道指令，控制设备执行输入输出操作。当通道程序执行完成，即数据传送结束时，通道向 CPU 发中断请求，CPU 接收到中断信号后响应中断，执行相应的中断处理程序。

5.4 缓 冲 管 理

为了缓和 CPU 与 I/O 设备速度不匹配的矛盾，提高它们之间的并行性，在现代计算机系统中，几乎所有的 I/O 设备在与 CPU 交换数据时，都用了缓冲区。缓冲管理的主要职责是组织好这些缓冲区，并向进程提供获得和释放缓冲区的手段。

5.4.1 缓冲的引入

在设备管理中引入缓冲的主要目的有：

(1) 缓和 CPU 与 I/O 设备间速度不匹配的矛盾。例如一个进程做一些计算，并把计算结果送打印机输出。若没有缓冲区，则在打印时，CPU 会因为打印机速度慢而停下来等待；而在 CPU 进行计算时，打印机又空闲等待。若在两者之间设置一个缓冲区，则当 CPU 要输出计算结果时，并不是直接送到打印机，而是高速地输出到缓冲区，然后继续进行计算；打印机则慢慢取出缓冲区中的数据进行打印，这样高速的 CPU 就不用等待低速的打印机了。

(2) 减少对 CPU 的中断频率，放宽 CPU 对中断响应时间的限制。例如在远程通信中，数据传送以位为单位。如果没有缓冲区，则每接收到一位数据时便中断一次 CPU，若通信速度为 56 Kb/s，则 CPU 每秒要被中断 56K 次，即大约每隔 18 μs 被中断一次，且 CPU 必须在 18 μs 内响应中断，否则数据将丢失，这是一个很难完成的任务。若设置一个 16 字节的缓冲寄存器，用来暂存接收到的数据，待缓冲寄存器满时才发出中断，则 CPU 的中断频率将降低为原来的 1/128。若设置两个 16 字节的缓冲寄存器，则 CPU 对中断的响应时间将比原来的放宽 128 倍。

例 5-1：在一个远程通信系统中，在本地接收从远程终端发来的数据，传输速率为 100 Kb/s。在图 5-5 所示的几种缓冲实现机制下，各自的 CPU 中断频率和 CPU 响应时间分别是多少？

(a) 1 位缓冲：

(b) 一个 8 位的缓冲区:

(c) 两个 8 位的缓冲区:

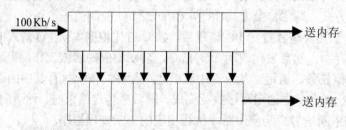

图 5-5 缓冲设置示意图

分析: (a) CPU 中断频率为 100 kHz, CPU 响应时间约为 10 μs;

(b) CPU 中断频率为 12.5 kHz, CPU 响应时间约为 10 μs;

(c) CPU 中断频率为 12.5 kHz, CPU 响应时间约为 80 μs。

(3) 提高 CPU 与 I/O 设备之间的并行性。缓冲的引入可显著地提高 CPU 与 I/O 设备的并行操作程度,提高系统的吞吐量和设备的利用率。例如,在 CPU 与打印机之间设置了缓冲区后,便可使 CPU 与打印机并行工作。

5.4.2 缓冲的实现机制

按照系统中设置的缓冲区个数及对缓冲区的组织方式,缓冲区的实现机制分为单缓冲、双缓冲、循环缓冲和缓冲池等机制。

1. 单缓冲

单缓冲是在设备和处理器之间设置一个缓冲区。设备和处理器交换数据时,先把数据写入缓冲区,然后设备或者处理器再从缓冲区取走数据。在这里,缓冲区是临界资源,一次只允许一个进程对缓冲区进行操作。所以设备和处理器之间不能通过单缓冲实现并行操作。

例 5-2: 如图 5-6 所示,在块设备输入时,假定从磁盘把一块数据输入到缓冲区的时间为 $T = 10$ ms,操作系统将该缓冲区中的数据传送到用户区的时间为 $M = 1$ ms,而 CPU 对这一块数据处理(计算)的时间为 $C = 5$ ms。求系统对每一块数据的处理时间。

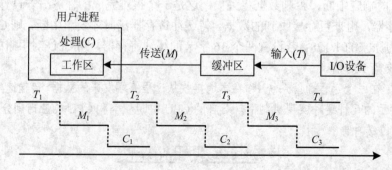

图 5-6 单缓冲示意图

由于 T 和 C 是可以并行的，当 $T>C$ 时，系统对每一块数据的处理时间为 $M+T$，反之则为 $M+C$，故可把系统对每一块数据的处理时间表示为 $\text{Max}(C, T)+M=10+1=11\text{(ms)}$。

2. 双缓冲

为了提高设备与处理器之间的并行性，又引入了双缓冲机制。在设备输入时，先将数据送入第一缓冲区，装满后再将数据装入第二缓冲区；在设备向第二缓冲区装数据的同时，系统可以对第一缓冲区的数据进行操作。

例 5-3：如图 5-7 所示，在双缓冲下，块设备输入时，假定从磁盘把一块数据输入到一个缓冲区的时间为 $T = 10\text{ ms}$，操作系统将一个缓冲区中的数据传送到用户区的时间为 $M = 1\text{ ms}$，而 CPU 对这一块数据处理(计算)的时间为 $C = 5\text{ ms}$。求系统对每一块数据的处理时间。

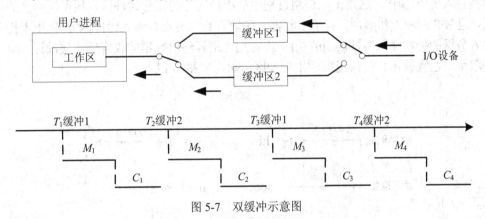

图 5-7 双缓冲示意图

本例子中 $C < T$，因此 $(C+M)$ 与 T 之间是并行的，系统处理一块数据的时间可表示为 $\text{Max}((C+M), T) = 10\text{ ms}$。

在双缓冲机制中，如果 $C < T$，则可使块设备连续输入；如果 $C > T$，则可使 CPU 不必等待设备输入。所以系统处理一块数据的时间可以表示为 $\text{Max}((C+M), T)$ 或 $\text{Max}((T+M), C)$，由于通常 M 远小于 T 或 C，因此处理时间可粗略地认为是 $\text{Max}(C, T)$。

对于字符设备，若采用行输入方式，则采用双缓冲通常能消除用户的等待时间，即用户在输入完第一行之后，在 CPU 处理第一行中的命令或数据时，用户可继续向第二缓冲区输入下一行数据。

3. 循环缓冲

当输入与输出的速度基本匹配时，采用双缓冲能获得较好的效果，可使输入和输出基本上并行操作。但是如果输入和输出的速度相差很大，双缓冲的效果就比较差，这时可以通过增加缓冲区的数量来优化。对于多个缓冲区，可以将它们组织成循环缓冲的形式，输入进程向空的缓冲区循环输入数据，而输出进程循环地从满的缓冲区取出数据。

4. 缓冲池

无论是单缓冲、双缓冲还是循环缓冲都仅适用于某个特定的 I/O 进程和计算进程，因而它们属于专用缓冲。当系统较大时，将会有许多这样的缓冲，这不仅要消耗大量的内存资源，而且利用率也不高。为了提高缓冲区利用率，目前广泛采用公用缓冲池机制：在池中设置多个缓冲区，可供若干个进程共享。

1) 缓冲池的组成

缓冲池由多个缓冲区组成，每个缓冲区通常会包含一组管理信息及缓存的数据。所有缓冲区可供多个进程共享，既能作为输入缓冲，也可以作为输出缓冲，所以在缓冲池中存在三类缓冲区：空缓冲区、装满输入数据的缓冲区和装满输出数据的缓冲区。为管理方便，将所有缓冲区按其状态组织成三个队列：

(1) 空缓冲队列 emq：由所有空缓冲区所组成的队列。

(2) 输入队列 inq：由所有装满输入数据的缓冲区所组成的队列。

(3) 输出队列 outq：由所有装满输出数据的缓冲区所组成的队列。

除了上述三个缓冲队列以外，系统(或用户进程)还可以从这三个队列中取出缓冲区进行数据输入/输出操作，这些正在使用过程中的缓冲区称为工作缓冲区。根据缓冲区的使用方式，通常有四种工作缓冲区：用于收容设备输入数据的收容输入缓冲区 hin；用于提取设备输入数据的提取输入缓冲区 sin；用于收容用户进程输出数据的收容输出缓冲区 hout；用于提取用户进程输出数据的提取输出缓冲区 sout，如图 5-8 所示。

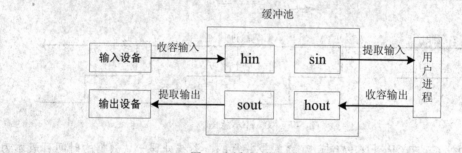

图 5-8　缓冲池的工作缓冲区

2) 缓冲池的操作

系统或用户进程对缓冲池的操作不外乎两种：需要使用缓冲区时从相应的缓冲队列中申请一个缓冲区；缓冲区使用完成后将其归还到相应的缓冲队列中。因此可定义两个操作：

(1) Get_buf(type)：从指定缓冲队列中申请一个缓冲区，type 表示缓冲队列类型，可以是 emq、inq 或 outq 三者之一。

(2) Put_buf(type,number)：把参数中 number 指定的缓冲区归还到指定的缓冲队列中。

由于缓冲队列是多个进程共享的，因此是临界资源，为正确实现多个进程在共享缓冲队列时的同步关系，设置如下信号量：

(1) 互斥信号量：分别为每个缓冲队列设置一个互斥信号量，初始值均为 1。

　　mutex(emq) = 1，mutex(inq) = 1，mutex(outq) = 1

(2) 同步信号量：或称为资源信号量，表示各缓冲队列中的缓冲区数量，初始值为

　　Rs (emq)=n，Rs (inq)=0，Rs (outq)=0

使用上述信号量设置，给出 Get_buf()及 Put_buf()两个操作的伪代码如下：

```
void Get_buf(type)                      void Put_buf(type,number)
{                                       {
    wait(Rs(type));                         wait(mutex(type));
    wait(mutex(type));                      add_buf(type,number);
```

```
    B(number)=takebuf(type);                          signal(mutex(type));
    signal(mutex(type));                              signal(Rs(type));
}                                                }
```

3) 缓冲池的工作方式

各进程在使用缓冲池中的缓冲区进行输入输出操作时，通常有如下四种情况：

(1) 收容输入。当输入进程需要输入数据时，调用 Get_buf(emq)过程从空缓冲队列 emq 的队首摘下一个空缓冲区作为收容输入工作缓冲区 hin，把数据输入其中；装满输入数据后再调用 Put_buf(inq,hin)过程，将该缓冲区挂到输入队列 inq 上。

(2) 提取输入。当用户进程需要对输入数据进行处理时，调用 Get_buf(inq)过程从输入队列 inq 中取出所需缓冲区作为提取输入工作缓冲区 sin，用户进程从中提取数据；数据提取完成后，再调用 Put_buf(emq,sin)过程，将该缓冲区挂到空缓冲队列 emq 上。

(3) 收容输出。当用户进程需要输出时，调用 Get_buf(emq)过程从空缓冲队列 emq 的队首取得一个空缓冲区作为收容输出工作缓冲区 hout，把数据输入其中；装满输出数据后再调用 Put_buf(outq,hout)过程，将该缓冲区挂到输出队列 outq 上。

(4) 提取输出。当输出进程要进行输出操作时，调用 Get_buf(outq)过程从输出队列 outq 的队首取得一个装满输出数据的缓冲区作为提取输出工作缓冲区 sout，输出其中的数据；数据输出完成后，再调用 Put_buf(emq,sout)过程，将该缓冲区挂到空缓冲队列 emq 上。

5.5 I/O 软件

I/O 软件是指操作系统中与 I/O 操作管理有关的一组软件集合，一般采用层次结构进行组织，低层软件与硬件相关，并将硬件特性与高层软件隔离开，而高层软件向用户进程提供一个统一的、友好的使用接口。

5.5.1 I/O 软件的层次模型

I/O 软件一般分为四层，从低到高分别是设备中断处理程序、设备驱动程序、独立于设备的软件和用户空间中与 I/O 操作有关的软件(如图 5-9 所示)，其中设备中断处理程序、设备驱动程序是与硬件相关的，而独立于设备的软件及用户进程是与设备无关的。实际上，设备中断处理程序通常是设备驱动程序的一部分，因强调其在 I/O 过程中的特殊作用才在上述四层划分模型中单列一层。至于具体分层时一些细节上的处理方式是依赖于系统的，没有严格的划分方法，只要有利于独立性这一目标，或者有利于提高效率而作出不同的结构安排就可以了。例如独立于设备的软件可以部分放在设备驱动程序中实现，以提高效率；设备驱动程序中的部分代码也可以放到独立于设备的软

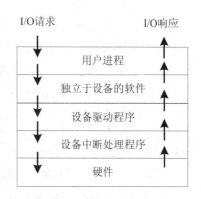

图 5-9 I/O 软件的分层组织

件层中实现，可以简化硬件更新时的软件升级，提高操作系统的可移植性和可扩充性。

5.5.2　独立于设备的软件

1. 设备独立性概念

为了提高操作系统的可移植性和可扩展性，现代操作系统都引入了设备独立性，其基本含义是：用户的应用程序独立于具体使用的物理设备，又称为设备无关性。用于实现设备独立性的那组 I/O 软件，称为独立于设备的软件，或称为与设备无关的软件。

为实现设备独立性，I/O 管理系统中引入了逻辑设备名与物理设备名的概念。所谓逻辑设备名，是指从用户发出 I/O 请求到系统具体分配物理设备前的设备管理工作中所使用的设备名称，是一个抽象的逻辑概念，可以不具体指明某台物理设备，通常使用一个符号名描述。而物理设备名指的是直接与计算机相连的某台物理设备的真实名称，是系统进行设备分配所使用的设备名字，通常用一个或一组整数编号表示。例如 Linux 系统中，可以使用 "ls -l /dev" 命令查看各设备的逻辑设备名及物理设备名，部分显示内容如下所示：

```
brw-rw----    1    root    disk    8,   0    May 2    11:44    sda
brw-rw----    1    root    disk    8,   1    May 2    11:44    sda1
brw-rw----    1    root    disk    8,   2    May 2    11:44    sda2
brw-rw----    1    root    disk    8,   5    May 2    11:44    sda5
brw-rw----    1    root    disk    8,  16    May 2    11:45    sdb
brw-rw----    1    root    disk    8,  17    May 2    11:45    sdb1
crw-rw-rw-    1    root    tty     5,   0    May 2    11:44    tty
```

其中每一行描述了一个设备的信息，最后一列是设备的逻辑名称，比如 sda1 表示系统中第一个硬盘的第一个逻辑分区，sdb1 表示系统中插入的第一个优盘等。第 5 列是设备的主设备号，用来区分不同类型的设备，以确定设备的驱动程序。第 6 列是次设备号，用来区分同一类型内的多个设备(或设备分区)。主设备号和次设备号唯一地标识了系统中的某台设备，是设备的物理名称。

操作系统引入设备独立性可带来以下两方面的好处：

(1) 提高设备分配时的灵活性。若用户进程以物理设备名请求使用某个设备，如果该设备已经分配给其他进程或发生故障，则此时即便还有其他同类型设备处于空闲状态，请求进程也将阻塞。反之，若进程以逻辑设备名请求某类设备，系统可将该类设备中的任一台物理设备分配给进程，仅当此类设备全部分配完毕时，请求进程才会阻塞。

(2) 易于实现 I/O 重定向。所谓 I/O 重定向，是指用于 I/O 操作的设备可以更换(即重定向)，却不必改变应用程序。例如在 Linux 中执行 "ls -l /dev > test" 命令，原本 "ls" 的输出设备是显示终端，使用重定向符 ">" 后，系统将 "ls" 的输出设备改为文件 test，即 "ls" 的输出结果将保存到文件 test 中，但并没有修改 "ls" 命令的源程序。

I/O 系统中引入设备独立性后，用户程序中使用逻辑设备名请求设备，但系统在真正进行设备分配时必须使用物理设备名，所以系统需要完成逻辑设备名到物理设备名的映射。为此，系统设置了逻辑设备表(Logical Unit Table，LUT)，表中每个表目包含三项内容：逻辑设备名、物理设备名和设备驱动程序入口地址。当进程用逻辑设备名请求某类设备时，系统根据当前设备的使用情况为进程分配一台相应的物理设备，并在逻辑设备表中建立一个表目。逻辑设备表可采用以下两种设置方式：

(1) 整个系统设置一张逻辑设备表。该方式管理简单，但由于系统中所有进程的设备分配情况都记录在同一张逻辑设备表中，因而要求所有用户都不得使用相同的逻辑设备名，这对多用户系统是难以做到的。

(2) 为每个用户设置一张逻辑设备表。每当用户登录成功时，便为该用户建立一个进程，同时为其建立一张逻辑设备表并放入进程的 PCB 中。由于多用户系统通常都设置了系统设备表，故此时的逻辑设备表可以只包含两项内容：逻辑设备名和指向系统设备表的指针。

2. 独立于设备的软件功能

独立于设备的软件的基本任务是实现所有设备都需要的共性功能，并且向用户级软件提供一组统一的使用接口。具体来说，独立于设备的软件应具有如下一些功能：

(1) 对设备命名，并负责把设备的符号名映射到正确的设备驱动上。在 UNIX 及 Linux 系统中，类似于\dev\tty01 这样的设备名唯一地标明了为一个特别文件设置的 i 结点，这个 i 结点中包含了主设备号和次设备号，其中主设备号用来分配正确的终端设备驱动程序，次设备号用来确定设备驱动要读/写的具体物理设备。

(2) 提供设备保护，防止无权限的用户存取设备。在一些微型计算机系统中，如 MS-DOS，根本没有设备保护，所以任意一个进程都可以存取任何一个物理设备。而在现有的大中型计算机系统中，用户进程对 I/O 设备的直接访问是被完全禁止的。在 UNIX 及 Linux 系统中，采用比较灵活的设备保护机制，将 I/O 设备作为特殊的文件，对这些特殊文件的存取使用普通文件的"rwx(读/写/执行权限，read/write/execute)"位进行保护，因此系统管理员可以为每一个设备设置正确的存取权限。

(3) 提供与设备无关的逻辑块。在各种 I/O 设备中，有着不同的存储设备，其空间大小、存取速度和传输速率等各不相同。比如，当前笔记本电脑、台式计算机和服务器中常用的硬盘，其空间大小有若干个 TB，而在手机及数码照相机这一类设备中，使用闪存作存储器，其容量一般在数十 GB 到数百 GB，且存取速度各不相同。因此，独立于设备的软件有必要向较高层软件屏蔽各种 I/O 设备的物理特性的差别，并向上层软件提供大小统一的逻辑块尺寸。较高层的软件只与抽象设备打交道，不考虑物理设备空间和数据块大小而使用等长的逻辑块，差别在这一层都隐藏起来了。

(4) 实现缓冲技术。虽然中断、DMA 和通道控制方式提高了系统的并行性，使系统中的设备与设备、设备与 CPU 间可以并行操作，但设备和 CPU 的处理速度差异还是难以逾越，所以需要采用缓冲区来解决。块设备和字符设备都需要缓冲区。就块设备而言，硬件一次读/写一个完整的块，但用户进程常常按任意单位处理数据，倘若用户进程写了半块数据后，暂时不再写数据，则这时操作系统一般先将数据保存在内部缓冲区，等到用户进程写完整块数据或用户进程运行完成才将缓冲区的数据写入磁盘中。字符设备也有类似的情况，当用户进程把数据写入系统的速度快于设备输出数据速度时，也必须设置缓冲。

(5) 出错处理。出错处理一般来说是由设备驱动程序完成的，因为绝大部分错误都是与设备密切相关的，驱动程序最知道应如何做(例如重试、忽略还是放弃)。比如，由于磁盘块受损而不能再读这样一类错误，驱动程序将设法重读一定的次数，若仍有错误，则放弃读操作并通知独立于设备的软件，之后如何处理这个错误就与设备无关了。此时系统通常的处理方式是：如果错误出现在读用户文件的时候，则将错误信息报告给调用者；若在读关键的系统数据(比如磁盘的位示图)时出现错误，则只能打印一些错误信息并终止执行。

5.5.3　设备驱动程序的基本概念

设备处理程序通常又称为设备驱动程序，它是 I/O 系统的高层软件与设备控制器之间的通信程序，其主要任务是接收上层软件发来的抽象 I/O 要求，如 read 或 write 命令，再把它转换成具体要求后，发送给设备控制器，启动设备去执行；反之，它也将由设备控制器发来的信号传送给上层软件。由于驱动程序与硬件密切相关，故通常应为每一类设备配置一个驱动程序。例如，打印机和显示器需要不同的设备驱动程序。

1. 设备驱动程序的功能

为了实现 I/O 系统的高层软件与设备控制器之间的通信，设备驱动程序应具有以下功能：

(1) 接收由独立于设备的软件发来的命令和参数，并将命令中的抽象要求转换为设备相关的低层操作序列。

(2) 检查用户 I/O 请求的合法性，了解 I/O 设备的工作状态，传递与 I/O 设备操作有关的参数，设置设备的工作方式。

(3) 发出 I/O 命令，如果设备空闲，便立即启动 I/O 设备，完成指定的 I/O 操作；如果设备忙碌，则将 I/O 请求块挂在设备队列上等待。

(4) 及时响应由设备控制器发来的中断请求，调用相关的中断处理程序进行处理。

(5) 对于具有通道结构的系统，还需要根据用户的 I/O 请求构造通道程序。

2. 设备驱动程序的特点

设备驱动程序属于低级的系统例程，与一般的应用程序及系统程序相比有下述明显差异：

(1) 驱动程序是实现独立于设备的软件和设备控制器之间通信与转换的程序。具体说，它将抽象的 I/O 请求转换为具体的 I/O 操作后传送给控制器；又将控制器中所记录的设备状态和 I/O 操作完成情况，及时地反映给请求 I/O 的进程。

(2) 驱动程序与设备控制器以及 I/O 设备的硬件特性紧密相关，对于不同类型的设备，应配置不同的驱动程序。但可以为相同的多个设备配置一个驱动程序，如多个相同的终端设备可设置一个终端驱动程序。

(3) 驱动程序与 I/O 设备所采用的 I/O 控制方式紧密相关，常用的 I/O 控制方式是中断驱动和 DMA 方式。

(4) 由于驱动程序与硬件紧密相关，因而其中的一部分代码必须用汇编语言编写。目前有很多驱动程序的基本部分已经固化在 ROM 中。

(5) 驱动程序应允许可重入。一个正在运行的驱动程序常常会在一次调用完成前被再次调用。

3. 设备处理方式

在不同的操作系统中，所采用的设备处理方式并不完全相同。根据在设备处理时是否设置进程，以及如何设置进程，而把设备处理方式分成以下三类：

(1) 为每一类设备设置一个进程，专门用于执行这类设备的 I/O 操作。比如，为所有的交互式终端设置一个交互式终端进程；又如，为同一类型的打印机设置一个打印进程。这种方式比较适合于较大的系统。

(2) 在整个系统中设置一个 I/O 进程，专门用于执行系统中所有各类设备的 I/O 操作。也可以设置一个输入进程和一个输出进程，分别处理系统中的输入和输出操作。

(3) 不设置专门的设备处理进程，而只为各类设备设置相应的设备驱动程序，供用户或系统进程调用。这种方式目前用得比较多。

4. 设备驱动程序的处理过程

设备驱动程序的主要任务是启动指定设备并完成上层指定的 I/O 工作。但在启动之前，应先完成必要的准备工作，如检测设备状态是否为"忙"等。在完成所有的准备工作后，才向设备控制器发送一条启动命令。设备驱动程序的处理过程描述如下：

(1) 将抽象要求转换为具体要求。通常在每个设备控制器中都含有若干个寄存器，分别用于暂存命令、参数、数据等。由于用户及上层软件对设备控制器的具体情况毫无了解，因而只能发出命令(抽象的要求)，这些命令是无法传送给设备控制器的，需要将这些抽象要求转换为具体要求，例如，将抽象要求中的盘块号转换为磁盘的柱面号、磁头号及扇区号。而这一转换工作只能由驱动程序来完成，因为在 OS 中只有驱动程序同时了解抽象要求和设备控制器中的寄存器情况，也只有它知道命令、数据和参数应分别送往哪个寄存器。

(2) 对服务请求进行校验。驱动程序在启动 I/O 设备之前，必须先检查用户的 I/O 请求是不是该设备能够执行的。一个非法请求的典型例子是，用户试图请求从一台打印机读入数据。如果驱动程序能检查出这类情况，便认为这次 I/O 请求非法，它将向 I/O 系统报告 I/O 请求出错，I/O 系统可以根据具体情况做出不同的决定，如可以停止请求进程的运行，或者仅通知请求进程它的 I/O 请求有错，但仍然让它继续运行。此外，还有些设备如磁盘和终端，它们虽然都是既可读、又可写的，但若在打开这些设备时规定的是读，则用户的写请求必然被拒绝。

(3) 检查设备的状态。启动某个设备进行 I/O 操作，其前提条件是设备正处于就绪状态。为此，在每个设备控制器中，都配置一个状态寄存器。驱动程序在启动设备之前，要先把状态寄存器中的内容读入到 CPU 的某个寄存器中，通过测试寄存器中的不同位，来了解设备的状态，如图 5-10 所示。例如，为了向某设备写入数据，此前应先检查状态寄存器中接收就绪的状态位，仅当它处于接收就绪状态时，才能启动其设备控制器，否则只能等待(图 5-10 中 DSR 即 Data Set Ready 指数据准备好；SYNC 即 Synchronization Signal 指同步信号)。

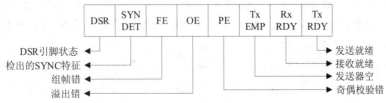

图 5-10 设备的状态示意图

(4) 传送必要的参数。在确定设备处于接收(发送)就绪状态后，便可向控制器的相应寄存器传送数据及与控制本次数据传输相关的参数。例如，在某种设备控制器中配置了两个控制寄存器，其中一个是命令寄存器，用于存放处理器发来的各种控制命令，以决定本次 I/O 操作是接收数据还是发送数据等。如果是利用 RS232C 接口进行异步通信，则在启动该接口之前，应先按通信规程设定下述参数：波特率、奇偶校验方式、停止位数目、数据字节长度等。对于较为复杂的块设备，除必须向其控制器发出启动命令外，还须传送更多的参数。

(5) 启动 I/O 设备。在完成上述各项准备工作后，驱动程序便可以向控制器中的命令寄存器传送相应的控制命令。对于字符设备，若发出的是写命令，则驱动程序把一个字符(或字)传送给控制器；若发出的是读命令，则驱动程序等待接收数据并通过读入控制器的状态寄存器中的状态字的方法来确定数据是否到达。

在多道程序系统中，驱动程序一旦发出 I/O 命令启动一个 I/O 操作后，便把控制返回给 I/O 系统，把自己阻塞起来，直到中断到来时再被唤醒。具体的 I/O 操作是在设备控制器的控制下进行的，因此，在设备忙于传送数据时，处理器又可以去做其他的事情，实现了处理器与 I/O 设备的并行操作。

5. 设备驱动程序举例

1) 键盘驱动程序

它除了完成常规的键盘驱动功能外，还要完成如下工作：① 当用户程序需要时，对键入的数据进行加工处理；② 将键入的数据送至显示器进行回显。

2) 打印机驱动程序

打印机的种类很多，从简单的用于正文输出的点阵打印机或行打印机，到复杂的能在纸、透明胶片或其他介质上打印的喷墨打印机、激光打印机等。汉字打印机通常自带汉字库(硬字库)；英文打印机没有字库，但加上软字库(如操作系统或排版软件带的字库)后就可打印汉字了。打印机驱动程序除了常规的驱动打印机的功能外，还要完成从存储编码(如 ASCII 码)到输出编码(字库中的字形数组)的转换工作。

5.5.4 用户空间的 I/O 软件

大部分 I/O 软件包含在操作系统中，但是在用户程序中仍有小部分是与 I/O 过程相关的。例如，某个用 C 语言编写的某程序含有如下的系统调用：

　　　count=write(fd,buffer,nbytes);

在程序运行期间，该程序将与库过程 write 连接在一起，并包含在运行时的二进制程序代码中，显然，所有这些库过程是设备管理 I/O 软件的组成部分，它们所做的工作主要是把系统调用时所用的参数放在合适的位置，由其他 I/O 过程去实现真正的操作。在这里，I/O 的格式化工作是由库过程完成的，标准的 I/O 库包含了许多涉及 I/O 的过程，它们都是作为用户程序的一部分运行的。

当然，并非所有的用户层 I/O 软件都是由库过程组成的。Spooling 系统则是另一种重要的处理方法，它是多道程序设计系统中处理独占 I/O 设备的另一种方法，在后面 5.7 节会具体分析。

举一个读硬盘文件的例子。当用户程序试图读一个硬盘文件时，需通过操作系统实现这一操作。首先独立于设备的软件检查高速缓存中有无要读的数据块，若没有，则调用硬盘设备驱动程序，向硬盘设备发出一个请求，然后用户进程阻塞等待磁盘操作的完成；当磁盘操作完成时，硬件产生一个中断，转入中断处理程序；中断处理程序检查中断的原因，了解到这时读磁盘操作已经完成，于是唤醒用户进程取回从磁盘读取的信息，从而结束此次 I/O 请求。用户进程在得到所需的硬盘文件内容之后继续运行。

5.6　设 备 分 配

在多道程序环境中，系统中的设备不允许用户进程自己使用，而必须由系统统一分配。当用户进程向系统提出 I/O 请求后，设备分配程序按照一定的分配策略为其分配所需的设备。要进行数据传输时，还要分配相应的控制器和通道。

1. 设备标识

一台计算机系统中往往配置了多种类型的设备，且同一类型的设备又可能有多台，如三台打印机，20 台终端，那么怎样标识每台设备，即如何给每台设备命名呢？通常系统按某种原则为每台设备分配唯一的号码，用以标识该设备，称为设备绝对号(即物理设备名)，如同内存中每个存储单元都有一个绝对地址一样。

2. 设备分配中的数据结构

为了管理和控制 I/O 设备，需要有相应的数据结构记录各设备、控制器和通道的情况。设备分配时需要的主要数据结构有设备控制表(Device Control Table，DCT)、控制器控制表(Controller Control Table，COCT)、通道控制表(Channel Control Table，CHCT)和系统设备表(System Device Table，SDT)，如图 5-11 所示。

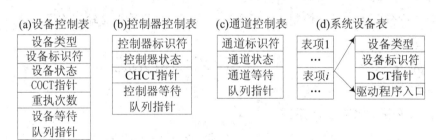

图 5-11　设备分配中的数据结构

(1) 设备控制表(DCT)：系统为每个设备配置一张设备控制表，记录设备的特性及与设备控制器的连接情况，所包含内容如图 5-11(a)所示。其中，"设备标识符"是指设备绝对号；"设备状态"用来指示设备是忙还是闲；"COCT 指针"指向与该设备相连接的设备控制器；"重执次数"是指当设备进行 I/O 操作失败时所允许的最多重复执行次数；"设备等待队列指针"指向所有等待使用该设备的进程所组成的等待队列。

(2) 控制器控制表(COCT)：每个设备控制器配置一张控制器控制表，记录控制器的使用状态、与通道的连接状况等，内容如图 5-11(b)所示。

(3) 通道控制表(CHCT)：每个通道配置一张通道控制表，记录通道的使用状态，内容如图 5-11(c)所示。

(4) 系统设备表(SDT)：系统设备表也称为设备类表，整个系统一张。它记录已被连接

到系统中的所有物理设备的情况，每个设备占一个表项，内容如图 5-11(d)所示，其中"DCT
指针"指向该设备的设备控制表。

3. 设备分配算法

设备分配算法相对比较简单，主要有两种：

(1) 先请求先服务算法。根据进程发出请求的先后顺序，把这些进程排成一个设备请
求队列，设备分配程序总是把设备首先分配给队首进程。

(2) 优先级高者优先算法。当多个进程对同一台设备提出 I/O 请求时，按照进程优先级
的高低进行设备分配。若进程优先级相同，则按先请求先服务算法分配。

4. 设备分配过程

设备分配一般分为三个步骤：分配设备、分配控制器及分配通道。

(1) 分配设备。根据进程所请求的设备类型，检索系统设备表，找到第一个该类设备
的控制表，从其"状态"字段可知设备忙闲情况。若设备忙，则查找第二个该类设备的控
制表，仅当所有该类设备都忙时，才把进程插入该类设备的等待队列上。只要有一个该类
设备空闲，就可以分配给进程。

(2) 分配控制器。当系统把设备分配给进程后，从该设备的控制表中找到与此设备相
连接的控制器的控制表，根据其"状态"字段可知该控制器是否忙碌。若控制器忙，则将
该进程插入控制器等待队列；否则，将该控制器分配给进程。

(3) 分配通道。当把控制器分配给进程后，从该控制器的控制表中找到与其相连接的
通道的控制表，根据其"状态"字段可知该通道是否忙碌。若通道忙，则将进程插入通道
等待队列；否则将该通道分配给进程。

当进程分配到设备、控制器和通道后，就可以进行数据传输工作了。

5.7　SPOOLing 系统

1. 什么是 SPOOLing 系统

系统中独占设备的数量有限，往往不能满足多个进程的需求，导致许多进程因等待某
些独占设备而阻塞；而对已分到独占设备的进程，在其整个运行期间，又不经常使用这些
设备，使设备的利用率很低。为提高独占设备的利用率和系统效率，人们使用共享设备来
模拟独占设备，将独占设备"改造"成共享设备，这种技术称为设备虚拟技术，实现这一
技术的硬件和软件系统称为 SPOOLing 系统，由于它是对脱机输入输出技术的模拟，故又
称为假脱机技术。

2. SPOOLing 系统的组成

SPOOLing 系统包括输入井和输出井、预输入
程序和缓输出程序、井管理程序几个部分，如图
5-12 所示。

(1) 输入井和输出井。这是在磁盘上开辟的两

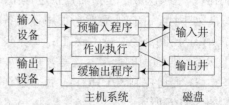

图 5-12　SPOOLing 系统的组成

个大的存储区，输入井用于存放预先从 I/O 设备输入的各作业的全部信息，输出井用于暂时存放各运行作业的输出信息。

(2) 预输入程序和缓输出程序。预输入程序的任务是预先把作业的全部信息输入到磁盘上的输入井中保存，作业执行时只需从输入井中读入相关信息，而不必启动输入设备。缓输出程序的任务是启动输出设备对输出井中等待输出的作业信息进行输出。

(3) 井管理程序。它又分为"输入井读"和"输出井写"两个程序。当作业要求读信息时，由"输入井读"程序从输入井中找出作业所需信息并传送给作业；当作业要求输出信息时，由"输出井写"程序把作业的输出信息存放到输出井中。

3. 共享打印机的实现

共享打印机是 SPOOLing 技术的典型应用。当用户进程请求打印输出时，SPOOLing 系统为其做两件事：① 由"输出井写"程序将用户进程要打印的数据存放到输出井中；② 为用户进程申请一张空白的请求打印表，并填入用户的打印要求，然后将其挂到打印请求队列上。如果还有其他用户进程请求打印输出，那么系统仍可接收该请求，同样为该进程做上述两件事。

如果打印机空闲，缓输出程序就从打印请求队列的队首取出一张请求打印表，根据表中的打印要求从输出井中取出待打印数据，通过输出缓冲区由打印机进行打印。重复上述过程，直到打印请求队列为空，缓输出程序就阻塞等待新的打印请求。

5.8 Linux 字符设备驱动程序

字符设备是指只能一个字节一个字节读写的设备，不能随机读取设备内存中的某一数据，读取数据需要按照先后顺序进行。字符设备是面向流的设备，常见的字符设备有鼠标、键盘、串口、控制台、LED 设备等。

每一个字符设备都在/dev 目录下对应一个设备文件。Linux 用户程序通过设备文件(或称设备节点)来使用驱动程序操作字符设备。

5.8.1 Linux 字符设备驱动程序基础

1. 设备文件的概念

Linux 沿用了 UNIX 的设备管理思想，将所有设备看成是一类特殊文件，为每个设备建立一个设备文件，一般保存在/dev 目录下，如/dev/hda1 标识第一个硬盘的第一个逻辑分区。Linux 将系统中的设备分成三类：

(1) 块设备：一次 I/O 操作是固定大小的数据块，可随机存取，其设备文件的属性字段中以"b"进行标识；

(2) 字符设备：只能按字节访问的设备，一次 I/O 操作存取数据量不固定，只能顺序存取，其设备文件的属性字段中以"c"进行标识；

(3) 网络设备：网卡是特殊处理的，没有对应的设备文件。

2. 设备号的概念

1) 什么是设备号

与普通文件一样，每个设备文件都有文件名和唯一的一个索引节点，在索引节点中记录了与特定设备建立连接所需的信息，其中最主要的三个信息是：

(1) 类型：表明是字符设备还是块设备。

(2) 主设备号：主设备号相同的设备，由同一个驱动程序控制。

(3) 次设备号：说明该设备是同类设备中的第几个，即表示具体的某个设备。如查看 /dev 目录，可看到如图 5-13 所示的一些信息。

```
brw-rw----  1 root disk    8,   0 Oct  7 06:31 sda
brw-rw----  1 root disk    8,   1 Oct  7 06:31 sda1
brw-rw----  1 root disk    8,   2 Oct  7 06:31 sda2
brw-rw----  1 root disk    8,   5 Oct  7 06:31 sda5
```

图 5-13　系统中所添加的设备信息

可见，sda1、sda2 及 sda5 是同一类块设备，它们的主设备号都是 8，将使用同一个驱动程序，次设备号分别是 1、2 和 5。

由主设备号和次设备号组成了设备的唯一编号。设备号，其类型为 dev_t，是一个 32 位的无符号整数，定义在/include/linux/types.h 文件中：

　　　typedef __u32 __kernel_dev_t;

　　　typedef __kernel_dev_t　　　　　　dev_t;

在 32 位机器中是 4 个字节，高 12 位表示主设备号，低 20 位表示次设备号。

2) 与设备号相关的操作函数

(1) 定义在/include/linux/kdev_t.h 中的五个宏：

　　　#define MINORBITS　20　　　　//低 20 位为次设备号

　　　#define MINORMASK　　　　((1U << MINORBITS) - 1)

　　　#define MAJOR(dev)　((unsigned int) ((dev) >> MINORBITS)) //获取主设备号：高 12 位

　　　#define MINOR(dev)　((unsigned int) ((dev) & MINORMASK)) // 获取次设备号

　　　#define MKDEV(ma,mi)　　(((ma) << MINORBITS) | (mi)) //把主、次设备号组成设备号

(2) 为字符设备静态分配设备号。如果驱动程序开发者清楚了解系统中尚未被使用的设备号，则可直接指定主设备号，然后再申请若干个连续的次设备号。这种方法可能会造成系统中设备号冲突，而使驱动程序无法注册。可使用"cat /proc/devices"命令查看已有的设备名与设备号，以确定使用哪个新的主设备号，比如该命令显示的字符设备的部分内容如下所示：

　　　character　devices:

　　　99 ppdev

　　　108 ppp

　　　116 alsa

则新添加设备驱动时可以选择主设备号 100 或其他未使用的主设备号，如 101、102 等。

静态分配使用 register_chrdev_region()，该函数定义在/fs/char_dev.c 文件中：

　　　intregister_chrdev_region(dev_t from,unsigned count,const char *name);

① 函数功能：为一个指定主设备号的字符驱动程序申请一个或一组连续的次设备号。

② 输入参数：

from：dev_t 类型的起始设备号(可通过 MKDEV(major,0)获得)；

count：需要申请的次设备号数量；

name：设备名，会出现在/proc/devices 和 sysfs 中。

③ 返回值：分配成功返回 0，失败返回一个负的错误码。

(3) 为字符设备动态分配设备号。如果没有提前指定主设备号，则采用动态分配方式，它不会出现设备号冲突的问题，但是无法在安装驱动前创建设备文件(因为安装前还没有分配到主设备号)。

动态分配使用 alloc_chrdev_region()，定义在/fs/char_dev.c 文件中：

```
intalloc_chrdev_region(dev_t* dev,unsigned baseminor,unsigned count, const char *name);
```

① 函数功能：动态分配一个主设备号及一个或一组连续次设备号。

② 输入参数：

baseminor：起始次设备号，一般从 0 开始；

count：需要分配的次设备号数量；

name：设备名，会出现在/proc/devices 和 sysfs 中。

③ 输出参数：dev，系统自动分配的 dev_t 类型的设备号。

④ 返回值：分配成功返回 0，失败返回一个负的错误码。

(4) 释放设备号。采用上面两种方式申请到的设备号，在设备不使用时，比如在调用 cdev_del()函数从系统中注销字符设备之后，应该及时释放掉。函数定义在 linux-4.12/fs/char_dev.c 文件中：

```
void unregister_chrdev_region(dev_t from, unsigned count);
```

其中参数含义跟上面(2)中 register chrdev region()的一样，不再重复说明。

3. 字符设备驱动程序相关的数据结构

1) cdev 结构

Linux 内核使用 cdev 结构来描述一个字符设备，定义在/include/linux/cdev.h 文件中：

```
struct cdev {
        struct kobject kobj;    /*内嵌的内核对象，包括引用计数、名称、父指针等*/
        struct module *owner;   /*所属内核模块，一般设置为 THIS_MODULE*/
        const struct file_operations *ops;   /*设备文件操作集合*/
        struct list_head list;  /*所有已注册字符设备的链表*/
        dev_t dev;    /*设备号*/
        unsigned int count;   /*隶属于同一主设备号的次设备号数目*/
};
```

cdev 结构是内核对字符设备的标准描述，在实际的设备驱动开发中，通常使用自定义的结构体来描述一个特定的字符设备：内嵌 cdev 结构，同时包含其他描述该具体设备特性的字段。

2) char_device_struct 结构

内核为与主设备号相同的一组设备设置一个 char_device_struct 结构，描述这个主设备号下已经被分配的次设备号区间，定义在**/fs/char_dev.c** 文件中：

```
static struct char_device_struct {
        struct char_device_struct *next;        /*指向散列表中下一个元素的指针*/
        unsigned int major;                     /*主设备号*/
        unsigned int baseminor;                 /*起始次设备号*/
        int minorct;                            /*次设备号区间大小*/
        char name[64];                          /*设备名，(/proc/devices)*/
        struct file_operations *fops;           /*未使用*/
        struct cdev *cdev;                      /*指向字符设备描述符的指针，高版本已经不使用*/
} *chrdevs[CHRDEV_MAJOR_HASH_SIZE];
```

3) file_operations 结构

file_operations 结构是字符设备中最重要的数据结构之一。其中的成员是一组函数指针，用于实现相应的系统调用，如 open()、read()、write()、close()、seek()、ioctl()等系统调用最终就是由这组函数实现的，是字符设备驱动程序设计的主体内容。

file_operations 结构定义在/include/linux/fs.h 中，其中对字符设备比较重要的成员主要有：

```
struct file_operations {
    struct module *owner; /*拥有该结构的模块，一般为 THIS_MODULE*/
    ssize_t (*read) (struct file *, char __user *, size_t, loff_t *);        /*从设备中读取数据*/
    ssize_t (*write) (struct file *, const char __user *, size_t, loff_t *);     /*向设备中写数据*/
    int (*ioctl) (struct inode *, struct file *, unsigned int, unsigned long); /*执行设备的 I/O 控制命令*/
    int (*open) (struct inode *, struct file *);          /*打开设备文件*/
    int (*release) (struct inode *, struct file *);       /*关闭设备文件*/
    ⋮
};
```

4) file 结构

file 结构代表一个打开的文件，内核每执行一次 open 操作就会建立一个 file 结构，因此一个文件可以对应多个 file 结构。当文件的所有打开实例都关闭之后，内核会释放这个结构。其中几个重要的成员有：

```
struct file{
    mode_t fmode;   /*文件打开模式，如 FMODE_READ，FMODE_WRITE*/
    loff_t  f_pos;  /*当前读写指针*/
    struct file_operations  *f_op;  /*文件操作函数表指针*/
    void *private_data;  /*非常重要，系统调用时保存状态信息*/
    ⋮
};
```

5) inode 结构

磁盘上每个文件都有一个 inode，用来记录文件的属性信息，包括文件大小、属主、归属的用户组、读写权限、存储位置等。inode 和代表打开文件的 file 结构是不同的，一个文件可以对应多个 file 结构，但只有一个 inode 结构。inode 一般作为 file_operations 结构中函数的参数传递过来。对于设备文件来说，有两个很重要的成员：

```
struct inode{
    dev_t    i_rdev;      /*设备号，根据该设备号可以得到主设备号和次设备号*/
    struct cdev  *i_cdev;    /*该设备的 cdev 结构*/
    ⋮
};
```

我们也可以使用定义在/include/linux/fs.h 文件中的两个函数从 inode 中获得设备的主设备号和次设备号：static inline unsigned iminor(const struct inode *inode)及 static inline unsigned imajor(const struct inode *inode)。

5.8.2 字符设备驱动程序设计

1. 设备注册

在 Linux 2.6 内核中，字符设备使用 struct cdev 来描述，而注册设备实际就是建立新设备的 cdev 结构，主要包括三个步骤：

(1) 分配 cdev。为 cdev 结构分配存储空间，使用 cdev_alloc()函数来完成：

```
struct cdev *cdev_alloc(void);
```

(2) 初始化 cdev。为 cdev 结构设置各成员的值，使用 cdev_init()函数来完成：

```
void cdev_init(struct cdev *cdev, const struct file_operations *fops);
```

(3) 添加 cdev。将 cdev 结构注册到系统中，一般在模块加载时执行该操作。使用 cdev_add()来完成：

```
int cdev_add(struct cdev *p, dev_t dev, unsigned count);
```

2. 实现设备操作

实现设备操作是实现 file_operations 函数集，要明确某个函数什么时候被调用以及调用所做的操作。驱动程序和应用程序的数据交换是非常重要的，file_operations 中的 read()和 write()函数，就是用来完成这项工作的。通过数据交换，驱动程序和应用程序可以彼此了解对方的情况。但是驱动程序和应用程序属于不同的地址空间：驱动程序不能直接访问应用程序的地址空间；同样应用程序也不能直接访问驱动程序的地址空间，否则会破坏彼此空间中的数据，从而造成数据损坏甚至系统崩溃。安全的方法是使用内核提供的专用函数，完成数据在应用程序空间和驱动程序空间的交换。这些函数对用户程序传过来的指针进行了严格的检查和必要的转换，从而保证用户程序与驱动程序交换数据的安全性。相关的函数有：

(1) copy_to_user()。该函数在/include/asm-x86/uaccess_64.h 文件中申明原型，在./arch/

x86/lib/usercopy_32.c 文件中实现函数：

```
static __always_inline unsigned long __must_check

copy_to_user(void __user *to, const void *from, unsigned long n);
```

功能：将数据块从内核空间复制到用户空间。

参数含义：

to：用户进程空间中的目的地址；

from：内核空间的源地址；

n：需要拷贝的数据长度(字节数)。

返回值：函数执行成功返回 0；如果失败，则返回没有拷贝成功的字节数。

(2) copy_from_user()。源码信息同 copy_to_user()：

```
static __always_inline unsigned long __must_check

copy_from_user(void *to, const void __user *from, unsigned long n);
```

功能：将数据块从用户空间复制到内核空间。

参数含义：

to：内核空间的目的地址；

from：用户空间的源地址；

n：需要拷贝的数据长度(字节数)。

返回值：函数执行成功返回 0；如果失败，则返回没有拷贝成功的字节数。

(3) put_user(x, ptr)和 get_user(x, ptr)。定义在/arch/x86/include/asm/uaccess.h 文件中，功能与前面两个函数类似，也是实现用户空间与内核空间的数据拷贝，不过这两个函数拷贝的是简单数据，如一个字符或整型变量。

3. 设备注销

当不使用某个设备时，应及时从系统注销，以节省系统资源：

```
void cdev_del(struct cdev *p);
```

上述 cdev_alloc()、cdev_init()、cdev_add()及 cdev_del()四个函数的原型声明都在文件/include/linux/cdev.h 中，函数实现在文件/fs/char_dev.c 中，具体使用方法参见"7.6.2 Linux 字符设备驱动程序的设计"。

4. 创建设备文件

在 Linux 中每个设备都是一个特殊文件，为设备创建设备文件有两种方法：

(1) 使用 mknod 手工创建。mknod 命令将为设备文件建立一个目录项和一个索引节点，命令格式为 mknod filename type major minor。其中：filename 是设备文件名；type 是设备类型，如块设备是"b"，字符设备是"c"；major 是主设备号；minor 是次设备号。

(2) 利用 udev(或 mdev)自动创建。利用 udev(或 mdev)来实现设备文件的自动创建，首先应保证支持 udev(或 mdev)，由 busybox 配置。在驱动程序初始化代码里调用 class_create 为该设备创建一个 class，再为每个设备调用 device_create 创建对应的设备。具体使用方法请读者自行参阅相关资料学习。

5. 字符设备驱动程序小结

在 Linux 系统的三大类设备(字符设备、块设备及网络设备)中，字符设备是较简单的一类设备。其驱动程序中完成的主要工作是初始化、添加和删除 cdev 结构体、申请和释放设备号以及填充 file_operation 结构体中的操作函数，并实现 file_operations 结构体中的 read()、write()、ioctl()等重要函数。图 5-14 描述了 cdev 结构、file_operations 和用户空间调用驱动程序的关系。

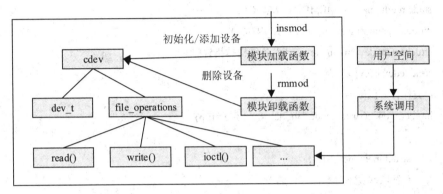

图 5-14　设备驱动程序流程

5.8.3　字符设备驱动程序举例

1. 一个字符设备驱动程序的例子

下面是一个简单的字符设备驱动程序的实现代码，包括两个文件：

(1) memdev.h，代码如下：

```
#ifndef _MEMDEV_H_
#define _MEMDEV_H_
#endif /*_MEMDEV_H_*/

#ifndef MEMDEV_MAJOR
#define MEMDEV_MAJOR 251      /*预设的 mem 的主设备号*/
#endif

#ifndef MEMDEV_NR_DEVS
#define MEMDEV_NR_DEVS 2      /*设备数*/
#endif

#ifndef MEMDEV_SIZE
#define MEMDEV_SIZE 4096
#endif
/*mem 设备描述结构体*/
```

```
        struct mem_dev
        {
            char *data;
            unsigned long size;
        };
```

(2) memdev.c，代码如下：

```
    static mem_major = MEMDEV_MAJOR;
    module_param(mem_major, int, S_IRUGO);
    struct mem_dev *mem_devp; /*设备结构体指针*/
    struct cdev cdev;
    /*文件打开函数*/
    int mem_open(struct inode *inode, struct file *filp)
    {
        struct mem_dev *dev;
        /*获取次设备号*/
        int num = MINOR(inode->i_rdev);
        if (num >= MEMDEV_NR_DEVS)
                return -ENODEV;
        dev = &mem_devp[num];
        /*将设备描述结构指针赋值给文件私有数据指针*/
        filp->private_data = dev;
        return 0;
    }
    /*文件释放函数*/
    int mem_release(struct inode *inode, struct file *filp)
    {
        return 0;
    }
    /*读函数*/
    static ssize_t mem_read(struct file *filp, char __user *buf, size_t size, loff_t *ppos)
    {
        unsigned long p =   *ppos;                /*记录文件指针偏移位置*/
        unsigned int count = size;                /*记录需要读取的字节数*/
        int ret = 0;                              /*返回值*/
        struct mem_dev *dev = filp->private_data; /*获得设备结构体指针*/
        /*判断读位置是否有效*/
        if (p >= MEMDEV_SIZE)     /*要读取的偏移大于设备的内存空间*/
            return 0;
```

```
        if (count > MEMDEV_SIZE - p)          /*要读取的字节大于设备的内存空间*/
            count = MEMDEV_SIZE - p;
        /*读数据到用户空间：内核空间→用户空间*/
        if (copy_to_user(buf, (void*)(dev->data + p), count))
        {
            ret =    - EFAULT;
        }
        else
        {
            *ppos += count;
            ret = count;
            printk(KERN_INFO "read %d bytes(s) from %d\n", count, p);
        }
        return ret;
}


/*写函数*/
static ssize_t mem_write(struct file *filp, const char __user *buf, size_t size, loff_t *ppos)
{
        unsigned long p =    *ppos;
        unsigned int count = size;
        int ret = 0;
        struct mem_dev *dev = filp->private_data; /*获得设备结构体指针*/
        /*分析和获取有效的写长度*/
        if (p >= MEMDEV_SIZE)
            return 0;
        if (count > MEMDEV_SIZE - p)          /*要写入的字节大于设备的内存空间*/
            count = MEMDEV_SIZE - p;
        /*从用户空间写入数据*/
        if (copy_from_user(dev->data + p, buf, count))
            ret =    - EFAULT;
        else
        {
            *ppos += count;                      /*增加偏移位置*/
            ret = count;                         /*返回实际的写入字节数*/
            printk(KERN_INFO "written %d bytes(s) from %d\n", count, p);
        }
        return ret;
}
```

```
/*seek 文件定位函数*/
static loff_t mem_llseek(struct file *filp, loff_t offset, int whence)
{
    loff_t newpos;
    switch(whence) {
      case 0: /*SEEK_SET*/          /*相对文件开始位置偏移*/
        newpos = offset;            /*更新文件指针位置*/
        break;
      case 1: /*SEEK_CUR*/
        newpos = filp->f_pos + offset;
        break;
      case 2: /*SEEK_END*/
        newpos = MEMDEV_SIZE -1 + offset;
        break;
      default: /*can't happen*/
        return -EINVAL;
    }
    if ((newpos<0) || (newpos>MEMDEV_SIZE))
        return -EINVAL;
    filp->f_pos = newpos;
    return newpos;
}
/*文件操作结构体*/
static const struct file_operations mem_fops =
{
  .owner = THIS_MODULE,
  .llseek = mem_llseek,
  .read = mem_read,
  .write = mem_write,
  .open = mem_open,
  .release = mem_release,
};
/*设备驱动模块加载函数*/
static int memdev_init(void)
{
  int result;
  int i;
  dev_t devno = MKDEV(mem_major, 0);   /*申请设备号,当 mem_major 不为 0 时,表示静态指定;
当为 0 时,表示动态申请*/
```

```
    if (mem_major)    /*静态申请设备号*/
        result = register_chrdev_region(devno, 2, "memdev");
    else    /*动态分配设备号*/
    {
        result = alloc_chrdev_region(&devno, 0, 2, "memdev");
        mem_major = MAJOR(devno);      /*获得申请的主设备号*/
    }
    if (result < 0)
        return result;
/*初始化 cdev 结构，并传递 file_operations 结构指针*/
    cdev_init(&cdev, &mem_fops);
    cdev.owner = THIS_MODULE;      /*指定所属模块*/
    cdev.ops = &mem_fops;
/*注册字符设备*/
    cdev_add(&cdev, MKDEV(mem_major, 0), MEMDEV_NR_DEVS);
/*为设备描述结构分配内存*/
    mem_devp = kmalloc(MEMDEV_NR_DEVS * sizeof(struct mem_dev), GFP_KERNEL);
    if (!mem_devp)    /*申请失败*/
    {
        result =   - ENOMEM;
        goto fail_malloc;
    }
    memset(mem_devp, 0, sizeof(struct mem_dev));
/*为设备分配内存*/
    for (i=0; i < MEMDEV_NR_DEVS; i++)
    {
        mem_devp[i].size = MEMDEV_SIZE;
        mem_devp[i].data = kmalloc(MEMDEV_SIZE, GFP_KERNEL);
        memset(mem_devp[i].data, 0, MEMDEV_SIZE);
    }
    return 0;
    fail_malloc:
    unregister_chrdev_region(devno, 1);
    return result;
}
/*模块卸载函数*/
static void memdev_exit(void)
{
```

```
        cdev_del(&cdev);    /*注销设备*/
        kfree(mem_devp);        /*释放设备结构体内存*/
        unregister_chrdev_region(MKDEV(mem_major, 0), 2); /*释放设备号*/
    }
    MODULE_AUTHOR("David Xie");
    MODULE_LICENSE("GPL");
    Module_init(memdev_init);
    module_exit(memdev_exit);
```

2. 测试步骤

(1) 在 cat /proc/devices 中看看有哪些主设备号已经被使用，选一个没有使用的主设备号记为×××。

(2) 加载驱动程序模块：insmod memdev.ko。

(3) 创建设备文件"/dev/memdev0"：mknod /dev/memdev0 c ××× 0。

(4) 编写用户态下的测试程序，文件名为 app-mem.c，编译并运行，将显示执行结果：

```
    Mem is char dev!
    /*app-mem.c*/
    #include <stdio.h>
    int main()
    {
        FILE *fp0 = NULL;
        char Buf[4096];
        strcpy(Buf,"Mem is char dev!");    /*初始化 Buf*/
        printf("BUF: %s\n",Buf);
        fp0 = fopen("/dev/memdev0","r+");    /*打开设备文件*/
        if (fp0 == NULL)
        {
            printf("Open Memdev0 Error!\n");
            return -1;
        }
        fwrite(Buf, sizeof(Buf), 1, fp0);    /*写入设备*/
        fseek(fp0,0,SEEK_SET);    /*重新定位文件位置*/
        strcpy(Buf,"Buf is NULL!");    /*清除 Buf*/
        printf("BUF: %s\n",Buf);
        fread(Buf, sizeof(Buf), 1, fp0);    /*读出设备*/
        printf("BUF: %s\n",Buf);    /*检测结果*/
        return 0;
    }
```

5.9 Linux 中断处理机制

在 2.3 节中我们学习了中断的基本概念，包括中断的分类、中断向量、中断描述符表、中断控制器及中断处理的大致流程。本节将介绍 Linux 系统的中断处理机制。

5.9.1 Linux 中断处理机制概述

1. 中断处理程序与中断服务例程的概念

I/O 设备的操作时间一般较长，当驱动程序启动设备进行 I/O 操作后，通常进入睡眠状态等待 I/O 操作的结束；在设备完成 I/O 操作后，向 CPU 发中断信号；之后 CPU 响应中断，执行中断处理程序，唤醒之前睡眠的驱动程序。系统中每根中断线(即每个中断号)都有对应的中断处理程序(interrupt handler)，它们的入口地址在系统初始化时由 init_IRQ()保存在一个名为 interrupt[]的数组中，使用中断向量号查找该数组，可快速找到相应中断处理程序的入口地址。

I/O 设备要采用中断工作模式，必须首先向系统申请一根中断线，以便通过该中断线向 CPU 发中断信号，但系统的中断控制器硬件的中断线数量是非常有限的，很难为每个设备分配一根单独的中断线。为解决这个问题，系统允许多个设备可以共享同一根中断线，这些共享同一根中断线的多个设备所发出的中断信号是相同的，它们中的任何一个设备产生中断时，CPU 都会跳转到同一个中断处理程序。但实际上，不同设备的中断处理过程通常是不同的，比如键盘与磁盘的中断处理差异就很大，为此，Linux 引入了中断服务例程(ISR)的概念。中断服务例程与中断处理程序是两个不同的概念：

(1) 中断处理程序：它是为特定的中断线服务的，相当于某根中断线的总处理程序，在 Linux 中，15 条中断线对应 15 个中断处理程序，其名称依次为 IRQ0x00_interrupt()，IRQ0x01_interrupt()，…，IRQ0x0f_interrupt()。中断处理程序负责完成所有设备都需要的一些通用工作：保护现场，然后将该中断线上所有的中断服务例程都运行一遍，最后恢复现场。

(2) 中断服务例程(ISR)：ISR 为某种特定的设备服务，完成该设备具体的中断处理工作，每个设备都有一个自己的 ISR，共享同一根中断线的多个设备的 ISR 组织在一个链表中，称为中断请求队列。当这些设备中某个设备发出中断时，由于中断处理程序无法判断是哪一个设备发出的中断，因此只能将链表中的所有 ISR 全部运行一遍，为了使中断处理时间尽量短，每个 ISR 被运行时，会先检查中断是否是它对应的设备发出的，如果不是，则立即退出。

设备、中断处理程序以及 ISR 三者的关系如图 5-15 所示。

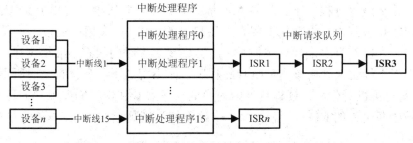

图 5-15 设备、中断处理程序以及 ISR 三者的关系

2. 上半部与下半部的概念

中断处理程序(包括 ISR)在执行时具有以下两个特征:

(1) 中断处理程序以异步方式执行,在执行过程中可能会打断其他重要代码(包括其他中断处理程序)的执行,因此应执行得越快越好。

(2) 中断处理程序是在关闭中断的条件下执行的,以避免因中断嵌套而使中断控制复杂化。当某个中断处理程序正在执行时,与该中断同级的其他中断会被屏蔽,如果设置了 IRQF_DISABLED,则当前 CPU 上所有其他中断都会被屏蔽。如果某根中断线上的 ISR 较多,则依次执行完成这些 ISR 可能需要较长的时间。但中断是一个随机事件,如果关中断的时间过长,则 CPU 很难及时响应其他的中断请求,可能导致内核响应速度降低,甚至造成中断的丢失。因此为避免内核对其他中断过长的响应延迟,中断处理程序应执行得越快越好。

为此,Linux 内核把中断处理分成两个部分:上半部(top half)和下半部(bottom half)。CPU 接收到一个中断时,会立即执行该中断的上半部(即前面介绍的中断处理程序及 ISR),完成有严格时限的工作,如应答中断或复位硬件等,且是在关闭所有中断的情况下进行的;而能够被允许稍后完成的工作则推迟到下半部进行。之后,在合适的时机再执行下半部,通常是在开中断的情况下进行,从而缩短中断处理过程中的中断关闭时间。

我们以大家熟悉的网卡为例,来分析网卡的中断处理工作在上、下半部中的分配。当网卡接收到一个来自网络的数据包时,会向 CPU 发中断,CPU 应尽快作出硬件应答,并把网卡中缓存的数据包拷贝到内存,对其进行一定的处理后再交给应用程序,这个工作量不会太小。其中硬件应答及拷贝数据包到内存的工作必须尽快完成,避免造成网卡缓存的溢出,因此应放在上半部完成;而对内存中的数据包进行处理并交给应用程序的工作就没有那么急迫了,可以由下半部在以后的某个时间再进行。

3. 进程上下文与中断上下文的概念

中断处理程序不在进程上下文中运行,而是处于中断上下文中。Linux 系统为 CPU 设置了两种运行状态:用户态和内核态,用户态执行用户程序,运行于用户空间;内核态具体又分为两种:

(1) 内核态,运行于进程上下文:内核代表进程运行于内核空间,如进程执行系统调用或运行内核线程,可睡眠。

(2) 内核态,运行于中断上下文:内核代表硬件运行于内核空间,与进程无关,不允许睡眠,具有较严格的时间限制。

那么,什么是"进程上下文"和"中断上下文呢"?所谓"进程上文",就是一个进程由用户态切换到内核态时需要保存的用户态的 CPU 寄存器中的值、进程状态以及堆栈上的内容,以便再次执行该进程时,能够恢复切换时的状态,继续执行;而"进程下文"则是指进程切换到内核态后执行的程序,如系统调用服务例程。而所谓的"中断上文",其实也可以看作就是硬件传递给内核的一些参数和内核需要保存的环境信息(主要是当前被中断进程的 CPU 环境);而"中断下文"则是指执行在内核空间的中断处理程序及 ISR。

5.9.2 中断服务例程的注册和注销

1. 中断服务例程的注册

一个设备要通过某根中断线向 CPU 发中断信号，必须先申请该中断线的控制权，这项工作是由设备的驱动程序在初始化过程中调用内核的 request_irq()函数完成的，主要工作就是将设备的中断服务例程 ISR 挂入指定中断线的中断请求队列中，称为 ISR 的注册。

request_irq()函数定义在文件 kernel/irq/manage.c 中，其原型是：

    int(unsigned int irq, irq_handler_t handler, unsigned long irqflags, const char *devname, void *dev_id)

下面对函数的参数进行简要说明，以方便读者理解。

(1) unsigned int irq：设备要申请的中断线(或者说是中断号)。

(2) irq_handler_t handler：是一个函数指针，指向设备向系统注册的中断服务例程 ISR 的入口地址，当设备发出中断时，系统就会执行这个函数。该函数的类型定义是：

    typedef irqreturn_t (*irq_handler_t) (int,void *);

其中包括两个参数：第一个参数是中断号 IRQ，第二个参数是 void 指针，一般传入设备的 dev_id 的值。

(3) unsigned long irqflags：一组标志信息，可以为 0，也可以是下列一个或多个标志的位掩码，定义在文件 include/linux/interrupt.h 中，其中比较重要的标志有：

① IRQF_DISABLED：若设置，则内核在执行 ISR 时必须禁止所有中断；如果不设置，则 ISR 可以与除本身外的其他任何 ISR 同时运行。

② IRQF_SAMPLE_RANDOM：若设置，则允许设备中断作为随机事件发生源，内核可用它做随机数产生器。

③ IRQF_SHARED：若设置，则允许其他设备与该设备共享指定的中断线 irq。

④ IRQF_TIMER：该标志是特别为系统定时器的中断处理而准备的。

(4) const char *devname：与 ISR 相关的设备的名字。

(5) void *dev_id：设备标识，包含了设备的主设备号与次设备号。当允许该设备与其他设备共享指定中断线 irq 时，本参数是必修的。因为当要注销一个设备的 ISR 时，dev_t 将提供唯一的标识信息，以便从该中断线的 ISR 链表中删除指定设备的 ISR。

request_irq()只有在以下两种情况下才可能执行成功：指定中断线当前未被任何设备注册或者在该中断线上的所有已注册 ISR 都设置了 IRQF_SHARED 标志，若执行成功，将返回 0；若返回非 0 值，则表示有错误发生，ISR 注册失败，最常见的错误是−EBUSY，表示指定中断线 irq 已经被其他设备占用并且不允许被共享。

2. 中断服务例程的注销

卸载设备的驱动程序时，需要注销设备的中断服务例程 ISR，并释放相应中断线，这项工作是由函数 free_irq()完成的，也定义在文件 kernel/irq/manage.c 中，函数原型是：

    void free_irq(unsigned int irq, void *dev_id)

其中参数 irq 说明要删除的 ISR 所在的中断线，dev_id 标识要删除 ISR 的设备。

如果指定的中断线 irq 不是共享的，则 free_irq()将在删除 ISR 的同时禁用这根中断线。如果中断线是共享的，则仅从 ISR 链表中删除 dev_id 的 ISR，而这根中断线本身只有在删除了最后一个 ISR 时才会被禁用。

5.9.3　上半部的处理过程

Linux 把对设备的中断处理工作分成上、下两个半部完成，上半部执行时限要求严格的工作，由中断线的中断处理程序及设备的中断服务例程 ISR 完成，下半部处理可以稍微延迟的工作。本小节将介绍上半部的处理过程。

假设某个设备的驱动程序已经初始化完成，设备的 ISR 也已注册到指定的中断线上。当设备通过中断线向 CPU 发出一个中断后，系统如果没有屏蔽该中断线，则 CPU 在执行完当前指令后将响应这个中断。CPU 首先从中断控制器的一个端口中取得中断向量 i，再使用 i 查找中断描述符表 IDT，找到相应中断处理程序的入口地址，如键盘中断是 IRQ0x01_interrupt(为描述的通用性，在本小节中用 IRQn_interrupt 表示从 IRQ0x00_interrupt 到 IRQ0x0f_interrupt 的任意一个中断处理程序)，然后关闭中断，并跳转到 IRQn_interrupt 处执行，这个位置是一个 BUILD_IRQ()宏(定义在文件 include/asm-x86/hw_irq_64.h 中)，它是一段嵌入式汇编代码，为便于读者理解，将其展开为汇编语言，如下所示：

```
IRQn_interrupt:
        Pushl $n-256
        jmp common_interrupt
```

其功能是把中断号减 256 的结果保存在栈中，是一个负数，正数留给系统调用使用，然后跳转到一段相同的代码 common_interrupt。可见，对于 15 个中断处理程序，唯一不同的就是压入栈中的这个负数。common_interrupt 处的代码片段是：

```
common_interrupt:
        SAVE_ALL
        call do_IRQ
        jmp ret_from_intr
```

SAVE_ALL 宏保存 CPU 中各寄存器的值到栈中，然后调用 do_IRQ()(定义在文件 /arch/x86/kernel/irq_64.c 中)，由 do_IRQ()进一步调用 handle_IRQ_event()(定义在文件 /kernel/irq/handle.c 中)以循环方式执行这条中断线上所有的 ISR，最后跳转到 ret_from_intr 完成中断返回。图 5-16 描述了上述过程。

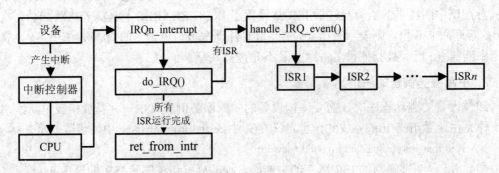

图 5-16　上半部处理流程

5.9.4 下半部的实现机制

由于中断处理程序(包括 ISR)是在关闭中断的条件下以异步方式执行的,为避免内核对其他中断过长的响应延迟,Linux 内核把整个中断处理流程分成上、下两个部分。上半部包括中断处理程序及 ISR,完成那些时间要求严格的工作;下半部完成与中断处理密切相关但对时间要求相对宽松的任务。那么,中断处理工作如何在两个半部中分工呢?实际上并不存在严格明确的划分规定,完全由驱动程序开发人员自己凭经验确定。可以参考的一些经验有:

(1) 如果一个任务对时间非常敏感,则应将其放在中断处理程序中完成;

(2) 如果一个任务与硬件相关,则应将其放在中断处理程序中完成;

(3) 如果一个任务不能被其他中断(特别是相同的中断)打断,则应将其放在中断处理程序中完成;

(4) 其他所有任务都最好放到下半部完成。

Linux 内核实现了多种下半部机制,有些机制已经在较新的内核中被废弃了,如 BH(Bottom Half)机制和任务队列(Task Queue)机制,目前内核中普遍使用的下半部机制主要有软中断、tasklet、工作队列三种机制,下面分别进行介绍。

1. 软中断机制

软中断是一组静态定义的下半部接口,共有 32 个,可以同时运行在系统中多个 CPU 上,即使类型相同的多个软中断也可以,因此软中断执行的函数必须是可重入的,并且当软中断在访问临界区时需要使用同步机制,如 3.4.5 节中介绍的自旋锁。由于软中断数量有限,因此通常保留给系统中对时间要求最严格以及最重要的下半部使用,目前只有网络和块设备两个子系统直接使用软中断,另外内核时钟和 tasklet 也是建立在软中断的基础上的,对于一般的任务,采用 tasklet 和工作队列就可以了。

1) 描述软中断的数据结构

每个软中断由 softirq_action 结构描述,定义在文件/include/linux/interrupt.h 中:

```
struct softirq_action
{
    void(*action)(struct softirq_action *);      //软中断处理函数
    void*data;                                    //传递给软中断处理函数的参数
};
```

其中 action 是软中断处理函数,其原型定义是:

```
void softirq_handler(struck softirq_action *)
```

在文件/kernel/softirq.c 中定义了一个长度为 32 的软中断数组:

```
static struct softirq_action softirq_vec[32] __cacheline_aligned_in_smp;
```

每个被注册的软中断都占据该数组的一项,因此系统中最多只有 32 个软中断。不同版本内核中已使用数量略有不同,请读者自行查阅资料了解。2.6.24 版本内核中用了 8 个,如表 5-3 所示。

表 5-3　内核已使用软中断列表

软中断类型	优先级(数组中的下标)	描　述
HI_SOFTIRQ	0	高优先级的 tasklet
TIMER_SOFTIRQ	1	定时器的下半部
NET_TX_SOFTIRQ	2	发送网络数据包
NET_RX_SOFTIRQ	3	接收网络数据包
BLOCK_SOFTIRQ	4	块设备
TASKLET_SOFTIRQ	5	普通 tasklet
SCHED_SOFTIRQ	6	调度程序
HRTIMER_SOFTIRQ	7	高分辨率定时器

一个软中断不会被另外一个软中断抢占，但可以被中断处理程序抢占。不过，其他的软中断(甚至是相同类型的软中断)可以在系统中其他的 CPU 上同时执行。

2) 执行软中断

一个注册的软中断必须被标记后才会执行，称为触发软中断，通常中断处理程序在返回前会标记它的软中断。软中断的注册与标记工作分别由定义在文件/kernel/softirq.c 中的 open_softirq()和 raise_softirq()函数完成。

内核执行软中断的时机有三个：

(1) 从一个中断处理程序返回时；

(2) 执行 ksoftirqd 内核线程时；

(3) 内核代码显式执行软中断。

不管是哪种时机，都是由定义在文件 arch/x86/kernel/irq_64.c 中的 do_softirq()执行，该函数很简单，通过遍历一个 32 位的位图，依次执行所有已经标记的软中断。

2. tasklet 机制

tasklet 是利用软中断实现的一种下半部机制，本质上也是一种软中断，不过接口更简单，因此除非是执行频率很高或时限要求很高的情况，否则下半部机制首选 tasklet。tasklet 在中断上下文中执行，执行过程中不允许睡眠，因此 tasklet 不能调用可能会引起睡眠的函数。

从表 5-3 中可以知道，tasklet 由两类软中断代表：HI_SOFTIRQ 和 TASKLET_SOFTIRQ，两者间的唯一区别是优先级不同，HI_SOFTIRQ 高于 TASKLET_SOFTIRQ，在系统执行软中断时，HI_SOFTIRQ 代表的 tasklet 会优先得到运行。

1) 描述 tasklet 的数据结构

tasklet 由 tasklet_struct 结构描述，定义在文件/include/linux/interrupt.h 中：

```
struct tasklet_struct
{    struct tasklet_struct *next;      //链表中的下一个 tasklet
     unsigned long state;             //tasklet 的状态
     atomic_t count;                  //引用计数，通常用 1 表示禁止
```

```
            void (*func)(unsigned long);    //tasklet 处理函数的指针
            unsigned long data;             //传递给处理函数的参数
    };
```

结构中成员 state 表示 tasklet 的状态,只能在 0、TASKLET_STATE_SCHED(表示 tasklet 已被调度, 正准备投入运行)和 TASKLET_STATE_RUN 之间取值。0 表示 tasklet 没有被调度; TASKLET_STATE_SCHED 表示 tasklet 已被调度,正准备投入运行; TASKLET_STATE_RUN 表示该 tasklet 正在某个 CPU 上运行(只在多 CPU 系统中才使用该标志)。

结构中成员 count 是 tasklet 的引用计数器,值不为 0,表示 tasklet 被禁止,不允许调度; 值为 0,表示 tasklet 处于激活状态, 允许被调度,之后才能执行。

2) 创建 tasklet

用户可以使用静态或动态方式创建一个 tasklet。如果是静态创建,则可以使用定义在文件/include/linux/interrupt.h 中的两个宏中的一个来完成:

```
    DECLARE_TASKLET(name, func, data)
    DECLARE_TASKLET_DISABLED(name, func, data)
```

这两个宏的功能都是为新建的 tasklet 建立一个 tasklet_struck 结构, 指定其要运行的函数是 func, 函数的参数是 data。两者的区别是为 tasklet_struck 结构设置的 count 值不同:前者将 count 值置为 0,使新建 tasklet 处于激活状态; 后者将 count 值置为 1,使新建 tasklet 处于禁止状态。

动态创建方法是先定义一个 tasklet_struck 结构体,再使用 tasklet_init()函数进行初始化,新建 tasklet 默认处于激活状态, 即 count 的值为 0:

```
    truct tasklet_struct tasklet_name;
    tasklet_init(&tasklet_name, func, data);
```

3) 编写 tasklet 的处理函数

tasklet 的处理函数必须符合规定的函数类型:

```
    void tasklet_handler ( unsigned long data)
```

tasklet 是基于软中断实现的, 即 tasklet 不能睡眠, 因此在处理函数中不能调用可能引起睡眠的函数。另外 tasklet 运行过程中允许响应中断,且不同的 tasklet 可以在多个 CPU 上同时运行, 因此必须使用同步机制(如自旋锁)实现多个 tasklet 对共享数据的互斥访问。

4) 调度 tasklet

处于激活状态的 tasklet 必须被调度后才能得到执行, 由定义在/kernel/softirq.c 文件中的 tasklet_schedule()完成:

```
    static inline void tasklet_schedule(struct tasklet_struct *t)
```

参数 t 是要调度的 tasklet。函数功能较简单, 首先将 tasklet 的 tasklet_struck 结构中的 state 置为 TASKLET_STATE_SCHED,然后将该 tasklet 加到所在 CPU 的 tasklet_vec 链表中, 最后标记 TASKLET_SOFTIRQ 软中断。这样在下一次调用 do_softirq()时就会执行被标记的 TASKLET_SOFTIRQ 软中断, 进而执行 tasklet_vec 链表中所有的 tasklet。

/kernel/softirq.c 文件中还定义了一个与 tasklet_schedule()非常相似的函数: tasklet_hi_schedule(struct tasklet_struct *t),两者的工作几乎完全相同,唯一不同的是后者把

tasklet 链接到 tasklet_hi_vec 链表里，并且标记 HI_SOFTIRQ 软中断，即处理的是高优先级的 tasklet。

5) 其他 tasklet 控制函数简介

(1) static inline void tasklet_disable(struct tasklet_struct *t)。函数功能：禁止指定的 tasklet，不允许被调度。如果该 tasklet 当前正在运行，则函数忙等待直到该 tasklet 运行完成再返回。

(2) static inline void tasklet_enable(struct tasklet_struct *t)。函数功能：激活指定的 tasklet，使其能被调度。它必须与 tasklet_disable()匹配调用。

(3) tasklet_kill(struct tasklet_struct *t)。函数功能：将指定的 tasklet 从 tasklet_vec 链表中删除。如果该 tasklet 当前正在运行，则函数会忙等待直到它运行完成再删除。

3. 工作队列机制

工作队列是另外一种下半部机制，与前面介绍的软中断和 tasklet 机制都不同：工作队列是运行在进程上下文中的，是由专门的内核线程来执行的，允许重新调度和睡眠，因此在任务处理程序中可以调用可能会引起睡眠的函数，如申请大块内存、获取信号量等操作。

工作队列的基本思想是事先创建一个专门的内核线程——工作者线程，负责执行由内核其他部分提交的需推后处理的工作。Linux 内核分别为每个 CPU 提供了一个缺省工作者线程，名字叫 events/n，这里 n 是 CPU 编号。比如对单 CPU 系统，就只有 events/0 一个工作者线程；对双 CPU 系统，有两个工作者线程 events/0 和 events/1，每个 CPU 上各一个；以此类推，对有 n 个 CPU 的系统，有 n 个工作者线程 events/0，events/1，…，events/n−1，每个 CPU 上各一个。一个驱动程序在实现其下半部时，既可以使用缺省的工作者线程，也可以建立自己的内核线程，不过为避免系统中内核线程过多，除非有必要，比如任务的性能要求非常严格，一般都推荐使用缺省工作者线程。

1) 描述工作队列的相关数据结构

(1) 工作 work_struct。工作队列机制中将需要推后完成的任务称为工作，由定义在 /include/linux/workqueue.h 文件中的 work_struck 结构来描述，每个工作都有一个 work_struct 结构：

```
struct work_struct {
    atomic_long_t data;              //传递给 func 函数的参数，一些标志位
    struct list_head entry;          //工作链表指针
    work_func_tfunc;                 // 要执行的函数
};
```

(2) 工作链表 cpu_workqueue_struct。一个 CPU 上某时刻可能有多个待执行的工作，同一个 CPU 上所有待执行的工作的 work_struct 结构组织在一个链表中，称为工作链表，由定义在/kernel/workqueue.c 文件中的 cpu_workqueue_struck 结构来描述：

```
struct cpu_workqueue_struct {
    spinlock_t lock;        //保护该结构体的自旋锁
    struct list_head worklist;  //工作链表的头节点
```

```
        wait_queue_head_t more_work;      //工作者线程的睡眠队列
        struct work_struct *current_work;
        struct workqueue_struct *wq;      //指向 workqueue_struct 结构
        struct task_struct *thread;       //关联的线程
        int run_depth;                    /*Detect run_workqueue() recursion depth*/
    } ____cacheline_aligned;
```

当一个工作者线程被唤醒时，它会执行 worker_thread(void *__cwq)函数以完成 CPU 工作链表中的所有工作，每当执行完成一个工作，就将该工作的 work_struck 结构从工作链表中移出；当工作链表为空时，工作者线程就睡眠。

(3) 工作队列 workqueue_struct。每个工作队列对应一种工作者线程，使用定义在 /kernel/workqueue.c 文件中的 workqueue_struck 结构来描述：

```
    struct workqueue_struct {
        struct cpu_workqueue_struct *cpu_wq;   //本工作队列所有 CPU 的
                                               // cpu_workqueue_struct 结构集合的始址
        struct list_head list;         //全局 workqueue 链表的头节点
        const char *name;              //工作队列名字
        int singlethread;
        int freezeable;                /*挂起期间冻结线程*/
    #ifdef CONFIG_LOCKDEP
        struct lockdep_maplockdep_map;
        #endif
    };
```

(4) 几个数据结构的关系。上面几个数据结构的关系似乎不容易理解，图 5-17 给出了一个简单的关系示意图。

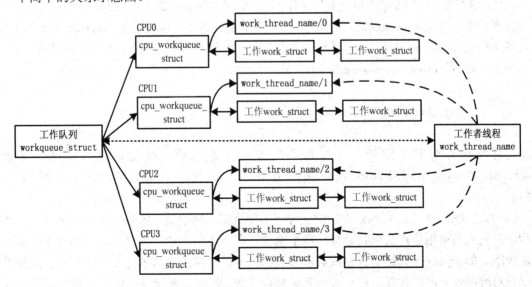

图 5-17　工作队列、工作者线程、工作链表及工作间的关系

简单说来，就是每一个工作队列都有一个 workqueue_struck 结构，内核中可以有多个工作队列，所有工作队列的 workqueue_struck 结构组织在一个链表中；每个工作队列对应一种工作者线程，如果是多 CPU 系统，则每个 CPU 上都会有一个这种类型的工作者线程；针对每个工作队列，每个 CPU 都有一个 cpu_workqueue_struck 结构，所有 CPU 的 cpu_workqueue_struck 结构组织在连续的一段地址空间中，由 workqueue_struck 结构中的 cpu_wq 指向这段地址空间的始址；每个 CPU 都有一个工作链表，由一组 work_struct 结构组成，每个 work_struct 结构表示一个工作。

2) 工作队列机制的使用

工作队列的使用非常简单，通常情况下都使用系统缺省的工作者线程 events 来完成需要推迟执行的工作，因此下面介绍缺省 events 的使用步骤。关于创建新的工作队列的方法，请读者自行查阅相关资料学习。

(1) 创建推后的工作。如果使用工作队列机制来完成需要推后的任务，则首先需要创建一个工作。工作的创建有静态和动态两种方式，如果采用静态方式创建，则使用定义在 /include/linux/workqueue.h 文件中的 DECLARE_WORK()宏来完成：

```
#define DECLARE_WORK(n, f)  struct work_struct n = __WORK_INITIALIZER(n, f)
```

该宏会在编译时静态地创建一个名为 n，处理函数为 f 的 work_struck 结构。

也可以动态创建一个工作，方法是在程序运行时先定义一个 work_struck 结构体，再使用宏 INIT_WORK(_work, _func)对该结构体进行初始化，让名为_work 的工作要处理的函数是_func。

(2) 工作队列处理函数。工作队列处理函数的原型是：

```
void work_handler(void *data)
```

工作队列处理函数由工作者线程执行，运行在进程上下文中，因此允许重新调度，允许响应中断，允许睡眠。

(3) 调度工作。对于已经创建好的工作，应把它提交给缺省的工作者线程 events，这样一旦所在 CPU 上的 events 被唤醒，该工作就会得到执行。调度工作由定义在/kernel/workqueue.c 文件中的 schedule_work()完成，其实就是把指定工作加入到所在 CPU 的工作链表中：

```
int fastcall schedule_work(struct work_struct *work)
{
    return queue_work(keventd_wq, work);
}
```

有时候你可能希望指定工作需要经过一段延迟后才执行，则可以使用函数 schedule_delayed_work(&work, delay)把工作 work 推迟到 delay 指定的时钟节拍用完后再执行。

到此，我们介绍了 Linux 内核的三种下半部机制：软中断、tasklet 和工作队列，驱动程序开发人员可根据需要进行选择。简单地说，在一般的驱动程序设计中，如果下半部可能睡眠，如需要获得大量的内存或者需要获取信号量，则工作队列是唯一的选择；如果下半部对时间要求严格并能自己高效地完成加锁工作，则软中断会是正确的选择；否则最好使用 tasklet。

5.10 本 章 小 结

1. 本章知识点思维导图

本章知识点思维导图如图 5-18 所示，其中灰色背景内容为重难点知识点。

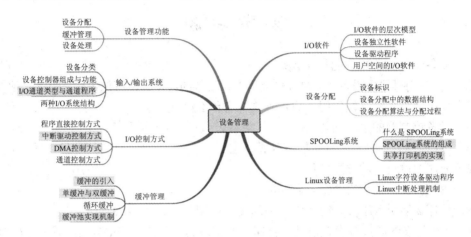

图 5-18 第 5 章知识点思维导图

2. 本章主要学习内容

(1) 设备管理的功能：包括设备分配、缓冲管理及设备处理。

(2) 输入/输出系统：介绍了设备的分类、设备控制器的功能和组成以及通道的概念。介绍了 I/O 系统结构的类型，包括总线型 I/O 系统结构和通道型 I/O 系统结构，前者主要用于微机系统，后者主要用于连接设备较多的主机系统。

(3) I/O 控制方式：包括程序直接控制方式、中断驱动控制方式、DMA 方式及通道控制方式，其中中断驱动控制方式主要用于字符型设备的 I/O 控制，DMA 方式主要用于块设备的 I/O 控制。

(4) 缓冲管理：引入缓冲的目的有三，缓和 CPU 与 I/O 设备间速度不匹配的矛盾；减少对 CPU 的中断频率，放宽 CPU 对中断响应时间的限制；提高 CPU 与 I/O 设备之间的并行性。缓冲的实现机制主要有单缓冲、双缓冲、循环缓冲及缓冲池，目前使用最广泛的缓冲实现机制是缓冲池机制。

(5) I/O 软件：I/O 软件是操作系统中与 I/O 操作管理有关的一组软件的集合，一般按分层思想进行组织，从低到高分别是中断处理程序、设备驱动程序、独立于设备的软件及用户空间软件。

(6) 设备驱动程序的基本概念：它是上层软件与设备控制器之间的通信程序，介绍了设备驱动程序功能、特点以及处理过程。

(7) 设备分配：与设备分配有关的数据结构包括设备控制表、控制器控制表、通道控制表和系统设备表。设备分配算法主要有先请求先服务和优先级高者优先两种算法。设备分配一般分为三个步骤：分配设备、分配控制器及分配通道。

(8) SPOOLing 系统：它包括输入井和输出井、预输入程序和缓输出程序、井管理程序几个部分。其典型应用是共享打印机的实现。

（9）Linux 字符设备驱动程序：介绍了 Linux 字符设备驱动程序基本概念、设计过程及测试步骤。

（10）Linux 中断处理机制：介绍了 Linux 中断服务例程的注册与注销、上半部处理过程及下半部的三种实现机制。

本 章 习 题

1．设备管理的主要功能是什么？

2．按工作特性可把设备分为哪几种类型？按设备的共享属性可把设备分为哪几种类型？

3．什么是设备独立性？引入设备独立性有什么好处？

4．设备控制器的主要功能有哪些？

5．I/O 控制方式有哪几种？各有什么特点？

6．简述独占设备的分配过程。

7．简述设备驱动程序的特点和功能。

8．为什么要引入缓冲？简述缓冲池的实现机制。

9．什么是设备虚拟技术？以共享打印机的实现为例，说明 SPOOLing 系统是如何实现设备虚拟的？

10．简述 SPOOLing 系统的组成。

11．按资源分配管理技术，输入输出设备类型可分为哪三类？

12．设备驱动程序是什么？为什么要有设备驱动程序？用户进程怎样使用驱动程序？

13．UNIX 系统中将设备分为块设备和字符设备，它们各有什么特点？

14．什么叫通道技术？通道的作用是什么？

15．SPOOLing 的含义是什么？试述 SPOOLing 系统的特点、功能以及控制过程。

16．什么是设备的静态分配方式？

17．通道在什么情况下要产生"I/O 中断"？

18．提供虚拟设备后为什么能加快作业的执行速度？

19．脱机外围设备操作与联机同时外围设备操作有什么本质上的不同？

20．用户程序中采用"设备类相对号"的方式来使用设备有什么优点？

21．从使用的角度，外围设备可分为哪两类？用户要求使用外围设备时，系统采用什么方法来分配？

22．中央处理器与通道是怎样配合工作的？

23．实现虚拟设备的硬件基础是什么？

24．解释通道命令、通道程序、通道地址字及通道状态字。

习题答案

第6章 文件系统

现代计算机系统需要存储和处理大量数据信息。这些信息不仅需要长期大量存储，而且必须保证多个进程能够并发地存取有关信息。由于内存容量有限、具有易失性等特点，故平时总是把数据信息以文件的形式存放在磁盘等外部存储设备上，需要时再调入内存。如果由用户直接管理存放在外存中的文件，那么用户不仅需要非常了解存储介质的物理特性、各种文件的属性、I/O 指令等，而且必须保证多进程对文件访问的安全性和一致性，这对用户来讲是非常困难的。因此文件管理是操作系统非常重要的功能之一，负责管理计算机系统中成千上万的文件，我们把这部分称为文件系统(file system)。

我们只要使用计算机，就一定会与文件打交道，比如撰写一份报告，制作一个 PPT 文稿，运行一个程序等，那么你知道计算机是怎样管理这些文件的吗？请你试着回答这些问题：

- 当你在 Word 中需要打开一个文件进行编辑时，只要给出文件名即可，那么系统是如何根据你给出的文件名找到这个文件的呢？
- 在不同的文件夹中，你可以给不同的文件取相同的文件名，系统不会混乱，为什么？
- 当你格式化一个优盘时，系统会让你选择文件系统类型：FAT32(FAT 文件参见第 7 章 "7.7.2 预备知识")，新技术文件系统(New Technology File System，NTFS)，扩展 FAT (Extended File Allocation Table File System，exFAT)，它们有什么区别呢？
- 为什么硬盘使用较长时间后，比如一年，可能会变慢呢？磁盘碎片整理程序主要做什么事情呢？
- 有时候你打开一个文件准备编辑时，系统告诉你这是一个只读文件，不能修改，系统是怎么实现的呢？
- 有时候你想操作一个文件，系统却告诉你权限不够，为什么？

这一章的内容将为你解答上述问题。

本章学习要点：

- 文件和文件系统的基本概念及常用文件操作方法；
- 文件的逻辑结构与文件物理结构、文件的存取方法；
- 文件目录管理；
- 文件磁盘存储空间的管理；
- 文件共享与文件保护的实现方法；
- 常用的磁盘调度算法；
- Linux 文件系统的基本实现原理。

6.1　文件和文件系统

6.1.1　文件

研究文件系统有两种不同的观点，一种是用户的观点，另一种是系统的观点。从用户的观点看文件系统，主要关心文件由什么组成，如何命名，如何保护文件，能进行哪些操作等；从操作系统的观点看文件系统，主要关心文件目录是怎样实现的，怎样管理存储空间，如何实现文件存取、文件的共享与保护等。

1．文件的概念

文件是一种抽象机制，它提供了一种把信息保存在外存上，并且便于用户访问的方法。这种抽象性体现为用户不必关心文件的具体细节实现，例如存放在哪里，如何存放，如何记录磁盘空闲区等。从概念上来讲，文件是具有符号名的、在逻辑上有完整意义的一组相关信息项的有序集合。它通常存放在外存上，能作为一个独立单位被保存和实施相应的操作(如打开、关闭、读、写等)。例如用户编写的一个源程序，经编译后生成的目标代码程序，经链接后生成的可执行程序，一个 Word 文档等都可看成是一个文件。UNIX 及 Linux 系统把设备也作为特殊文件处理，每个设备都有一个像文件名的名字。这样用户就可以用统一的观点去看待和处理驻留在各种存储介质上的信息。构成文件的基本单位可以是单个字符或字节，也可以是记录。

文件名是用户在创建文件时给出的，并在以后访问文件时使用，通常是一个由 ASCII 码或汉字构成的字符串。文件的具体命名规则在各个文件系统中是不同的，如可以包括哪些字符，英文字母是否区分大小写，文件名长度等。早期操作系统都使用 1 至 8 个字符组成的字符串作为合法文件名，但许多现代文件系统支持长达 255 个字符的长文件名。UNIX 和 Linux 系统的文件名区分大小写字符，而 MS-DOS 和 Windows 系列的操作系统不区分大小写。很多文件系统采用符号"."将文件名分割成两部分，即"×××.×××"，如 zhao.c、czxt.doc 等，"."后面的部分称为文件的扩展名，一般包含 1～3 个字符，常用于表明文件的类型，如表 6-1 所示。

表 6-1　常用文件扩展名举例

扩展名	表示文件类型	扩展名	表示文件类型
.bak	备份文件	.lib	库文件
.c	c 源文件	.obj	编译后的目标文件
.exe，.com	可执行文件	.txt	通用文本文件
.doc	文档文件	.jpg，.gif	图像文件
.mpeg，.rm，.mov	多媒体文件	.zip，.rar	压缩文件
.bat，.sh	批处理文件	.hlp	帮助文件
.html	www 超文本标记语言	.pdf	pdf 格式的文件

在 UNIX 及 Linux 系统中，扩展名长度完全由用户来决定，一个文件名甚至可以包含

两个或者更多的扩展名,以方便用户使用。例如 homepage.html.zip,这里 .html 表明 HTML
格式的 Web 网页,.zip 表示文件 homepage.html 已经用 zip 压缩过。不过 Linux 本身并不使
用文件扩展名来识别文件的类型,而是根据文件的头内容来识别其类型,使用文件扩展名
只是为了增加文件的可读性。

每个文件除了文件名和基本内容以外,还应有属性信息来管理文件,例如文件的类型、
长度、物理位置、建立时间等。这些属性信息也必须存储在文件存储介质中,也就是创建
文件以后,文件内容及其属性信息都保存在存储介质中,用户可以通过文件名来访问文件。

2.文件的类型

为了有效、方便地组织和管理文件,可从多种不同的角度对文件进行分类:

(1) 按文件用途可分为系统文件、库文件和用户文件。系统文件是指由操作系统以及
其他系统程序(如编译程序等)组成的文件。这类文件只允许用户通过系统调用来执行,不
允许用户去读取,更不允许修改。库文件是指由系统提供给用户调用的各种标准过程、函
数、应用程序等,用户对库文件只能读取或执行,不能修改。用户文件是指由用户的源代
码、目标文件、可执行文件、数据等组成的文件。它们的使用和修改权属于文件主及授权
用户。

(2) 按文件保护级别可分为只读文件、读写文件、只执行文件和不保护文件。只读文
件仅允许文件主和授权用户对其进行读,但不允许写;读写文件允许文件主和授权用户对
其进行读写操作;只执行文件仅允许文件主和授权用户对其调用执行,但不能进行读写操
作;不保护文件是指不做任何操作限制的文件。

(3) 按文件的存取方法可分为顺序存取文件和随机存取文件。顺序存取文件是指进程
可从头顺序读取全部字节或者记录的文件,读取过程不能跳过某些内容,也不能不按顺序
存取。随机存取文件是可以不按顺序地存取指定字节或者记录,或者按照关键字而不是位
置来存取记录的文件。

(4) 实际操作系统中的文件分类。很多操作系统支持多种文件类型,如 Windows、UNIX
和 Linux 中都有普通文件和目录文件。普通文件包含 ASCII 文件和二进制文件,一般用户
建立的源程序文件、数据文件和操作系统自身代码文件、实用程序等都是普通文件。目录
文件是管理文件系统组织结构的系统文件,对于目录文件可以像对普通文件一样对其内容
信息进行相关操作。另外,UNIX 和 Linux 系统还有特殊文件。特殊文件又包括 FIFO 文件、
字符设备文件、块设备文件和符号链接文件。其中 FIFO 文件又称为管道文件,它是
UNIX(Linux)提供的一种进程间通信机制;字符设备文件与输入/输出有关,主要用于处理各
种串行 I/O 设备,如终端、打印机、网络设备等;块设备文件主要用于处理磁盘;符号链接
文件又称为软链接,它通过包含另一个文件的路径名(绝对路径或者相对路径)实现文件共享。

当然,文件还有很多分类标准,如按存放时限可分为临时文件、永久文件和档案文件;
按文件的信息流向可分为输入文件、输出文件和输入输出文件;按数据形式分为源文件、
目标文件和可执行文件。

6.1.2 文件系统

所谓文件系统,是指被管理的文件,对文件进行管理的一组软件集合以及实现管理功

能所需要的数据结构(如目录表、文件控制块、位示图、i 节点等)的总体。它管理文件的存储、检索和更新，提供安全可靠的文件共享和保护手段。从用户角度看，文件系统不但负责为用户建立、删除、读写、修改和复制文件，而且负责完成对文件的按名存取以及实现存取控制。从系统角度来看，文件系统应具有以下几方面的功能：

(1) 文件存储空间的管理。文件和目录必定占用存储空间，目前使用最广泛的文件存储设备是磁盘，因此文件存储空间的管理主要是指对磁盘的管理。其主要任务是为每个文件分配合适的外存空间，提高外存的利用率和文件的存取速度。为此，系统应设置相应的数据结构以记录外存的使用情况。为提高外存的利用率，通常采用离散分配方式。

(2) 文件目录管理。文件系统最基本的功能就是实现文件的"按名存取"，即用户只要提供文件名，系统就能快速准确地找到指定文件在外存的存储位置。这就要求系统完成由文件名到文件物理位置的转换，这项工作是通过查找目录来实现的。目录管理的任务就是为每个文件建立一个目录项(也就是文件控制块)，其中包括文件名、文件在磁盘上的物理位置以及其他属性等，并对所有的目录项加以组织，以实现文件的按名存取和共享，并提高文件的检索速度。

(3) 文件地址映射。从用户角度，用户看到的是文件逻辑组织形式。但是要读写文件数据，必须将文件的逻辑块映射到外存的物理块，即必须将文件的逻辑地址映射到文件的物理地址。研究文件的逻辑结构和物理结构，就是为了实现该功能。通过不同的逻辑块对物理块的映射方式，例如连续分配、链接分配、索引分配等，实现逻辑地址到物理地址的映射。

(4) 文件读写管理。按照用户的要求从外存中读取或者写入数据。一般先根据用户给出的文件名检索目录，从中获得文件的外存位置，然后再利用文件读/写指针进行文件读/写，完成后应修改读/写指针。

(5) 文件共享和保护。文件共享是指不同的用户共同使用同一个文件。对于可共享的文件，如编译程序、编辑程序、库函数等，只需在磁盘上保留一份副本，从而节省了大量的存储空间。

文件在使用过程中，可能会因为一些人为因素或系统因素等而遭到破坏，文件保护的功能就是防止文件被其他用户非法窃取和有意或无意破坏，以及防止文件因系统出现故障而被破坏。

6.1.3　文件操作

如前所述，文件用于存储信息，以便于用户访问。文件系统给用户提供了命令接口、程序接口和图形接口，用户可以通过这三种方式实施对文件的操作。其中常用的系统调用包括文件的创建、删除、打开、关闭、读、写、设置读写指针等。下面简要介绍这些操作所完成的主要工作：

(1) 创建文件。该操作的目的是声明文件的存在，在外存给新文件分配存储空间，并在指定目录中给它建立一个目录项，目录项中记录新文件的文件名和外存地址等属性。

(2) 删除文件。该操作首先释放文件所占用的外存空间，然后在父目录中清空该文件的目录项。

(3) 打开文件。用户在使用一个文件之前必须先打开它。该操作将文件的属性信息加载到内存打开文件表的一个表项中，并将这个表项的编号(称为文件描述符)返回给用户。以后当用户需要对文件进行读/写等操作时，就根据该文件描述符直接在打开文件表中查找文件属性信息，从而显著地提高文件操作速度。

(4) 关闭文件。当文件访问结束后，文件的属性信息就不再需要了，此时应该关闭文件以释放打开文件表中相应空间。这个过程中需要检查该文件的文件打开表项是否被修改过，若被修改过，则应把修改过的文件打开表项内容重新写回到外存，并在"打开文件表"中清空该文件的信息。

(5) 读文件。通过文件描述符查找文件打开表，从相应表项得到文件的外存地址及当前读指针，再根据用户需要读取的字节数，将数据读入指定的缓冲区中。对于顺序存取方式的文件，每次按逻辑顺序读一个或几个逻辑记录传送到用户指定的内存地址；对于随机存取方式的文件，根据用户给出的记录号(或键值)查找索引表，得到该记录的外存地址后，将该记录传送到用户指定的内存地址。

(6) 写文件。与读文件步骤类似，只是将数据写入外存中文件写指针指示的位置。对顺序存取方式的文件，找出文件信息的存放位置并写入指定信息，同时保留一个"写指针"指出下一次写文件时的存放位置；对随机存取方式的文件，首先分配一空闲盘块，把记录存入该盘块中，然后在索引表中找一空表项，并填入相关信息。

(7) 设置文件读写指针。对于可随机访问的数据文件，进程可指定数据的开始读写位置，之后所有读写操作都从这个位置开始。通常，文件系统为每一个打开的文件提供两个指针：读指针和写指针，前者指示当前的读取位置，后者指示当前的写入位置。

(8) 获取文件属性。进程经常需要得到文件的属性，例如文件类型、文件字节数、用户信息、块数、硬链接数目、访问权限、最后访问及修改时间等。

(9) 设置文件属性。创建文件之后，有些属性是可以修改的，例如文件主或者用户组的权限等。

(10) 重命名文件。该系统调用实现更改现有文件的文件名。

(11) 锁定文件。该系统调用锁定一个文件的全部或者部分内容，以防止多个进程同时访问。

6.2　文件的结构和存取

人们常以逻辑结构和物理结构两种不同的观点去研究文件的组织结构。文件逻辑结构是面向用户的文件组织结构和构造方式；文件物理结构(也称为存储结构或者物理文件)是文件在存储介质上的组织方式。从用户使用的观点看，文件系统应为用户建立一个逻辑结构清晰且操作方便的文件逻辑结构，使得用户能够按照文件的逻辑结构去存储、检索和加工文件中的信息；从系统实现的观点看，文件系统应提供一个存取速度快且存储空间利用率高的文件物理结构，使得系统按照文件的物理结构形式和外部设备打交道，控制信息的传输。

6.2.1　文件的逻辑结构

文件的逻辑结构是从用户观点出发所观察到的文件结构，它独立于文件的物理特性，用户也是按照逻辑结构来使用文件的。在设计文件的逻辑结构时，通常要考虑以下几个因素：一是提供的操作手段应简单易用；二是能提高文件信息的检索速度；三是方便文件内容的修改；四是数据空间紧凑，以降低文件的存储费用；五是系统灵活性好。从逻辑角度考虑，可以将文件的逻辑结构分为有结构文件和无结构文件两大类。

1. 有结构文件

有结构文件是指整个文件由若干条记录构成，因此也称为记录式文件。对有结构文件，记录是用户程序与文件系统交换信息的基本单位。其数据组织形式分成三级：数据项、记录和文件。数据项是最低级的数据组织形式，描述了一个对象的某一种属性，如一个学生的学号、姓名等。记录是一组相关数据项的集合，描述了某个实体的某方面的属性，如一个学生的基本信息记录，就包括他的姓名、年龄、性别、专业、班级、身份证号码、家庭地址等。多个记录的有序集合构成了文件。总之数据项组成记录，记录构成文件。而在诸多记录中，为了能够唯一地标识一个记录，必须在一个记录的各个数据项中确定出关键字(key)。在记录式文件中，每个记录用来描述实体集中的一个实体，各记录可以用相同或者不同数目的数据项，每个数据项在不同记录中也可以有相同或者不同的长度，因此记录式文件分为定长记录文件(长度相同)和变长记录文件(长度不同)两种。

根据用户和系统在管理上的目标和需求，可以形成多种不同组织形式的记录式文件，包括顺序文件、索引文件、索引顺序文件、直接文件和散列文件。下面分别进行介绍。

1) 顺序文件

顺序文件是最常见和最简单的文件逻辑结构。按照记录是否定长，顺序文件可分为定长记录顺序文件和变长记录顺序文件。按照文件中的记录是否按关键字排序，顺序文件可以分为串结构和顺序结构。其中串结构中记录之间的顺序与关键字无关，通常是按照记录存入时间的先后排序；顺序结构中所有记录按照关键字排序。由于串结构文件每次检索都需要从头开始逐个查找，因此检索比较耗时。而顺序结构的文件可以利用有效的查找算法，如折半查找、插值查找法等，检索速度和效率相对较高。

顺序文件的优点是顺序存取时效率高，但缺点是不利于文件的查找、动态增加或者删除文件记录。

2) 索引文件

定长记录顺序文件通过简单计算，非常容易实现随机查找，而变长记录顺序文件就非常耗时。索引文件是为逻辑文件的信息建立一张索引表，每条逻辑记录占一个表项，表项内容存放记录的关键字、长度和起始位置，因此逻辑文件中不再保存记录的长度信息。索引表和逻辑文件构成索引文件，其中索引表本身是按关键字排序的定长记录顺序文件，而每条逻辑记录可能是变长的。这样就把变长记录顺序文件的顺序检索转换为对定长记录索引文件的随机检索，大大提高了记录检索速度。对于某些实际应用，不同用户可能希望按照不同属性检索一条记录，这种情况需要为顺序文件建立多张索引表，也就是每个属性或者关键字都配置一张索引表。这样用户就可以根据自己的需要，用不同的关键字进行检索。

索引文件的优点是可以随机访问，也有利于文件的增加和删除。但是索引表的使用增加了存储空间开销。另外，索引表的查找策略对文件系统的效率影响很大。

3) 索引顺序文件

顺序文件和索引文件各有优缺点，索引顺序文件是两者的结合形式。它将顺序文件中的所有记录分成若干个组，为顺序文件建立一张索引表，并为每组中的第一条记录在索引表中建立一个索引项，表项内容包括该记录的关键字和指向该记录的指针，索引表中各索引项按照关键字排列。索引顺序文件的逻辑文件依然是一个顺序文件，每个分组的关键字没有次序，但是组之间的关键字是有序排列的。对于非常大的文件，上述一级索引顺序文件的检索效率可能仍然太低，因此可以为其建立多级索引，也就是为索引表再建立一张索引表，从而形成两级索引。

索引顺序文件克服了变长记录顺序文件的缺点，大大提高了顺序存取的速度，但是仍然需要配置一张索引表，因此也增加了存储开销。

4) 直接文件和散列文件

上述几个中间结构都必须利用给定的记录关键字先对线性表或者索引表进行查找，找到该记录物理地址来对其进行存取。直接文件是建立关键字和相应记录物理地址之间的对应关系，这样通过关键字可以直接找到记录的物理地址，即关键字的值决定了记录的物理地址，这种结构的文件称为直接文件。直接文件的关键是如何实现从关键字到物理地址的转换。

散列(Hash)文件是一种最典型和广泛的直接文件，通过散列函数对关键字进行转换，转换结果直接决定记录的物理地址。通常散列函数的转换结果是指向记录相应表目的指针，而不是记录的物理地址。散列文件的最大优点是存取速度高，缺点是散列函数可能使不同关键字得到相同的函数值而发生冲突，因此需要解决冲突问题。

2. 无结构文件

无结构文件内部不再划分记录，而是由一组相关信息组成的有序字符流，故又称为流式文件，其长度按字节计算。流式文件的基本单位是字节，因此也可以将它看成记录式文件的一个特例。对流式文件的访问，是采用读/写指针来指出下一个要访问的字符。系统中大量的源程序、可执行程序、库函数等都采用流式文件形式。在 UNIX、Linux 及 Windows 系统中，所有的文件都被看作流式文件，系统不对文件进行格式处理，文件中任何信息的含义都由应用程序解释，这样做的好处是提高了操作系统的灵活性，也减少了操作系统的代码量。

6.2.2 文件的物理结构

文件的物理结构又称为文件的存储结构，是指文件在外存上的存储组织形式，它与存储介质的物理特性、文件的存取方法以及所采用的存储空间的分配方式都有关。磁盘是现代计算机系统中使用最广泛的存储介质，所以本书以文件在磁盘上的组织方式加以介绍。物理块(又称为磁盘块或者簇)是磁盘上一组连续扇区，它是文件分配和传输信息的基本单位。在微软的 FAT(FAT12，FAT16 和 FAT32)文件系统中，簇的大小一般是 2^n(n 为整数)个扇区，例如 512 B、1 KB、2 KB、4 KB、8 KB、16 KB 和 32 KB。在微软的 NTFS 文件系统中，簇的大小由格式化命令按磁盘容量和应用需求来确定，可以为 512 B、1 KB、……，最大可达 64 KB。物理块大小与逻辑记录的大小无关，因此一个物理块中可存放多条逻辑记录，一条逻辑记录也可存放在多个物理块中。为管理方便，一般把文件逻辑信息划分为与物理块大小相等的逻辑块。当给文件分配磁盘空间时，可以采用静态分配和动态分配两种方式。

静态分配是在文件建立时就一次性分配所需要的全部磁盘空间；而动态分配是根据动态增长的文件长度进行分配，甚至可以一次分配一个物理块。为了有效地利用磁盘空间和快速地访问文件，常用的文件物理结构有连续文件、链接文件和索引文件，下面分别加以介绍。

1. 连续文件

连续文件又称为顺序文件，它是把逻辑文件中的信息顺序地存放到一组相邻接的磁盘块中而形成的物理文件。这是一种最简单的磁盘空间分配策略，但是要求分配前就要说明待创建文件所需的磁盘空间大小，然后查找系统是否有足够大的连续空间供使用。显然，这种文件结构保证了文件中逻辑记录的顺序与磁盘中文件占用磁盘块顺序的一致性。如文件 file1 需要 4 个盘块，则逻辑块号为 0~3，假设从 $10^\#$ 盘块开始存放，则 file1 占据的盘块是 $10^\#$~$13^\#$。将文件名、起始盘块号及文件长度(盘块数)填入文件目录项中即可，如图 6-1 所示。

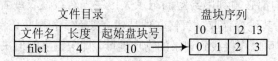

图 6-1　连续文件

连续文件的最大优点是顺序存取速度快，因此常用于存放系统文件，如操作系统文件、编译程序文件和其他由系统提供的实用程序文件，因为这类文件往往是从头到尾顺序存取的。此外也能方便地实现文件的随机存取。其缺点是由于存储文件要求有连续的存储空间，容易产生磁盘碎片，因此降低了磁盘存储空间的利用率，另外也不方便文件的动态增长。如果定期利用拼接技术来消除碎片，则又要消耗大量的系统时间。

2. 链接文件

为克服连续文件的缺点，可把一个逻辑上连续的文件分散存放在多个不连续的磁盘块中，再使用链接指针将这多个离散的磁盘块链接起来，这样形成的物理文件称为链接文件。链接文件将文件的逻辑记录顺序与磁盘上的存储空间顺序独立开来，消除了磁盘的碎片，提高了磁盘存储空间的利用率，同时使文件很容易实现动态增长。根据对链接指针处理方式的不同，链接文件又可分为隐式链接和显示链接两种。

1) 隐式链接

在文件所占据的每个磁盘块的最后一个单元中，设置一个链接指针，用于指示该文件下一个磁盘块的盘块号，文件最后一个磁盘块中的链接指针存放文件结束标志，然后把文件名、第一个磁盘块号及文件长度填入该文件目录项中即可。该方式是将链接磁盘块的指针隐式地存放在每个磁盘块中，如文件 file1 存放在 $2^\#$、$4^\#$、$6^\#$ 及 $1^\#$ 盘块中，所以称为隐式链接(又称为串联文件)，其链接结构如图 6-2 所示。

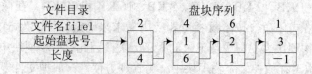

图 6-2　隐式链接

隐式链接的最大缺点是只能对文件进行顺序存取，如果希望存取一个文件的某个磁盘块，就必须从该文件的第一个盘块开始读取，才能找到指定盘块的位置，效率非常低。此外，如果文件中某个磁盘块出现故障，将导致该文件的后续盘块指针丢失，因此可靠性也较差。

2) 显式链接

为实现文件的随机存取，把链接文件各磁盘块的链接指针，显式地存放在外存的一张链接表中。该表整个磁盘(实际上是一个逻辑磁盘分区，即一个文件系统)仅设置一张，如图 6-3 所示。磁盘中每个盘块(或簇)占一表项，以盘块号为序，表项内容是链接指针，即某文件的下一个盘块号。然后把文件名、起始盘块号及文件长度填入文件的目录项即可。由于分配给文件的所有盘块的块号都存放在该表中，故把该表称为文件分配表FAT(File Allocation Table)，采用 FAT 的文件系统就称为 FAT 文件系统，如常用的 FAT12、FAT16、FAT32 等，这里的数字 12、16 和 32 表示 FAT 的表项长度是 12 位、16 位还是 32 位。

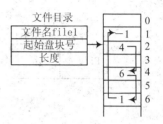

图 6-3 显式链接

MS-DOS、Windows、OS/2 等操作系统都使用了 FAT。如 MS-DOS 使用的是 FAT16，Windows 95 和 Windows 98 中则使用 FAT 32。

由于 FAT 是以磁盘上的物理盘块为序，故 FAT 的表项数量是由磁盘块的数量决定的。而 FAT 中的每个表项存放的是某个文件的下一个盘块的块号，因此表项长度须由最大盘块号决定。为提高 FAT 的检索效率，其表项长度通常取半个字节的整数倍。下面举一个例子来说明 FAT 大小的计算方法：假定某磁盘分区大小为 20 GB，磁盘块大小为 1 KB，则该磁盘分区的盘块数量是 20 GB/1 KB = 20 M 块，为了表示 20 M 个磁盘块号，至少需要 25 个二进制位，此时取磁盘块号大小为 3.5 B(注意：每个磁盘块号的字节数取半个字节的整数倍)，因此 FAT 的大小为 20 M × 3.5 B = 70 MB。

显式链接与隐式链接相比，查找 FAT 是在内存而非磁盘中进行的，故显著提高了文件的检索速度；此外，一个文件的全部盘块号都集中保存在 FAT 中，因此也能实现随机存取，但 FAT 较大时，随机存取的效率会降低，同时 FAT 也会占据较大的内存空间。

3. 索引文件

1) 单级索引文件

虽然链接文件解决了连续文件外部碎片和大小声明的问题，但是它不能支持高效的随机存取，并且 FAT 需占用较大的内存空间。为解决这些问题，引入了索引文件。在索引文件中，逻辑上连续的文件仍然可以分散存放在多个不连续的磁盘块中，系统为每个文件建立一张索引表，每个逻辑块占一个表项，以逻辑块号为序，表项内容为该逻辑块所对应的磁盘块号。索引表本身存放在另外的磁盘块中，把这个存放索引表的盘块称为索引块，并把索引块的盘块号作为文件的物理地址填入文件目录项中。如 File_A 存放在 10#、17#、2# 及 11# 盘块中，其索引块为 20# 盘块，如图 6-4 所示。当需要访问文件 File_A 时，不需要像 FAT 文件系统那样把整个 FAT 表读入内存，只需要将它的索引块 20# 块读入内存即可。

索引文件的优点是支持高效的随机访问，因为从索引块中可方便地得到其所有的盘块号。磁盘存储空间采用离散分配方式，既不会产生外部碎片，也支持文件的动态增长。但缺点是由于每个文件都需要额外分配索引块，因而增加了系统存储开销，尤其是对于小文件，本身只需要几个或者几十个磁盘块，但是仍须分配一个可以存放数百个块号的索引块。

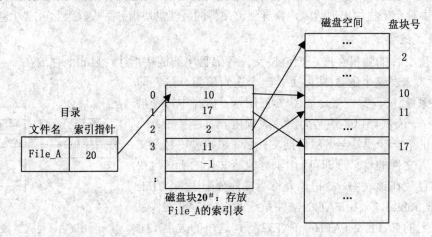

图 6-4　单级索引文件

2) 多级索引文件

对于大文件，其索引表本身可能会占多个磁盘块，这种情况下，可以将索引表离散存放在多个索引块中，再为这些索引块建立新的一级索引，即再分配一个索引块，用于存放索引块的盘块号，这样就形成了两级索引文件。图 6-5 是两级索引文件的举例。如果文件非常大时，还可使用三级、四级索引文件。如果磁盘块的大小为 4 KB，每个表项大小为 4 B，那么一个索引块中可以存放 4 KB/4 B = 1 K 个磁盘块号。采用单级索引时允许的最大文件长度为 1 K × 4 KB = 4 MB；而采用两级索引时允许的最大文件长度为 1 K × 1 K × 4 KB = 4 GB。三级索引依次类推，可见采用多级索引可以大大提高所支持文件的最大长度。

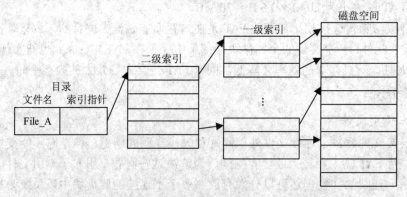

图 6-5　两级索引文件

多级索引最大的优点是提供对大文件的支持，主要缺点是访问一个磁盘块时需要启动磁盘的次数随着索引级数增加而增多，且需要更多的索引存储空间。在实际应用中，大文件毕竟是少数，因此如果只采用多级索引也并不能取得用户满意的效果。

3) 混合索引文件

混合索引文件是指将多种索引分配方式相结合形成的一种文件。UNIX 和 Linux 采用的是混合索引文件，在其文件的物理地址字段中，既有直接地址，又有一级索引、两级索引和三级索引。图 6-6 是 UNIX System Ⅴ 文件系统的混合索引文件，它采用数组 i_addr[13] 作为地址索引表。其中：i_addr[0]～i_addr[9]为直接地址，存放文件前 10 个数据块所在的磁盘块号；i_addr[10]为一级索引，指向这个文件的第一个一级索引块，该索引块内存放了文件一组数据块所在的磁盘块号；i_addr[11]为二级索引，指向这个文件的第一个二级索引块，该索引块内存放了一组一级索引块的块号集合；i_addr[12]为三级索引，指向一个三级索引块，该索引块内存放一组二级索引块的块号集合。假设每个磁盘块大小为 4 KB，每个磁盘块号长度为 4 B，则一个索引块中可以存放 4 KB/4 B = 1 K 个磁盘块号，那么 UNIX System Ⅴ 文件系统允许的最大文件长度为 4 TB(三级索引) + 4 GB(二级索引) + 4 MB(一级索引) + 40 KB (直接地址)。虽然可以有更多的索引级数，但是随着索引级数的增加，检索速度也相应变慢，所以实际应用中，三级索引已经足够，并且开销适中。采用混合索引结构，对于小文件(盘块数不超出 10 个块)，可直接从 i_addr[0]～i_addr[9]中得到所有磁盘块号；对于中等大小的文件，采用一级索引就可以了；对于个别大文件，使用三级索引也能得到很好的支持。

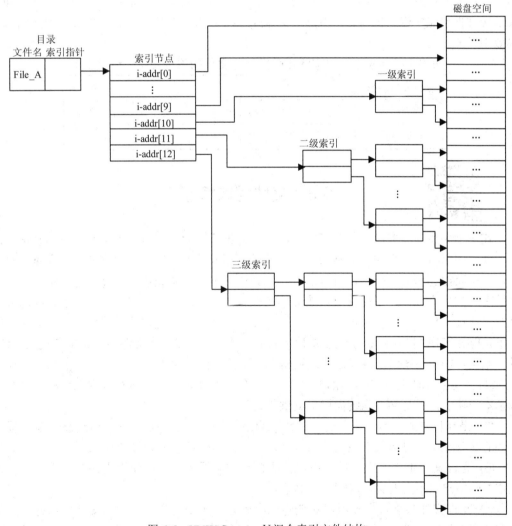

图 6-6 UNIX System Ⅴ混合索引文件结构

6.2.3　文件存取

　　文件系统把用户组织的逻辑文件按一定的方式转换成物理文件存放到存储介质上，当用户需要访问文件时，文件系统又从存储介质上读出文件并把它转换成逻辑结构。文件的存储结构不仅与存储介质的物理特性有关，还与文件的存取方法等因素有关。

　　根据对文件记录的存取顺序，存取方法可分为顺序存取和随机存取两种。顺序存取是指按文件中的记录或字符顺序依次进行读/写操作的存取方法；随机存取是指按任意的次序随机读/写文件中的记录或字符。前面已经介绍过，文件逻辑结构有记录式文件和流式文件两种，不管是哪一种逻辑结构，都可以使用顺序存取或随机存取的方法。文件系统可以根据用户的存取方法要求以及存储介质的类型决定文件的存储结构。一般来说，存取方法、存储介质类型与文件的物理结构(即存储结构)之间的关系如表 6-2 所示。为了方便管理并提高检索效率，通常对顺序存取的文件，文件系统把它们组织成连续文件、链接文件或者索引文件；对随机存取的文件，文件系统把它们组织成索引文件。定长记录的连续文件和显式链接文件也能实现随机存取，不过由于显式链接文件需要顺序检索 FAT 表，因此随机存取效率较低。

表 6-2　存取方法、存储介质类型与文件的物理结构三者的关系

存储介质类型	磁盘			磁带
物理结构	连续文件	链接文件	索引文件	连续文件
存取方法	顺序，随机	顺序	顺序，随机	顺序

6.3　文件目录管理

　　在一个大型的图书馆里，为了方便地对图书进行查找，可将馆里所有图书的基本信息登记在"图书目录表"中，包括书名、库存量、存放书架号码等，用户使用书名查找目录表，从中获得图书的书架号，就能准确地找到该图书。与此类似，计算机系统中的文件种类繁多、数量庞大，为了能够对这些文件实施有效的管理，必须将它们妥善地组织起来。这主要通过文件目录来实现，目录中存放了文件的文件名、物理地址等信息。目录管理的要求是能够实现"按名存取"，提供快速的目录查询技术，并且为文件共享和重名提供方便。具体来说，操作系统对文件目录管理通常有以下几方面的要求：

　　(1) 实现"按名存取"。即用户只需提供文件名，就可对文件进行存取。这是目录管理最基本的功能，也是文件系统向用户提供的最基本的服务。

　　(2) 提高目录的检索速度。合理地组织目录结构，可加快目录的检索速度，从而提高文件的存取速度。对于大中型文件系统来说，这是一个很重要的设计目标。

　　(3) 允许文件重名。为了便于用户按照自己的习惯来命名和使用文件，文件系统应该允许不同用户对不同的文件取相同的名字。

　　(4) 允许文件共享。在多用户系统中，应该允许多个用户共享一个文件，这样，就只需在外存上保留一份该文件的副本，从而节省大量的存储空间，并方便用户共享文件资源。

当然还应该采用相应的安全措施，以保证不同权限的用户只能对文件进行相应的操作，防止越权使用。

6.3.1 文件目录的概念

1．文件控制块

从文件管理的角度看，一个文件包括两部分：文件体和文件控制块(File Control Block，FCB)。文件体中包含的是文件本身的内容；文件控制块是用于描述和控制文件的数据结构，保存系统管理文件所需要的全部属性信息。每个文件都有一个文件控制块，它是文件存在的唯一标识。目录是一组文件控制块的有序集合，或者说一个文件控制块就是一个文件目录项。文件控制块包含的具体内容和格式因文件系统的不同而不同，但通常都包括以下三类信息：基本信息、存取控制信息和使用信息。

(1) 基本信息。它包括文件名、用户名、文件类型、文件的物理地址、文件长度、文件的逻辑结构和物理结构等。

① 文件名是标识一个文件的符号名，在创建时指定。

② 用户名主要是指文件主和授权用户。

③ 文件类型指明文件是普通文件、目录文件、特殊文件、系统文件或者用户文件等。

④ 文件物理地址和文件长度用于说明文件在外存的存储位置，其具体内容通常与文件的物理结构有关，对于连续文件和链接文件应说明起始磁盘块号和所占块数，而对于索引文件应给出其索引信息。

⑤ 文件的逻辑结构说明是记录式文件还是流式文件，如果为记录式文件，则还需要说明记录是否定长、记录长度和个数；物理结构说明文件是连续文件、链接文件还是索引文件。

(2) 存取控制信息。描述文件的存取控制权限，包括文件主、文件主同组用户(或授权用户)及一般用户对该文件的存取权限。

(3) 使用信息。它包括文件的建立日期及时间、上次存取文件的日期及时间、当前的使用状态信息、共享链接计数等。

系统利用文件控制块实施对文件的各种管理。如用户存取文件时，首先根据文件名找到其控制块，验证权限通过后再取得物理地址，然后进行对文件的各种操作。下面具体介绍实际操作系统的目录项所包含的内容。

MS-DOS 使用 FAT16 文件系统，其目录项包含文件名、扩展名、文件属性、文件建立或修改的日期和时间、文件起始磁盘块号、文件长度等。目录项长度为 32 个字节，每部分排列顺序和字节数如图 6-7 所示。其中，属性、时间和日期每位的具体含义如图 6-8 所示。

图 6-7　FAT16 文件系统目录项示意图

属性:

位	b7	b6	b5	b4	b3	b2	b1	b0
含义	保留	保留	归档	子目录	卷标	系统	隐藏	只读

时间:

位	b15~b11	b10~b5	b4~b0
含义	小时	分钟	秒

日期: 最近修改日期

位	b15~b9	b8~b5	b4~b0
含义	相对于1980年的年份偏移量	月份	日期

图 6-8　FAT16 文件系统目录项的属性、时间和日期具体含义

这里特别提示的是日期中的年份是相对于 1980 年的年份偏移量。该系统检索目录时，通过文件名找到其 FCB，从中得到该文件的起始块号，再通过查找 FAT 就能找到该文件所有磁盘块的块号。

Windows 95 最初版本的文件系统和 MS-DOS 是完全相同的，Windows 98 采用 FAT32 文件系统，包含两种类型的目录项，一种称为基本目录项，一种是增加了对长文件名支持的长文件名目录项。如图 6-9 所示，与 MS-DOS 相比，Windows 98 基本目录项仍然是 32 个字节，但是从 NT 开始，对 FAT16 目录项中保留未用的 10 个字节填入了新的内容，其中最重要的升级是把起始磁盘块的地址从 16 位增加到 32 位，这样系统能够支持访问的磁盘块数就从 2^{16} 块增加到 2^{32} 块。如果文件名超出 8 个字节，则要使用长文件名目录项，系统将为文件建立一个基本目录项和一个或多个长文件名目录项：基本目录项依然采用图 6-9 所示的结构，系统会按既定规则自动为该文件生成一个缩短的文件名并存放在基本目录项的"文件名"和"扩展名"中；每个长文件名目录项依然是 32 B，其中 26 B 存放文件名，由于长文件名使用 Unicode 码，每个字符需要两个字节的空间，因此可存放 13 个字符，如图 6-10 所示，若文件名超过 13 个字符，则再增加更多的长文件名目录项，比如一个文件名长度为 30 个字符，则需要建立 3 个长文件名目录项。这些目录项放在基本目录项之前，按照反向顺序排列，"序列"字段标识哪一项是最后一项。

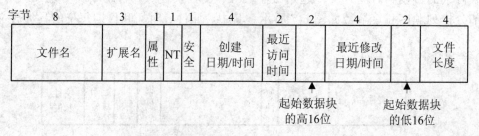

图 6-9　FAT32 文件系统基本目录项示意图

字节	1	10	1	1	1	12	2	4
序列		5个字符	属性	0	校验和	6个字符		2个字符

图 6-10　FAT32 文件系统长文件名目录项示意图

由于 UNIX 的目录项引入了索引节点，因此在下一部分具体介绍。

2．索引节点

1) 索引节点的引入

定义了文件控制块之后，为什么有些文件系统(如 UNIX 及 Linux)还要引入索引节点呢？主要基于以下两个原因：

通常计算机系统中都有成千上万的文件，每个文件都有一个文件控制块，那么文件目录就会占用大量的磁盘块。当要查找一个文件的目录项时，需要将存放目录文件的第一个磁盘块的内容读入内存，用给定的文件名依次检索各目录项，如果没有找到，则读入该目录文件的下一个磁盘块继续检索。如果一个目录文件有 N 个磁盘块，那么查找一个目录项平均需要启动$(N+1)/2$ 次磁盘 I/O 操作。而 FCB 包含的内容较多，由其组成的目录文件较大，使得查找文件时需启动较多的磁盘 I/O 操作，降低了目录检索效率。

在检索目录的过程中实际上只用到了文件控制块中的文件名，只有找到匹配目录项时，才需要查看文件的其他描述信息，如存取权限、物理地址等。因此在目录检索过程中，不需要将文件其他描述信息加载到内存。

基于以上两点，有些文件系统采用了将文件控制块中的文件名与其他描述信息分开的方法，将除文件名以外的文件描述信息单独形成一个数据结构，称为索引节点(简称 i 节点)。这样文件目录中的每个目录项就由文件名和指向文件 i 节点的指针组成，从而减少了目录文件的大小。比如假设一个文件控制块为 64 B，磁盘块大小是 2 KB，那么每个磁盘块可以存放 2 KB/64 B = 32 个目录项。当引入索引节点后，若文件名占 14 B，索引节点指针占 2 B，则目录项只有 16 B，这样 2 KB 的磁盘块中可存放 2 KB/16 B = 128 个目录项，于是检索一个文件时可以使平均磁盘启动次数减少到原来的 1/4，大大提高目录检索效率。

2) 索引节点分类

根据索引节点是在磁盘还是在内存，分为磁盘索引节点和内存索引节点。

(1) 磁盘索引节点。磁盘索引节点是存放在磁盘上的索引节点。每个文件都有一个唯一的磁盘索引节点，包含了文件控制块中除文件名以外的所有文件属性信息：

① 文件属性：文件类型及其存取控制权限。

② 用户标识符：文件主或者同组用户标识符。

③ 文件物理长度：指以字节为单位的文件长度。

④ 文件物理地址：每个索引节点以直接或者间接方法给出文件所在的磁盘块号。

⑤ 文件的时间相关信息：包括文件的创建时间、最近被存取的时间、最近被修改的时间以及索引节点最近被修改的时间。

⑥ 文件链接计数：该文件的当前共享计数。

(2) 内存索引节点。每当打开一个文件时，都会在内存中为该打开文件建立一个内存索引节点，方便用户操作文件时访问其相关属性信息。内存索引节点的主要内容是复制磁盘索引节点，不过因为它描述的是正在被使用的文件，因而还会增加若干使用状态信息，增加的项目主要包括：

① 状态：索引节点是否上锁或者被修改。

② 访问计数：当前正在访问该文件的进程数。

③ 逻辑设备号：文件所属文件系统的逻辑设备号。通常每个逻辑设备上的磁盘索引节点都是从 0 开始编号，即不同逻辑设备上的磁盘索引节点编号是重复的，因此，当同时打开不同逻辑设备上的文件时，需要使用索引节点编号与逻辑设备号两项信息来唯一地标识一个文件。

④ 链接指针：指向内存索引节点的空闲链表和散列队列的指针。

传统的 UNIX 目录项非常简单，如图 6-11 所示，又称为文件的符号目录项。每个目录项只包含文件名和对应的索引节点编号。有关文件的类型、用户名、物理地址、文件长度、文件的逻辑结构和物理结构、存取控制信息以及使用信息等都包含在索引节点中。每个文件一个索引节点，所有的索引节点集中存放在磁盘的索引节点区。

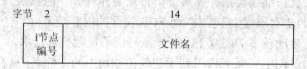

图 6-11　传统 UNIX 目录项示意图

有些 UNIX 系统可能会有不同，但无论如何，目录项中的内容都类似，都是一个 ASCII 字符串和一个索引节点编号，例如图 6-12 是 UNIX S5fs 目录项。用户需要访问文件时，首先使用文件名查找目录，找到相应的目录项后从中获得其 i 节点编号，再根据 i 节点编号找到 i 节点，最后从 i 节点中得到文件的详细描述信息，如物理地址等。

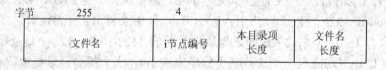

图 6-12　UNIX S5fs 目录项示意图

6.3.2　文件目录结构

系统中有成千上万的文件，每个文件都有一个目录项，如何组织这些数量众多的目录项是文件系统的重要内容之一，它直接关系到用户存取文件的速度和方便性，以及文件的共享性和安全性。文件系统通常把一组文件的目录项组织成一个独立的文件，这个全部由文件目录项组成的文件称为目录文件，它是文件系统管理文件的最重要的依据。常用的目录结构形式有单级目录、两级目录和多级目录，从性能上考虑，现代操作系统常采用多级目录结构。

1. 单级目录结构

这是最简单的目录结构。整个文件系统中只建立一张线性目录表，每个文件的目录项占一个表项，其中记录了文件名、物理地址以及其他描述信息(例如文件长度、文件类型、存取控制信息等), 如图 6-13 所示。

图 6-13 单级目录结构

当要建立新文件时, 首先检索目录表, 以确保新文件名在目录表中没有重名, 然后从目录表中找出一个空白目录项, 填入新文件的相关信息。删除文件时, 首先从目录表中找到该文件的目录项, 然后根据其中的物理地址, 回收文件占用的存储空间并最后清空该文件目录项中的各项信息。如果需要访问文件, 则首先使用文件名查找目录表确定文件是否存在, 然后再根据文件的描述信息(如存取控制权限、物理地址等)完成对文件的各种操作。

单级目录结构的最大优点是实现和管理简单, 且能实现"按名存取", 但却存在以下缺点: 第一, 查找速度慢。当系统中文件较多时, 目录表会很大, 查找一个指定的目录项需要花费较多的时间。第二, 不允许文件重名。即不同的文件不能使用相同文件名, 这对多用户系统来说, 是很难避免的, 即使是单用户环境, 当文件数量很大时也很难管理。第三, 不便于实现文件共享。因为每个用户都有自己的命名习惯, 用户很希望能使用不同的文件名来访问同一个文件, 但单级目录结构却要求所有用户使用同一个文件名来访问同一个文件。

2. 两级目录结构

为克服单级目录结构的缺点, 引入了两级目录结构。两级目录结构将文件目录分为主文件目录(Master File Directory, MFD)和用户文件目录(User File Directory, UFD)。系统为每个用户建立一个单独的用户文件目录, 由该用户的所有文件的文件控制块组成, 有多少个用户就有多少个用户文件目录。同时, 整个文件系统再建立一个主文件目录, 每个用户在其中占一个表项, 表项内容包括用户名和指向该用户的用户文件目录的指针, 如图 6-14 所示。

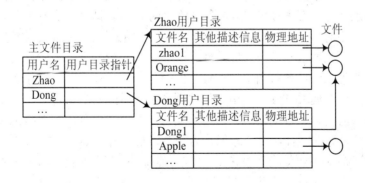

图 6-14 两级目录结构

当用户要建立新文件时, 如果是新用户, 也就是主文件目录中没有该用户, 则系统首先在主文件目录中为该用户建立一个表项, 并为该用户建立一个用户文件目录, 然后为新文件分配一个目录项并填入相关内容。删除文件时, 需要在用户文件目录中清空该文件的目录项和回收文件所占用的磁盘存储空间。当用户要访问一个文件时, 系统首先根据用户名在主文件目录中找到该用户的用户文件目录指针，然后再使用文件名查找其用户文件目录，找到对应的目录项后可得到文件的物理地址。

两级目录结构相较于单级目录结构具有以下优点：第一，提高了目录检索速度；第二，允许文件重名，即不同用户可以对不同文件使用相同的文件名，但同一用户的文件不允许重名；第三，不同用户可以使用不同的文件名来访问系统中的同一个共享文件，如图 6-14 中，用户 Zhao 和 Dong 分别使用 "Orange" 和 "Dong1" 两个不同的文件名来访问同一个文件。两级目录结构的缺点是缺乏灵活性，无法反映真实世界复杂的文件组织形式，也不能很好地满足文件多的用户的需要。

3. 多级目录结构

为便于系统和用户更灵活方便地组织和使用各类文件，进一步提高目录检索速度，可将两级目录结构加以推广，允许用户文件目录再建立下级子目录，由此形成了多级目录结构，又称为树型目录结构。如图 6-15 所示，在树形目录中，主文件目录称为根目录，目录树中的非叶节点均为目录文件(又称子目录)，叶节点为数据文件。图中矩形框表示目录文件，圆圈表示数据文件。

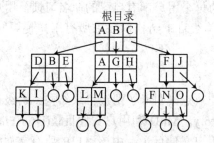

图 6-15　多级目录结构

当要访问某个文件时，往往使用该文件的路径名来标识文件。文件的路径名是一个字符串，该字符串从根目录出发，中间可能会经过多级子目录，最后到达数据文件，将路径所经过的所有目录名与数据文件名用分隔符 "\" 连接起来，即是该文件的路径名。从根目录出发的路径称为绝对路径。当目录的层次较多时，如果每次都从根目录开始查找，不但用户感到不方便，而且系统本身也要耗费较多时间进行目录搜索，为此，引入了 "当前目录" 的概念，又称为工作目录。当用户作业开始执行或用户登录时，操作系统为用户指定一个当前目录，以后在使用过程中，用户可根据需要随时改变当前目录，系统会将当前目录的文件内容读入内存中，方便检索。当用户要访问某个文件时，只需给出从当前目录出发到要查找的文件之间的路径，这个路径称为相对路径。如图 6-15 中，文件 "O" 的绝对路径是 "\C\F\O"，若某用户的当前目录是 "\C"，则文件 "O" 的相对路径是 "F\O"。系统允许文件路径往上走，并用 "." 表示当前目录，".." 表示当前目录的父目录。

目前常用的操作系统如 Windows、UNIX、Linux 等都采用多级目录结构，因为与单级和两级目录结构相比，多级目录结构具有以下优点：

(1) 层次清楚。系统或用户可以把不同类型的文件放置在不同的子目录下，层次结构清晰，便于查找；同时不同层次和不同用户的文件可以被赋予不同的存取权限，有利于文件的保护。

(2) 解决了文件重名问题。在多级目录结构中，不仅允许不同用户可以使用相同的名字去命名不同的文件，而且允许同一用户在自己的不同子目录中使用相同的文件名。

(3) 便于实现文件共享。允许不同的用户按自己的命名习惯为共享文件赋予不同的名字，即不同的用户可使用不同的文件名访问同一个共享文件。

(4) 查询速度更快。由于对多级目录的查找每次只查找目录的一个子集，因此其搜索速度较单级和两级目录更快。

6.3.3　目录检索技术

当用户要访问一个文件时，系统首先要根据用户提供的路径名对目录进行查询，只要找到对应的文件控制块(或索引节点)，便可以在磁盘上找到具体的文件并对其进行操作。目前主要的目录查询技术有两种：线性检索法和 Hash 方法。

1. 线性检索法

线性检索法又称为顺序检索法。假定用户给定的文件路径名是/UserB/Doc/F，查询目录的过程描述如下：

(1) 系统首先读入路径名/UserB/Doc/F 中的第一个分量名 UserB，用它与根目录文件中的所有目录项的文件名进行比较，从中找到匹配项，得到文件控制块(如果系统中引入了索引节点，则得到的是索引节点编号，通过该编号将索引节点读入内存)，然后再根据文件控制块或索引节点中记录的物理地址读入/UserB 目录文件。

(2) 系统再读入路径名中的第二个分量名 Doc，并与/UserB 目录文件中的目录项进行比较，得到 Doc 的文件控制块或者索引节点，并读入/UserB/Doc/目录文件。

(3) 系统再读入路径名中的第三个分量名 F，并与/UserB/Doc/目录文件中的目录项进行比较，得到 F 的文件控制块或者索引节点，目录检索过程结束。

在上述检索过程中，如果其中的任何一个文件分量没有找到，那么就停止查找，返回"文件未找到"信息。

2. Hash 方法

6.2.1 节中已经介绍过 Hash 文件，我们可以建立一个 Hash 索引文件目录，当用户给定文件名之后，直接把它转换为文件目录的索引值，再利用该索引值查找目录。但是，现代操作系统的文件名都允许使用"*""？"等字符，此时系统无法利用 Hash 方法检索目录。在进行文件名转换时还有可能把不同的文件名转换成相同的 Hash 值，这时候需要处理"冲突"问题，通常的解决方法是对此 Hash 值再加上一个常数形成新的索引值，然后重新开始查找。

6.4　文件存储空间管理

为了实现文件存储空间的管理，文件系统必须设置相应的数据结构来记录存储空间的使用情况，并提供对存储空间进行分配和回收的方法。当用户创建一个新文件时，系统应为该文件分配相应的存储空间；而当用户删除一个文件时，系统应及时回收该文件所占据的存储空间。如何实现存储空间的分配与回收取决于对空闲块的管理方法。目前大多数文件是存放在磁盘上的，常用的磁盘存储空间的管理方法有空闲表法、空闲块链表法、位示图和成组链接法。

1．空闲表法

空闲表法是文件系统为外存上的所有空闲分区建立一张空闲表，每个空闲区占一个表项，包括序号、该空闲区的起始盘块号、空闲盘块数等信息，再将所有空闲区按其起始盘块号递增的次序排列，如图 6-16 所示。

序号	第一空闲盘块号	空闲盘块数
1	3	6
2	20	15
3	42	8
…	…	…

图 6-16　空闲表

使用空闲表法分配外存空间的方法与内存的动态分区分配很相似，也可采用首次适应算法、最佳适应算法等。为文件请求分配存储空间时，按照既定的分配算法查找空闲表，找到合适的空闲区后，如果该空闲区大小刚好等于文件需要的大小，则将该空闲区全部分配给这个文件，并将其从空闲表中删去；否则，从空闲区中分出一组连续的空闲磁盘块给文件，并将剩余的空闲区保留在表中，同时修改表项中的空闲盘块数。当删除文件时，系统将回收该文件所占用的磁盘块：首先检查回收空间是否与空闲表中的某个空闲分区相邻接，如果是，则将两者合并成更大的空闲分区；否则顺序扫描空闲表寻找一个空白表项并填写相关信息。空闲表法通常用于外存空间的连续分配方式，并且仅当空闲区的数量较少时才有较好的效果，如果有大量的空闲区，则空闲表将变得很大，使其效率大大降低。

2．空闲块链表法

空闲块链表法是在磁盘的每一个空闲盘块中存放一个指针，指向另一个空闲盘块，这样磁盘上的所有空闲块链接在一起形成一个链表。如图 6-17 所示，空闲块链首指针指向第一个空闲盘块，最后一个空闲盘块的指针为 NULL，表示链尾。

图 6-17　空闲块链表

当需要为文件分配空闲盘块时，就从空闲块链首指针开始依次取下几个空闲块分配给文件，并使链首指针指向下一空闲盘块。当删除一个文件时需要回收其存储空间，可把回收盘块链入空闲块链表的链首，并使空闲块链首指针指向它。这种方法实现简单，并支持存储空间的离散分配，但每次分配或回收盘块时，都需要启动磁盘 I/O 操作，以读取或修改相应盘块中的链接指针，致使效率较低。

为了进一步提高效率，可以将链表中的空闲盘块改为空闲盘区，也就是每个空闲盘区包含若干个连续的空闲盘块，这样的链表称为空闲盘区链。此时每个空闲盘区除了包括指示下一个空闲盘区的指针，还应该包含分区序号、起始块号、盘块数等信息。空闲盘区的分配方法与内存动态分区分配类似，通常采用首次适应算法。回收盘区时，同样要将回收区与相邻接的空闲盘区合并。

3. 位示图

位示图是利用一个二进制位来表示磁盘中一个盘块的使用情况。当其值为"0"时，表示对应的盘块空闲；为"1"时，表示已分配，当然含义也可以反过来。磁盘上的每个盘块都有一个二进制位与之对应，所有盘块的二进制位构成的集合称为位示图，如图6-18所示。位示图可以反映整个磁盘的分配情况。

	1	2	3	4	5	6	7	8	9	10	11	12	13	14	15	16
1	1	1	1	1	1	0	0	0	1	1	0	0	1	1	1	0
2	0	0	0	0	0	1	1	1	1	1	0	0	0	0	0	1
3	1	1	1	0	0	0	0	0	0	0	0	0	0	1	1	0
…	…	…	…	…	…	…	…	…	…	…	…	…	…	…	…	…

图6-18 位示图

当需要为文件分配空闲盘块时，顺序查找位示图，找到值为"0"的一个二进制位，并根据其在位示图中的位置(行号和列号)计算该二进制位所对应的盘块号，计算方法是：假定找到的值为"0"的二进制位，位于位示图的第 i 行、第 j 列，则其对应的盘块号为 $b = n(i-1) + j$，其中 n 代表每行的列数，i、j 及 b 都从1开始计数。然后将盘块 b 分配给文件，同时修改位示图中该二进制位的值为"1"。

当删除文件回收盘块 b 时，将回收盘块的盘块号 b 转换成对应二进制位在位示图中的行号 i 和列号 j。转换公式如下所示：

$$i = (b-1)\text{DIV } n + 1$$
$$j = (b-1)\text{MOD } n + 1$$

转换结束后，将位示图中该二进制的值改为"0"。位示图描述能力强，且占空间小，可以复制到内存，使查找方便快速，适合各种文件系统的磁盘存储空间的管理。

4. 成组链接法

成组链接法适用于大型文件系统，它是对空闲表法和空闲块链表法的改进，UNIX 系统采用这种方法。其基本思路是：先把所有空闲磁盘块按照固定数量分成若干组，把每组(第1组除外)的磁盘块总块数和该组的所有磁盘块号记录到前一组的最末磁盘块中，第一组的磁盘块总块数和各磁盘块号记录在空闲盘块栈中，存放在超级块里。例如某磁盘有512块，编号为 0#~511#，其中 8#~499# 是空闲盘块，如图6-19所示。每100个盘块分成一组，从后往前分，共分成5组，每组中的最末磁盘块称为"组长块"，用来存放下一组的空闲盘块数和盘块号。最末一组(第5组)比较特殊，只有99块，其盘块数和盘块号(401#~499#)存放在第4组的组长块中，并在其499#块后面增加一个虚拟的最末块，盘块号设为"0"，作为空闲盘块链的结束标志，即当分配到"0"号盘块时，表示磁盘已没有空闲盘块，不能分配，由于增加了一个"0"号块，因此该组的空闲盘块总数仍记为 100 个块。第 4 组的盘块数和盘块号又存放在第 3 组的组长块中，依次类推。第 1 组的盘块数可能不足 100 块，本例中为 93 块，其盘块号($8^{\#} \sim 100^{\#}$)放在超级块的空闲盘块栈中。系统启动后，将超级块复制到内存中，并建立空闲盘块栈，栈顶指针 S Free 等于第一组的磁盘总块数，之后磁盘块的分配与回收都将针对空闲盘块栈进行。

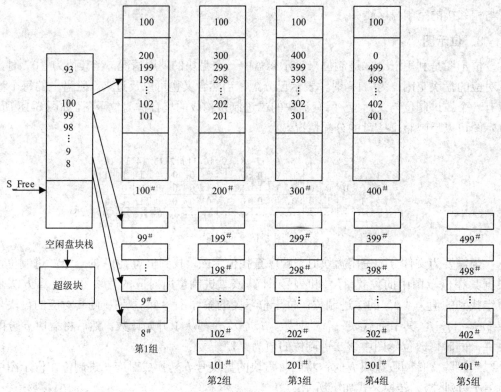

图 6-19　成组链接法

1) 空闲磁盘块的分配

空闲磁盘块分配的伪代码描述如下所示，其中 count 表示当前组空闲磁盘块总数。当需要为文件分配空闲磁盘块时，系统先查找第一组的磁盘块数 count，若 count 大于 1，则将 count 减 1，并将栈顶的盘块分配出去。若第一组只剩下一块(count=1)且盘块号不是结束标记 0，则先将该块的内容读到空闲盘块栈中(下一组成了第一组，所以下一组的盘块数和盘块号需要放到空闲盘块栈中)，然后再将该块分配给文件，若第一组只剩下一块并且其盘块号是结束标记 0，则表示磁盘已无空闲盘块，分配不成功。

```
count = 当前组空闲盘块总数;
    S_Free--;
    b=*S_Free;
    if (count > 1)then
    {
        count--;
        return b;
```

```
    }
    else if (count==1)then
    {
        if (b==0)then
         拒绝分配, 返回 0;
        else
        {
            将 b 中内容读入空闲盘块栈;
            count=当前组空闲盘块总数;
            S_Free=count;
            return b;
        }
    }
```

2) 空闲磁盘块的回收

回收磁盘块时, 若空闲盘块栈不满(即第一组不到 100 个块), 则将回收块的盘块号填入栈中并将盘块数加 1 即可; 若栈已满(即第一组已经有 100 个块), 则栈中原有盘块号存入回收块中, 回收块构成新的第一组, 将该新组的盘块数(1 块)和盘块号(即回收块盘块号)填入栈中。

空闲磁盘块回收的伪代码描述如下所示。当系统回收空闲块时, 若第一组不满 100 块(count<100), 则只要将回收块盘块号存入空闲盘块栈的栈顶, 并将空闲盘块数加 1 即可; 若第一组已经有 100 块(count=100), 则将第一组中的盘块数和盘块号写入回收块 b 中, 然后将盘块数(count=1)及盘块号(回收块块号 b)写入空闲盘块栈中, 回收块 b 成了新的第一组, 原来的第一组成了第二组。

```
count=当前组空闲盘块总数;
b:回收块号;
    if(count＜100) then
    {
        *S_Free=b;
        count++;
        S_Free++;
        return;
    }
    else if( count==100) then
    {
        将空闲盘块栈内容写入 b 中;
        count=1;
        S_Free=0;        //S_Free 指向栈底
        *S_Free=b;
        S_Free++;
```

```
            return;
        }
```

需要注意的是超级块中的空闲盘块栈是临界资源，对该栈的操作必须互斥地进行。解决方法是，为空闲盘块栈设置一把锁，并通过上锁和解锁来实现对空闲盘块栈的互斥访问。

成组链接法除了第一组空闲磁盘块，其余空闲磁盘块的登记不占额外的存储空间，而且超级块不大，可以放在内存中，这样使得大多数空闲盘块的分配与回收工作都在内存中进行，从而具有较高的效率。

6.5　文件共享和文件保护

实现文件共享是文件系统提供的重要功能，它不仅节省了大量的辅存空间，而且减少了输入输出操作，为用户间的合作提供便利条件。随着计算机技术的发展，文件共享的范围也不断扩大，从单机系统中的共享，扩展到多机系统，进而又扩展到计算机网络上的共享。当多个用户在共享文件时，必须进行存取控制检查，以保证文件的安全性和保密性。因此，实现文件共享需要解决两个问题：一是如何实现文件共享；二是对各类需要共享文件的用户进行存取控制。此外，还要提高系统的可靠性，以防止因系统出现故障而使文件遭到破坏。

6.5.1　文件共享

文件共享是指一个文件可以被多个授权用户使用。实现文件共享的实质就是可以使用不同的路径、不同的文件名打开同一个文件。下面介绍两种目前常用的文件共享的方法：一是基于索引节点的共享方式，二是利用符号链接实现文件共享。它们都是在树形结构目录的基础上适当修改形成的。

1．基于索引节点的共享方式

传统多级目录文件的共享是由不同用户通过将各自的文件控制块设置成相同的物理地址来实现的，但是这种方法的问题是如果一个用户对文件进行了修改，那么系统只会更新该用户中对应文件的目录项，而并不会影响其他用户中该文件的目录项，因此其他用户不能共享文件更新的内容。文件系统引入索引节点后，文件目录项中只包含文件名和指向索引节点的指针，文件的物理地址及其他描述信息保存在索引节点中。基于索引节点的共享方式就是两个或多个不同的目录项只需要指向相同的索引节点即可，当某一个用户需要共享某文件时，可在自己的文件目录中新建一个目录项，填入为共享文件所取的名字以及指向该共享文件索引节点的指针。这种共享方式在 UNIX 和 Linux 系统中又称为硬链接(hard link)。如图 6-20 所示，用户 User2 要共享用户 User1 的 A2 文件，User2 在自己的目录中增加目录项 B2，B2 的索引节点指针指向文件 A2 的索引节点，以后 User2 访问 B2 文件时，实际访问的是 A2 文件，实现了 User2 对 A2 文件的共享。基于索引节点共享文件，任何一个用户对共享文件进行的修改都会反映在唯一的索引节点中，其他共享用户都能看到文件的修改。

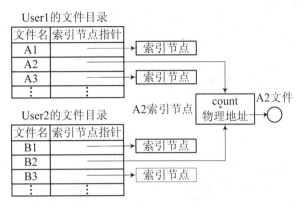

图 6-20　基于索引节点的共享方式

在基于索引节点的共享方式中，可在索引节点中设置一个链接计数字段 count，用来表示链接到本索引节点上的用户目录项数目。当用户创建文件时，count 值置为"1"；若有其他用户共享该文件，则 count 值加 1；当一个共享用户断开链接，不再共享该文件时，count 值减 1。这种方式中，只有文件的 count 值为"1"时，文件主才能删除该文件，以避免其他共享该文件的目录项中的索引节点指针成悬空指针。除了文件主，其他用户只能断开其与共享文件的链接，而不能删除共享文件。

该方法能够实现文件的异名共享且系统开销不大，但缺点是当有多个用户共享文件时，文件主不能删除文件。此外，由于不同文件卷中的索引节点编号是重复的，因此不能实现跨文件卷的文件共享。

2．利用符号链接实现文件共享

利用符号链接(symbolic link)实现共享是创建一个类型为符号链接文件的新文件，该文件的内容是共享文件的路径，在 UNIX 和 Linux 中又称为软链接(soft link)。如图 6-21 中，若用户 User2 希望使用文件名 B2 采用符号链接方法共享用户 User1 的 A2 文件，则系统会创建一个符号链接类型的新文件 B2，为其建立目录项，分配存储空间，写入文件内容(该文件的内容只有共享文件 A2 的路径名"User1/A2")。这种链接方法称为符号链接。新文件 B2 中的路径名，只被看作是符号链，当 User2 访问 B2 文件时，将被操作系统截获并根据 B2 文件中存放的路径名去读 A2 文件，从而实现了对文件 A2 的共享。

利用符号链接实现文件共享，只有文件主才拥有指向索引节点的指针，而共享该文件的其他用户，只有该文件的路径名，没有指向其索引节点的指针，因此当文件主删除一共享文件后，所有共享该文件的用户目录项中不会留下悬空指针。此外符号链接能实现文件的跨文件卷共享，如果提供一个计算机的网络地址和文件在该计算机中的路径名，还可以方便地实现网络文件的共享。但这种共享方式会增加系统的开销：一是访问共享文件时需要进行两次目录检索，分别查找符号链接文件及共享文件的目录项，增加了文件的检索开销；二是必须为符号链接文件配置索引节点并分配一个磁盘块存放共享文件的路径名，增加了存储开销。

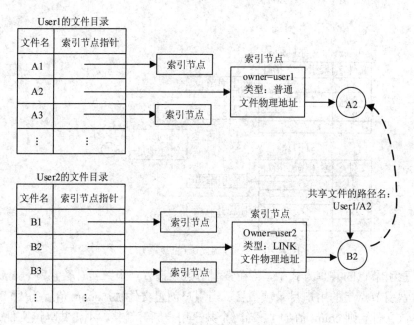

图 6-21　利用符号链接实现共享

6.5.2　文件保护

在现代计算机系统中，文件作为最重要的数据信息，其安全性关系到个人隐私、商业机密甚至国家安全。但同时由于各种人为、系统和自然因素的存在，文件的安全性时刻受到威胁，文件保护就是防止文件被破坏。具体来讲造成文件可能被破坏的原因主要有两种：一是因为系统发生故障或各种意外(如断电、火灾等)造成文件被破坏；二是多个用户共享文件时引起错误，比如文件信息可能被其他用户窃取、破坏或进行未授权的访问。前者是系统可靠性问题，后者是文件安全性问题。

1. 文件备份

为增强系统存储文件的可靠性，一般是为重要文件复制多个副本，即文件备份。有两种文件备份方法：批量备份和同步备份。

1) 批量备份

批量备份又称为批量转储，是定时地将一批文件复制到后援存储器中，后援存储器一般是磁带、磁盘或光盘。批量备份又分为全量转储和增量转储两种方法。

全量转储又称为周期性转储或者定期备份，即把文件存储器中的全部文件定期复制到后援存储器中，当系统出现故障、文件遭到破坏时，便可把最后一次转储内容从后援存储器复制回系统以恢复正常运行。全量转储的最大缺点是耗费时间太长，因此不能频繁执行，一般每周进行一次，因此，对要求快速复原和需要回复到出故障时的文件系统状态，全量转储方式是无法满足要求的。

增量转储是每隔一段时间便把上次转储以来修改过的文件和新建立的文件转储到后援存储器中。显而易见，这种备份方法由于转储的信息量小，因此转储可以在更短的时间间隔内进行，比如每两个小时进行一次。代价是必须对文件做标记来确定哪些文件需要做转储，并且在转储之后删除标记。增量转储最大的优势是文件系统一旦遇到故障，至少可以恢复到数小时之前的文件系统状态，很大程度上降低了故障带来的损失。

不管全量转储还是增量转储都存在无法恢复到故障发生时文件系统状态的问题，对于不允许丢失任何一个细微活动的系统，它们都无法满足要求。

2) 同步备份

同步备份是在生成或写文件的同时备份该文件，它克服了批量备份不具备实时性的缺点。同步备份也有两种方法：一是镜像盘支持，系统拥有一份完全相同的镜像盘，在写磁盘的同时，对称地写其镜像盘，确保一个存储介质损坏时，另一个存储介质上的数据可用，但它对计算机死机引起的文件破坏无能为力；二是双机动态文件备份，系统有两台机器在进行文件写操作时完全对称地工作，保证一台机器出错时，另一台机器还可以接着往下工作。动态文件备份甚至可以将文件备份到远程计算机上，系统动态监测文件是否遭到破坏，一旦发现不一致的问题，立即进行文件恢复保证完整性。

2. 文件访问保护

为防止系统中的文件被其他用户窃取、破坏或进行未授权的访问，必须对文件采取有效的存取控制，提高文件的安全性。通常有口令保护、加密保护、为文件设置访问权限等方法。

1) 口令保护

口令保护是实现文件保护的一种简单方法，用户在建立文件时就提供一个口令，并附在文件控制块或索引节点中，同时通知允许共享该文件的授权用户。用户使用文件时必须提供口令，仅当口令正确时才能按规定的使用权限访问文件。口令保护的优点是实现方便、开销小，缺点是对文件不能按用户控制存取权限，所有知道口令的用户都具有与文件主相同的存取权限，而且口令直接存储在系统内部也不够安全。

2) 加密保护

用户对少数极为重要的文件，可把文件信息进行加密编码后保存，读出信息时进行解码。编码和解码的工作可由系统替用户完成，但用户在请求访问文件时需提供密钥。由于加密的编码方式只有文件主和授权用户知道，对于非授权用户即使得到文件的信息也无法使用。该方法的保密性强，节省存储空间，但编码和解码需要花费一定时间，且所有知道密钥的用户都具有与文件主相同的存取权限。

3) 设置文件访问权限

在许多系统中把每个文件的用户分成三类：文件主、伙伴用户(又称同组用户)和一般用户。对文件的保护除了读、写、执行、添加、删除、列表清单(列出文件名和文件属性)等，还可以对文件的重命名、复制、编辑等加以控制。对每一类用户分别规定访问文件的权限，如只读、可读写、只执行等，然后将这些访问权限作为文件的存取控制信息保存在文件控制块或索引节点中。当用户要求访问某个文件时，系统首先检查该用户是文件主还是伙伴用户或是一般用户，然后再审核用户的访问要求，仅当权限符合时才允许访问该文件。设置文件访问权限的方式有访问控制矩阵、访问控制表和用户权限表，下面分别进行介绍。

(1) 访问控制矩阵。访问控制矩阵是描述系统存取控制权限的矩阵。其中行代表用户(组)；列代表系统中的各种软硬件资源(包括文件)对象；矩阵中的值表示用户对资源的访问权限。如图 6-22 所示,用户 D1 可使用绘图仪进行绘图,能读取 F1 文件,能读/写 F2 文件;用户 D3 能读/写 F1 文件,能读/写/执行 F6 文件,能使用打印机进行打印,等等。

对象 用户	F1	F2	F3	F4	F5	F6	打印机	绘图仪
D1	R	R,W						W
D2	R		R	R,W,E	R,W,E		W	
D3	R,W					R,W,E	W	

图 6-22　访问控制矩阵

访问控制矩阵从概念上来说是很简单的,整个系统只需设置一张表,但由于系统中的资源数量成千上万,使得访问控制矩阵是一张很大的表,真正实现起来的难度较大,因此系统往往是把这张表按行或者列简化后来使用,形成用户权限表和访问控制表。

(2) 访问控制表。访问控制表是对访问控制矩阵按列(对象)进行划分,为每一列(即每个资源)建立一张表,称为访问控制表,描述系统中各类用户对该资源具有的访问权限。如图 6-23 所示,对于文件 F1,用户 D1 和 D2 可读,用户 D3 可读/可写;对于文件 F4,用户 D2 可读/写/执行。对于文件,可将它的访问控制表保存在 FCB 或 i 节点中,如 UNIX 及 Linux 系统。

对象 用户	F1	F2	F3	F4	F5	F6	打印机	绘图仪
D1	R	R,W						W
D2	R		R	R,W,E	R,W,E		W	
D3	R,W					R,W,E	W	

D1	R
D2	R
D3	R,W

D2	R,W,E

图 6-23　访问控制表

(3) 用户权限表。用户权限表是对访问控制矩阵按行进行划分,每一行建立一张表,称为用户权限表,描述了每类用户能使用的资源及相应使用权限。如图 6-24 所示,用户 D1 可读文件 F1,可读/写文件 F2,可使用绘图仪进行绘图。用户 D2 的权限请读者自行思考。

对象	F1	F2	绘图仪
D1	R	R,W	W

对象	F1	F3	F4	F5	打印机
D2	R	R	R,W,E	R,W	W

图 6-24　用户权限表

实际上,访问控制矩阵、访问控制表和用户权限表都是采用某种数据结构记录每个用户或用户组对于每个文件的操作权限,当用户访问文件时通过检查这些数据结构以确定用户是否具有相应的权限,从而实现文件的保护。

6.6 磁 盘 调 度

磁盘容量大，价格低，存取速度快，断电后信息不丢失，可随机存取，因此成为计算机系统中最主要的文件存储设备，对文件的操作都会涉及磁盘访问。磁盘系统的可靠性及其 I/O 速度的高低，将直接影响到文件操作的效率，因此如何优化磁盘调度算法以改善磁盘访问速度就成为操作系统的重要任务之一。

6.6.1 磁盘管理概述

磁盘是一种非常复杂的机电设备，下面简单地对磁盘上数据的组织及磁盘访问时间进行介绍。

1. 数据的组织和格式

磁盘一般由若干个磁盘片组成，可以沿着一个固定方向高速旋转。如第 2 章 2.2.4 节中图 2-6 所示，每个盘面上的一系列同心圆称为磁道，其中每个盘面对应一个磁头，磁臂能够沿着半径方向移动。每条磁道又从逻辑上划分为若干个大小相等的扇区，每个扇区包括标识符字段和数据字段(512 个字节)。各盘片上编号相同的所有磁道构成了一个柱面。对扇区有两种编址方式：一种是 CHS(Cylinder/Head/Sector，柱面/磁头/扇区)方式，使用柱面号、磁头号和扇区号表示每个扇区；另一种是 LBA(Logical Block Addressing，相对扇区号)方式，使用相对扇区号标识扇区，以磁盘第一个扇区(0 柱面、0 磁头及 1 扇区)作为 LBA 的 0 扇区。若 L、M 及 N 分别表示一个磁盘的柱面数、磁头数及扇区数，则第 i 柱面、j 磁头、k 扇区所对应的 LBA 扇区号为：

$$LBA = (i \cdot M \cdot N) + (j \cdot N) + k-1$$

若已知 LBA 相对扇区号，则对应的柱面号 i，磁头号 j，扇区号 k 分别是：

$$i = int(LBA /(M \cdot N))$$
$$j = [LBA \bmod(M \cdot N)]/N$$
$$k = [LBA \bmod(M \cdot N)] \bmod N+1$$

根据上述磁盘的结构，磁盘的存储容量由磁头数、柱面数和扇区数决定：

$$磁盘容量 = 磁头数 \times 柱面数 \times 扇区数 \times 每扇区字节数$$

2. 磁盘访问时间

磁盘在工作时，以恒定速率旋转。当磁盘接收到读写指令后，首先将磁头移动到要读写的磁道上，并等待要读写扇区的开始位置旋转到磁头下，然后再开始数据传输操作。因此，读写一次磁盘所需要的时间包括以下三个部分。

1) 寻道时间 T_s

寻道时间是把磁头从当前位置移动到指定磁道所需要的时间，通常可以表示为：

$$T_s = m \cdot n + s$$

其中：s 是启动磁臂的时间；m 是磁头每移动一条磁道所需要的时间，与磁盘驱动器的速度相关；n 是移动的磁道数，也称为寻道距离，是影响 T_s 的重要参数。一般磁盘寻道时间为

5～15 ms。

2) 旋转延迟时间 T_r

旋转延迟时间是欲访问扇区旋转到磁头下面所需要的时间，与磁盘转速有直接关系，可粗略地认为是磁盘旋转半周的时间：

$$T_r = (1/r)/2 = \frac{1}{2r}$$

式中：这里 r 表示磁盘的旋转速度。

3) 传输时间 T_t

传输时间是把数据从磁盘读出或向磁盘写入所需要的时间，它与磁盘的转速以及要读/写的字节数有关，可表示为

$$T_t = \frac{b}{r \cdot N}$$

式中：b 为要读写的字节数，r 是磁盘的旋转速度，N 为一个磁道上的字节数。

综上所述，可将磁盘的访问时间 T_a 表示为：

访问时间 T_a = 寻道时间 T_s + 旋转延迟时间 T_r + 传输时间 T_t

6.6.2　磁盘调度算法

磁盘是多个进程可以共享的设备。当有大量磁盘 I/O 请求时，应该恰当选择调度顺序，以降低完成这些磁盘 I/O 服务的总时间。根据磁盘访问时间的组成部分，磁盘调度算法可分为移臂调度和旋转调度两种。

1. 移臂调度

移臂调度所完成的工作是当同时有多条磁道访问请求时，确定磁道访问顺序，以获得尽可能短的平均寻道时间。对于大多数磁盘来说，寻道时间占磁盘访问时间的大部分，所以减少平均寻道时间可以显著地改善磁盘系统的性能。下面介绍几种常见的移臂调度算法。

1) 先来先服务(First Come First Served，FCFS)算法

FCFS 算法是一种最简单的磁盘调度算法，它按照进程请求访问磁盘的先后次序进行调度。该算法的特点是公平且实现简单，不会产生饥饿现象，但未对寻道进行优化，可能导致寻道时间比较长。

2) 最短寻道时间优先(ShortestSeekTimeFirst，SSTF)算法

SSTF 算法在确定下一条要访问的磁道时，总是选择与当前磁道(磁头当前所在的磁道)距离最近的磁道访问请求。该算法的性能比 FCFS 好，但不能保证平均寻道距离最短。此外，SSTF 是一种不公平的算法，可能会使得某些远离当前磁道的 I/O 请求长期得不到服务，产生饥饿现象。最后，SSTF 算法在选择下一个磁道访问请求时，完全不考虑磁头当前的移动方向，可能会造成磁头频繁地改变移动方向而影响磁盘的机械寿命。

3) 扫描(SCAN)算法(又称为电梯算法)

相较于前面的 FCFS 算法和 SSTF 算法，SCAN 算法在确定下一条要访问的磁道时，既照顾磁头当前的移动方向，又考虑与当前磁道的距离。SCAN 算法总是从磁头当前移动方

向上，选择与当前磁道距离最近的磁道访问请求，如果沿磁头的移动方向无访问请求时，就改变磁头的移动方向，从反方向再选择。由于该方法中磁头的移动类似于电梯运行，故又称为电梯算法。SCAN 算法排除磁头在盘面局部位置上的来回移动，很大程度上消除了 SSTF 算法的不公平性，特别有利于中间磁道的访问请求，是一种简单、实用和高效的移臂调度算法。

4) 循环扫描(Circular SCAN，CSCAN)算法

CSCAN 算法是对 SCAN 算法的修改，它规定磁头单向移动，比如只有从外向里移动过程中，才实施磁道访问，且选择与当前磁道距离最近的磁道访问请求；当磁头完成最里层磁道访问请求后立即快速返回到最外面的请求访问磁道，循环扫描。该算法可消除对两端磁道请求的不公平。

5) N-Step-SCAN 算法

N-Step-SCAN 算法是将当前的磁盘请求队列分成若干个长度为 N 的子队列，磁盘调度将按 FCFS 算法依次处理这些子队列；而在处理每个子队列时又采用 SCAN 算法。

6) FSCAN(FairSCAN)算法

FSCAN 算法实质上是 N-Step-SCAN 算法的简化，它只将磁盘请求队列分成两个子队列。当前所有磁盘访问请求组织在一个队列中，由磁盘调度按 SCAN 算法进行处理；在扫描处理过程中，对新出现的所有磁盘 I/O 请求，放入另一个等待处理的请求队列，等上一个队列处理完成后，再来处理这个队列中的 I/O 请求。

2. 旋转调度

旋转调度是当一条磁道上有多个扇区访问请求时，确定扇区访问顺序，以减少旋转延迟时间。该算法总是选取与当前读写头最近的那个 I/O 请求，使旋转圈数最少。

3. 算法应用举例

例 6-1：假设当前磁道在 100 号磁道，磁头正向磁道号增加的方向(由外向里)移动。现依次有如下磁盘请求队列：23，376，205，132，61，190，29，4，40。若分别采用上述六种移臂调度算法，请给出磁盘调度顺序，并计算平均寻道距离。

解答：

• FCFS

磁盘调度顺序：23，376，205，132，61，190，29，4，40

寻道距离 M_s：$(100-23) + (376-23) + (376-205) + (205-132) + (132-61) + (190-61) + (190-29) + (29-4) + (40-4) = 1096$

平均寻道距离：$M_s/9 = 121.78$

• SSTF

磁盘调度顺序：132，190，205，61，40，29，23，4，376

寻道距离 M_s：$(132-100) + (190-132) + (205-190) + (205-61) + (61-40) + (40-29) + (29-23) + (23-4) + (376-4) = 678$

平均寻道距离：$M_s/9 = 75.33$

• SCAN

磁盘调度顺序：132，190，205，376，61，40，29，23，4

寻道距离 M_s: $(132-100)+(190-132)+(205-190)+(376-205)+(376-61)+(61-40)+$
$(40-29)+(29-23)+(23-4)=648$

平均寻道距离: $M_s/9=72$

· CSCAN

磁盘调度顺序: 132, 190, 205, 376, 4, 23, 29, 40, 61

寻道距离 M_s: $(132-100)+(190-132)+(205-190)+(376-205)+(376-4)+(23-4)+$
$(29-23)+(40-29)+(61-40)=705$

平均寻道距离: $M_s/9=78.33$

· N-Step_SCAN

若子队列长度 $N=4$,则磁盘请求分成三个队列:

23, 376, 205, 132; 61, 190, 29, 4; 40

三个队列按 FCFS 处理; 每个队列内部按 SCAN 算法处理:

磁盘调度顺序: 132, 205, 376, 23, 4, 29, 61, 190; 40

寻道距离 M_s: $(132-100)+(205-132)+(376-205)+(376-23)+(23-4)+(29-4)+$
$(61-29)+(190-61)+(190-40)=984$

平均寻道距离: $M_s/9=109.33$

· FSCAN

这里没有新到达的磁盘请求,因此磁盘调度顺序和平均寻道距离与 SCAN 算法一致。

例6-2: 对磁盘访问的 5 个请求如图 6-25 图(a)所示,若此时磁头在 1 号柱面,且向柱面号增加的方向移动,移臂调度算法采用 SCAN 算法,请确定调度顺序。

解答: 本例中既有移臂调度,又有旋转调度。处理思路是首先进行移臂调度,确定要访问的下一条磁道; 之后如果该磁道上有两个以上的扇区等待访问,则再进行旋转调度,选择距离磁头近的扇区进行访问。因此移臂调度的调度顺序如图 6-25 中图(b)所示; 旋转调度的调度顺序如图 6-25 图(c)所示。

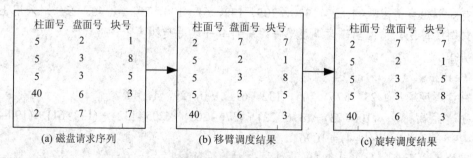

柱面号	盘面号	块号		柱面号	盘面号	块号		柱面号	盘面号	块号
5	2	1		2	7	7		2	7	7
5	3	8		5	2	1		5	2	1
5	3	5		5	3	8		5	3	5
40	6	3		5	3	5		5	3	8
2	7	7		40	6	3		40	6	3

(a) 磁盘请求序列	(b) 移臂调度结果	(c) 旋转调度结果

图 6-25　磁盘调度举例

6.7 Linux 文件系统

6.7.1 Linux 文件系统概述

Linux 是一个能与其他操作系统和谐共处的操作系统,这主要体现在其他操作系统能够透明地安装在磁盘或者分区中,例如 Windows、其他版本的 UNIX 等。这主要归因于 Linux 使用与其他类 UNIX 相同的方式支持多种文件系统类型,具有虚拟文件系统(Virtual File System,VFS)的概念。虚拟文件系统作为内核子系统,为用户程序空间提供了文件和文件系统相关的接口。系统中的所有文件系统依赖 VFS 协同工作。通过 VFS,程序可以使用标准的 UNIX 系统调用对不同文件系统甚至不同物理介质上的文件进行访问操作。

1. Linux 的文件类型

Linux 是根据文件中所存放内容不同来对文件分类的,主要包括以下几种文件类型:

(1) 普通文件:又称为常规文件,存放用户及操作系统的程序代码、数据等信息。在属性字段中用"-"字符表示。普通文件又可进一步分为文本文件和二进制文件。

(2) 目录文件:Linux 系统使用索引节点存放文件的属性信息,文件的目录项只简单包括文件名和索引节点编号两个字段,目录文件中存放的就是该子目录中所有文件的目录项。在属性字段中用"d"字符表示。

(3) 设备文件:Linux 把系统中所有的外部设备都当作文件来看待,每个设备都对应一个设备文件,系统会为它建立索引节点和目录项,但不分配磁盘空间,通常存放在/dev 目录中,如行式打印机对应/dev/lp 文件,第一个软驱对应/dev/fd0 文件,第一个硬磁盘的第一个逻辑分区对应/dev/hda1 文件等。由于 Linux 把设备分为块设备和字符设备,因此设备文件又可分为块设备文件和字符设备文件。在属性字段中分别用"b"和"c"字符表示。

(4) 管道文件:Linux 支持管道通信机制,为此专门设置了用于管道通信的文件类型——管道文件,又称为 FIFO 文件,在属性字段中用"p"字符表示。管道通信机制包括无名管道通信和有名管道通信两种,仅有名管道文件会真实的存在于磁盘上,系统会为之建立目录项和索引节点,但与设备文件一样,不会分配磁盘存储空间。

(5) 符号链接文件:用于实现基于符号链接的文件共享机制。符号链接文件中存放的是共享文件的路径名,Linux 为减小磁盘存储开销,规定如果路径名长度在 60 B 以内,就把路径名保存在文件索引节点的 iaddr 字段中,但如果超过 60 B,则必须单独分配一个磁盘块存放路径名。在属性字段中用"l"字符表示。

(6) Socket 文件:用于实现 Socket 通信机制的文件,在属性字段中用"s"字符表示,最常保存在/var/run 目录下,但不会创建在磁盘中。比如启动一个 MySql 服务器时会产生一个 mysql.sock 文件。

2. Linux 的文件存取权限

为了保证文件信息的安全,Linux 设置了文件保护机制,其中之一就是给每个文件都设置了访问控制权限。当用户提出文件访问请求时,系统首先会检验访问者的权限,只有与文件的访问权限相符时才允许对文件进行访问。

Linux 系统把文件的用户分成三类:文件主、同组用户和其他普通用户,然后针对每个文件分别对三类用户设置访问权限。权限包括三种操作:可读 R、可写 W 和执行 X。三类用户与三种操作共形成九种情况,保存在文件的索引节点中。比如使用"ls -il"命令查看,显示如图 6-26 所示:对 zwh_temp 文件,文件类型是目录文件,文件主具有读、写、执行三种权限;同组用户具有读、写、执行三种权限;其他用户具有读、执行权限,不具有写权限。

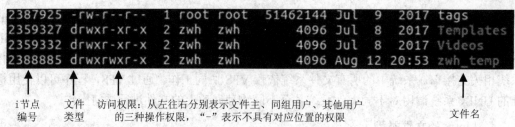

i节点 文件 访问权限：从左往右分别表示文件主、同组用户、其他用户 文件名
编号 类型 的三种操作权限，"–"表示不具有对应位置的权限

图 6-26　Linux 的文件存取权限

6.7.2　虚拟文件系统 VFS

1. VFS 支持的文件系统类型

VFS 作为一个通用文件系统模型(Common File Model)，它把不同文件系统抽象后采用统一方式进行操作，VFS 支持的文件系统可分为以下三种类型：

1) 磁盘文件系统

(1) Linux 使用的文件系统，例如第二扩展文件系统 Ext2(Second Extended File System，简称 Ext2)，第三扩展文件系统 Ext3(Third Extended File System，Ext3)以及 ReiserFS(Reiser File System)。

(2) UNIX 家族的文件系统，如 sysv 文件系统(System V、Coherent、Xenix)，UFS(UNIX File System，基于 Solaris 和老的 BSD 系统)，MINIX(Mini UNIX，是一种基于微内核架构的迷你版本类 UNIX 操作系统)文件系统以及 VERITAS VxFS(SCO UNIXWare 的商业日志文件系统)。

(3) 微软公司的文件系统，如 FAT，VFAT(Virtual File Allocation Table，Windows 95/98 等以后操作系统的重要组成部分，它主要用于处理长文件名)和 NTFS(New Technology File System，新技术文件系统)。

(4) 其他文件系统，如 HPFS(High Performance File System，高性能文件系统，IBM 公司 OS/2 使用的文件系统)，HFS(Hierarchical File System)及 AFS(Apple File System)，苹果公司 Mac OS 上使用的文件系统，AFFS(Amiga Fast File System，Amiga 公司的快速文件系统)以及 ADFS(Advanced Disc Filing System，Acorn 公司的磁盘文件归档系统)。

2) 网络文件系统

网络文件系统是文件系统之上的一个网络抽象，它允许客户端以与本地文件系统类似的方式来访问网络上其他计算机中的文件。VFS 支持的网络文件系统有 NFS(Network File System)，Coda(美国卡内基梅隆大学开发的最早支持断连接操作的分布式文件系统)，AFS(Andrew File System，美国卡内基梅隆大学开发的分布式文件系统)，CIFS(Common Internet File System，用于 Microsoft Windows 的通用网络文件系统)以及 NCP(Novell 公司的 NetWare Core Protocol)。

3) 特殊文件系统

特殊文件系统是只访问内核的内存数据而不访问磁盘设备数据，用于特殊目的的文件系统，与一般文件系统最大的区别是它不用实现访问磁盘设备的底层 I/O 接口。/proc 文件系统是特殊文件系统的典型例子,它提供对内核数据结构的常规访问点,例如查看系统CPU的使用情况、磁盘空间占用情况、当前进程的状态等信息。

2. VFS 的实现模型

虚拟文件系统 VFS 是内核的一个子系统,提供了一个通用文件系统模型,并为应用程序提供一致性的文件系统接口。系统中安装的所有具体文件系统不但依赖于 VFS 共存,而且也依靠 VFS 协同工作。如图 6-27 所示,VFS 的实现模型从上至下包括应用层、虚拟层和实现层。其中应用层是用户空间的应用程序;虚拟层是内核系统空间的虚拟文件系统 VFS;实现层是具体的文件系统,例如 Minix 文件系统、Ext2 文件系统、FAT 文件系统等。首先用户进程通过 VFS 的标准调用函数提出文件访问操作请求,然后 VFS 的内核函数按照一定的映射关系把这些访问请求重新定向到实际文件系统中的相应操作函数调用,最后由实际文件系统完成与文件物理结构有关的具体操作。

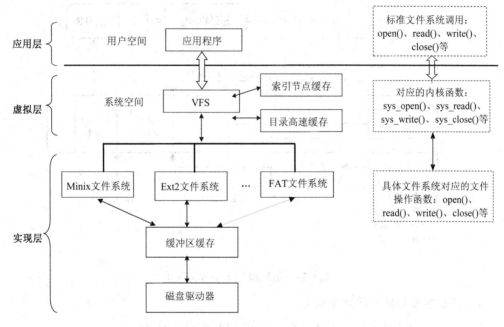

图 6-27 VFS 的实现模型

3. VFS 的主要对象类型

VFS 的通用文件模型主要包括以下四种对象类型:

(1) 超级块对象(Superblock Object):存放系统中已安装文件系统的有关信息,每个文件系统一个,它是各种具体文件系统在安装时建立的,并且只存在于内存中。对于磁盘文件系统,这类对象通常对应于存放在磁盘上的该文件系统的控制块或超级块。

(2) 索引节点对象(Inode Object):存放关于具体文件的一般信息。每个打开文件都有一个索引节点对象,每个索引节点对象的索引节点编号都唯一地标识某个文件。对于磁盘文件系统,这类对象通常对应于存放在磁盘上的文件控制块或索引节点。

(3) 目录项对象(Dentry Object):VFS 中的目录项对象在磁盘上并没有对应的映像,它是系统在读入一个文件的目录项到内存时由 VFS 临时建立的一个数据结构,用以存放打开文件与其索引节点之间的联系。比如在查找路名/zwh_temp/test 时，内核将分别为根目录"/"、根目录下的 zwh_temp 子目录、/zwh_temp 子目录下的 test 文件各创建一个 VFS 的目录项对象。

(4) 文件对象(File Object)：存放打开文件与进程之间进行交互的有关信息。这类信息仅当进程访问文件期间存在于内存中。

进程和以上 VFS 对象之间的关系如图 6-28 所示。图中三个进程打开同一个文件，其中两个进程使用同一个硬链接共享文件。因此该情况下，图中有三个文件对象(每个进程都有自己的文件对象)，两个目录项对象(每个硬链接对应一个目录项对象)，一个索引节点对象以及该索引节点标识的超级块对象。

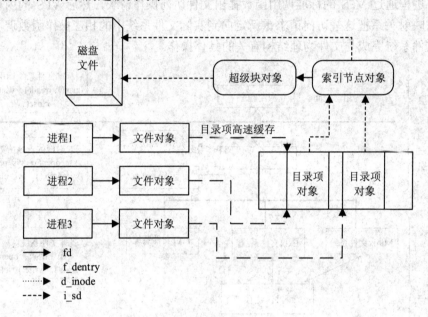

图 6-28　进程和 VFS 对象的关系

4. VFS 主要对象的数据结构

下面主要参考 Linux 2.6.24 内核版本介绍 VFS 的相关数据结构。

1) 超级块对象

超级块对象由 super_block 结构来描述，定义在文件/include/linux/fs.h 中，部分字段说明如下：

```
struct super_block {
    s_list:超级块链表的指针
    s_dev:超级块所在的设备描述符
    s_blocksize 和 s_blocksize_bits:指定磁盘文件系统的块大小
    s_dirt:超级块的"脏"位
    s_maxbytes: 文件的最大长度
    s_type: 指向文件系统类型的指针
    s_op:指向超级块操作集的指针
```

s_root:指向根目录的 dentry 对象

s_dirty:表示"脏"(内容被修改但尚未被刷新到磁盘)的 inode 节点的链表

s_fs_info:指向该文件系统私有数据,一般是各文件系统对应的超级块信息。

}

超级块操作集由一组对超级块进行的相关操作的函数指针组成,使用 super_operations 结构来描述,定义在文件/include/linux/fs.h 中,部分字段说明如下:

```
struct super_operations
    {
        viod (*read_inode)(struct inode *);            //读取文件 inode
        viod (*write_inode)(struct inode *,int);       //写回 inode
        viod (*put_inode)(struct inode *);             //逻辑上释放 inode
        viod (*delete_inode)(struct inode *);          //物理上释放 inode
        viod (*put_super)(struct super_block *);       //释放超级块对象
        viod (*write_super)(struct super_block *);     //把超级块信息写回磁盘
        ⋮
    }
```

2) 索引节点对象

索引节点对象由 inode 结构来描述,定义在文件/include/linux/fs.h 中,部分字段说明如下:

```
struct inode
    {
        i_hash: 已经分配好的 inode 双向链表
        i_list: 未分配的 inode 资源的双向链表
        i_dentry: dentry 的链表,当多个 dentry 指向同一个 inode 时,通过 identry 将这些 dentry 连
                  接起来
        i_ino:inode 的编号
        i_count: 当前 inode 的引用计数器
        i_blksize 和 i_blocks: 表明文件系统块的大小以及当前的文件占用多少个块
        i_op: 指向 inode 的操作
        i_fop: inode 所代表的文件的操作函数
        i_sb: 指向当前的超级块
        i_flock: 对当前文件所加的文件锁
        i_state: 当前 inode 的状态,当 i_state 为 I_DIRTY 时,表示 inode 已"脏",也就是数据已
                  经被修改过,那么该 inode 需要写回至磁盘中更新
        ⋮
    }
```

索引节点相关的操作函数详见 struct inode_operations 结构,定义在/include/linux/fs.h 文件中,请读者自行查看资料学习。

3) 目录项对象

目录项对象由 dentry 结构描述，定义在文件/include/linux/dcache.h 中：

```
struct dentry
    {    d_count:当前 dentry 的引用数
         d_flags: dentry 的标志，用来标识出 dentry 的状态
         d_inode: 与此 dentry 相对应的 inode，可以为空
         d_hash: 作为接口链入 dentry 的哈希表
         d_parent: 父目录的 dentry 结构。但对于根节点，该指针指回自己
         d_name: 包含了该 dentry 的名称以及 hash 值
         d_lru: 作为接口为引用数为零的 dentry 结构构成一个双向链表
         d_child: 该双向链表包含所有该 dentry 的 d_parent 的儿子，也就是该 dentry 的所有兄弟
         d_subdirs: 该双向链表包含所有该 dentry 的儿子
         d_alias: 在文件系统中可以通过硬连接使几个不同的文件名指向同一个文件，这就使多个
                  dentry 指向同一个 inode
         d_time: 为 d_revalidate 使用，作时间记录
         d_op: 一组 dentry 的操作函数
         d_sb: 指向该 dentry 所在的超级块
         d_mounted: 当前的目录项被 mount 的次数，由于内核允许一个目录被 mount 多次，因此需
                    要记录当前目录被 mount 的情况
         d_iname: 保存文件名的前 36 个字符，适合短名字的目录项

    }
```

4) 文件对象

文件对象由 file 结构描述，定义在文件/include/linux/fs.h 中：

```
struct file
    {
         fu_list:文件对象链表指针
         f_dentry: 文件相对应的 dentry 结构
         f_vfsmnt: 文件相对应的 vfsmount(Linux 文件系统中虚拟文件系统安装的结构体)结构
         f_op:文件操作函数集的指针，详见 struct file_operations(在/include/linux/fs.h 中)
         f_count: 文件打开的引用计数
         f_flags: 文件标志，如 O_RDONLY、O_NONBLOCK、 O_SYNC(以同步 IO 方式打开文件)
         f_mode: 文件的读写权限，在打开文件的时候根据这个属性来判断是否进程有读写该文件
                 的能力
         f_ops: 文件指针的位置
         f_owner: 进程 id 和发送给该进程的信号
         f_uid, f_gid: 打开文件的进程的 uid 和 gid
         private_data: 每个文件的私有数据区，为文件系统或设备驱动程序使用

    }
```

5. 进程中与文件相关的数据结构

进程描述符 task_struct 结构中与文件相关的字段有 fs_struct 和 files_struct 两项信息，其中 fs_struct 结构用来记录进程工作时的文件系统信息，files_struct 结构用来记录进程打开的文件信息。各结构主要内容描述如下：

```
struct task_struct(定义在文件/include/linux/sched.h 中)
{
    struct fs_struct   *fs;        //文件系统信息
    struct files_struct *files;    //打开文件信息
        ⋮
};
struct fs_struct                   //定义在文件/include/linux/fs_struct.h 中
{
    atomic_t count;               //用户数目
    rwlock_t lock;                //保护该结构体的锁
    int umask;                    //文件权限掩码
    int   in_exec;                //当前正在执行的文件
    struct dentry * root;         //根目录的 dentry
    struct dentry * pwd;          //当前工作目录的 dentry
    struct vfsmount *rootmnt;     //根目录 mount 的文件系统信息
    umask=0022                    //初始打开文件的权限
};
struct files_struct                //用户打开文件表，定义在文件/include/linux/file.h 中
{
    atomic_t count;               //结构的使用计数
    struct fdtable *fdt;          //文件表指针
    struct fdtable  fdtab;        //文件表
    spinlock  file_lock;          //保护 files_struct 结构的锁
    int next_fd;                  //下一个可用的文件描述符 fd
    struct embedded_fd_set  open_fds_init;  //当前已打开文件的文件描述符的位图，1024 位
    struct embedded_fd_set close_on_exec_init; //执行 exec()时需关闭的文件描述符的位图
    struct file *fd_arry[NR_OPEN_DEFAULT]; //系统打开文件表数组，默认 64 个
};
```

6. 主要数据结构之间的关系

进程和文件系统主要数据结构之间的关系如图 6-29 所示。进程通过 task_struct 中的一个域 files 获取当前所打开的文件对象，文件描述符其实是进程打开的文件对象数组的索引值。文件对象通过域 f_dentry 找到它对应的 dentry 对象，再由 dentry 对象的域 d_inode 找到它对应的索引结点，这样就建立了文件对象与实际的物理文件的关联。另外文件对象所对应的文件操作函数列表是通过索引结点的域 i_fop 得到的。

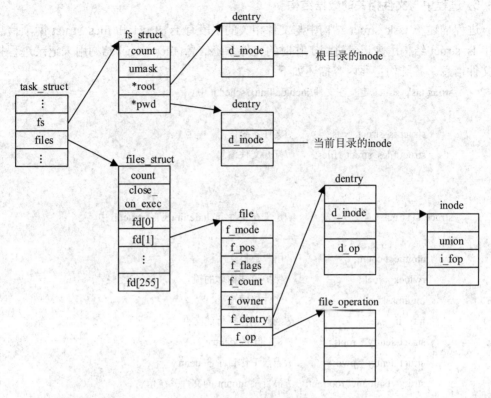

图 6-29　进程和文件主要数据结构之间的关系

6.7.3　文件系统的注册、安装和卸载

1. 注册文件系统

Linux 所支持的多种文件系统必须注册后才能被安装和使用，不再使用时应予以注销。所谓注册文件系统，实际上是为该文件系统在内存中生成一个 file_system_type 结构，该结构包含了所注册文件系统的类型名称以及读取该文件系统超级块的服务例程的指针，定义在文件/include/linux/fs.h 中，主要内容描述如下：

```
struct file_system_type{
    const char *name;                 //文件系统类型名
    int fs_flags;                     //文件系统的具体特性
    int (*get_sb) (struct file_system_type *, int,const char *, void *, struct vfsmount *);
                                      //读入相应文件系统的超级块的服务例程
    struct module *owner;             //具体可安装模块的 module 结构
    struct file_system_type  * next;  //文件系统类型链表的下一个指针
    struct list_head fs_supers;       //该类型文件系统所安装的所有超级块链表
    ⋮
}
```

向内核注册文件系统有以下两种方式：

(1) 系统引导时在 VFS 中注册，系统关闭时注销。

(2) 把文件系统作为内核可装载的模块，在实际安装时进行注册，并在模块卸载时注销。

系统把当前所有已经注册到内核的文件系统的 file_system_type 结构组织成一个链表，图 6-30 描述了当前已注册的三种文件系统形成的类型链表。

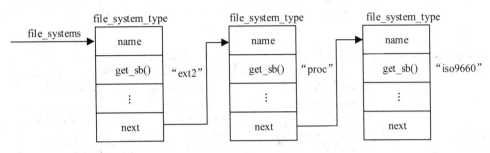

图 6-30　三种文件系统形成的类型链表

2. 安装文件系统

1) 基本原理介绍

Linux 中要使用一个文件系统，仅仅注册是不够的，还必须进行安装。安装文件系统的主要工作是为该文件系统在内存中建立一个 VFS 超级块，并生成一个 vfsmount 结构，该结构定义在文件/include/linux/mount.h 中，如下所示：

```
struct vfsmount
{
        struct list_head mnt_hash;              //哈希表的指针
        struct vfsmount *mnt_parent;            //安装点所隶属的文件系统
        struct dentry *mnt_mountpoint;          //该文件系统安装点目录的 dentry
        struct dentry *mnt_root;                //该文件系统根目录的 dentry
        struct super_block *mnt_sb;             //该文件系统的超级块对象
        struct list_head mnt_mounts;            //该安装点安装的所有文件系统链表
        struct list_head mnt_child;             //已安装文件系统链表 mnt_mounts 中的指针
        atomic_t mnt_count;                     //该 vfsmount 结构被引用的次数
        int mnt_flags;                          //安装选项
        char *mnt_devname;                      //设备文件名
        struct list_head mnt_list;              //在 vfsmount 结构链表中的位置
}
```

系统中所有已安装的文件系统的 vfsmount 结构组织成一个链表。每一种已经注册的文件系统，在内存中都有且仅有一个 file_system_type 结构，同一种文件系统类型可以被安装多个实例，这些安装实例的超级块由 super_block 结构中的 s_instances 域链接成一个链表，file_system_type 结构中的 fs_supers 域指向这个链表的头。每安装一个文件系统，就对应建立一个 vfsmount 结构和 VFS 超级块 super_block 结构，超级块通过它的一个域 s_type 指向其对应的具体文件系统类型。文件系统的 vfsmount 结构、VFS 超级块以及 file_system_type

结构之间的关系如图 6-31 所示。

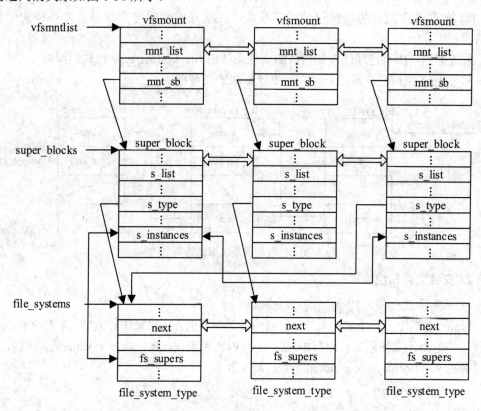

图 6-31　超级块、安装点和具体的文件系统的关系

安装一个文件系统主要完成以下几项工作：

(1) 查找 file_systems 链表，检查待安装文件系统是否已经注册，若没有注册，则进行注册；

(2) 查找安装点的 VFS i 节点，检查其是否代表一个目录以及是否已经安装过其他设备，如果安装点不是目录，则安装操作失败；

(3) 分配并填写 VFS 超级块 super_block 结构，并插入 super_blocks 所指链表中；

(4) 填写 vfsmount 结构并插入 vfsmnlist(已安装文件系统的 vfsmount 结构体组织成的链表)所指链表中。

2) 安装命令 mount

文件系统的安装由 mount 命令完成，命令格式是：

　　　mount [-t vfstype] [-o options] device dir

参数说明：

(1) -t vfstype 是指出待安装文件系统的类型，常用的有：

光盘或光盘镜像：iso9660；

FAT32 文件系统：vfat；

NTFS 文件系统：ntfs；

Windows 文件网络共享：smbfs。

(2) -o options 是安装选项，主要有：

ro：以只读方式安装文件系统；

rw：以读写方式安装文件系统；

loop：把一个文件当成硬盘分区安装到系统中。

(3) device 是待安装文件系统所在的设备。

(4) dir 是将要安装到的目录，即安装点。

例如命令：

mount -t iso9660　/dev/hdc　/mnt/cdrom

其中 iso9660 是文件系统的类型名，/dev/hdc 是包含待安装文件系统的物理设备，/mnt/cdrom 是将要安装到的目录，即安装点。从这个例子可以看出，安装一个文件系统实际上是安装一个物理设备，即将不同分区中的单独的文件系统作为可装卸模块，按一定方式形成整个树形目录结构中的一个分支。若指定的安装目录中原本就存在文件或下级子目录，则安装新的文件系统后，该目录下原有的文件和子目录将被掩盖，直到所安装的文件系统卸载后，安装目录中原来的文件会再次出现。图 6-32(a)是文件系统安装前的情况，/usr 目录下有 Abc 和 doc 两个文件；在安装 A、B 两个文件系统后，安装点/usr 目录中原有的两个文件被掩盖了，看到的实际是文件系统 B 的内容，如图 6.32(b)所示。

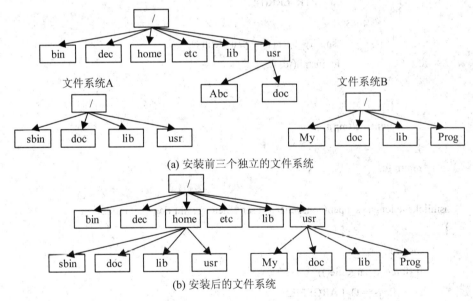

图 6-32　文件系统安装前后对比

3. 卸载文件系统

如果一个文件系统中的文件当前正在使用，则该文件系统是不能被卸载的。卸载一个文件系统主要应完成如下工作：

(1) 如果文件系统中的文件当前正在使用，则卸载失败返回；

(2) 如果该文件系统的 VFS 超级块标志为"脏"，则必须将超级块信息写回磁盘；

(3) 释放该文件系统的 VFS 超级块；

(4) 从 vfsmntlist 链表中断开 vfsmount 数据结构，并将其释放。

6.7.4 Linux 文件系统对文件的操作

1. open 操作

在 Linux 中，open 操作是由 open 系统调用完成的；而 open 系统调用的服务例程是 sys_open()(在文件/fs/open.c 中实现)。

```
long do_sys_open(int dfd, const char __user *filename, int flags, int mode)
{
        char *tmp = getname(filename);
        int fd = PTR_ERR(tmp);
        if (!IS_ERR(tmp)) {
                fd = get_unused_fd_flags(flags);
                if (fd >= 0) {
                        struct file *f = do_filp_open(dfd, tmp, flags, mode);
                        if (IS_ERR(f)) {
                                put_unused_fd(fd);
                                fd = PTR_ERR(f);
                        } else {
                                fsnotify_open(f->f_path.dentry);
                                fd_install(fd, f);
                        }
                }
                putname(tmp);
        }
        return fd;
}
asmlinkage long sys_open(const char __user *filename, int flags, int mode)
{
        long ret;
        if (force_o_largefile())
                flags |= O_LARGEFILE;
        ret = do_sys_open(AT_FDCWD, filename, flags, mode);
        prevent_tail_call(ret);
        return ret;
}
```

主要算法步骤如下：

(1) getname()函数做路径名的合法性检测。getname()在检查路径名合法性的同时要把 filename 从用户数据区拷贝到内核数据区。它会检验给出的地址是否在当前进程中的虚存段内；在内核空间中申请一页；并把 filename 字符的内容拷贝到该页中去。这样是为了使系统效率提高，减少不必要的操作。

(2) get_unused_fd flag()获取一个空的文件描述符指针。

(3) do_filp_open() 按照指定的读写方式和用户权限打开文件，并返回文件描述符指针 f。

(4) 如果所获 file 结构有错误，则释放文件描述符，设置 fd 为返回出错信息。

(5) fd_install()将打开文件的文件描述符指针 f 装入当前进程打开文件表中。

(6) 返回打开的文件描述符。

下面是 do_sys_open 流程中重要函数 do_filp_open 函数实现的分析：

```
static struct file *do_filp_open(int dfd, const char *filename, int flags,int mode)
{
        int namei_flags, error;
        struct nameidata nd;
        namei_flags = flags;
        if ((namei_flags+1) &O_ACCMODE)
            namei_flags++;
        error = open_namei(dfd, filename, namei_flags, mode, &nd);
        if (!error)
            return nameidata_to_filp(&nd, flags);
        return ERR_PTR(error);

}
```

主要算法步骤如下：

(1) 根据参数 flags 计算 namei_flags。

(2) open_namei()通过路径名获取其相应的 dentry 和 vfsmount 结构。

(3) 如果 open_namei 正常返回，则调用 nameidata_to_filp()，通过 open_namei()得到的 dentry 和 vfsmount 来得到 file 结构；否则返回错误信息。

2. close 操作

在 Linux 中，close 操作是由 close 系统调用完成的。close 系统调用的服务例程是 sys_close()(在文件/fs/open.c 中实现)。下面是对 sys_close 函数实现的分析。

```
asmlinkage long sys_close(unsigned int fd)
{
        struct file * filp;
        struct files_struct *files = current->files;
        struct fdtable *fdt;
        int retval;
        spin_lock(&files->file_lock);
        fdt = files_fdtable(files);
        if (fd>= fdt->max_fds)
            goto out_unlock;
        filp = fdt->fd[fd];
```

```
        if (!filp)
            goto out_unlock;
    rcu_assign_pointer(fdt->fd[fd], NULL);
    FD_CLR(fd, fdt->close_on_exec);
    __put_unused_fd(files, fd);
    spin_unlock(&files->file_lock);
    retval = filp_close(filp, files);
        if (unlikely(retval == -ERESTARTSYS ||
                retval == -ERESTARTNOINTR ||
                retval == -ERESTARTNOHAND ||
                retval == -ERESTART_RESTARTBLOCK))
        retval = -EINTR;
    return retval;
    out_unlock:
    spin_unlock(&files->file_lock);
    return -EBADF;

}
```

主要算法步骤如下：

(1) 检查所要关闭的 fd 的合法性，是否小于进程可使用最大文件 max_fds。如果不合法，则跳转到 out_unlock 段释放 file_lock 并返回。

(2) 根据 fd 获得文件描述符 filp 指针并对 filp 的合法性进行检查。如果不合法，则同样跳转到 out_unlock 段释放 file_lock 并返回。

(3) 将当前进程所用文件结构 files 中文件描述符指针数组 fd 的对应指针置为空，清除对应文件描述符的索引位。

(4) put_unused_fd 将对应的文件描述符的索引位重新置为可用。

(5) filp_close 释放文件描述符，关闭文件。

sys_close()流程中的重要函数 filp_close()函数请读者自行分析(在文件/fs/open.c 中实现)。

3. read 操作

在 Linux 中，read 操作是通过 sys_read 系统调用实现的(在文件/fs/read_write.c 中实现)。下面是 sys_read 函数：

```
asmlinkage ssize_t sys_read(unsigned int fd, char __user * buf, size_t count)
{
    struct file *file;
    ssize_t ret = -EBADF;
    int fput_needed;
    file = fget_light(fd, &fput_needed);
    if (file) {
        loff_t pos = file_pos_read(file);
```

```
            ret = vfs_read(file, buf, count, &pos);
            file_pos_write(file, pos);
            fput_light(file, fput_needed);
        }
        return ret;
    }
    ssize_t vfs_read(struct file *file, char __user *buf, size_t count, loff_t *pos)
    {
        ssize_t ret;

        if (!(file->f_mode &FMODE_READ))
            return -EBADF;
        if (!file->f_op || (!file->f_op->read&& !file->f_op->aio_read))
            return -EINVAL;
        if (unlikely(!access_ok(VERIFY_WRITE, buf, count)))
            return -EFAULT;
        ret = rw_verify_area(READ, file, pos, count);
        if (ret >= 0) {
            count = ret;
            ret = security_file_permission (file, MAY_READ);
            if (!ret) {
                if (file->f_op->read)
                    ret = file->f_op->read(file, buf, count, pos);
                else
                    ret = do_sync_read(file, buf, count, pos);
                if (ret > 0) {
                    fsnotify_access(file->f_path.dentry);
                    add_rchar(current, ret);
                }
                inc_syscr(current);
            }
        }
        return ret;
    }
```

主要算法步骤如下：

(1) 根据文件描述符 fd 调用 fget_light() 函数获得要读取文件的 file 结构变量指针。fget_light()会判断打开文件表是否为多个进程共享，如果不是，就没有必要增加对应 file 结构的引用计数。

(2) 得到读文件开始时候的文件偏移量。

(3) 调用 vfs_read()函数。

① 判断访问模式是否为读模式。

② 在 vfs_read()函数中，rw_verify_area() 以读模式 READ 访问区域，返回负数表示不能访问。

③ 如果 file->f_op->read 函数不为空，则调用 read，从文件位置指针 pos 开始读取 count 个字节的内容到用户缓冲区 buf。file->f_op->read 就是具体文件系统的 read 函数的实现。

④ 调用 fsnotify_access()通知感兴趣的进程，该文件已经被访问过。vfs_read()函数结束返回。

(4) 重新写文件偏移量。

(5) 执行 fput_light()，如果需要，就会释放 file 结构的引用计数。

4. write 操作

在 Linux 中，write 操作通过 sys_write 系统调用实现(在文件/fs/read_write.c 中实现)。下面是对 sys_write 函数实现的分析。

```
asmlinkage ssize_t sys_write(unsigned int fd, const char __user * buf, size_t count)
{
    struct file *file;
    ssize_t ret = -EBADF;
    int fput_needed;
    file = fget_light(fd, &fput_needed);
    if (file) {
        loff_t pos = file_pos_read(file);
        ret = vfs_write(file, buf, count, &pos);
        file_pos_write(file, pos);
        fput_light(file, fput_needed);
    }
    return ret;
}
ssize_t vfs_write(struct file *file, const char __user *buf, size_t count, loff_t *pos)
{   ssize_t ret;
    if (!(file->f_mode &FMODE_WRITE))
        return -EBADF;
    if (!file->f_op || (!file->f_op->write&& !file->f_op->aio_write))
        return -EINVAL;
    if (unlikely(!access_ok(VERIFY_READ, buf, count)))
        return -EFAULT;
    ret = rw_verify_area(WRITE, file, pos, count);
    if (ret >= 0) {
```

```
                count = ret;
                ret = security_file_permission (file, MAY_WRITE);
                if (!ret) {
                        if (file->f_op->write)
                                ret = file->f_op->write(file, buf, count, pos);
                        else
                                ret = do_sync_write(file, buf, count, pos);
                        if (ret > 0) {
                                fsnotify_modify(file->f_path.dentry);
                                add_wchar(current, ret);
                        }
                        inc_syscw(current);
                }
        }
        return ret;
    }
```

文件 write 操作和 read 操作非常类似，主要算法步骤如下：

(1) 根据 fd 调用 fget_light()函数得到要写文件的 file 结构变量指针。fget_light()会判断打开文件表是否多个进程共享，如果不是，就没有必要增加对应 file 结构的引用计数。

(2) 得到写文件开始时的文件偏移量。

(3) 调用 vfs_write()函数。

① 判断访问模式是否为写模式。

② 在 vfs_write()函数中，rw_verify_area() 以写模式 WRITE 访问区域，返回负数表示不能访问。

③ 如果 file->f_op->write 函数不为空，则调用 write，把用户缓冲区 buf 中的 count 个字节的内容写入文件偏移量位置。

④ 调用 fsnotify_modify() 通知感兴趣的进程，该文件已经被修改过。vfs_write()函数结束返回。file->f_op->write 就是具体文件系统 write 函数的实现。

(4) 写回文件偏移量。

(5) 执行 fput_light()，如果需要，就会释放 file 结构的引用次数。

6.7.5 Ext 文件系统

Ext 实际是一个文件系统家族，到目前为止，总共有 Ext、Ext2、Ext3、Ext4 四种，Ext2解决了 Ext 的诸多缺陷，Ext3 是有日志的 Ext2 的改进版，Ext4 对比 Ext3 做了非常多的改进，比如能支持更大的文件和磁盘容量，允许更多的子目录数量、更快的地址映射方式等，是目前 Linux 内核的默认文件系统。Linux 内核自 2.6.28 开始正式支持新的文件系统 Ext4。华为 openEuler 操作系统默认使用 Ext4 文件系统。下面本书将依次介绍 Ext2、Ext3 和 Ext4文件系统。

1. Ext2 文件系统

Linux 系统支持许多不同的文件系统，其中 Ext 系列文件系统是 Linux 内核所使用的文件系统，它们运行稳定而且高效。Ext2 的经典表现是 Linux 内核的 ext2fs 文件驱动，最大可支持 2 TB 文件系统，到了 Linux 核心 2.6 版本，扩展可支持 32 TB。Ext2 具有以下一些特点：

(1) 当创建 Ext2 文件系统时，系统管理员可以根据预期的文件平均长度来选择最佳块的大小(1024～4096 B)。当文件平均长度小于几千字节时，为减少磁盘块内部碎片，块的选择为 1024 B 最佳；当文件长度大于几千字节时，块的大小为 4096 B 比较合适，这样可使文件的磁盘块数量减少，提高文件存储的集中性，存取文件时可减少磁盘 I/O 启动次数，从而加快文件访问速度。

(2) 当创建 Ext2 文件系统时，系统管理员可以根据预期要存放的文件数来确定应该给该分区分配多少个索引节点，以有效地利用磁盘空间。

(3) Ext2 文件系统把一个磁盘分区中所有磁盘块分为若干个组，每组中包含固定数量的连续磁盘块，称为块组。每个块组中都会设置本块组的索引节点及数据块，尽量让一个文件的索引节点及磁盘块位于一个块组中，从而减少访问一个文件的平均寻道时间。

(4) 在磁盘块被实际使用之前，文件系统就把这些块预分配给普通文件。当文件的大小增加时，由于物理上相邻的几个块已经预分配给它，因而不需要从其他位置获得磁盘块，从而增加了文件存储的连续性，自然也提高了文件访问效率。

(5) 支持快速符号链接。如果符号链接表示一个短路径名(不超出 60 B)，就把它存放在索引节点中而不用通过一个数据块进行转换。

1) Ext2 文件系统的磁盘布局格式

Ext2 文件系统的磁盘布局格式如图 6-33 所示。整个磁盘分区的第一块为分区引导块，其中包含一个分区表和初始引导程序，用来引导操作系统；剩余部分平均分成若干个块组(Block Group)，每个块组中的结构都是类似的，包括文件系统超级块的拷贝、块组描述符表的拷贝、本块组的数据块位图、索引节点位图、索引节点表和数据块。内核尽可能在同一个块组中为一个文件分配数据块，以降低文件的碎片化存储。下面对块组中的各项信息进行简单的说明。

图 6-33　Ext2 磁盘布局格式

(1) 超级块 super_block。

超级块中存放了整个文件系统的描述信息，如块大小、块总数、空闲块数量、空闲 inode 数量、第一个数据块位置、每个块组中的块数等，在每个块组的开始都有一份拷贝。Ext2 的超级块使用 ext2_super_block 结构描述，定义在文件/include/linux/ext2_fs.h 中，部分内容如下所示：

```
struct    ext2_super_block {
        s_inodes_count: 文件系统中 i 节点总数
        s_blocks_count:   磁盘块总块数
        s_r_blocks_count: 保留未用的磁盘块块数
        s_free_block_count: 可用的磁盘块块数
        s_free_inodes_count: 可用的 inode 数量
        s_first_data_block: 第一个数据块的位置
        s_log_block_size: 数据块的大小
        s_log_frag_size: 用来计算 Ext2 文件系统文件碎片大小
        s_blocks_per_group: 每块组的块的数目
        s_frags_per_group: 每块组的碎片数目
        s_inodes_per_group: 每块组的 inode 总数
        s_mtime: 最近被装载的时间
        s_wtime: 最近被修改的时间
        s_mnt_count: 最后一次文件系统检查后被装载的次数
        s_max_mnt_count: 最大可被安装的次数
        s_magic: 文件系统的标识
        s_state:  文件系统的状态
        ⋮
}
```

(2) 块组描述符表。

每个块组有一个块组描述符，用来记录本块组的描述信息，如 i 节点表的位置、数据块的开始位置、空闲的 i 节点数量、数据块数量等。所有块组的块组描述符组织在一起构成块组描述符表，重复保存在每个块组中。块组描述符使用 ext2_group_desc 结构描述，定义在/include/linux/ext2_fs.h 文件中，主要内容如下所示：

```
struct ext2_group_desc{
        bg_block_bitmap: 指向该块组的块位图的指针
        bg_inode_bitmap: 指向该块组的 i 节点位图的指针
        bg_inode_table: i 节点表的第一个块的索引
        bg_free_blocks_count: 空闲块块数
        bg_free_inodes_count: 空闲 i 节点个数
        bg_used_dirs_count: 使用中的目录数
        bg_pad: 32 位地址对齐
        bg_reserved[3];
}
```

(3) 块位图。

每个块组有一个块位图，用来描述本块组中数据块的使用情况，它本身占一个块，其中的每个 bit 代表一个块，值为 1 表示该块已分配，值为 0 表示块空闲。

(4) i 节点位图。

每个块组有一个 i 节点位图，用来描述本块组中 i 节点的使用情况，本身占一个块，其中每个 bit 表示一个 inode 是否空闲可用。

(5) i 节点表。

本块组中所有 i 节点组成的集合，可能占多个块。每个 i 节点 128 B，使用 ext2_inode 结构来描述，定义在文件/include/linux/ext2_fs.h 中，部分内容如下所示：

```
struct ext2_inode
{
    i_mode: 文件模式，表示文件类型以及存取权限
    i_block[]: 文件物理地址数组，前 12 个是直接地址，后 3 个分别是一级、二级、三级间接指针
    i_uid: 文件主 ID
    i_size: 文件长度(字节数)
    i_atime: 最近访问时间
    i_ctime: 文件创建时间
    i_mtime: 最近修改时间
    i_dtime; 删除时间
    i_gid: 文件的用户组的 ID
    i_links_count: 文件的硬链接计数
    i_blocks: 文件所占的数据块数量
    i_file_acl: 文件的访问权限
    ⋮
}
```

(6) 数据块。

根据不同的文件类型有以下几种情况：

① 普通文件：文件的数据存储在数据块中。

② 目录文件：该目录下的所有文件的目录项存储在数据块中。

③ 符号链接文件：如果共享文件路径名较短(≤60 B)，则直接保存在 inode 中以便更快地查找，否则单独分配一个数据块来保存。

④ 设备文件、FIFO 等特殊文件没有数据块，设备文件的主设备号和次设备号保存在 inode 中。

从前面的介绍可以知道，超级块与块组描述符表是在每个块组中重复存放的，以提高文件系统的可靠性。正常情况下只有块组 0 中所包含的超级块和块组描述符表才由内核使用，其余块组中的拷贝仅作为备份。系统管理员可以通过 e2fsck 命令对文件系统的状态执行一致性检查。块组的个数主要取决于分区的大小和块的大小，由于块位图只占一个块，假设一个块的大小是 b 字节，则一个块位图最多只能表示 $8 \times b$ 个块的使用情况，即每个块组最多只能有 $8 \times b$ 个块，如果一个分区总共有 s 块，则块组的总数约是 $s/(8 \times b)$。例如 32 GB 的 Ext2 分区，块的大小为 4 KB，每个 4 KB 的块位图描述 32 K 个数据块，也就是 128 MB，因此最多需要 32 GB /128 MB =256 个块组。显然块的大小越小，块组数越多。

2) Ext2 数据块分配策略

文件空间的碎片化是每个文件系统都要解决的问题，它是指文件经过一段时间的读写操作后，文件的数据块很可能散布在磁盘空间的各处，导致访问文件时磁头寻道距离增大而大幅降低文件读写速度。为降低文件的碎片化，Ext2 文件系统总是试图分配一个与当前文件数据块在物理位置上邻接或者位于同一个块组的新块，具体通过两种策略来实现：

(1) 原地查找策略：为文件新数据分配数据块时，尽量在文件原有数据块附近查找。首先查看紧跟文件末尾的那个数据块，再查看位于同一个块组的相邻的 64 个数据块，最后在同一块组中寻找其他空闲块。如果还是没有找到空闲块，则查找其他块组，且首选 8 个一簇的连续空闲块。

(2) 预分配策略：在为一个文件分配数据块时，将与目标分配块邻接的一组盘块(通常是 8 个块)预留给文件供以后分配，相关预分配信息记录在 ext2_inode_info 结构的 i_prealloc_count 字段和 i_prealloc_block 字段中。如果 Ext2 设置了预分配机制，则从预分配的数据块中为文件新数据分配一个数据块，且如果紧跟该块后的若干数据块空闲，那么它们也被保留给该文件，当文件关闭时会释放这些保留的数据块，以尽量使文件的数据块集中在一起。

2. Ext3 文件系统

Ext2 文件系统与当时大多数文件系统一样，在计算机运行过程中，像断电故障或者系统崩溃这样不可预测的事件可能导致文件系统出现数据不一致性的问题。因此，每个传统 UNIX 文件系统在安装之前都要进行检查，如果它没有被正常卸载，那么就需要一个特定的程序执行彻底、耗时的检查来修正磁盘上文件系统的所有数据结构。检查文件系统一致性所花费时间的长短主要取决于要检查的文件数和目录数。随着文件系统不断变得庞大，一致性检查的耗时也不断增加。

Ext3 是从 Ext2 发展而来的增强型文件系统，在设计上秉承与 Ext2 文件系统兼容的日志文件系统。日志文件系统的目标就是避免对整个文件系统进行耗时的一致性检查，这是通过查看一个特殊的磁盘区实现的，该特殊磁盘区记录了最近的磁盘写操作，如果系统出现故障，则安装日志文件系统只需要几秒的时间。

Ext3 日志所隐含的思想就是对文件系统进行的任何更新操作都分成两步来进行。首先，把待写块的一个副本放在日志中；其次，当发往日志的待写块副本传送完成时，待写块随即被写入磁盘中；最后，当待写块成功写入磁盘后，丢弃日志中的块副本。当从系统故障中恢复时，e2fsck 程序区分两种情况：提交到日志之前发生，或者提交到日志之后发生。对第一种情况，虽然对文件系统的更新丢失，但文件系统的状态还是一致的，所以不进行任何更新。对第二种情况，文件系统根据日志中的记录，重新执行更新操作，确保数据的一致性。

Ext3 日志文件系统直接从 Ext2 文件系统发展而来，因此它是目前 Linux 系统由 Ext2 文件系统过渡到日志文件系统最简单的一种选择，可以最大限度地保证系统数据的安全性。

3. Ext4 文件系统

Ext4 相对于 Ext3，优化了系统性能和可靠性，提供了更丰富的功能，具体如下：

(1) 与 Ext3 兼容。执行若干条命令，就能从 Ext3 在线迁移到 Ext4，而无须重新格式化磁盘或重新安装系统。原有 Ext3 数据结构照样保留，Ext4 作用于新数据，当然，整个文件系统也因此获得了 Ext4 所支持的更大容量。

(2) 更大的文件系统和更大的文件。较之 Ext3 目前所支持的最大 16 TB 文件系统和最大 2 TB 文件，Ext4 能支持 1 EB 文件系统和 16 TB 文件。

(3) 无限数量的子目录。Ext3 目前只支持 32 000 个子目录，而 Ext4 支持无限数量的子目录。

(4) Extent 物理结构。Ext3 采用间接块映射，当操作大文件时，效率相对低下。Ext4 引入 Extent 方式组织文件，其 inode 的 i_block 成员中保存的不再是直接块和间接块地址，而是一个描述 B+树的数据结构——Extent 树。

(5) 多块分配。Ext3 每次只能为文件分配一个 4 KB 的块，而 Ext4 的多块分配器支持一次调用分配多个磁盘块。

(6) 延迟分配。Ext3 的磁盘块分配策略是尽快分配，而 Ext4 的策略是尽可能延迟分配，直到要真正把 Cache 中的内容写入磁盘时才分配磁盘块，这样优化能显著降低文件系统的碎片化。

(7) 日志校验。Ext4 的日志校验功能可以很方便地判断日志数据是否损坏，而且它将 Ext3 的两阶段日志机制合并成一个阶段，在增加安全性的同时提高了性能。

(8) "无日志"(no journaling)模式。日志总是会增加系统开销，Ext4 允许关闭日志，以便某些有特殊需求的用户可以借此提升性能。

(9) 在线碎片整理。尽管延迟分配、多块分配和 Extent 等机制能有效减少文件碎片，但碎片仍然会产生。Ext4 支持在线碎片整理，并提供工具对个别文件或整个文件系统进行碎片整理。

1) Ext4 文件系统磁盘布局格式

Ext4 文件系统的磁盘布局格式如图 6-34 所示，一个磁盘被划分为多个分区，不同的分区可以安装不同的文件系统。一个格式化成 Ext4 文件系统的磁盘分区被分成若干个块组，每个块组中包括超级块、块组描述符表、预留 GDT 块、数据块位图、索引节点(inode)位图、索引节点表以及数据块，块组 0 中还有一个引导块。

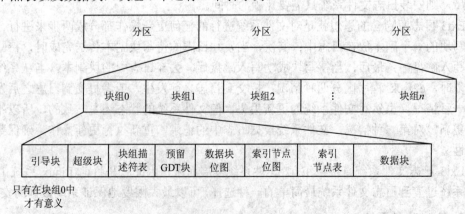

图 6-34　Ext4 文件系统的磁盘布局格式

通常以磁盘分区的第一块作为引导块，引导块中的信息不能被文件系统修改。如果在磁盘分区中安装了操作系统,则引导块的信息用来引导该操作系统。块组 0 中的超级块被称为主超级块,为保证系统的可靠性,部分块组保存着主超级块的副本。每个块组有一个块组描述符,所有的块组描述符构成块组描述符表。与 Ext2 不同的是,Ext4 还预留了一些磁盘块用于保存将来扩展出来的块组描述符,称为预留块组描述符表(Group Descriptor Table,GDT)。在每个块组中,数据块位图和索引节点位图用于管理该块组的数据块和索引节点,一个块组的全部索引节点组织成索引节点表。相关数据结构的详细设计可参考 openEuler 社区代码仓库(https://openeuler.org/)。

2) Ext4 的 Extent

Ext2 和 Ext3 文件系统都采用最多三级的混合索引,最大可支持 2 TB 大小的文件,数据块组织方式请参考前面 "6.2.2 文件的物理结构" 相关内容。多级索引有效地扩展了文件系统所能支持的文件大小,但是该方案对稀疏文件或小型文件性能较好,对于大型文件,由于需要大量存储索引映射关系的间接块,因此导致存储开销加大,且在进行删除和截断操作时,需要修改相关索引映射,导致效率较差。为此,Ext4 文件系统引入 Extent 方式组织文件。所谓 Extent 指的是一段连续的物理磁盘块,一个 Extent 数据结构能够描述一段很长的物理磁盘空间。此时 inode 的 i_block 成员中保存的不再是直接或者间接地址指针,而是用来描述 B+树的数据结构 Extent 树,一组数据块的磁盘位置使用一个指针加上一个以块为单位的长度来指定。

Extent 树有三个重要的数据结构,即 Extent 头、Extent 索引和 Extent 项,统称为 Extent 节点。Extent 头位于 Extent 树中每个 Extent 节点的起始位置,描述该连续物理磁盘块 B+树的属性,如本区域所支持的最大项容量、当前树的深度等。当树的深度为 0 时,该节点中的数据项为 B+树的叶子节点,Extent 数据项存储的是 Extent 项。当树的深度大于 0 时,该节点中的数据项为 B+树的非叶子节点,Extent 数据项存储的是 Extent 索引,指向树的下一级结构。Extent 索引是 B+树中的索引节点,用于指向下一级逻辑块,可以是保存 Extent 索引的索引节点,也可以是保存 Extent 项的叶子节点。Extent 项是 Extent 树中最基本的单元,描述了逻辑块号与物理块号之间的映射关系,具体方法在后面举例中进行介绍。

Extent 的 B+树的结构如图 6-35 所示。Extent 树的根节点保存在 inode 的 i_block 结构中,存储着一个 Extent 头和指向 Extent 索引节点的指针;Extent 索引节点中存储着一个 Extent 头和许多指向叶子节点的指针;叶子节点中则包含一个 Extent 头和许多 Extent 项,每一个 Extent 项指向一组连续磁盘块。

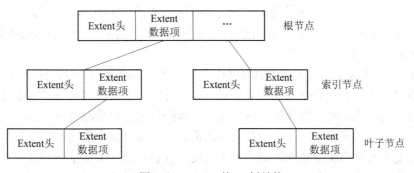

图 6-35　Extent 的 B+树结构

Ext4 的 inode 的 i_block 结构中可直接存储四个 Extent 项,当然这只能适用于中小型文件或者在物理上连续存储的大文件。对于非常大、高度碎片化的文件，则需要更多的 Extent 项存储，为提高性能，此种情况采用树结构。例如，图 6-36 给出了存储大文件的磁盘块布局。该文件采用起始逻辑块号为 0、深度为 3 的 Extent 树。此时，索引节点和叶子节点都以 Extent 项存储在连续物理块中。在该 Extent 树结构中，逻辑块 0 所对应物理块的起始块号为 1000，长度为 200 个块，其他类似。如果磁盘上有足够的连续块保存文件，那么 Extent 项就能够有效地节省保存索引文件所带来的空间和性能上的开销。

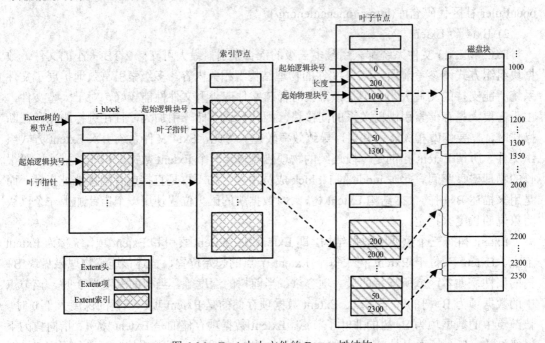

图 6-36　Ext4 中大文件的 Extent 树结构

　　鉴于 Ext4 的文件物理结构的改进，与 Ext3 相比，Ext4 大幅度提高了系统吞吐量并降低了 CPU 的处理时间。

　　3) Ext4 的磁盘块延迟分配策略

　　在文件系统中，由于读写文件会导致大量的 I/O 操作，为了降低性能开销，Ext4 文件系统引入了缓存机制，也就是把常用的块缓存在内存中，以减少磁盘读写次数。为进一步减少磁盘 I/O 次数，文件系统还采用写缓冲技术，即文件的写操作并不立即写入磁盘，而是先保存在缓冲区中。大部分现代文件系统的写操作延迟为 5~30 s，这个过程中不但可以将分散的写操作在缓冲区中合并后批量写入，而且如果有连续对同一文件控制块的写入操作，那么延迟写入最后一次即可。

　　在 Ext3 文件系统中，当进程发起写操作之后，文件系统会立即为文件分配磁盘块，即使是一些临时文件，也会立即分配磁盘块且一次只分配一个块。这种方式在磁盘 I/O 吞吐量大时效率不高，也增加了文件碎片的可能性。为改进磁盘块分配效率，Ext4 文件系统采用磁盘块延迟分配机制，它将磁盘块的分配时间推迟到页面刷新时进行，这样能够将多个磁盘块分配请求合并为单个请求，同时避免为临时文件分配不必要的磁盘块和进行不必要的写磁盘操作。此外，这种分配方式还可以将同一个文件的多个数据块尽量存储在连续的磁盘空间中，从而达到减少磁盘 I/O 次数、减少文件碎片的目的。

6.8 本章小结

1. 本章知识点思维导图

本章知识点思维导图如图 6-37 所示,其中灰色背景内容为重难点知识点。

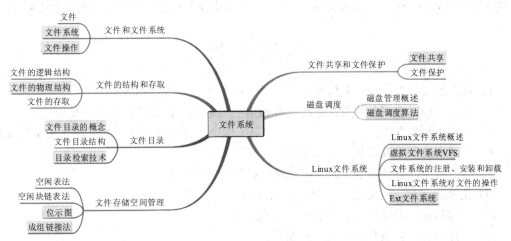

图 6-37 第 6 章知识点思维导图

2. 本章主要学习内容

(1) 文件和文件系统:文件是具有符号名的、在逻辑上有完整意义的一组相关信息项的有序集合。按照不同的分类方法,文件可以有不同的类型。文件系统是指被管理的文件、对文件进行管理的一组软件集合以及实现管理功能所需要的数据结构的总体,它具有存储空间管理、目录管理、逻辑地址到物理地址映射、文件读写、文件共享和保护等功能。文件系统为用户提供命令、程序和图形三种使用接口。

(2) 文件结构及存取方法:文件包含逻辑和物理两种不同的组织结构。文件的逻辑结构可以分为有结构文件和无结构文件。文件的物理结构包含连续文件、链接文件和索引文件。根据对文件记录的存取顺序,存取方法可分为顺序存取和随机存取。

(3) 文件目录管理:文件目录是一组文件控制块的有序集合,文件控制块是用于描述和控制文件的数据结构,保存系统管理文件所需要的全部属性信息。为了提高目录检索效率,引入索引节点。它是文件控制块中除文件名以外的文件描述信息单独形成的数据结构。目录组织有单级、两级和多级结构。主要的目录查询技术有线性检索法和 Hash 方法。

(4) 文件存储空间管理:文件的空闲空间管理主要有空闲表法、空闲块链表法、位示图和成组链接法。

(5) 文件共享和文件保护:文件共享的实质就是可以使用不同的路径、不同的文件名打开同一个文件。基于树形目录结构,文件共享可以通过共享索引节点或者利用符号链实现。文件备份和文件访问控制能够防止文件被破坏。

(6) 磁盘调度:磁盘调度算法可以提高文件操作的效率。由于磁盘访问时间包括寻道时间、旋转延迟时间和传输时间,因此磁盘调度算法可以分为移臂调度和旋转调度。其中移臂调度确定磁道访问顺序以获得较短的平均寻道时间,包括 FCFS、SSTF、SCAN、

CSCAN、N-Step-SCAN 和 FSCAN 算法。寻道时间占磁盘访问时间的大部分，所以减少平均寻道时间可以显著地改善磁盘系统的性能。

(7) Linux 文件系统：由于 Linux 文件系统具有 VFS 的概念，因此它能够与其他文件系统和谐共处。VFS 包含应用层、虚拟层和实现层，主要有超级块、索引节点、目录项和文件四个对象。对照 Linux 源代码，对 Linux 文件系统中文件的 open、close、read 和 write 操作的内核函数进行分析。详细介绍 Ext2、Ext3 和 Ext4 文件系统的框架及相关重要数据结构。

本 章 习 题

1．什么是文件？什么是文件系统？文件系统的主要功能是什么？

2．列举五种以上流行的文件系统，并指出它们分别在什么操作系统中使用。

3．为什么大多数操作系统都引入了"打开"这个文件系统调用？打开的含义是什么？

4．有结构文件可以有几种组织形式？

5．当数据为以下使用要求时，应选择何种物理文件组织方式：

(1) 快速访问，不经常更新，经常随机访问；

(2) 快速访问，经常更新，经常按一定顺序访问；

(3) 快速访问，经常更新，经常随机访问。

6．文件的存取有哪两种方式？各有什么特点？

7．对目录管理的主要要求是什么？

8．在某个文件系统中，每个盘块为 512 个字节，文件控制块占 64 个字节，其中文件名占 8 个字节。如果索引节点编号占 2 个字节，对一个存放在磁盘上 256 个目录项的目录，试着比较引入索引节点前后，为找到其中一个文件的 FCB，平均启动磁盘的次数。

9．解释 i 节点在文件系统中的作用。在 Linux 中，i 节点的物理地址字段中有多少个地址项？每个地址项代表什么意思？若盘块大小为 4 KB，每个盘块号 4 B，一个 1100 个数据块的文件如何通过 i 节点索引这些数据块？请使用图作答。

10．什么是"重名"问题？树形目录结构如何解决该问题？

11．设计文件系统时，子目录可以当作特殊的文件，也可以当作一般数据文件看待，请分析其优缺点。

12．删除文件时，存放文件的盘块常常返回到空闲盘块链中，有些系统同时清除盘块中的内容，而另一些系统则不清除，请对这两种方式加以比较。

13．某文件系统采用单级索引文件结构，假定文件索引表的每个表项占 3 个字节存放一个磁盘块的块号，磁盘块的大小为 1 KB。试问：

(1) 该文件系统能支持的最大文件大小是多少字节？能管理的最大磁盘空间是多大？

(2) 若采用三级索引，则该文件系统能支持的最大文件大小是多少字节？能管理的最大磁盘空间是多大？

(3) 一个文件系统，它能支持的文件大小与哪些因素有关？能管理的最大磁盘空间大小又与哪些因素有关？

14．在某个采用混合索引分配的文件系统中，FCB 中有 i_addr[0]～i_addr[8] 共 9 个物理地址项，其中 i_addr[0]～i_addr[6] 是 7 个直接地址项，i_addr[7] 是 1 个一次间址项，i_addr[8]

是 1 个二次间址项。如果一个盘块的大小是 4 KB，每个盘块号占 4 个字节，那么请写出将下列文件的字节偏移量转换成物理地址的过程：

(1) 10000；

(2) 500000；

(3) 请分析两种物理文件的性能：FAT 文件系统和混合索引文件结构。

15．在 UNIX 中，每个 i 节点中有 10 个直接地址和一、二、三级间接索引。若每个盘块 512 B，每个盘块地址 4 B，则一个 1 MB 的文件分别占用多少间接盘块？20 MB 的文件呢？

16．在 UNIX 系统中有空闲盘块栈如图 6-38 所示。

(1) 现有一个进程要释放 3 个物理块，其块号为 156#、160# 及 220#，画出空闲盘块栈的变化。

(2) 在(1)的基础上假定一个进程要求分配 5 个空闲块，请说明进程所分配到的盘块的盘块号，并画出分配后的空闲盘块栈。

17．有一个文件系统，盘块大小为 1 KB，盘块号 4 B，根目录常驻内存如图 6-39 所示，文件目录采用链接结构，每个目录下最多存放 40 个文件或目录(称下级文件)。每个磁盘块最多可存放 10 个文件目录项(目录项中存放了文件的文件名、物理地址等信息)：若下级文件是目录文件，则上级目录项指向该目录文件的第一块地址。假设目录结构中文件或子目录文件按自左向右的次序排列，"…"表示尚有其他的文件或子目录。

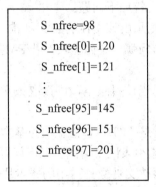

图 6-38　空闲盘块栈

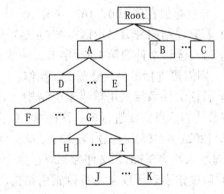

图 6-39　文件目录结构

(1) 普通文件采用 UNIX 混合索引结构，若要读入/A/D/G/I/K 的第 7458 块，那么至少启动磁盘多少次，最多启动磁盘多少次？

(2) 若普通文件采用隐式链接结构，要读入/A/D/G/I/K 的第 175 块，那么至少启动磁盘多少次，最多启动磁盘多少次？

(3) 若将 I 设置为当前目录，则可以减少几次启动磁盘的次数？

18．Linux 系统有几种文件类型？它们分别是什么？有哪些相同点和不同点？如果文件的类型和权限用"drwxrw-r--"表示，那么这个文件属于什么类型的文件，各类用户对这个文件拥有什么权限？

19．什么是软链接？什么是硬链接？

20．假定两个用户共享一个文件系统，用户甲要用到文件 a、b、c 和 e，用户乙想要用到文件 a、d、e 和 f。已知：用户甲的文件 a 与用户乙的文件 a 实际上不是同一个文件，用户甲的文件 c 与用户乙的文件 f 实际上是同一个文件，甲、乙两用户的文件 e 是同一文件。试拟定一个文件组织方案，使得甲、乙两用户能共享文件系统而不致造成混乱。

21．操作系统通常会提供多种文件保护机制，包括用户权限、存取控制表、文件的 RWX 位。请针对下面三种文件使用要求，分别为它们选择合适的文件保护机制：

(1) 甲用户希望除他的同事以外，任何人不能访问他的文件；

(2) 乙用户和丙用户希望共享某些秘密文件；

(3) 丁用户希望公开他的一些文件。

22．在一个系统中，某时刻有如下柱面请求序列：15, 20, 9, 16, 24, 13, 29。此时磁头位于 15 柱面，移臂方向从小到大，请给出最短寻道时间优先算法和 SCAN 算法的柱面移动数，并分析操作系统为什么通常并不采用最短寻道时间优先算法。(给出计算过程)

23．有六个记录 R1～R6 存放在磁盘的某个磁道上，且每个磁道刚好可以存放六个记录。设磁盘旋转速度为 30 ms/r，处理程序每读出一个记录后用 5 ms 的时间进行处理，处理完成后再读取下一条记录。请问：

(1) 当记录 R1～R6 按顺序依次存放在磁道上时，顺序处理这六个记录花费的总时间是多少？

(2) 为了使系统处理这六条记录的时间最短，应如何进行优化？求出该最短时间。

24．有一个文件包含四个逻辑记录(每个逻辑记录的大小与磁盘块大小相等，均为 512 B)，分别存放在第 100，160，60，55 号磁盘块上，回答如下问题：

(1) 若物理结构采用显示链接结构(FAT 文件系统)，则画出该文件的 FAT 结构。

(2) 若要读该文件的第 1560 字节处的信息，则应该访问哪一个磁盘块？若 FAT 已经在内存中，则需要进行多少次磁盘 I/O 操作？

(3) 若该文件系统采用单级索引结构，且该文件位于当前目录下，则读取该文件的第 1560 字节处的信息需要进行多少次磁盘 I/O 操作？

25．[2021 年 408 统考题]某文件系统空间的最大容量是 4 TB，以磁盘块为基本分配单位，磁盘块大小为 1 KB。文件控制块包含一个 512 B 的索引表区，请回答以下问题：

(1) 假设索引表区仅采用直接索引结构，索引表区存放文件数据占用的磁盘块号。索引表项中块号最少占多少字节？可支持的单个文件最大长度是多少字节？

(2) 假定索引表区采用如下结构：第 0～7 B 采用<起始块号，块数>格式表示文件创建时预分配的连续存储空间，其中起始块号占 6 B，块数占 2 B；剩余 504 B 采用直接索引结构，一个索引项占 6 B，则可支持的单个文件最大文件长度是多少字节？为了使单个文件的长度达到最大，请指出起始块号和块数分别所占字节数的合理值并说明理由。

26．设磁盘容量为 1 MB，磁盘块大小为 1 KB，从 0 开始编号，某文件数据顺序存储在 4 个磁盘块上(每个磁道上仅有一个盘块)且分别位于 40、200、10 和 900 号磁道上，且该文件的目录项位于 50 号磁道上，若上一次磁盘访问的是 51 号磁道，且磁盘调度采用先来先服务调度算法。

(1) 若采用隐式链接，试计算读取该文件的寻道距离。

(2) 若采用 FAT 分配方法，FAT 表存储在磁盘开始的位置，每个 FAT 表项占 4 B。现在要在 700 号磁道上为该文件尾部追加数据，按顺序写出对磁盘的操作步骤及相应磁道号。

27．[2014 年 408 统考题]文件 F 由 200 条记录组成，记录从 1 开始编号，用户打开文件后，欲将内存中的一条记录插入文件 F 中，作为其第 30 条记录。请回答下列问题，并说明理由。

(1) 若文件系统采用连续分配方式，每个磁盘块存放一条记录，文件 F 存储区域前后均有足够的空闲磁盘空间，则完成上述插入操作最少需要访问多少次磁盘块？F 的文件控制块内容会发生哪些变化？

(2) 若文件系统采用链接分配方式，每个磁盘块存放一条记录和一个链接指针，则完成上述插入操作需要访问多少次磁盘块？若每个存储块大小为 1 KB，其中 4 B 存放链接指针，则该文件系统支持的最大文件长度是多少？

28. [2018 年 408 统考题]某文件系统采用索引节点存放文件的属性和地址信息，簇大小为 4 KB。每个文件索引节点占 64 KB，有 11 个地址项，其中直接地址项 8 个，一级、二级和三级间接地址项各 1 个，每个地址项长度为 4 B。请回答下列问题：

(1) 该文件系统能支持的最大文件长度是多少？(给出计算表达式即可)

(2) 文件系统用 1 M(1 M = 2^{20})个簇存放文件索引节点，用 512 M 个簇存放文件数据。若一个图形文件的大小为 5600 B，则该文件系统最多能存放多少个这样的图像文件？

(3) 若文件 F1 大小为 6 KB，文件 F2 的大小为 40 KB，则该文件系统获取 F1 和 F2 最后一个簇的簇号需要的时间是否相同？为什么？

29. [2010 年 408 统考题]如图 6-40 所示，假设计算机系统采用 C-SCAN(循环扫描)磁盘调度策略，使用 2 KB 的内存空间记录 16 384 个磁盘块的空闲状态。

(1) 请说明在上述条件下如何进行磁盘块空闲状态的管理。

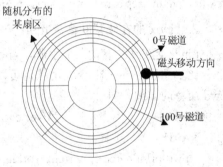

图 6-40　磁盘示意图

(2) 设某单面磁盘旋转速度为 6000 r/min，每个磁道有 100 个扇区，相邻磁道间的平均移动时间为 1 ms，若在某时刻，磁头位于 100 号磁道处，并沿着磁道号增大的方向移动(见图 6-40)，磁道号请求队列为 50、90、30、120，对请求队列中的每个磁道需读取 1 个随机分布的扇区，则读完这 4 个扇区点共需要多少时间？要求给出计算过程。

(3) 若将磁盘替换为随机访问 Flash 半导体存储器(如 U 盘、固态硬盘等)，则是否有比 C-SCAN 更高效的磁盘调度策略？若有，则给出磁盘调度策略的名称并说明理由；若无，则说明理由。

30. [2019 年 408 统考题]某计算机系统中的磁盘有 300 个柱面，每个柱面有 10 个磁道，每个磁道有 200 个扇区，扇区大小为 512 B。文件系统的每个簇包含 2 个扇区，请回答以下问题：

(1) 磁盘的容量是多少？

(2) 假设磁头在 85 号柱面上，此时有 4 个磁盘访问请求，簇号分别为 100260、60005、101660 和 110560。采用最短寻道时间优先(SSTF)调度算法，系统访问簇的先后次序是什么？

(3) 第 100530 簇在磁盘上的物理地址是什么？将簇号转换成磁盘物理地址的过程是由 I/O 系统的什么程序完成的？

习题答案

第 7 章　操作系统实验

7.1　Linux 常用工具介绍

7.1.1　Linux 基本使用

1. 常用命令

Linux 的常用命令有 pw、passwd、useradd、who、ps、pstree、plist、kill、top、ls、cd、mkdir、rmdir、cp、rm、mv、cat、more、grep、df 等。请读者自行查阅相关资料学习。

2. Linux 的在线帮助命令 man

Linux 提供了丰富的帮助手册，当需要查看某个命令的帮助信息时，使用 man 命令即可。比如想了解 pwd 命令的用法，可以在命令提示符下输入命令 man pwd，则会立即显示 pwd 命令的详细资料：

```
PWD(1)                     User commands                     PWD(1)
NAME
    pwd-print name of current/working directory
SYNOPSIS
    pwd[OPTION]
DESCRIPTION
    Print the full filename of the current working directory.
    -L, --logical       use PWD from environment, even if it contains symlinks
    -P, --physical avoid all symlinks
    --help display this help and exit
    --version output version information and exit
    If no option is specified, -P is assumed.
AUTHOR
    Written by Jim Meyering.
REPORTING BUGS
    GNU coreutils online help: <http://www.gnu.org/software/coreutils/>
    Report pwd translation bugs to <http://translationproject.org/team/>
COPYRIGHT
    Copyright  ©  2016  Free Software Foundation, Inc.  License GPLv3+: GNU
```

GPL(General Public License，GUN 通用公共授权) version 3 or later <http://gnu.org/licenses/gpl.html>.

　　This is free software: you are free to change and redistribute it.

　　There is NO WARRANTY, to the extent permitted by law.

SEE ALSO

　　getcwd(3)

　　Full documentation at: <http://www.gnu.org/software/coreutils/pwd>

　　or available locally via: info '(coreutils) pwd invocation'

1)　man page　说明

上例中，第一行命令名后括号中的数字表示资料来源的章节号，各章节内容分别是：

1：用户命令，所有用户都可使用；　2：系统调用；

3：C 语言库函数；　　　　　　　　4：设备或特殊文件；

5：文件格式和规则；　　　　　　　6：游戏及其他；

7：宏、包及其他杂项；　　　　　　8：系统管理员能够使用的命令；

9：跟 kernel 有关的文档。

　　可见，man 不仅可以查询命令，还可以查询系统调用、C 语言库函数、配置文件的格式、系统管理员可用的管理命令等。要注意的是 man 是按照手册的章节号的顺序进行搜索的，比如：命令"man sleep"只会显示 sleep 命令的手册，如果想查看 C 库函数 sleep()，就要输入命令"man 3 sleep"。

　　通常，man page 大致分为以下几个部分：

NAME	简短的命令、数据名称说明；
SYNOPSIS	简短的命令语法简介；
DESCRIPTION	较为完整的说明；
OPTIONS	针对 SYNOPSIS 部分的内容，列举说明所有可用的参数；
COMMANDS	当该程序在执行的时候，可以在此程序中发出的命令；
FILES	这个程序或资料所使用、参考或链接的某些参考说明；
SEEALSO	与这个命令或数据相关的其他参考说明；
EXAMPLE	一些可以参考的范例；
BUGS	是否有相关的错误。

2)　man 命令的常用格式

man 命令的一般形式是：man　[选项] 命令名称

常用的选项有：

-M：路径，指定搜索 man 手册页的路径，使用该参数后，后面必须给出搜索路径。

-S：章节列表，具体见前面内容的介绍，指定所要查看的章节列表；若未指定，则默认显示找到的第一个章节中的内容。

-a：显示所有章节中的相关内容。

-w：显示所查找命令的手册文件所在的路径。

3) man page(帮助页)中可以使用的常用按键

空格键：向下翻一页；　　　　　　　　[PgDn]：向下翻一页；

[PgUp]：向上翻一页；　　　　　　　　[Home]：到第一页；

[End]：到最后一页；　　　　　　　　　q：结束并退出 man page。

4) Ubuntu 中安装 C 库的 man 手册

Ubuntu 默认是没有安装 C 库函数的 man 手册的，可以使用下面命令手动安装：

sudo apt-get install manpages-dev。

上述命令中的"sudo"是指以 root 用户的身份运行，这里系统会要求你输入 root 的密码，如果还没有设置 root 密码，则可使用命令"sudo passwd"进行设置。

5) 互联网上的在线 Linux man 手册

如果不在 Linux 下运行，则可通过相关网站在线查询命令信息，如 http://www.linuxmanpages.com/。

6) info 命令

info 命令的功能与 man 类似，也是用来获得某命令的帮助信息。

3. gedit 编辑器

gedit 是 Linux 下的一个图形界面的文本编辑器，也会高亮显示程序的关键字和标识符。

(1) 启动 gedit 编辑器。Ubuntu 通常会默认安装 gedit，并且在桌面会有 gedit 的快捷方式，单击该图标即可。另外在终端中，输入"gedit"命令也可启动 gedit；输入"gedit 文件名"会启动 gedit 并打开已存在的指定文件或新建指定文件。

(2) gedit 中输入中文。如果已经安装中文输入法，则在输入界面按"Ctrl+空格"键，可调出中文输入法；按"Shift"键将在英文与中文两种输入法之间切换。

4. vi 和 vim 编辑器

1) vi 和 vim 简介

vi 是 UNIX/Linux 系统提供的文本编辑器，用于创建和修改文本文件。vi 编辑器与其他字处理软件不同，它不包含任何格式方面的信息，如粗体、居中或者下划线等。

vim 可以当做 vi 的升级版，vi 的命令几乎都可以在 vim 上使用。vim 会依据文件扩展名或文件的开头信息来判断文件内容，对于程序，会进行语法判断，再以颜色来显示程序关键字和一般代码。因此 vim 用于程序编辑更加方便。

在命令提示符下输入：vi 文件名，vi 可以自动载入所要编辑的文件或创建一个新文件。

2) vi 的三种工作模式

vi 编辑器有三种工作模式：一般模式、编辑模式和命令模式。

(1) 一般模式。以 vi 打开一个文件就直接进入一般模式(默认模式)。在该模式中，可使用"↑、↓、←、→"按键移动光标，使用"Delete"或"Backspace"按键删除字符，也可使用"复制、粘贴"来处理文件数据，但不能编辑文件的内容。

(2) 编辑模式。在一般模式下，按下 i、I、o、O、a、A、r、R 等任何一个字母后就会进入编辑模式，通常在编辑窗口的左下方会出现 INSERT 或 REPLACE 的字样，此时可进行编辑。按下"Esc"按键将退出编辑模式，返回一般模式。

(3) 命令模式。在一般模式下，按":"便可切换到命令模式，此时 vi 会在显示窗口的最后一行显示一个":"作为命令模式的提示符，等待用户输入命令。多数文件管理命令都是在此模式下执行的，如保存、大量字符替换、退出 vi、显示行号等操作。

3) 一般模式下的常用按键

(1) 光标移动。

Ctrl+B：屏幕往后移动一页；　　　　　　Ctrl+F：屏幕往前移动一页。

0 (数字零)：移动光标到所在行的开头；　$：移动光标到所在行的行尾。

w：光标跳到下个单词的开头。

(2) 删除操作。

x：每按一次删除光标所在位置后面的一个字符。

#x：删除多个字符，如 6x 表示删除光标所在位置后面的 6 个字符。

dd：删除光标所在行。

#dd：删除多行，如 6dd 表示删除从光标所在行往下数 6 行的内容。

(3) 复制与粘贴。

yy：复制光标所在行。

#yy：复制多行，如 6yy 表示拷贝光标所在行后面 6 行的文字内容。

p(小写)：将已复制的内容粘贴在光标后的位置。

P(大写)：将已复制的内容粘贴在光标前的位置。

(4) 替换。

r：用输入内容替换光标所在处的字符。

(5) 撤销和重做。

u：撤销前一个操作。

Ctrl+r：重做上一个操作。

.："."号可以重复执行上一次的命令。

4) 命令模式下的常用命令

在一般模式下，按":"便可切换到命令模式，在命令模式下的常用命令有：

q：在没有任何修改操作发生的情况下，该命令可以退出 vi 编辑器。

q!：不保存文件，强制退出 vi 编辑器。

w：保存文件。

wq：保存文件，然后退出 vi 编辑器

w[文件名]：将编辑后的文件另存到指定文件中。

r[文件名]：将指定文件的内容读入，并添加到当前文件光标所在位置的后面。

5. Linux 环境下 C 编程工具

1) gcc 编译器

gcc 是 Linux 下最常用的编译器，也能运行在 UNIX、Solaris、Windows 等系统中，支持多种语言的编译，如 C、C++、Object C 等语言编写的程序。

(1) gcc 使用格式：gcc [参数选项] [文件名]。其中[文件名]是要编译的文件名称。

(2) gcc 遵循的部分后缀约定规则：

当调用 gcc 时，gcc 根据待编译文件的扩展名(后缀)自动识别文件类别，并调用对应的编译器。gcc 遵循的部分后缀约定规则如表 7-1 所示。

表 7-1　gcc 的后缀约定规则

后缀	约定规则	后缀	约定规则
.c	C 语言源代码文件	.ii	已经预处理过的 C++源代码文件
.a	由目标文件构成的档案库文件	.m	Objective-C 源代码文件
.C　.cc .cxx	C++源代码文件	.o	编译后的目标文件
.h	程序包含的头文件	.s	汇编语言源代码文件
.i	已经预处理过的 C 源代码文件	.S	经过预编译的汇编语言源代码文件

(3) gcc 的参数说明：

gcc 参数很多，最常用的参数如表 7-2 所示。

表 7-2　gcc 部分参数说明

参数	说　明
-c	仅编译或汇编，生成目标代码文件，将.c、.i、.s 等文件生成.o 文件，其余文件被忽略
-S	仅编译，不进行汇编和链接，将.c、.i 等文件生成.s 文件，其余文件被忽略
-o file	创建可执行文件并保存在 file 中，而不是默认文件 a.out
-g	产生用于调试和排错的扩展符号表，用于 gdb 调试，切记-g 和-O 通常不能一起使用
-W	给出更详细的警告
-O [num]	优化，可以指定 0～3 作为优化级别，级别 0 表示没有优化
-I dir	将 dir 目录加到搜寻头文件的目录中去，并优先于 gcc 中缺省的搜索目录，有多个-I 选项时，按照出现顺序搜索
-fPIC	产生位置无关的目标代码，可用于构造共享函数库

(4) 运行 gcc 生成的可执行文件。

运行方法是：路径/可执行文件名；如果可执行文件就在当前目录下，则可简单地使用命令 "./可执行文件名"。

2) gdb 调试工具

gdb 是一个 GNU 调试工具，可以调试 C 和 C++程序。其主要功能有：① 监视程序中变量的值；② 设置断点；③ 单步执行程序。

为了能够使用 gdb 调试程序，必须在使用 gcc 编译源程序时加上 "-g" 选项，如：

　　　$gcc –g –o test test.c

gdb 命令很多，下面列出一些常用的调试命令：

(1) gdb 启动及退出：

① 启动 gdb：gdb exefilename。其中 exefilename 是可执行文件名，如果没有指定运行程序，则也可进入 gdb 后再用 file 命令装入文件。gdb 启动成功后，提示符为(gdb)，随后可输入 gdb 命令对程序进行调试。

② 退出 gdb：(gdb)quit。

(2) 断点管理命令：

① 设置断点：break 命令(可简写为 b)。用来在调试的程序中设置断点，该命令有如下四种形式：

(gdb)break line-number　使程序在执行指定行之前停止。

(gdb)break function-name　使程序在进入指定的函数之前停止。

如果程序是由很多原文件构成的，还可以在各个原文件中设置断点，方法如下：

(gdb) break filename:line-number

(gdb) break filename:function-name

② 显示当前 gdb 的断点信息：(gdb) info break。

③ 删除指定的某个断点：(gdb) delete breakpoint number。其中 number 为断点编号，如果不带编号参数，则将删除所有断点。

④ 清除原文件中某一代码行上的断点：(gdb)clean number。其中 number 为原文件的某个代码行的行号。

(3) 显示信息命令：

① 检查指定变量的值：print 命令。(gdb) print var 或(gdb) p var，var 为变量名或表达式。

② 设置要显示的表达式：display 命令。

(gdb)display：当程序运行到断点时，显示该表达式的值。

(gdb)undisplay：结束已设置的表达式。

③ 设置要监视的表达式：awatch/watch 命令。(gdb)awatch 表达式是当表达式的值变化或被读取时，程序暂停，显示表达式的值。

(4) 程序运行控制命令：

① (gdb)run 或(gdb)r：运行程序；

② (gdb)kill：结束程序的调试运行；

③ (gdb)cont 或(gdb)c：继续执行程序；

④ (gdb)next 或(gdb)n：单步运行，不进入子程序；

⑤ (gdb)step 或(gdb)s：单步运行，进入子程序。

(5) 文件命令：

① file 命令，加载调试文件：(gdb)file 文件名。

② list 命令，列出文件内容：(gdb)list [参数]。

参数说明：

参数为空：从上次显示的最后一行或附近开始，显示 10 行；

<行号>：从当前文件的指定行开始显示；

<文件名><行号>：从指定文件的指定行开始显示；

<函数名>：显示指定的函数；

<文件名><函数名>：显示指定文件的指定函数；

<行号 1><行号 2>：从行号 1 显示到行号 2。

7.1.2　查看 Linux 源码内容工具

学习 Linux 的实现原理时，经常需要查看某些数据结构的定义格式、某些内核函数的具体实现过程等，相关工具比较多，这里介绍 ctags、taglist 和 source insight 三种。

1. 通过相关网站查询

(1) 网址 1：http://elixir.free-electrons.com/。

(2) 网址 2：http://lxr.linux.no/。

(3) 网址 3：http://lxr.free-electrons.com/。

2. vim + ctags

在 vim 中安装插件 ctags 后，就可以在终端方便地使用 vim 命令查看 Linux 源码内容了。

1) 安装 ctags 插件

ctags 插件的功能是遍历 Linux 源码文件，为源码的变量/对象、结构体/类、函数、宏等产生索引文件：tags 文件，以便快速定位这些内容。tags 文件也是 Taglist 和 OmniCppComplete (Linux 的 vim 编辑器中的一个插件的名称)工作的基础。

有两种方法安装 ctags 插件：一种是源码安装，一种是在 Ubuntu 中使用 apt-get 安装。

(1) Ubuntu 中使用 apt-get 安装：

　　$sudo apt-get install ctags

(2) 下载源码安装：

① 从 http://prdownloads.sourceforge.net/ctags/ctags-5.8.tar.gz 下载 ctags 源代码包；或者从 http://ctags.sourceforge.net/下载 ctags 源代码包。

② 解压缩生成源代码目录；

③ 进入源代码目录，依次执行如下命令安装 ctags：

　　$ ./configure

　　$ make

　　$ sudo make install

2) 生成索引文件 tags

从终端进入 Linux 源码目录，执行：

　　$ sudo ctags -R *

"-R"表示递归创建，即包括 Linux 源代码根目录(当前目录)下的所有子目录；"*"表示所有文件。执行该命令后会在当前目录下生成一个"tags"文件，如图 7-1 所示。

```
root@ubuntu:/home/zwh/linux-4.12# ctags -R *
root@ubuntu:/home/zwh/linux-4.12# ls
arch            firmware    lib             README      usr
block           fs          MAINTAINERS     samples     virt
certs           include     Makefile        scripts     vmlinux
COPYING         init        mm              security    vmlinux-gdb.py
CREDITS         ipc         modules.builtin sound       vmlinux.o
crypto          Kbuild      modules.order   System.map
Documentation   Kconfig     Module.symvers  tags
drivers         kernel      net             tools
```

图 7-1　tags 文件的生成

如果只是在 Linux 源代码目录下查询源码信息，则不需要修改 vim 的配置文件；否则如果希望在其他路径下也能查看，则必须使用 sudo vim /etc/vim/vimrc 编辑 vimrc 文件，方法是在 vimrc(Linux 中 vim 的配置文件名称)文件中添加如下内容：

　　set tags=/home/zwh/linux-4.12/tags

　　set autochdir

3) 利用 ctags 文件查看 Linux 源码信息

最常用的命令有下面几个：

(1) $ vim -t tag：

命令中的 "tag" 是要查看的变量名、数据结构名、函数名等，如执行：

　　$ vim -t effective_prio

则会显示 effective_prio()的源码定义，如图 7-2 所示。

```
static int effective_prio(struct task_struct *p)
{
        p->normal_prio = normal_prio(p);
        /*
         * If we are RT tasks or we were boosted to RT priority,
         * keep the priority unchanged. Otherwise, update priority
         * to the normal priority:
         */
        if (!rt_prio(p->prio))
                return p->normal_prio;
        return p->prio;
}
```

图 7-2　"vim –t effective_prio" 执行结果

(2) Ctrl +] 命令。在 vim 中，将光标移动到要查看的变量名、数据结构名及函数名处，同时按下 "Ctrl +]" 键，则立即跳转到光标所在变量名、数据结构名及函数名的定义处。

(3) Ctrl + T 命令。在 vim 中同时按下 "Ctrl + T" 键，则返回到前一次位置处。

(4) ta 命令。在 vim 的命令模式下使用 ta 命令，也能显示变量名、数据结构名及函数名的定义，如：:ta normal_prio，显示 normal_prio()的源码定义。

更多功能可通过命令 man ctags 或在 Vim 命令模式下运行 help ctags 查询。

3. 安装使用 Taglist

Taglist 是 vim 的一个插件，提供源码的结构化浏览功能，可将源码中定义的函数、变量、结构体等以树结构显示，层次关系一目了然，便于快速定位查看。

1) 安装 Taglist 插件

(1) 从 http://www.vim.org/scripts/script.php?script_id=273 下载安装包，也可以从 http://vim- taglist.sourceforge.net/index.html 下载。

(2) 以 root 用户进入/etc/vim 目录为例，将 Taglist 安装包复制到该目录下并解压，解压后会在当前目录下生成两个子目录：plugin 和 doc，如图 7-3 所示。

```
root@ubuntu:/etc/vim# unzip taglist_46.zip
Archive:  taglist_46.zip
  inflating: plugin/taglist.vim
  inflating: doc/taglist.txt
root@ubuntu:/etc/vim# ls
doc  plugin  taglist_46.zip  vimrc  vimrc.tiny
```

图 7-3　Taglist 压缩包解压缩后生成的文件

(3) 进入/etc/vim/doc 目录，运行 vim，执行"helptags"命令。该命令是将 doc 下的帮助文档加入到 vim 的帮助主题中，这样就可以通过在 vim 中运行"help taglist.txt"查看 taglist 帮助。

打开 vim 的配置文件/etc/vim/vimrc，加入以下三行内容，则安装工作就完成了：

```
let Tlist_Show_One_File=1        //不同时显示多个文件的 tag，只显示一个
let Tlist_Exit_OnlyWindow=1      //taglist 为最后一个窗口时，退出 vim
Tlist_Sort_Type=name             //使 taglist 以 tag 名字进行排序
```

还有许多其他的设置选项，可参考帮助文档：help taglist.txt。

2) 使用 Taglist 插件

(1) 在 vim 中打开 taglist 窗口：

在 vim 命令模式下运行 :Tlist、:TlistOpen、:TlistToggle 三个命令之一都可以打开 taglist 窗口，如图 7-4 所示。

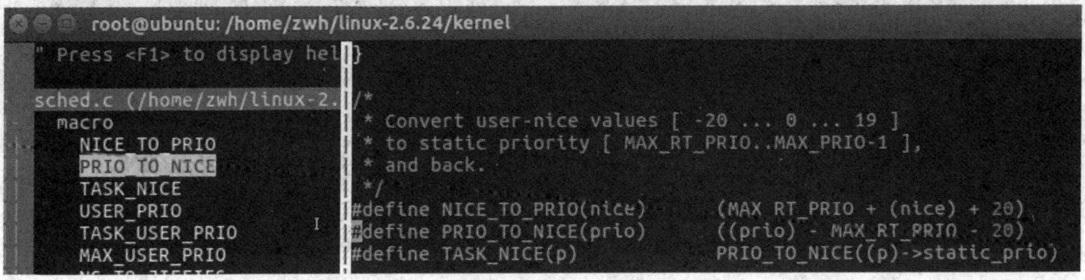

图 7-4　taglist 窗口

图中右边窗口是文件编辑窗口，左边是 taglist 窗口。在 taglist 窗口中分类显示右边文件中所有的 tag(分类依次为宏定义、数据结构、变量及函数)，并且每类 tag 都按各 tag 在文件中出现的先后顺序排序，如图 7-5 所示。

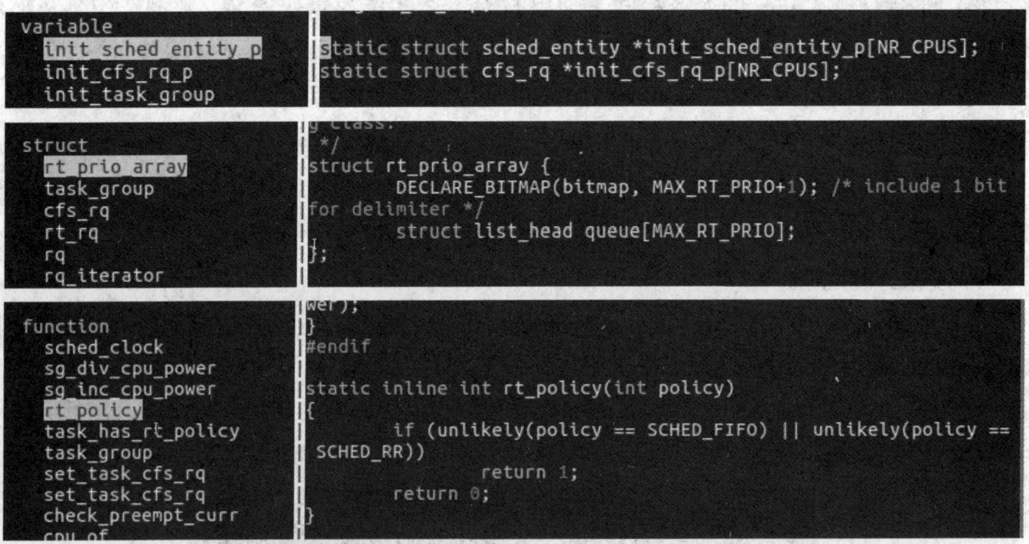

图 7-5　taglist 窗口的显示内容

(2) 关闭 taglist 窗口：

在 vim 命令方式下再次运行上述(1)中三个命令之一，关闭 taglist 窗口。

(3) 在 taglist 窗口中常用的快捷键：

① Ctrl+ww　在 taglist 窗口和文件编辑窗口之间切换焦点；

② Ctrl+]　跳转到光标所在 tag 的定义位置，用鼠标双击此 tag 功能相同；

③ o　在一个新窗口中显示光标所在 tag 的定义位置；

④ <Space>　显示光标下 tag 的原型定义；

⑤ u　更新 taglist 窗口中的 tag；

⑥ [[　跳到前一个文件；

⑦]]　跳到后一个文件；

⑧ q　关闭 taglist 窗口；

⑨ <F1>　显示帮助。

4. Source Insight

Source Insight 是一款 Windows 下的代码编辑浏览器，可自动同步分析相关源码。

1) 安装 Source Insight 软件

到网上搜索该软件，可以安装一个 30 天免费的版本，如图 7-6 所示。

图 7-6　Source Insight 安装

2) 新建工程

(1) 运行 Source Insight。

(2) 选择"project->New Project"菜单新建一个工程，打开如图 7-7 所示界面。

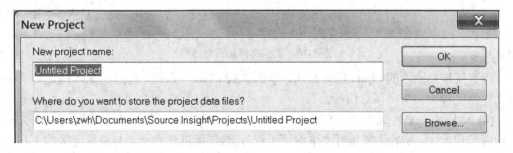

图 7-7　新建工程

输入新建工程的名字及工程文件的保存路径，单击"OK"按钮关闭该窗口，将同时打开新建工程的设置对话框，如图 7-8 所示。

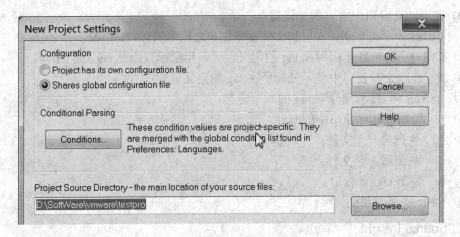

图 7-8　新建工程的属性设置界面

（3）在上面的设置对话框中，首先设置配置文件，可采用默认设置，也可以选择"Project has its own configuration file"选项；然后选择要添加代码的目录，本示例设置的 Linux 源码所在目录如图 7-9 所示。

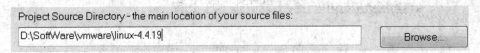

图 7-9　设置源码所在目录

最后在图 7-8 中单击"OK"按钮关闭该对话框，将打开工程文件加载对话框，如图 7-10 所示。

图 7-10　工程文件加载对话框

可直接选择刚才的 Linux 源码目录，单击"Add Tree"按钮，将递归加入指定目录中所有文件到工程中。关闭该对话框。

（4）"同步"文件或者"重编译"工程。这是很重要的一步，将对代码间调用关系等进行内部初始化。推荐大家进行"重编译工程"，这样可以建立一个与路径无关的工程，也就是这个工程放在任何位置都可以使用，而同步不可以。操作方法是：

同步文件：选择"project->synchronize file…"菜单，在显示的对话框中可以选择"Remove missing files from projcet"和"Suppress warning messages"选项，或者再加上"Force all files to be re-parsed"选项，然后单击"OK"按钮，之后工程中的源码就可以进行关联了。

重编译工程：选择"project->rebuild project…"菜单，在显示的对话框中，只选择第三项："Re-Create the whole project from scratch"，然后单击"OK"按钮就可以了。

3) 使用 Source Insight 查看源码

启动 Source Insight，选择"project->Open Project…"菜单打开工程，如前面建立的 test 工程，默认是打开三个窗口，如图 7-11 所示。

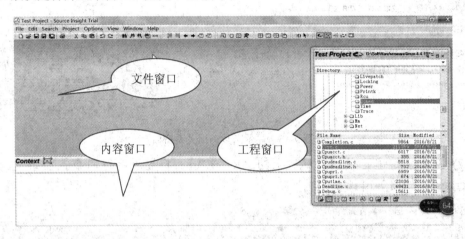

图 7-11　源码查看界面

(1) 查看函数及变量。在"工程窗口"中选择并双击一个要查看的文件，将在"文件窗口"显示该文件的所有内容：包含的头文件、定义的变量及函数(包括函数中的变量定义、所调用的其他函数等)，在其中选择一个函数(或变量)并单击，将在"内容窗口"中显示该函数(或变量)的详细定义，如图 7-12 所示。

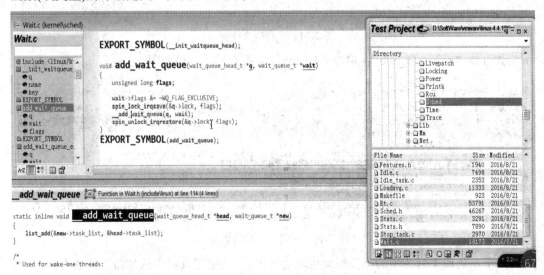

图 7-12　源码内容查看窗口

此时如果再单击工具栏上的"Relation window"按钮，将显示所有调用该函数的位置，如图 7-13 中右下角窗口所示。

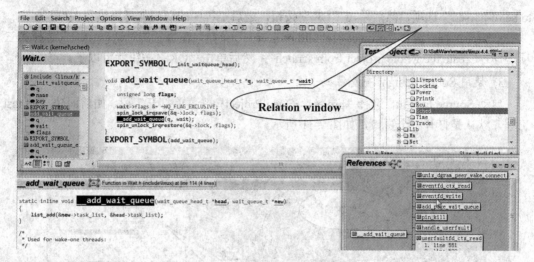

图 7-13　显示函数调用关系窗口

　　(2) 搜索字符串。单击工具栏上的"R"按钮，将显示字符串查找窗口"Lookup References"，如图 7-14 所示。

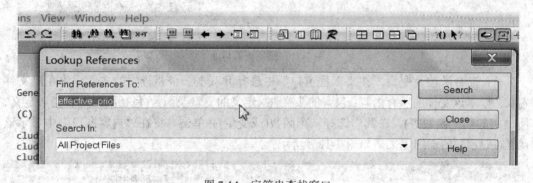

图 7-14　字符串查找窗口

　　如查找"effective_prio"，单击"Search"按钮后显示结果如图 7-15 所示。

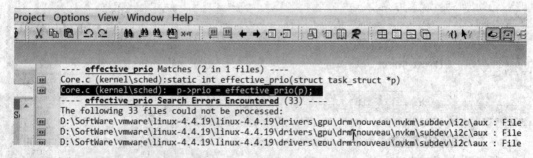

图 7-15　字符串查找结果显示

　　单击左边或工具栏中的小按钮就可以展开内容，其中工具栏中的按钮下面还有一个"向左箭头"和"向右箭头"，标明一个向前，一个向后依次打开，非常方便。

　　(3) 使用鼠标右键功能。在 Source Insight 中，对任何文件、函数或者变量单击鼠标右键，会显示一个快捷菜单，能更加方便地实现跳转功能，请大家参考其他相关资料学习。

7.1.3　Linux 中的汇编语言

虽然 Linux 内核的绝大部分代码是用 C 语言编写的，但仍然不可避免地在某些关键地方使用了汇编代码，其中主要是在 Linux 的启动部分。Linux 使用 AT&T 汇编语言，它与 Intel 汇编大同小异，为方便大家阅读源码，下面简单介绍 AT&T 汇编的一些基本知识。

1. AT&T 与 Intel 汇编的语法格式比较

1) 寄存器和立即数的前缀

在 AT&T 汇编格式中，寄存器名前要冠以"%"，立即数前要冠以"$"；而在 Intel 汇编格式中，寄存器名和立即数都不需要加前缀。例如：

AT&T 格式	Intel 格式
pushl %eax	push eax
pushl $1	push 1

2) 操作数的方向

AT&T 和 Intel 格式中的源操作数和目标操作数的位置正好相反。在 Intel 汇编格式中，目标操作数在源操作数的左边；而在 AT&T 汇编格式中，目标操作数在源操作数的右边。例如：

AT&T 格式	Intel 格式
addl $1, %eax	add eax, 1

3) 操作数的字长

在 AT&T 汇编格式中，操作数的字长由操作符的最后一个字母决定，后缀 b、w 和 l 分别表示操作数为字节(byte，8 位)，字(word，16 位)和长字(long，32 位)；而在 Intel 汇编格式中，操作数的字长是用"byte ptr"和"word ptr"等前缀来表示的。例如：

AT&T 格式	Intel 格式
movb val, %al	mov al, byte ptr val

4) jump 和 call 指令的前缀

在 AT&T 汇编格式中，绝对转移和调用指令(jump/call)的操作数前要加上"*"作为前缀，而在 Intel 格式中则不需要。

5) 内存单元操作数

内存单元操作数的寻址方式是间接寻址。在 AT&T 汇编格式中，基址寄存器用()括起来，而 Intel 中用[]括起来。例如：

AT&T 格式	Intel 格式
movl -4(%ebp), %eax	mov eax, [ebp - 4]
movl 5(%ebx),%eax	mov eax,[ebx+5]

2. gcc 嵌入式汇编

Linux 下用汇编语言编写的代码具有两种不同的形式。第一种是整个程序全部用汇编语言编写；第二种是内嵌的汇编代码，把汇编代码片段嵌入到 C 语言程序中。下面介绍 gcc 嵌入式汇编的相关知识。

1) 嵌入式汇编的一般形式

```
_asm_ _volatile_("asm statements"        //指令部
    : outputs (optional)     //输出部
    : inputs (optional)      //输入部
    : modified (optional)    //修改部
    );
```

下面对语句格式的各部分分别进行说明:

(1) _asm_: 也可写成"asm",两者完全相同,用于声明一个内联汇编表达式,任何一个内联汇编表达式都是以它开头的,是必不可少的。

(2) _volatile_: 这是一个可选项,它告诉编译器不要优化该汇编语句,主要用于硬件级程序设计。

(3) 指令部: "asm statements"。这是汇编指令部分,可以是一条或多条指令。如果是多条指令,则指令间需要使用"\n\t"进行分隔。如读 CR0 寄存器的 read_cr0()的定义为:

```
static inline unsigned long read_cr0(void){
    unsigned long cr0;    //汇编内部定义的局部变量
    asm volatile("movq %%cr0,%0" : "=r" (cr0));    //嵌入式汇编语句
    return cr0;
}
```

使用嵌入式汇编时,汇编语句中的操作数如何与 C 代码中的变量相结合是个很大的问题。gcc 的解决方法是:需要使用指定寄存器的值时,寄存器名前面应该加上两个"%",如示例中的"%%cr0"表示使用 cr0 寄存器;需要使用 C 代码中的变量时,采用加上前缀"%"的数字(如%0, %1)来表示,其中数字是从输出部的第一个约束开始从 0 依次编号。如示例汇编语句中的操作数"%0"对应输出部的"cr0"变量。

(4) 输出部: : outputs (optional)。输出部分用于规定输出变量(目标操作数)如何与汇编语句中的操作数相结合的约束条件,可以有多个约束,以逗号分开。每个约束以"="(表示只用于输出)或其他保留字开头,接着用一个字母来表示操作数的类型,最后用"()"说明变量名。

如上例中的:

```
    : "=r" (cr0)
```

"=r"表示相应的目标操作数(指令部分的"%0")可以使用任何一个通用寄存器,并且变量 cr0 存放在这个寄存器中。

实际上,除"="外,还有其他保留字,相关含义如表 7-3 所示。

表 7-3　输出部保留字说明

保留字	含　义
=	只写/输出变量
+	可读可写变量
&	该输出操作数不能使用与输入操作数相同的寄存器

表 7-4 中列举了 x86 中最常用的约束字母及含义。

表 7-4   约束字母说明

约束字母	含　义
m,v,o	表示内存单元
r	任意通用寄存器
Q	寄存器 EAX/EBX/ECX/EDX 之一
a,b,c,d	表示寄存器 EAX/AX/AL,EBX/BX/BL,ECX/CX/CL,EDX/DX/DL
S，D	寄存器 ESI 或 EDI
A	与 a+b 相同，使用 EAX 与 EBX 联合，形成一个 64 位寄存器
I	常数 0～31

(5) 输入部：:inputs (optional)。输入约束格式与输出约束相似，但是没有 "=" 号。如果一个输入约束要求使用寄存器，则 gcc 在预处理时就会为之分配一个寄存器，并插入必要的指令将操作数装入该寄存器。如果输入部某个操作数所要求使用的寄存器与前面输出部某个操作数所要求的是同一个寄存器，就把输出部对应操作数的编号(如 "0" "1" 等)放在输入部中相应位置，但在输入部中的参数编号需要另外重新编号。程序样例见后面 "Linux 源码中嵌入式汇编举例" 中的 switch_to() 函数。

(6) 修改部：: registers_modified (optional)。汇编语句在执行过程中可能会修改某些寄存器或者内存单元的值，在这里进行列出。一般是 "memory"，表示内存发生变化：":memory"。

此外还有 cc 表示改变条件代码寄存器(condition code register)，或者某个寄存器名字等。

需要说明的是，上述各部分中指令部是必需的，输入部、输出部及修改部是可选的。当输入部存在，而输出部不存在时，输出部的冒号 ":" 要保留；当修改部存在时，三个冒号都要保留。如宏定义_cli()：

```
#define _cli() _asm__volatile_("cli": : :"memory")
```

下面是一个简单的嵌入式汇编程序，功能是将变量 a 的值赋予变量 b，请读者自行分析：

```
int main(){
    int a = 10, b = 0;
    _asm__volatile_("movl %1, %%eax;\\n\\r"
                    "movl %%eax, %0;"
                    :"=r"(b)        /* 输出部 */
                    :"r"(a)         /* 输入部 */
                    :"%eax");       /* 修改部 */
    printf("Result: %d, %d\\n", a, b);
}
```

2) Linux 源码中嵌入式汇编举例

下面的例子使用函数 switch_to()(定义在 include/asm-x86/system_32.h 文件中)，它是 Linux 上下文切换的核心部分：

```
1    extern struct task_struct * FASTCALL(__switch_to(struct task_struct *prev, struct task_struct *next));
2    #define switch_to(prev,next,last) do {
```

```
3        unsigned long esi,edi;
4        asm volatile("pushfl\n\t                    /* save flags */            \
5                     "pushl %%ebp\n\t"
6                     "movl %%esp,%0\n\t"           /* save ESP */               \
7                     "movl %5,%%esp\n\t"           /* restore ESP */            \
8                     "movl $1f,%1\n\t"             /* save EIP */               \
9                     "pushl %6\n\t"                /* restore EIP */            \
10                    "jmp __switch_to\n"
11                    "1:\t"
12                    "popl %%ebp\n\t"
13       "popfl"
14                    :"=m" (prev->thread.esp),"=m" (prev->thread.eip),
15                    "=a" (last),"=S" (esi),"=D" (edi) ]
16                    :"m" (next->thread.esp),"m" (next->thread.eip),
17                    "2" (prev), "d" (next));
18       } while (0)
```

下面对上述代码做简单说明：

第 1 行：FASTCALL 告诉编译程序使用通用寄存器传递参数，而"asmlinkage"标记则要求使用堆栈传递参数；

第 11 行：参数 1 被用作返回地址；

第 14～15 行：输出参数部分，各参数 prev->thread.esp、prev->thread.eip、last、esi 及 edi 对应的编号分别是：%0、%1、%2、%3 及%4；

第 16～17 行：输入参数部分，各参数 next->thread.esp、next->thread.eip、prev 及 next 对应的编号分别是：%5、%6、%7 及%8，其中 17 行上的参数 prev 与输出部中的 2 号参数 last 使用同一寄存器 eax，所以在约束位置填写"2"。

3. 特殊的 C 语言用法

1) asmlinkage 及 FASTCALL

asmlinkage 告诉编译程序使用堆栈传递参数，而 FASTCALL 通知编译程序使用通用寄存器传递参数。

如获取系统时间函数：

```
asmlinkage long sys_gettimeofday(struct timeval __user *tv, struct timezone __user *tz)
```

实现上下文切换函数：

```
struct task_struct FASTCALL * _switch_to(struct task_struct *prev_p, struct task_struct *next_p)
```

2) UL

UL 常被用在数值常数后，标明该常数是"unsigned long"类型，以保证特定体系结构内的数据不会溢出其数据类型所规定的范围。如：

```
#define SLAB_RECLAIM_ACCOUNT        0x00020000UL    /* Objects are reclaimable */
```

3) static inline

被关键字 static inline 修饰的函数建议 gcc 在编译时将其代码插入到所有调用它的程序

中，从而节省了函数调用的开销。但使用 inline 会增加二进制映像的大小，可能会降低访问 CPU 高速缓存的速度。

4) const 和 volatile

const 不一定只代表常数，有时也表示"只读"的意思。如"const int *x"中，x 是一个指向 const 整数的指针，可以修改该指针，但不能修改这个整数；而在"int const *x"中，x 是一个指向整数的 const 指针，可以修改该整数，但不能修改指针 x。

关键字 volatile 通知编译程序每次使用被它修饰的变量时都要重新加载其值，而不是存储并访问一个副本。

5) 宏_init

宏_init 告诉编译程序相关的函数和变量仅用于初始化。编译程序将标有_init 的所有代码存储到特殊的内存段中，初始化结束后就释放这段内存。如编写模块代码的初始化函数时，可以这样定义：

```
static int _init mymodule_init(void)
```

与之类似，如果某些数据也只在初始化时才用到，则可将其标记为_initdata。

同样，宏_exit 和_exitdata 仅用于退出和关闭例程，一般在注销设备驱动程序或模块时才使用。

6) 宏 likely()和 unlikely()

现代 CPU 具有精确的启发式分支预测功能，它尝试预测下一条到来的命令，以便达到最高的速度。宏 likely 和 unlikely 允许开发者通过编译程序告诉 CPU：某段代码很可能被执行，因而应该预测到；某段代码很可能不被执行，因此不必预测。两个宏的定义如下：

```
include/linux/compiler.h
# define likely(x)      _builtin_expect(!!(x), 1)
# define unlikely(x)    _builtin_expect(!!(x), 0)
```

7.2 操作系统原理典型算法的模拟实现

7.2.1 设计目的和实验环境

1. 设计目的

模拟设计和实现操作系统原理的典型算法，有助于帮助读者更加深入地理解操作系统的基本算法。本实验设计了八个操作系统中的典型算法，包括进程调度、进程同步、银行家算法、动态内存分区的分配和回收、请求调页存储管理方式、文件存储空间管理、磁盘调度算法、独占设备的分配和回收，每个算法的具体设计目的如下：

(1) 进程调度：通过一种进程调度算法的模拟实现，加深对进程概念和进程调度过程的理解，调度算法可选择先来先服务算法、高优先级优先算法、时间片轮转算法和多级反馈队列算法。

(2) 进程同步：理解生产者/消费者模型及其同步/互斥规则；定义函数模拟信号量的原

子操作，加深对信号量机制的理解；设计程序，实现生产者/消费者的同步与互斥。

(3) 银行家算法：理解死锁的概念及产生死锁的原因；掌握死锁的避免方法，理解安全状态和不安全状态的概念；理解银行家算法，并应用银行家算法避免死锁。

(4) 动态内存分区的分配和回收：了解动态内存分区方式中使用的数据结构和分配与回收算法，并进一步加深对动态分区存储管理方式及其实现过程的理解。具体掌握动态内存分区的实现方法、内存块的分配策略以及内存块申请和释放的算法与实现。

(5) 请求调页存储管理方式：通过模拟页面、页表、地址转换和页面置换过程，加深对请求调页系统的原理和实现过程的理解。

(6) 文件存储空间管理：通过模拟几种文件存储空间管理方法，包括设置相应的数据结构记录存储空间的使用情况，并提供对存储空间进行分配和回收的方法，以加深理解其实现原理及性能特点。

(7) 磁盘调度算法：通过模拟几种磁盘调度算法，加深对磁盘数据组织和格式、磁盘访问时间的理解。当有大量磁盘 I/O 请求时，选择恰当的磁盘调度顺序，降低完成这些 I/O 服务的总时间。

(8) 独占设备的分配和回收：加深对设备管理的理解；深入了解如何分配和回收独占设备。

2. 学时安排

本实验无课内学时，全部在课外完成。

3. 开发平台

Linux/openEuler 环境、gcc、gdb、vim 或 gedit 等。

7.2.2　设计内容

1. 进程调度

在 Linux 或 openEuler 或麒麟操作系统环境中，用 C 语言模拟实现对 N 个进程采用动态优先级算法的进程调度算法，具体要求如下：

(1) 进程控制块 PCB 可包括但不限于以下字段：

① 进程标识符 id。

② 进程优先级 priority，并规定优先级越大的进程，优先权越高。

③ 进程已经占用的 CPU 时间 cputime。

④ 进程还需占用的 CPU 时间 alltime，当进程运行完毕时，alltime 变为 0。

⑤ 进程的阻塞时间 startblock，表示当进程再运行 startblock 个时间片后，进程将进入阻塞状态(表 7-5 中的负数表示进程当前没有在 CPU 上执行)。

⑥ 进程被阻塞的时间 blocktime，表示已阻塞的进程再等待 blocktime 个时间片后，将转换成就绪态。

⑦ 进程状态 state。

⑧ 队列指针 next，用来将 PCB 排成队列。

(2) 优先级改变的原则：

① 进程在就绪队列中驻留一个时间片，优先级增加 1。

② 进程每运行一个时间片，优先级减 3。

(3) 假定在调度前，系统中有五个进程，它们的初始状态信息如表 7-5 所示。

表 7-5　进程初始状态信息

id	0	1	2	3	4
priority	9	38	30	29	0
cputime	0	0	0	0	0
alltime	3	3	6	3	4
startblock	2	-1	-1	-1	-1
blocktime	3	0	0	0	0
state	READY	READY	READY	READY	READY

(4) 为了清楚地观察五个进程的调度过程，程序应将每个时间片内的进程的状态信息显示出来，参照的具体格式如下：

① RUNNING　PROCESS：I。

② READY_QUEUE:->id1->id2。

③ BLOCK_QUEUE:->id3->id4。

进程中间状态信息显示格式如表 7-6 所示。

表 7-6　进程中间状态信息显示格式

id	0	1	2	3	4
priority	P0	P1	P2	P3	P4
cputime	C0	C1	C2	C3	C4
alltime	A0	A1	A2	A3	A4
startblock	T0	T1	T2	T3	T4
blocktime	B0	B1	B2	B3	B4
state	S0	S1	S2	S3	S4

2．进程同步

在 Linux/openEuler/麒麟操作系统环境下使用 C 语言自定义信号量及相应的 wait 和 signal 操作，以生产者/消费者模型为依据，创建 n 个进程模拟生产者和消费者，实现进程的同步和互斥，具体要求如下：

(1) 进程数据结构：每个进程有一个进程控制块 PCB，PCB 中可以包含但不限于如下信息：进程类型、进程 ID、进程状态(本程序未使用)、进程产品(字符)、链接指针等。

(2) 系统开辟一个缓冲区，大小由 buffersize 指定。程序中有三个链队列和一个链表。三个链队列中包括一个就绪队列(ready)和两个等待队列[生产者等待队列(producer)和消费者等待队列(consumer)]。一个链表(over)用于收集已经运行结束的进程。

(3) 本程序通过函数模拟信号量的原子操作，算法的流程描述如下：

① 由用户指定要产生的进程及其类别(生产者或消费者)，加入就绪队列。

② 调度程序从就绪队列中提取一个就绪进程运行。如果进程申请的资源不存在，则进入相应的等待队列，调度程序调度就绪队列中的下一个进程；进程运行结束时，会检查相应的等待队列，激活等待队列中的进程进入就绪队列；运行结束的进程进入 over 链表。重复这一过程直至就绪队列为空。

③ 程序询问是否要继续？如果要继续，则转至①开始执行；否则，退出程序。

3．银行家算法

用银行家算法写一个程序，判定系统的安全性。输入进程需要的最大资源需求、进程已经分配的资源数量、系统当前可用的资源数量，再输入 T0 时刻 Pi 申请的资源数量，用银行家算法进行安全性检查。如果系统安全，则输出进程运行的安全序列；如果系统不安全，则输出 unsafe。要求：按资源需求量最小优先的原则选取进程的运行顺序。银行家算法思想借鉴本书"3.7.3 避免死锁"。

本实验要求完成下面的测试用例。已知某系统有五个进程 P0、P1、P2、P3、P4 及三类资源 A、B、C。T0 时刻各进程对资源的需求和占用情况如表 7-7 所示，当前可用资源向量 Available=(3,3,2)。此时 P1 请求资源"Request1(1，0，2)"，试判断系统是否处于安全状态，如果安全，则给出安全序列。(按资源需求量最小优先的原则选取进程的运行顺序)

表 7-7　系统资源分配状态

进程	资源											
	Max			Allocation			Need			Available		
	A	B	C	A	B	C	A	B	C	A	B	C
P0	7	5	3	0	1	0	7	4	3	3	3	2
P1	3	2	2	2	0	0	1	2	2			
P2	9	0	2	3	0	2	6	0	0			
P3	2	2	2	2	1	1	0	1	1			
P4	4	3	3	0	0	2	4	3	1			

4．动态内存分区的分配和回收

分别针对首次适应算法和最佳适应算法，在 Linux 或 openEuler 或麒麟操作系统环境中用 C 语言实现动态分区分配过程 alloc()和回收过程 free()。其中，空闲分区通过空闲分区链来管理；在进行内存分配时，系统优先使用空闲区低端的空间。屏幕上输出内存分配的情况。本程序中空闲分区链表可以是单向链表，也可以是双向链表，如图 7-16 所示。

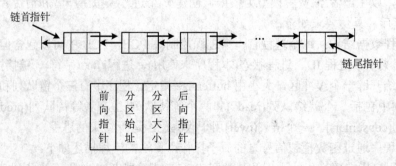

图 7-16　空闲分区链

本实验要求完成下面的测试用例。假定初始状态下可用的内存空间为 640 KB，并有下列请求序列：

(1) 作业 1 申请 130 KB。

(2) 作业 2 申请 60 KB。

(3) 作业 3 申请 100 KB。

(4) 作业 2 释放 60 KB。

(5) 作业 4 申请 200 KB。

(6) 作业 3 释放 100 KB。

(7) 作业 1 释放 130 KB。

(8) 作业 5 申请 140 KB。

(9) 作业 6 申请 60 KB。

(10) 作业 7 申请 50 KB。

(11) 作业 6 释放 60 KB。

分别采用首次适应算法和最佳适应算法对内存进行分配和回收，要求每次分配和回收后显示空闲分区链的情况。

5. 请求调页存储管理方式

在 Linux 或 openEuler 或麒麟操作系统环境中，用 C 语言模拟实现请求调页存储管理方式，具体要求如下：

(1) 假设每个页面中可存放 10 条指令，分配给一个作业的内存块数为 4。

(2) 用 C 语言模拟一个作业的执行过程，该作业共有 320 条指令，即它的地址空间为 32 页，目前它的所有页都还未调入内存。在模拟过程中，如果所访问的指令已经在内存，则显示其物理地址，并转下一条指令。如果所访问的指令还未装入内存，则发生缺页，此时须记录缺页的次数，并将相应页调入内存。如果所分配到的四个内存块已用完，则需进行页面置换。最后显示其物理地址，并转下一条指令。在所有 320 条指令执行完毕后，试计算并显示作业运行过程中发生的缺页率。

(3) 对于置换算法，可分别考虑 OPT、FIFO 和 LRU 算法。

(4) 作业中指令的访问次序的生成原则是：50%的指令是顺序执行的；25%的指令是随机分布在前地址部分；25%的指令是随机分布在后地址部分。

(5) 请求调页算法的具体实施办法是：

① 在[0,319]之间随机选取一条起始执行指令，其序号为 m；

② 顺序执行下一条指令，即序号为 m+1 的指令；

③ 通过随机数，跳转到前地址部分[0,m-1]中的某条指令处，其序号为 m1；

④ 顺序执行下一条指令，即序号为 m1+1 的指令；

⑤ 通过随机数，跳转到后地址部分[m1+2,319]中的某条指令处，其序号为 m2；

⑥ 顺序执行下一条指令，即序号为 m2+1 的指令；

⑦ 重复跳转到前地址部分、顺序执行、跳转到后地址部分、顺序执行的过程，直至执行 320 条指令。

6．文件存储空间管理

在 Linux 或 openEuler 或麒麟操作系统环境中，用 C 语言模拟实现利用位示图和成组链接法管理文件存储空间，实现磁盘空间的分配与回收。具体要求如下：

(1) 建立一个位示图，亦即二维数组，描述磁盘中一组盘块的使用情况，基于该位示图，实现为文件分配空闲盘块和删除文件时回收盘块。

(2) 建立一个空闲盘块的成组链接结构，并基于此实现若干个盘块的分配和回收。

本程序的位示图和成组链接法算法思想参考本书"6.4 文件存储空间管理"，要求完成下面的测试用例。针对成组链接法：某磁盘有 512 块，编号为 0#～511#，其中 8#～499#是空闲盘块。

(1) 依次回收磁盘块 0#、1#、2#、3#、500#、501#、502#、509#、510#、511#。

(2) 一个文件要申请五个磁盘块，试为之分配。

(3) 试在屏幕上显示分配和回收磁盘块过程中空闲盘块栈的变化情况。

7．磁盘调度算法

在 Linux 或 openEuler 或麒麟操作系统环境中，用 C 语言模拟实现先来先服务算法、最短寻道距离算法、扫描算法和循环扫描算法。具体要求如下：

(1) 输入若干个磁盘 I/O 请求，这里只考虑移臂调度。

(2) 用 C 语言模拟实现先来先服务算法、最短寻道距离算法、扫描算法和循环扫描算法。

(3) 输入若干个磁盘 I/O 请求，分别算出上述四种移臂调度算法的磁盘调度顺序和寻道距离。

本程序的磁盘调度算法思想参考本书"6.6 磁盘调度"，要求完成下面的测试用例。假设当前磁道在 100 号磁道，磁头正向磁道号增加的方向(由外向里)移动。现依次有磁盘请求队列：23，376，205，132，61，190，29，4，40。求几种移臂调度算法的磁盘调度顺序和寻道距离。

8．独占设备的分配和回收

设计一种独占设备分配和回收的方案，要求满足设备独立性。在 Linux/openEuler/麒麟操作系统环境下，使用 C 语言实现这个方案并进行测试。

为了提高操作系统的可适应性和可扩展性，现代操作系统中都毫无例外地实现了设备独立性，又叫设备无关性。在实现独占设备的分配时，不同系统设置的数据结构也不相同，在实验中只要设计合理即可。参考方案如下：

(1) 数据结构。

操作系统设置"设备分配表"，用来记录计算机系统所配置的独占设备类型、台数以及分配情况。设备分配表可由"设备类表"和"设备表"两个部分组成，如图 7-17 所示。在设备类表中，每类设备对应一行，内容包括设备类、总台数、空闲台数和设备表地址。设备表中，每台设备对应一行，包括设备物理名、是否分配、占用进程、相对号等。在设备表中，同类设备登记在连续的行中，用相对号进行区分，如图 7-17 所示。

(2) 设备分配，分配过程描述如下：

① 当进程申请某类设备时，系统先查"设备类表"。

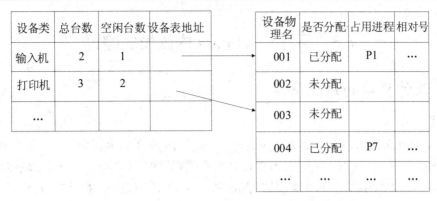

图 7-17　设备分配表

② 如果该设备的空闲台数可以满足申请要求，则从该类设备的"设备表"始址开始依次查该类设备在设备表中的登记项，找出"未分配"的设备分配给进程。

③ 分配后要修改设备类表中的空闲台数，把分配给进程的设备标志改为"已分配"且填上占用设备的进程名。

④ 把设备的绝对号和相对号通知用户。

(3) 设备回收。

当进程执行结束时应归还所占的设备，系统根据进程名查找设备表，找出进程占用设备的登记栏，把标志修改成"未分配"，清除进程名。同时把回收的设备台数加到设备类表中的空闲台数中。

7.2.3　实验思考

1. 进程调度

(1) 上面给出了高优先级调度的动态优先级调度算法，请大家自行思考和设计先来先服务、时间片轮转、多级反馈队列调度算法。

(2) 在实际的进程调度中，除了按调度算法选择下一个执行的进程外，还应处理哪些工作？可以考虑在算法中补充这些内容。

(3) 为什么对进程的优先级可以按照上述原则进行修改？是否有更优的方案？实现之。

2. 进程同步

考虑引入前面的进程调度算法，由系统调度生产者和消费者进程。

3. 动态内存分区的分配和回收

(1) 采用首次适应算法和最佳适应算法对内存的分配和回收速度有什么不同的影响？

(2) 考虑加入拼凑技术来解决动态分区分配中的碎片问题。

(3) 如何解决因碎片而造成内存分配速度降低的问题。

(4) 尝试模拟伙伴系统实现内存的分配。

4. 请求调页存储管理方式

(1) 如果增加分配给作业的内存块数，则将对作业运行过程中的缺页率产生什么样的影响？

(2) 为什么一般情况下，LRU 具有比 FIFO 更好的性能？

7.3　实验一：Linux 内核模块编程

7.3.1　设计目的和内容要求

1. 设计目的

Linux 提供的模块机制能动态扩充 Linux 功能而无须重新编译内核，已经广泛应用在 Linux 内核的许多功能的实现中。在本实验中将学习模块的基本概念、原理及实现技术，然后利用内核模块编程访问进程的基本信息，加深对进程概念的理解，掌握基本的模块编程技术。

2. 内容要求

(1) 设计一个模块，要求列出系统中所有内核线程的程序名、PID、进程状态、进程优先级、父进程的 PID。

(2) 设计一个带参数的模块，其参数为某个进程的 PID 号，模块的功能是列出该进程的家族信息，包括父进程、兄弟进程和子进程的程序名、PID 号及进程状态。

(3) 请根据自身情况，进一步阅读分析程序中用到的相关内核函数的源码实现。

3. 学时安排

本实验共 4 学时。

4. 开发平台

Linux/openEuler/麒麟操作系统环境、gcc、gdb、vim 或 gedit 等。

7.3.2　Linux 内核模块简介

1. 模块基本概念

Linux 内核是单体式结构，相对于微内核结构而言，其运行效率高，但系统的可维护性及可扩展性较差。为此，Linux 提供了内核模块(module)机制，它不仅可以弥补单体式内核相对于微内核的一些不足，而且不影响系统性能。内核模块的全称是动态可加载内核模块(Loadable Kernel Module，LKM)，简称为模块。模块是一个目标文件，能完成某种独立的功能，但其自身不是一个独立的进程，不能单独运行，可以动态载入内核，使其成为内核代码的一部分，与其他内核代码的地位完全相同。当不需要某模块功能时，可以动态卸载。实际上，Linux 中大多数设备驱动程序或文件系统都以模块方式实现，因为它们数目繁多，体积庞大，不适合直接编译在内核中，而是通过模块机制，需要时临时加载。使用模块机制的另一个好处是，修改模块代码后只需重新编译和加载模块，不必重新编译内核和引导系统，降低了系统功能的更新难度。

一个模块通常由一组函数和数据结构组成，用来实现某种功能，如实现一种文件系统、一个驱动程序或其他内核上层的功能。模块自身不是一个独立的进程，当前进程运行过程中调用到模块代码时，可以认为该段代码就代表当前进程在核心态运行。

2. 内核符号表

模块编程可以使用内核的一些全局变量和函数，内核符号表就是用来存放所有模块都可以访问的符号及相应地址的表，存放在 /proc/kallsyms 文件中，可以使用"cat /proc/kallsyms"命令查看当前环境下导出的内核符号。

通常情况下，一个模块只需实现自己的功能，而无须导出任何符号；但如果其他模块需要调用这个模块的函数或数据结构时，该模块也可以导出符号，这样其他模块可以使用由该模块导出的符号，利用现成的代码实现更加复杂的功能，这种技术也称作模块层叠技术，当前已经使用在很多主流的内核源代码中。

如果一个模块需要向其他模块导出符号，则可使用下面的宏：

> EXPORT_SYMBOL(symbol_name);
>
> EXPORT_SYMOBL_GPL(symbol_name);

这两个宏均用于将给定的符号导出到模块外部。由_GPL 版本导出的符号只能被 GPL 许可证下的模块使用。符号必须在模块文件的全局部分导出，不能在模块中的某个函数中导出。

7.3.3 内核模块编程基础

我们以一个简单的"myhello"模块的实现为例，来说明内核模块的编写结构、编译及加载过程。

1. 模块代码结构

"myhello.c"的示例代码如下：

```
1    #include <linux/init.h>
2    #include <linux/module.h>
3    #include <linux/kernel.h>
4
5    static int   hello_init(void)
6    {
7          printk(KERN_ALERT"hello,world\n");
8          return 0;
9    }
10   static void   hello_exit(void)
11   {
12         printk(KERN_ALERT"goodbye\n");
13   }
14
15   module_init(hello_init);
16   module_exit(hello_exit);
17   MODULE_LICENSE("GPL");
```

上面的代码是一个内核模块的典型结构。该模块被载入内核时会向系统日志文件中写入"hello，world"；当被卸载时，也会向系统日志中写入"goodbye"。下面说明该模块代码的结构组成：

(1) 头文件声明。第 1、2 行是模块编程的必需头文件。module.h 包含了大量加载模块所需要的函数和符号的定义；init.h 包含了模块初始化和清理函数的定义。如果模块在加载时允许用户传递参数，则模块还应该包含 moduleparam.h 头文件。

(2) 模块许可申明。第 17 行是模块许可声明。Linux 内核从 2.4.10 版本内核开始，模块必须通过 MODULE_LICENSE 宏声明此模块的许可证，否则在加载此模块时，会收到内核被污染"kernel tainted"的警告。从 linux/module.h 文件中可以看到，被内核接受的有意义的许可证有"GPL""GPL v2""GPL and additional rights""Dual BSD/GPL""Dual MPL/GPL"和"Proprietary"，其中"GPL"表示这是 GNU General Public License(通用公共许可协议)的任意版本，其他许可证大家可以查阅资料进一步了解。MODULE_LICENSE 宏声明可以写在模块的任何地方(但必须在函数外面)，不过惯例是写在模块最后。

(3) 初始化与清理函数的注册。内核模块程序中没有 main 函数，每个模块必须定义两个函数：一个函数用来初始化(示例第 5 行)，主要完成模块注册和申请资源，该函数返回 0，表示初始化成功，其他值表示失败；另一个函数用来退出(示例第 10 行)，主要完成注销和释放资源。Linux 调用宏 module_init 和 module_exit 来注册这两个函数，如示例中第 15、16 两行代码，module_init 宏标记的函数在加载模块时调用，module_exit 宏标记的函数在卸载模块时调用。需要注意的是，初始化与清理函数必须在宏 module_init 和 module_exit 使用前定义，否则会出现编译错误。

初始化函数通常定义为：

```
static int __init init_func(void)
{
    //初始化代码
}
module_init(init_func);
```

一般情况下，初始化函数应当申明为 static，以便它们不会在特定文件之外可见。如果该函数只是在初始化使用一次，则可在声明语句中加 __init 标识，模块在加载后会丢弃这个初始化函数，释放其内存空间。

清理函数通常定义为：

```
static void __exit exit_func(void)
{
    //清理代码
}
module_exit(exit_func);
```

清理函数没有返回值，因此被声明为 void。声明语句中的 __exit 的含义与初始化函数中的 __init 类似，不再重述。

一个基本的内核模块只要包含上述三个部分就可以正常工作了。

(4) printk() 函数说明。大家可能已经发现在代码第 3 行还有一个头文件"<linux/kernel.h>"，这不是模块编程必需的，而是因为我们在代码中使用了 printk() 函数(第 7、12 行)，在该头文件中包含了 printk() 的定义。

printk() 会依据日志级别将指定信息输出到控制台或日志文件中，其格式为：

printk(日志级别 "消息文本");

如

printk(KERN_ALERT"hello,world\n");

一般情况下，优先级高于控制台日志级别的消息将被打印到控制台，优先级低于控制台日志级别的消息将被打印到 messages 日志文件中，而在伪终端下不打印任何的信息。有关其更详细的使用说明请大家自行查阅资料学习。

加载模块后，用户可使用 dmesg 命令查看模块初始化函数中的输出信息，如使用"dmesg | tail -10"来输出"dmesg"命令的最后 10 行日志。

最后总结一下内核模块程序源码的组成，如表 7-8 所示。

表 7-8 内核模块程序源码的组成

头文件	#include<linux/init.h #include<linux/module.h	必选
许可声明	MODULE_LICENSE("Dual BSD/GPL")	必选
加载函数	static int __init hello_init(void)	必选
卸载函数	static void __exit hello_exit(void)	必选
模块参数	module_param(name,type,perm)	可选
模块导出符号	EXPORT_SYMBOL(符号名)	可选
模块作者等信息	MODULE_AUTHOR("作者名")	可选

2. 模块编译和加载

(1) 模块编译的 Makefile 文件：

在 Linux 2.6 及之后的内核中，模块的编译需要配置过的内核源代码，否则无法进行模块的编译工作；编译、链接后生成的内核模块后缀为 .ko；编译过程首先会到内核源码目录下读取顶层的 Makefile 文件，然后返回模块源代码所在的目录继续编译。

在使用 make 命令编译模块代码时，应先书写 Makefile 文件，且应放在模块源代码文件所在目录中。针对上面的"hello world"模块，编写一个简单的 Makefile：

```
1    obj-m :=hello.o              //生成的模块名称是: hello.ko
/*说明生成模块需要的目标文件，格式: <模块名>-objs := <目标文件>
注意：若模块是由多个 c 文件构成的，则模块名不能与目标文件名字相同*/
2    hello-objs:=myhello.o
3    KDIR :=/lib/modules/$(shell uname -r)/build
4    PWD :=$(shell pwd)          // PWD 是当前目录
5    default:
6        make -C $(KDIR) M=$(PWD) modules // -C 指定内核源码目录
                                           // M 指定模块源码所在目录
7    clean:
8        make -C $(KDIR) M=$(PWD) clean
```

其中：第 3 行 KDIR 是内核源码目录，该目录通过当前运行内核使用的模块目录中的 build 符号链接指定。或者直接给出源码目录也可以，如 KDIR := /home/zwh/linux-4.12。

需要注意的是，在第 6 行和第 8 行的"make"之前应该是"Tab"键，而不是空格。
　　(2) 由多个文件构成的内核模块的 Makefile 文件：
　　当模块的功能较多时，把模块的源代码分成几个文件是一个明智的选择，如下面的示例：

```
/*hello1print.c*/
#include <linux/init.h>
#include <linux/module.h>
#include <linux/kernel.h>
MODULE_LICENSE("GPL");
void hello2print(void);    //来源于第二个.c 文件：hello2print.c
static int __init hello_init(void)
{
    printk(KERN_ALERT"hello,world\n");
        hello2print();
    return 0;
}
static void __exit hello_exit(void)
{
    printk(KERN_ALERT"goodbye\n");
}
module_init(hello_init);
module_exit(hello_exit);

/*hello2print.c*/
#include <linux/kernel.h>
void hello2print(void)
{
    printk(KERN_ALERT"this is hello2 print\n");
}
```

则 Makefile 相应的行改为：

```
obj-m :=hello2.o
hello2-objs :=hello1print.o hello2print.o
```

其中含有 module_init(hello_init)、module_exit(hello_exit)这两个宏的.o 模块应放在开始位置。
完整的 Makefile 文件内容为：

```
1    obj-m :=hello2.o                    //生成的模块名称是：hello2.ko
2    hello2-objs :=hello1print.o hello2print.o
3    KDIR :=/lib/modules/$(shell uname -r)/build
4    PWD :=$(shell pwd)       // PWD 是当前目录，即模块源码目录
5    default:
```

```
6          make -C $(KDIR) M=$(PWD) modules // -C 指定内核源码目录
                                                //M 指定模块源码目录
7      clean:
8          make -C $(KDIR) M=$(PWD) clean
```

注意：① 第 1 行和第 2 行中的"hello2"必须名字相同，表示模块 hello2 的目标文件来源于 hello1print.o 和 hello2print.o。

② 在第 6 行和第 8 行的"make"之前应该是"tab"键，而不是空格。

(3) 相关操作命令：

以下命令除 make 命令外，其他都应以 root 用户执行：

① 模块编译命令 make：

命令格式：make。

不带参数的 make 命令将默认当前目录下名为 makefile 或者 Makefile 的文件为描述文件。

② 加载模块命令 insmod 或 modprobe：

insmod 命令把需要载入的模块以目标代码的形式加载到内核中，将自动调用 init_module 宏。其格式为：

```
insmod [filename] [module options...]
```

modprobe 命令的功能与 insmod 一样，区别在于 modprobe 能够处理 module 载入的相依问题，其格式为：

```
modprobe [module options...] [modulename] [module parameters...]
```

如本示例中加载模块的命令为：insmod hello.ko。

③ 查看已加载模块命令 lsmod：

列出当前所有已载入系统的模块信息，包括模块名、大小、其他模块的引用计数等信息。

命令格式：lsmod。

可以配合 grep 来查看指定模块是否已经加载：lsmod | grep 模块名。

④ 查看指定模块信息命令 modinfo：

查看指定模块的详细信息，如模块名、作者、许可证、参数等信息。

命令格式：modinfo 模块名。

⑤ 卸载模块命令 rmmod：

卸载已经载入内核的指定模块，命令格式为：rmmod 模块名。

3. 带参数的模块编程

有时候用户需要向模块传递一些参数，如使用模块机制实现设备驱动程序时，用户可能希望在不同条件下让设备在不同状态下工作。

(1) 头文件：模块要带参数，则头文件必须包括#include <linux/moduleparam.h>。

(2) module_param ()宏。module_param ()宏的功能是在加载模块时或者模块加载以后传递参数给模块，格式为：

```
module_param(name,type,perm);
```

其中：name 表示模块参数的名称；type 表示模块参数的数据类型；perm 表示模块参数的访问权限。

　　程序中首先将所有需要获取参数值的变量声明为全局变量；然后使用宏 module_param() 对所有参数进行说明，这个宏定义应当放在任何函数之外，典型的是出现在源文件的前面，如下面示例程序中的第 8、9 两行。

　　然后在加载模块的命令行后面跟上参数值即可。注意，必须明确指出哪一个变量的值是多少，否则系统不能判断。如对本示例，可用如下命令加载模块并传递参数：

```
insmod module_para.ko who=zwh times=4
```

示例程序：

```
1    #include<linux/init.h>
2    #include<linux/module.h>
3    #include<linux/kernel.h>
4    #include <linux/moduleparam.h>
5    MODULE_LICENSE("GPL");
6    static char *who;        //参数申明
7    static int times;
8    module_param(who,charp,0644);     //参数说明
9    module_param(times,int,0644);
10   static int __init hello_init(void)
11   {
12       int i;
13       for(i = 1;i <= times;i++)
14       printk("%d    %s!\n",i,who);
15       return 0;
16   }
17   static void __exit hello_exit(void)
18   {
19       printk("Goodbye,%s!\n",who);
20   }
21   module_init(hello_init);
22   module_exit(hello_exit);
```

7.3.4　实验指南

1. Linux 内核链表结构及操作

　　链表是 Linux 内核中最简单、最常用的一种数据结构。Linux 内核对链表的实现方式与众不同，它给出了一种抽象链表定义，实际使用中可将其嵌入到其他数据结构中，从而演化出所需要的复杂数据结构。

(1) 链表的定义。Linux 中链表的定义为：

```
struct list_head {
    struct list_head *next, *prev;
}
```

这个不含数据域的链表，可以嵌入到任何结构中，形成结构复杂的链表，之后就以 struct list_head 为基本对象，进行链表的插入、删除、合并、遍历等各种操作。如：

```
struct numlist {
    int num;
    struct list_head list;
};
```

(2) 链表的操作。

① list_for_each()宏和 list_entry()宏。

Linux 内核为抽象链表定义了若干操作，如申明及初始化链表、插入节点、删除节点、合并链表、遍历链表等。本实验只涉及读取内核已有链表，所以这里只介绍链表遍历操作，感兴趣的读者可以查看 linux-4.12/include/linux/list.h 文件学习。

list.h 中定义了遍历链表的宏：

```
#define list_for_each(pos, head) \
    for (pos = (head)->next; pos != (head); pos = pos->next)
```

这个宏仅仅是找到一个个节点中 list_head 域的位置 pos，如图 7-18 所示。

问题是，如何通过 pos 获得节点(结构体)的起始地址，以便引用节点中的其他域？在 list.h 中定义了 list_entry()宏：

```
#define list_entry(ptr, type, member) \
    container_of(ptr, type, member)
```

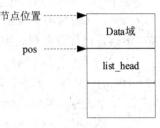

图 7-18　list_for_each()宏

其中，宏 container_of()定义在 linux-4.12/include/linux/kernel.h 中：

```
#define container_of(ptr, type, member) ({\
    const typeof( ((type *)0)->member ) *__mptr = (ptr);\
    (type *)( (char *)__mptr - offsetof(type,member) );})
```

该宏的功能是计算返回包含 ptr 指向的成员 member 所在的 type 类型数据结构的指针，如图 7-19 所示。其实现思路是：计算 type 结构体中成员 member 在结构体中的偏移量，然后用 ptr 的值减去这个偏移量，就得出 type 数据结构的首地址。

例如前面定义的链表结构例子：

```
struct numlist {
    int num;
    struct list_head list;
};
```

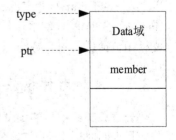

图 7-19　list_entry()宏

可通过如下方式遍历链表的各节点：

```
struct numlist   numhead   //链表头节点
struct list_head *pos;
struct numlist *p;
list_for_each(pos, &numhead.list) {
    p=list_entry(pos,struct numlist,list);
    //下面可以对 p 指向的 numlist 节点进行相关操作
}
```

② list_for_each_entry()宏：

```
#define list_for_each_entry(pos, head, member)                     \
        for (pos = list_entry((head)->next, typeof(*pos), member);  \
             prefetch(pos->member.next), &pos->member != (head);    \
             pos = list_entry(pos->member.next, typeof(*pos), member))
```

该宏实际上是一个 for 循环，利用 pos 作为循环变量，从传入的链表头 head 开始，逐项向后(next 方向)移动 pos，直至又回到 head。prefetch() 可以不考虑，用于预取以提高遍历速度。

2. 进程的 task_struct 结构及家族关系

Linux 进程描述符 task_struct 结构定义在 linux-4.12/include/linux/sched.h 中，包含众多的成员项，其中与本实验相关的成员项有 state、prio、mm、parent、children、sibling、comm 等，请读者自行查看相关源码及本书 "3.3.4 Linux 进程管理" 中的内容。

实验内容(1)可以利用内核的进程总链表实现，每个进程通过 task_struct 结构的 next_task，prev_task 成员加入该链表。Linux 内核提供了宏 for_each_process()依次访问该链表中的每个进程，定义在 include/linux/sched/signal.h 文件中：

```
#define for_each_process(p) \
        for (p = &init_task ; (p = next_task(p)) != &init_task ; )
```

实验内容(2)需要了解 Linux 进程家族的组织情况，由 task_struct 中的 parent、children、sibling 三个成员来描述，相关内容可参见前面 "3.3.4 Linux 进程管理"。

对子进程链表和兄弟进程链表的访问，可通过宏 list_for_each()、list_entry()以及 list_for_each_entry()来实现。对于指定的 pid，可通过函数 pid_task()和 find_vpid()(或者 find_get_pid())配合使用找到其相应的 task_struct 结构，相关函数定义在 linux/kernel/pid.c 文件中，请读者自行查阅。

7.3.5　添加内核模块或系统调用备选题目

为避免实验项目的过度集中和重复，本小节提供了若干添加内核模块的备选题目，这些题目也同时适用于 "7.4 实验二：Linux 内核编译及添加系统调用" 实验。

表 7-9 描述了要添加的内核模块或系统调用需要实现的功能，对个别任务还提示了可能会参考的内核函数。

表 7-9 添加内核模块或系统调用备选题目表

序号	任务功能描述	提 示
1	实现对指定进程的 nice 值的修改或读取功能，并返回进程当前最新的 nice 值及动态优先级 prio	内核函数：set_user_nice()
2	返回指定进程的内存管理信息，如进程可执行代码的起始及结束地址、已初始化数据的起始及结束地址、用户态堆栈起始地址、堆起始地址等	内核函数：get_task_mm()
3	返回指定进程当前的状态、各种用户信息，并能解释说明各种用户的含义及所使用的发行版内核版本中进程状态的设置情况	
4	返回指定进程的各种调度相关信息，如各种优先级，调度策略，运行该进程的 CPU 编号，允许进程在哪些 CPU 上运行，进程的剩余时间片长度等，能解释各种优先级的含义	
5	显示当前系统的名称和版本	内核函数：version_proc_show()
6	输出一个指定文件的相关信息，如索引节点编号、硬链接数、文件所有者标识符、文件的字节数、访问方式等	
7	返回指定进程的相关时间信息，如进程创建时间，进程在用户态及内核态的运行时间，进程的所有子孙进程在用户态的运行时间及在内核态的运行时间等	
8	显示当前进程的 pid、父进程的 pid 及子进程的 pid	
9	改变主机名称为自定义字符串	参考/etc/hostname 文件内容
10	把指定文件变为长度为 0 的空文件	
11	让系统倒计时指定秒数后关机	
12	让系统倒计时指定秒数后重启	内核函数：reboot()或者 kernel_restart()
13	把指定文件 1 的内容追加到指定文件 2 的末尾	
14	把指定文件 1 的内容插入到指定文件 2 的前面	
15	获取指定进程的资源使用情况，包括用户态和内核态的执行时间(以秒和微秒为单位)，无需和需要物理输入/输出操作的页面错误次数，进程置换出内存的次数	内核函数：getrusage 和 sys_getrusage

以上题目列表还不够详细，读者在完成时需要先进行详细说明。这里以第一个题目"读取或修改进程的 nice 值"为例来说明任务模板的编写格式，示例如下：

实现功能：添加一个模块/系统调用，实现对指定进程的 nice 值的修改或读取功能，并返回进程最新的 nice 值及优先级 prio。

调用原型(建议)：

```
int mysetnice(
    pid_t pid,
    int flag,
    int nicevalue,
    void __user * prio,
    void __user * nice
);
```

参数含义：

　　pid：进程 ID。

　　flag：若值为 0，则表示读取 nice 值；若值为 1，则表示修改 nice 值。

　　nicevalue：为指定进程设置的新 nice 值。

　　prio：指向进程当前优先级 prio 值。

　　nice：指向进程当前 nice 值。

返回值：系统调用成功时返回 0，失败时返回错误码 EFAULT。

测试：如果是添加内核模块，则加载新模块进行测试；如果是添加系统调用，则编写一个简单的应用程序测试所添加的系统调用。

说明：若程序中调用了 Linux 的内核函数，则要求深入阅读相关函数源码。

　　根据以上示例，将要完成的任务进行详细描述之后，再进行实现。原型和参数等可能会在实现的过程中发生变化，要及时修改，与实现保持一致。

7.4　实验二：Linux 内核编译及添加系统调用

7.4.1　设计目的和内容要求

1. 设计目的

Linux 是开源操作系统，用户可以根据自身系统需要裁剪、修改内核，定制出功能更加合适、运行效率更高的系统，因此，编译 Linux 内核是进行内核开发的必要基本功。

在系统中根据需要添加新的系统调用是修改内核的一种常用手段，通过本次实验，读者应理解 Linux 系统处理系统调用的流程以及增加系统调用的方法。

2. 内容要求

(1) 添加一个系统调用，实现一个指定功能。实现的功能从"7.3.5 添加内核模块或系统调用备选题目"中选择一个。

(2) 写一个简单的应用程序测试(1)中添加的系统调用。

(3) 若程序中调用了 Linux 的内核函数，则要求深入阅读相关内核函数源码。

3. 学时安排

本实验共 4 学时。

4．开发平台

Linux/openEuler/麒麟操作系统环境、gcc、gdb、vim 或 gedit 等。

7.4.2　Linux 系统调用的基本概念

系统调用的实质是调用内核函数，于内核态中运行。Linux 系统中用户(或封装例程)通过执行一条访管指令"int $0x80"来调用系统调用，该指令会产生一个访管中断，从而让系统暂停当前进程的执行，而转去执行系统调用处理程序，通过用户态传入的系统调用号从系统调用表中找到相应服务例程的入口并执行，完成后返回。下面介绍相关的基本概念。

1．系统调用号与系统调用表

Linux 系统提供了多达几百种的系统调用，为了唯一地标识每一个系统调用，Linux 为每个系统调用都设置了一个唯一的编号，称为系统调用号；同时每个系统调用需要一个服务例程完成其具体功能。Linux 内核中设置了一张系统调用表，用于关联系统调用号及其相对应的服务例程入口地址，定义在./arch/x86/entry/syscalls/syscall_64.tbl 文件中(32 位系统是 syscall_32.tbl)，每个系统调用占一表项，比如大家比较熟悉的几个系统调用的调用号如表 7-10 所示。

表 7-10　系统调用号举例

系统调用号	32 位/64 位/common	系统调用名称	服务例程入口
0	common	read	sys_read
1	common	write	sys_write
2	common	open	sys_open
3	common	close	sys_close
57	common	fork	sys_fork

系统调用号非常关键，一旦分配就不能再有任何变更，否则之前编译好的应用程序就会崩溃。在 x86 中，系统调用号是通过 eax 寄存器传递给内核的。在陷入内核之前，先将系统调用号存入 eax 中，这样系统调用处理程序一旦运行，就可以从 eax 中得到调用号。

2．系统调用服务例程

每个系统调用都对应一个内核服务例程来实现该系统调用的具体功能，其命名格式都是以"sys_"开头，如 sys_read 等，其代码实现通常存放在./kernel/sys.c 文件中。服务例程的原型声明则是在./include/linux/syscalls.h 中，通常都有固定的格式，如 sys_open 的原型为

　　　　asmlinkage long sys_open(const char __user *filename,int flags, int mode);

其中，"asmlinkage"是一个必需的限定词，用于通知编译器仅从堆栈中提取该函数的参数，而不是从寄存器中，因为在执行服务例程之前系统已经将通过寄存器传递过来的参数值压入内核堆栈了。在新版本的内核中，引入了宏"SYSCALL_DEFINEN(sname)"对服务例程原型进行封装，其中的"N"是该系统调用所需要参数的个数，如上述 sys_open 调用

在./kernel/sys.c 文件中的实现格式为

　　　　SYSCALL_DEFINE3(open, const char __user *, filename, int, flags, int, mode)

如后面添加系统调用示例程序中，服务例程的实现格式为

　　　　SYSCALL_DEFINE0(zwhsyscall)

本知识点的详细介绍大家可参考其他资料进一步学习。

3．系统调用参数传递

与普通函数一样，系统调用通常也需要输入/输出参数。在 x86 上，Linux 通过六个寄存器来传入参数值，其中 eax 传递系统调用号，后面五个寄存器 ebx、ecx、edx、esi 和 edi 按照顺序存放前五个参数，需要六个或六个以上参数的情况不多见，此时，应该用一个单独的寄存器存放指向所有这些参数在用户空间地址的指针。服务例程的返回值通过 eax 寄存器传递，这是在执行 return 指令时由 C 编译器自动完成的。

当系统调用执行成功时，将返回服务例程的返回值，通常是 0。但如果执行失败，为防止与正常的返回值混淆，系统调用并不直接返回错误码，而是将错误码放入一个名为 errno 的全局变量中，通常是一个负值，通过调用 perror()库函数，可以把 errno 翻译成用户可以理解的错误信息描述。

4．系统调用参数验证

系统调用必须仔细检查用户传入的参数是否合法有效。比如与进程相关的调用必须检查用户提供的 PID 等是否有效。

最重要的是要检查用户提供的指针是否有效，以防止用户进程非法访问数据。内核提供了两个函数来完成必需的检查以及内核空间与用户空间之间数据的来回拷贝：copy_to_user()和 copy_from_user()。对 2.6.24 内核，在/include/asm-x86/uaccess_64.h 文件中申明原型，在 ./arch/x86/lib/usercopy_32.c 文件中实现函数；对于内核 4.12，定义在./include/linux/uaccess.h 文件中，详细内容参见第 5 章 5.8.2 小节中相关内容的介绍。

7.4.3　Linux 添加系统调用的步骤

这里以一个很简单的例子来说明 Linux 中添加一个新的系统调用的步骤，该调用没有输入参数，名字叫 "zwhsyscall"。采用的内核版本是 4.12，x86 平台、64 位。注意：必须以 root 身份才能完成下述操作。

1．分配系统调用号，修改系统调用表

查看系统调用表(arch/x86/entry/syscalls/syscall_64.tbl)，如图 7-20 所示。

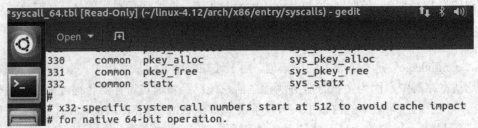

图 7-20　系统调用表部分内容

每个系统调用在表中占一个表项，其格式为

<系统调用号><commom/64/x32><系统调用名><服务例程入口地址>

选择一个未使用的系统调用号进行分配，比如当前系统使用到 332 号，则新添加的系统调用可使用 333 号。确定调用号后，应在系统调用表中关联新调用的调用号与服务例程入口，即在 syscall_64.tbl 文件中为新调用添加一条记录，修改结果如图 7-21 所示(注意，Linux 4.18 及以后版本的服务例程地址格式必须以"__64_开头")。

```
330    common   pkey_alloc          sys_pkey_alloc
331    common   pkey_free           sys_pkey_free
332    common   statx               sys_statx
333    64       zwhsyscall          sys_zwhsyscall
#
# x32-specific system call numbers start at 512 to avoid cache impact
# for native 64-bit operation.
```

图 7-21 修改系统调用表

2. 申明系统调用服务例程原型

Linux 系统调用服务例程的原型声明在文件 linux-4.12/include/linux/syscalls.h 中，可在文件末尾添加如图 7-22 所示内容。

```
asmlinkage long sys_zwhsyscall(void);
```

图 7-22 声明系统调用服务例程原型

3. 实现系统调用服务例程

下面为新调用 zwhsyscall 编写服务例程 sys_zwhsyscall，通常添加在 sys.c 文件中，其完整路径为 linux-4.12/kernel/sys.c，如图 7-23 所示。

```
SYSCALL_DEFINE0(zwhsyscall)
{
        printk("Hello,this is zwh's syscall test!\n");

        return 0;
}
```

图 7-23 编写系统调用服务例程

4. 重新编译内核

上面三个步骤已经完成添加一个新系统调用的所有工作，但是要让这个系统调用真正在内核中运行起来，还需要重新编译内核。有关内核编译的知识，见 7.4.4 节的介绍。

5. 编写用户态程序测试新系统调用

可编写一个用户态程序来调用上面新添加的系统调用：

```
1    #define _GNU_SOURCE
2    #include < unistd.h>
3    #include <sys/syscall.h>
4    #define __NR_mysyscall 333   /*系统调用号根据实验具体数字而定*/
5    int main()  {
6    syscall(__NR_mysyscall);      /*或 syscall(333)*/
7    }
```

程序说明：

程序第 6 行使用了 syscall() 宏调用新添加的系统调用，它是 Linux 提供给用户态程序直接调用系统调用的一种方法，其格式为

    int syscall(int number, ...);

其中，number 是系统调用号，number 后面应顺序接上该系统调用的所有参数。

编译该程序并运行后，使用 dmesg 命令查看输出内容，如图 7-24 所示。

图 7-24　系统调用测试结果

7.4.4　Linux 内核编译步骤

作为自由软件，Linux 内核版本不断更新，新内核会修订旧内核的 bug，并增加若干新特性，如支持更多的硬件、具备更好的系统管理能力、运行速度更快、更稳定等。用户若想使用这些新特性，或希望根据自身系统需求定制一个更高效、更稳定的内核，就需要重新编译内核。下面以 Linux 初学者喜欢使用的 Ubuntu 系统为例，介绍内核编译步骤。

1. 实验环境

Ubuntu 64 位：ubuntu-16.04-desktop-amd64.iso，待编译的新内核是 linux-4.16.3.tar.xz。

虚拟机：WMware-player-12.1.1-3770994.exe。

虚拟机的建议配置参数：磁盘空间 30～40 GB 以上，内存 2 GB 以上。由于在内核编译过程中会生成较多的临时文件，因此如果磁盘空间预留太小，则会出现磁盘空间不足的错误而导致内核编译失败；内存太小会影响编译速度。一般内核编译时间通常比较长，但是不同计算机、操作系统和虚拟机配置导致编译时间差异较大，短到几十分钟，长到几个小时。

2. 下载内核源码

Linux 的内核源代码是完全公开的，有很多网站都提供源码下载，推荐使用 Linux 的官方网站：https://www.kernel.org，在这里可以找到所有的内核版本，如图 7-25 所示。

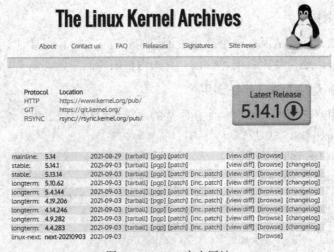

图 7-25　Linux 官方网站

3. 解压缩内核源码文件

首先切换到 root 用户(后面所有操作都必须以 root 用户进行)，将下载的新内核压缩文件复制到 /home 或其他比较空闲的目录中，然后进入压缩文件所在子目录。分两步解压缩：

(1) xz -d linux-4.16.3.tar.xz(大概执行 1 分钟，中间没有任何信息显示)。

(2) tar –xvf linux-4.16.3.tar。

注意：由于编译过程中会生成很多临时文件，因此要确保压缩文件所在子目录有足够的空闲空间，最好能有 15～20 GB。笔者在建立虚拟机时预留了 40 GB 磁盘空间。

4. 清除残留的.config 和.o 文件

在开始完全重新编译之前，需要清除残留的 .config 和 .o 文件，后续如果编译过程中出现错误，则再次开始完全重新编译之前，也需要如此清理。方法是进入 linux-4.16.3 子目录，执行以下命令：

```
#make mrproper
```

这里可能会提醒安装 ncurses 包，在 Ubuntu 中 ncurses 包的名字是 libncurses5-dev，所以安装命令为

```
#apt-get install libncurses5-dev
```

安装完缺少的包之后再次执行命令：

```
make mrproper
```

5. 配置内核

运行命令：make menuconfig。

运行该命令过程中，可能会出现如图 7-26 所示的错误信息：

fatal error: curses.h: No such file or directory

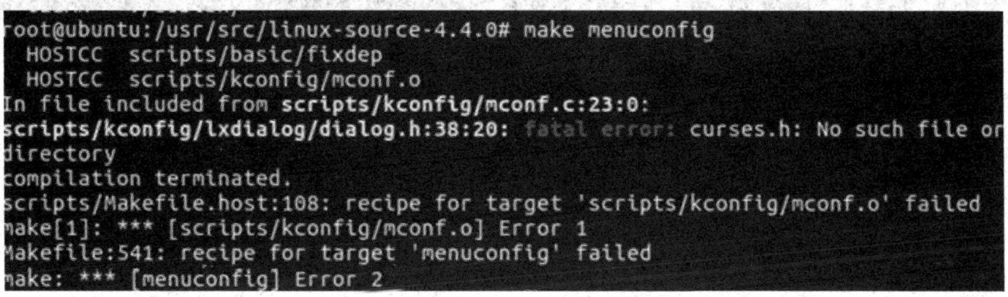

```
root@ubuntu:/usr/src/linux-source-4.4.0# make menuconfig
  HOSTCC  scripts/basic/fixdep
  HOSTCC  scripts/kconfig/mconf.o
In file included from scripts/kconfig/mconf.c:23:0:
scripts/kconfig/lxdialog/dialog.h:38:20: fatal error: curses.h: No such file or
directory
compilation terminated.
scripts/Makefile.host:108: recipe for target 'scripts/kconfig/mconf.o' failed
make[1]: *** [scripts/kconfig/mconf.o] Error 1
Makefile:541: recipe for target 'menuconfig' failed
make: *** [menuconfig] Error 2
```

图 7-26　缺少套件 ncurses devel 的错误信息

这是因为 Ubuntu 系统中可能缺少一个套件 ncurses devel，安装方法是执行命令：

```
#apt-get install libncurses5-dev
```

在不同的系统中，使用的安装管理工具和包的名称可能都不一样，需要查询如何安装缺少的包。例如，在使用 yum 的 CentOS 系统中，需要运行的命令为：

```
#yum install ncurses-devel
```

之后再执行“make menuconfig”命令，将打开如图 7-27 所示配置对话框。对于每一个配置选项，用户可以回答"y" "m"或"n"。其中"y"表示将相应特性的支持或设备驱动程序编译进内核；"m"表示将相应特性的支持或设备驱动程序编译成可加载模块，在需要时，可由系统或用户自行加入到内核中去；"n"表示内核不提供相应特性或驱动程序的支持。一般采用默认值即可：选择“save”保存配置信息，文件名采用默认的 .config，然后选择“exit”退出。

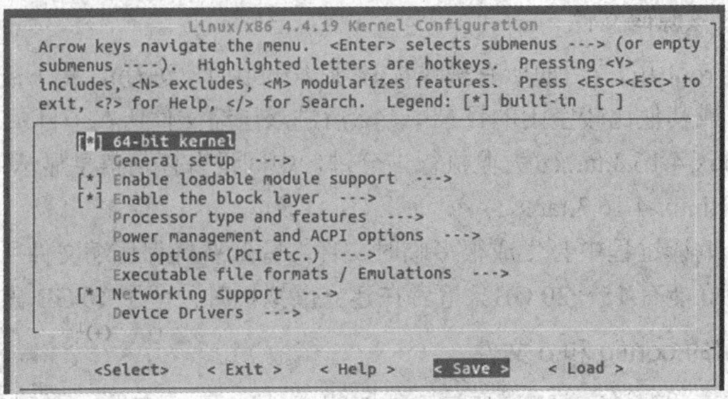

图 7-27　配置内核界面

6. 编译内核，生成启动映像文件

内核配置完成后，执行 make 命令，开始编译内核。如果编译成功，则生成 Linux 启动映像文件 bzImage(位于./arch/x86_64/boot/bzImage)：

执行命令：make。

可使用 make -j2(双核 CPU)或 make -j4(4 核 CPU)来加快编译速度。

编译过程中，可能会出现一些错误，通常都是因为缺少某个库，一般根据相应的错误提示，安装相应的包即可，然后重新编译。

(1) 缺少 openssl：

  fatal error: openssl/opensslv.h: No such file or directory

如图 7-28 所示。

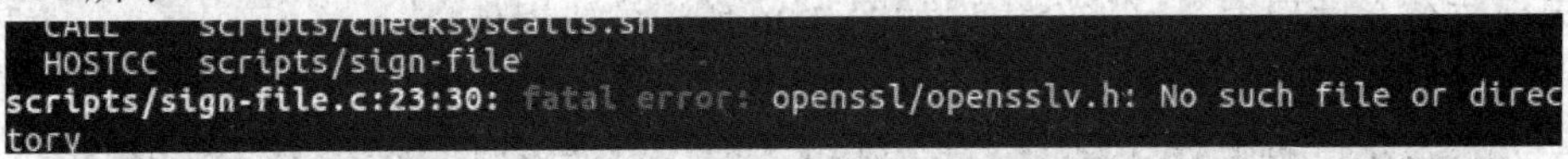

```
CALL    scripts/checksyscalls.sh
HOSTCC  scripts/sign-file
scripts/sign-file.c:23:30: fatal error: openssl/opensslv.h: No such file or directory
```

图 7-28　关于 openssl 的编译错误

这是因为没有安装 openssl，openssl 的安装方法是执行命令：

  #apt-get install libssl-dev

(2) 缺少 bison：

  #apt-get install bison

(3) 缺少 flex：

  #apt-get install flex

安装完缺少的包之后，再执行 make 命令即可。编译内核需要较长时间，笔者编译 4 核处理器，用了约 20 分钟。

7. 编译模块

执行命令：make modules。

第一次编译模块需要很长时间，笔者大概用了两个半小时，不同的系统配置这个时间相差会比较大。

8. 安装内核

(1) 安装模块：make modules_install。

(2) 安装内核：make install。

9. 配置 grub 引导程序

只需要执行命令：update-grub2，该命令会自动修改 grub。

10. 重启系统

执行命令：reboot。

将使用新内核启动 Linux。启动完成后进入终端可使用命令 "uname –a" 查看内核版本，如图 7-29 所示。

```
[uladmin@Campusnetwork modules]$ uname -a
Linux Campusnetwork.net.hziee.edu.cn 3.10.0-693.21.1.el7.x86_64 #1 SMP Wed Mar 7
 19:03:37 UTC 2018 x86_64 x86_64 x86_64 GNU/Linux
```

图 7-29　查看内核版本

7.5　实验三：Linux 进程管理

1. 设计目的

(1) 通过对 Linux 进程控制的相关系统调用的编程应用，进一步加深对进程概念的理解，明确进程和程序的联系与区别，理解进程并发执行的具体含义。

(2) 通过 Linux 管道通信机制、消息队列通信机制、共享内存通信机制的应用，加深对不同类型的进程通信方式的理解。

(3) 通过对 Linux 的 POSIX 信号量及 IPC 信号量的应用，加深对信号量同步机制的理解。

(4) 请根据自身情况，进一步阅读分析相关系统调用的内核源码实现。

2. 设计内容

1) 实现一个模拟的 shell

编写三个不同的程序 cmd1.c、cmd2.c 及 cmd3.c，每个程序的功能自定，分别编译成可执行文件 cmd1、cmd2 及 cmd3。然后再编写一个程序，模拟 shell 程序的功能：能根据用户输入的字符串(表示相应的命令名)，为相应的命令创建子进程并让它去执行相应的程序，而父进程则等待子进程结束，然后再等待接收下一条命令。如果接收到的命令为 exit，则父进程结束，退出模拟 shell；如果接收到的命令是无效命令，则显示 "Command not found"，继续等待输入下一条命令。

2) 实现一个管道通信程序

由父进程创建一个管道，然后再创建三个子进程，并由这三个子进程利用管道与父进程之间进行通信：子进程发送信息，父进程等三个子进程全部发完消息后再接收信息。通信的具体内容可根据自己的需要随意设计，要求能试验阻塞型读写过程中的各种情况，测试管道的默认大小，并且要求利用 POSIX 信号量机制实现进程间对管道的互斥访问。运行程序，观察各种情况下，进程实际读写的字节数以及进程阻塞唤醒的情况。

3) 利用 Linux 的消息队列通信机制实现三个线程间的通信

编写程序创建三个线程：sender1 线程、sender2 线程和 receive 线程，三个线程的功能描述如下：

(1) sender1 线程：运行函数 sender1()，它创建一个消息队列，然后等待用户通过终端输入一串字符，并将这串字符通过消息队列发送给 receiver 线程；可循环发送多个消息，直到用户输入 "exit" 为止，表示它不再发送消息，最后向 receiver 线程发送消息 "end1"，并且等待 receiver 的应答，等到应答消息后，将接收到的应答信息显示在终端屏幕上，结束线程的运行。

(2) sender2 线程：运行函数 sender2()，共享 sender1 创建的消息队列，等待用户通过终端输入一串字符，并将这串字符通过消息队列发送给 receiver 线程；可循环发送多个消息，直到用户输入"exit"为止，表示它不再发送消息，最后向 receiver 线程发送消息"end2"，并且等待 receiver 的应答，等到应答消息后，将接收到的应答信息显示在终端屏幕上，结束线程的运行。

(3) receiver 线程：运行函数 receive()，它通过消息队列接收来自 sender1 和 sender2 两个线程的消息，将消息显示在终端屏幕上，当收到内容为 "end1" 的消息时，就向 sender1 发送一个应答消息 "over1"；当收到内容为 "end2" 的消息时，就向 sender2 发送一个应答消息 "over2"；消息接收完成后删除消息队列，结束线程的运行。选择合适的信号量机制实现三个线程之间的同步与互斥。

4) 利用 Linux 的共享内存通信机制实现两个进程间的通信

编写程序 sender，它创建一个共享内存，然后等待用户通过终端输入一串字符，并将这串字符通过共享内存发送给 receiver，最后，它等待 receiver 的应答，收到应答消息后，将接收到的应答信息显示在终端屏幕上，删除共享内存，结束程序的运行。编写 receiver 程序，它通过共享内存接收来自 sender 的消息，将消息显示在终端屏幕上，然后再通过该共享内存向 sender 发送一个应答消息 "over"，结束程序的运行。选择合适的信号量机制实现两个进程对共享内存的互斥及同步使用。

相关知识请参阅第 3 章 3.4.5 节及 3.6.3 节内容。

3. 学时安排

本实验共 6 学时。

4. 开发平台

Linux/openEuler/麒麟操作系统环境、gcc、gdb、vim 或 gedit 等。

7.6　实验四：Linux 设备驱动程序开发

7.6.1　设计目的和内容要求

1. 设计目的

Linux 驱动程序占内核代码的一半以上，开发设计驱动程序是 Linux 内核编程的一项重要工作。通过本次实验，让读者了解 Linux 系统的设备管理机制及驱动程序框架结构，掌握 Linux 设备驱动程序的设计流程及加载方法，为从事具体的硬件设备驱动程序开发打下基础。特别是通过 USB 大容量存储设备驱动程序的设计，能够让读者了解 U 盘与主机端的数据传输及解析协议，包括 SCSI、BOT、UASP 等，同时了解 usb_storage 模块的功能。

2．内容要求

(1) 编写一个模拟的字符设备驱动程序。要求实现对该字符设备的打开、读、写、I/O 控制和关闭五个基本操作。为了避免涉及汇编语言，这个字符设备并非一个真实的字符设备，而是用一段内存空间来模拟的。以模块方式加载该驱动程序，并编写一个应用程序测试所实现驱动程序的正确性。

(2) 编写一个 USB 大容量存储设备驱动程序。要求通过对内核现有 usb_storage 模块的修改，实现对 USB 存储设备的识别，以模块方式加载该驱动程序。

(3) 编写一个 USB 接口字符设备驱动程序。要求通过调用相关的 Linux 内核 API，实现一个虚拟机中的 USB 接口鼠标的驱动程序。

3．学时安排

本实验共 6 学时。

4．开发平台

Linux/openEuler/麒麟操作系统环境、gcc、gdb、vim 或 gedit 等。

7.6.2 Linux 字符设备驱动程序的设计

1．Linux 字符设备驱动程序框架

Linux 字符设备驱动程序框架如图 7-30 所示。

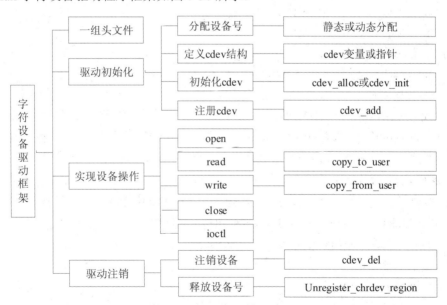

图 7-30 字符设备驱动程序框架图

2．Linux 字符设备驱动程序中需要的一组头文件

在编写 Linux 字符设备驱动程序时，可能要用到的头文件包括：

- #include <linux/fs.h>：定义文件表结构(file 结构、buffer_head、m_inode 等)。
- #include <linux/types.h>：一些特殊系统数据类型的定义，例如 dev_t、off_t 及 pid_t。
- #include <linux/cdev.h>：包含了 cdev 结构及相关函数的定义。
- #include<linux/uaccess.h>：包含 copy_to_user()，copy_from_user()的定义。
- #include <linux/module>：模块编程相关函数。
- #include <linux/init.h>：模块编程相关函数。
- #include <linux/kernel>。
- #include <linux/slab.h>：包含内核的内存分配相关函数，如 kmalloc()、kfree()等。

3．Linux 字符设备驱动程序的初始化

1) 分配设备号

如前面"5.8.1 Linux 字符设备驱动程序基础"中所述，为一个新字符设备分配设备号可以有静态和动态两种方式，如果已经提前指定主设备号，则使用静态方式：

        int register_chrdev_region(dev_t first, unsigned int count, char *name);

否则使用动态分配方式：

        int alloc_chrdev_region(dev_t *dev,unsigned firstminor,unsigned count,char *name);

2) 定义 cdev 结构并初始化

Linux 内核必须为每个字符设备都建立一个 cdev 结构，定义时采用 cdev 结构体指针或变量均可，只不过两种定义方式的初始化操作会有所不同：

(1) 定义 cdev 结构体变量及初始化：

        struct cdev my_cdev;

        cdev_init(&my_cdev, &fops);

        my_cdev.owner = THIS_MODULE;

(2) 定义 cdev 结构体指针及初始化：

        struct cdev *my_cdev = cdev_alloc();

        my_cdev->ops = &fops;

        my_cdev->owner = THIS_MODULE;

其实，cdev_init()和 cdev_alloc()的功能是差不多的，只是前者多了一个 ops 的赋值操作，具体区别请查看两个函数的实现源码，定义在 linux-4.12/fs/char_dev.c 文件中。

3) 注册 cdev 结构

cdev 初始化完成后，应将其注册到系统中，一般在模块加载时完成该操作。设备注册函数是 cdev_add()，定义在 linux-4.12/fs/char_dev.c 文件中：

        int cdev_add(struct cdev *p, dev_t dev, unsigned count) {

            p->dev = dev;

            p->count = count;

            return kobj_map(cdev_map, dev, count, NULL, exact_match, exact_lock, p);

        }

其中的输入参数分别是 cdev 结构指针、起始设备号及次设备号数量。

Linux 内核中所有字符设备都记录在一个 kobj_map 结构的 cdev_map 散列表里。

cdev_add()函数中的 kobj_map()就是用来把设备号及 cdev 结构一起保存到 cdev_map 散列表里。当以后要打开这个字符设备文件时，通过调用 kobj_lookup()，根据设备号就可以找到cdev 结构变量，从而取出 cdev 结构的 ops 字段。

执行 cdev_add()操作后，意味着一个字符设备对象已经加入了系统，以后用户程序可以通过文件系统接口找到对应的驱动程序。

4. 实现字符设备驱动程序的操作函数

1) 实现 file_operations 结构中要用到的函数

这些函数具体实现设备的相关操作，如打开设备、读设备等，部分函数的大致结构可参看下面的描述：

(1) 打开设备函数 open：

```
static int char_dev_open(struct inode *inode, struct file *filp) {
        //这里可以进行一些初始化
        printk("char_dev device open.\n");
        return 0;
    }
```

(2) 读设备函数：

```
ssize_t char_dev_read(struct file *file,char __user *buff,size_t count,loff_t *offp) {
        ⋮
        copy_to_user( );
        ⋮
    }
```

(3) 写设备函数：

```
ssize_t char_dev_write(struct file *file,const char __user *buff,size_t count,loff_t *offp)
    {   ⋮
        copy_from_user( );
        ⋮
    }
```

(4) I/O 控制函数：

```
static int char_dev_ioctl(struct inode *inode,struct file *filp,unsigned int cmd,
                        unsigned long arg) {
        ⋮
        switch(cmd){
        case xxx_cmd1:
          ⋮
          break;
        case xxx_cmd2:
          ⋮
```

```
            break;
            ⋮
    }
```

(5) 关闭设备函数，对应用户空间的 close()系统调用。

```
static int char_dev_release (struct inode *node, struct file *file)  {
        //这里可以进行一些资源的释放
        printk("char_dev device release.\n");
        return 0;
}
```

2) 添加 file_operations 成员

file_operations 结构体中包含很多函数指针，是驱动程序与内核的接口，下面列出最常用的几种操作：

```
static struct file_operations char_dev_fop
{
        .owner = THIS_MODULE,
        .open  = char_dev_open,              //打开设备
        .release = char_dev_release,         //关闭设备
        .read  = char_dev_read,              //实现设备读功能
        .write = char_dev_write,             //实现设备写功能
        .unlocked_ioctl = char_dev_ioctl,    //实现设备控制功能
};
```

5. 注销设备

当不使用某个设备时，应及时从系统注销，以节省系统资源。注销设备主要包括两个操作：撤销 cdev 结构和释放设备号，此项工作通常放在模块卸载过程中完成。

1) 注销字符设备

Linux 内核使用 cdev_del()函数完成字符设备的注销，主要工作包括删除 cdev_map 散列表中被注销设备的节点，并释放 cdev 结构本身。函数定义在 linux-4.12/fs/char_dev.c 文件中：

```
void cdev_del(struct cdev *p) ; //参数 p 为被注销设备的 cdev 指针
```

2) 释放设备号

调用 cdev_del()函数从系统注销字符设备之后，应调用 unregister_chrdev_region()释放原先申请的设备号，函数定义在 linux-4.12/fs/char_dev.c 文件中：

```
void unregister_chrdev_region(dev_t from, unsigned count);
```

其中：参数 from 表示要释放的起始设备号，count 表示要释放的次设备号数量。

7.6.3　Linux 字符设备驱动程序的编译及加载

当以模块方式实现一个字符设备的驱动程序后，可按以下步骤对驱动程序进行编译和

加载：

    (1) 编译模块。在驱动程序源码文件所在目录中建立 Makefile 文件，参考内容如下：

```
obj-m :=c_driver.o
        KDIR :=/home/zwh/linux-4.12        //linux 内核源码目录
        PWD :=$(shell pwd)
default:
        make -C $(KDIR) M=$(PWD) modules
clean:
        make -C $(KDIR) M=$(PWD) clean
```

然后使用 make 命令编译模块，得到.ko 文件。

    (2) 使用 insmod 命令加载模块(需要 root 权限)。加载后可使用 "cat /proc/devices" 查看所加载的设备。

    (3) 建立设备节点(即设备文件)。根据设备号在文件系统中建立对应的设备节点(即设备文件)，使用命令 mknod，如 mknod /dev/mycdev c 100 0。

从而建立了/dev/mycdev 文件与(100,0)号设备的连接。

    (4) 可根据需要修改设备文件的权限，如 chmod　777　/dev/mycdev。

至此，一个新设备建立完毕，以后应用程序就可以使用文件操作函数，如 "open" 等操作/dev/mycdev 设备了。驱动程序的例子参见前面 "5.8 Linux 字符设备驱动程序" 的内容。

7.6.4　USB 大容量存储设备驱动程序编写指导

在 Linux 中 USB 存储设备通常都是以 usb-storage 方式驱动的，因此本驱动程序是通过对 Linux 内核中现有 usb_storage 模块的修改来实现的，设备是一个 U 盘，Linux 内核版本是 4.17.12。

1. 实现 U 盘驱动需要关注的几个协议

U 盘是大容量存储设备(Mass Storage Class，MSC)的一种，实现 U 盘驱动需要关注以下几个协议：

    (1) USB MSC Bulk-Only (BBB) Transport。U 盘和主机端数据传输协议，命令、数据、命令完成情况都从 Bulk 端点传出。

    (2) USB MSC USB Attached SCSI Protocol (UASP)。对 BBB(Bulk-Only)协议的增强版，是对小型计算机系统接口(Small Computer System Interface，SCSI)协议的补充，数据传输比 BBB 协议要快。

    (3) SCSI。USB 存储设备需要将自身模拟为标准的 SCSI 设备，并向 SCSI 管理器注册，对于上层系统而言，只需操作标准的 SCSI 设备即可，这样可简化具体的文件读写功能。驱动程序将接收到的 SCSI 命令转化为对应 U 盘设备的通信协议，并使用对应设备的通信方式进行发送，同时将结果反馈回 SCSI 管理器。

2. 修改并编译 usb_storage 模块

对 usb_storage 模块的修改及编译操作过程如下：

(1) 拷贝内核 usb_storage 模块到 ~/Desktop：

    cd linux-4.17.1

    cp ./drivers/usb/storage/ -r ~/Desktop/

(2) 修改 usb.c 文件中 DRV_NAME 宏的定义，该宏是驱动程序的名字：

    #define DRV_NAME "my_usb_driver"

(3) 修改 Makefile 文件，内容如下：

```
# SPDX-License-Identifier: GPL-2.0#
# Makefile for the USB Mass Storage device drivers.#
# 15 Aug 2000, Christoph Hellwig <hch@infradead.org>
# Rewritten to use lists instead of if-statements.#
ccflags-y := -Idrivers/scsi
obj-$(CONFIG_USB_UAS)            += uas.o
# 重命名模块名字
obj-$(CONFIG_USB_STORAGE)        += my_usb.o
my_usb-y := scsiglue.o protocol.o transport.o usb.o
my_usb-y += initializers.o sierra_ms.o option_ms.o
my_usb-y += usual-tables.o
my_usb-$(CONFIG_USB_STORAGE_DEBUG) += debug.o
# 注释掉不需要的文件
# obj-$(CONFIG_USB_STORAGE_ALAUDA)      += ums-alauda.o
# obj-$(CONFIG_USB_STORAGE_CYPRESS_ATACB) += ums-cypress.o
# obj-$(CONFIG_USB_STORAGE_DATAFAB)     += ums-datafab.o
# obj-$(CONFIG_USB_STORAGE_ENE_UB6250)+= ums-eneub6250.o
# obj-$(CONFIG_USB_STORAGE_FREECOM)     += ums-freecom.o
# obj-$(CONFIG_USB_STORAGE_ISD200) += ums-isd200.o
# obj-$(CONFIG_USB_STORAGE_JUMPSHOT)  += ums-jumpshot.o
# obj-$(CONFIG_USB_STORAGE_KARMA)       += ums-karma.o
# obj-$(CONFIG_USB_STORAGE_ONETOUCH) += ums-onetouch.o
# obj-$(CONFIG_USB_STORAGE_REALTEK)     += ums-realtek.o
# obj-$(CONFIG_USB_STORAGE_SDDR09)      += ums-sddr09.o
# obj-$(CONFIG_USB_STORAGE_SDDR55)      += ums-sddr55.o
# obj-$(CONFIG_USB_STORAGE_USBAT)       += ums-usbat.o
# ums-alauda-y        := alauda.o
# ums-cypress-y       := cypress_atacb.o
# ums-datafab-y       := datafab.o
# ums-eneub6250-y     := ene_ub6250.o
# ums-freecom-y       := freecom.o
# ums-isd200-y        := isd200.o
# ums-jumpshot-y      := jumpshot.o
```

```
# ums-karma-y          := karma.o
# ums-onetouch-y       := onetouch.o
# ums-realtek-y        := realtek_cr.o
# ums-sddr09-y         := sddr09.o
# ums-sddr55-y         := sddr55.o
# ums-usbat-y          := shuttle_usbat.o
# 添加对模块编译的支持
KDIR:=/lib/modules/$(shell uname -r)/build
all:
        make -C $(KDIR) M=$(PWD) modules
clean:
        rm -f *.ko *.o *.mod.o *.mod.c *.symvers *.order
```

(4) 使用 make 命令编译 usb_storage 模块。

3. 修改 usb_storage 模块实现对特定设备的识别

1) 使用 dmesg 命令查看 USB 设备标识

在 Linux 中，一个 USB 设备可以通过 idVendor(厂商号)和 idProduct(设备号)来标识。每个 USB 驱动程序都会有一个探测函数 probe()，当识别到与该驱动程序匹配的设备时，就会触发探测函数的执行。在 USB 驱动程序的 struct usb_driver 结构中(路径为/include/linux/usb.h)有一个指向 struct usb_device_id 结构的指针，在 usb_device_id 结构中(路径为/include/linux/mod_devicetable.h)存储了设备的 idVendor 和 idProduct。

在插入 U 盘(USB 存储设备)后，使用 dmesg 命令查看 U 盘的 vendor 和 product 编号，如图 7-31 所示。

```
[177423.376847] usb 1-9: new high-speed USB device number 7 using xhci_hcd
[177423.534292] usb 1-9: New USB device found, idVendor=0951, idProduct=1666, bcdDevice= 0.01
[177423.534305] usb 1-9: New USB device strings: Mfr=1, Product=2, SerialNumber=3
[177423.534481] usb 1-9: Product: DataTraveler 3.0
[177423.534487] usb 1-9: Manufacturer: Kingston
[177423.534491] usb 1-9: SerialNumber: 60A44C3FAC2DF051098A0084
[177423.541400] usb-storage 1-9:1.0: USB Mass Storage device detected
```

图 7-31 dmesg 命令查看 USB 设备标识

2) 修改 usb_storage 模块代码

修改 usual-tables.c 文件(路径为./drivers/usb/storage/usual-tables.c)，如图 7-32 所示，将图左边内容修改成右边内容，这样可以使该驱动只识别 vendor_id=0x0951, product_id=0x1666 的设备。

```
43 struct usb_device_id usb_storage_usb_ids[] = {
44- # include "unusual_devs.h"

45  { }  /* Terminating entry */
46 };
```
```
43+ #define USB_MASS_VENDOR_ID 0x0951
44+ #define USB_MASS_PRODUCT_ID 0x1666
45  struct usb_device_id usb_storage_usb_ids[] = {
46+ // # include "unusual_devs.h"
47+  { USB_DEVICE(USB_MASS_VENDOR_ID, USB_MASS_PRODUCT_ID) },
48  { }  /* Terminating entry */
49 };
```

图 7-32 修改 usb_storage 模块代码

4. usb_storage 模块测试

1) 卸载原 usb_storage 模块

Linux 支持热插拔，所以需要先把内核自带的 usb_storage 模块卸载并重命名：

```
sudo rmmod uas usb_storage

cd /lib/modules/4.17.12+/kernel/drivers/usb/storage

mv usb-storage.ko usb-storage.ko.1
```

2) 编译模块并安装

编译模块并安装，代码如下：

```
make && sudo insmod my_usb.ko
```

插入 U 盘，使用 sudo fdisk -l 查看能否识别到自己的设备，或者在图形界面能否看到自己的 U 盘。

5. 观察主机与设备之间的通信命令

(1) 修改 debug.h 文件，注释掉条件编译选项，如图 7-33 所示。

```
41  #define US_DEBUG(x)     x               41  #define US_DEBUG(x)     x
42  #else                                   42+ // #else
43  __printf(2, 3)                          43+ // __printf(2, 3)
44  static inline void _usb_stor_dbg(const struct   44+ // static inline void _usb_stor_dbg(const struct
 us_data *us,                                 + us_data *us,
45          const char *fmt, ...)           45+ //         const char *fmt, ...)
46  {                                       46+ // {
47  }                                       47+ // }
48  #define usb_stor_dbg(us, fmt, ...)   \  48+ // #define usb_stor_dbg(us, fmt, ...)      \
49    do { if (0) _usb_stor_dbg(us, fmt, ##__VA_ARGS__)  49+ //  do { if (0) _usb_stor_dbg(us, fmt, ##__VA_ARGS__)
   ; } while (0)                             + ; } while (0)
50  #define US_DEBUG(x)                     50+ // #define US_DEBUG(x)
51  #endif                                  51+ // #endif
52                                          52
53  #endif                                  53  #endif
```

图 7-33　修改 debug.h 文件

(2) 修改 Makefile 文件，添加编译 debug.c：

```
my_usb-y += debug.o
```

(3) 重新编译并加载模块，插入 U 盘，使用 dmesg 可看到如图 7-34 所示的信息。

```
[242614.173301] Command WRITE_10 (10 bytes)

[242614.173302] bytes: 2a 00 00 00 80 43 00 00 02 00

[242614.173304] Bulk Command S 0x43425355 T 0x3d6 L 1024 F 0 Trg 0 LUN 0 CL 10

[242614.173305] xfer 31 bytes

[242614.173601] Status code 0; transferred 31/31

[242614.173603] -- transfer complete

[242614.173603] Bulk command transfer result=0

[242614.173604] xfer 1024 bytes, 1 entries

[242614.173827] Status code 0; transferred 1024/1024

[242614.173828] -- transfer complete
```

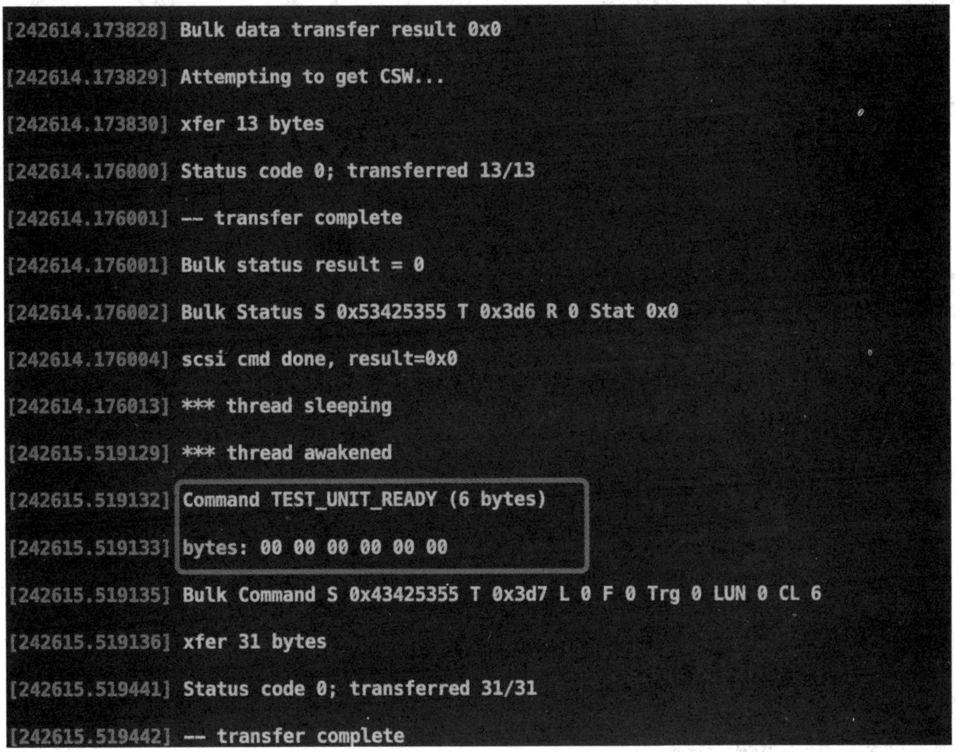

```
[242614.173828] Bulk data transfer result 0x0

[242614.173829] Attempting to get CSW...

[242614.173830] xfer 13 bytes

[242614.176000] Status code 0; transferred 13/13

[242614.176001] -- transfer complete

[242614.176001] Bulk status result = 0

[242614.176002] Bulk Status S 0x53425355 T 0x3d6 R 0 Stat 0x0

[242614.176004] scsi cmd done, result=0x0

[242614.176013] *** thread sleeping

[242615.519129] *** thread awakened

[242615.519132] Command TEST_UNIT_READY (6 bytes)

[242615.519133] bytes: 00 00 00 00 00 00

[242615.519135] Bulk Command S 0x43425355 T 0x3d7 L 0 F 0 Trg 0 LUN 0 CL 6

[242615.519136] xfer 31 bytes

[242615.519441] Status code 0; transferred 31/31

[242615.519442] -- transfer complete
```

图 7-34　主机与设备间的通信信息

7.6.5　USB 字符设备驱动程序编写指导

计算机系统中存在着大量的设备，如鼠标、键盘、U 盘、CPU 温度控制装置等，这些设备的物理特性和实现原理都不相同。 Linux 根据设备的共性特征将设备分为三种类型：字符设备、块设备和网络设备，并针对这三类设备抽象出一套完整的驱动程序框架和 API，以方便驱动程序开发者在编写设备驱动程序时使用。

本实验利用 Linux 内核提供的 API 实现一个 USB 接口字符设备的驱动程序，实验对象为 USB 鼠标，内核版本为 Linux 4.17.12，实验环境为 VMwareWorkstationPro+Ubuntu16.04 虚拟机。

1. 挂载鼠标到虚拟机

鼠标和键盘属于一种特殊类别的 USB 设备——人机接口设备(Human Interface Device，HID)。由于从主机中移除所有人机接口设备存在风险，因此默认情况下无法将这些设备连接到虚拟机。可以通过修改虚拟机设置指示 VMware 允许这些设备，不过在执行下述步骤之前，应确保主机还有一个键盘或鼠标，设备连接到虚拟机后将无法连接回主机。挂载鼠标到虚拟机的操作步骤如下：

(1) 关闭将要连接鼠标/键盘的虚拟机。

(2) 将另一个鼠标/键盘插入主机中。

(3) 编辑虚拟机的 .vmx 文件，在文件末尾添加下面两行，如图 7-35 所示。

　　usb.generic.allowHID = "TRUE"

usb.generic.allowLastHID = "TRUE"

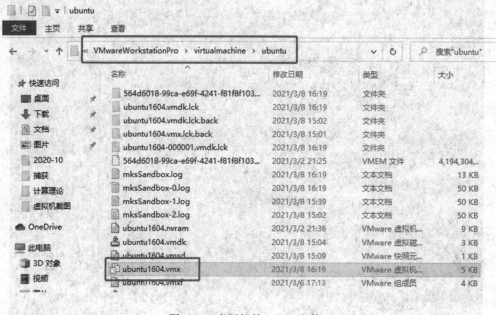

图 7-35　虚拟机的 .vmx 文件

(4) 重新打开虚拟机电源。

(5) 在右下角找到并选择要连接的键盘/鼠标，单击连接即可，本操作也同时将键盘/鼠标从主机断开连接，如图 7-36 所示。

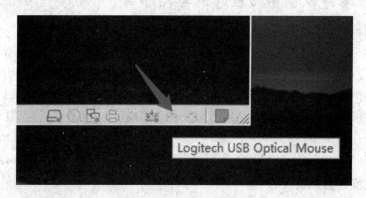

图 7-36　连接设备到虚拟机

2. 卸载内核自带的驱动程序

内核通常自带了 USB 驱动程序，为了实验自定义的驱动程序，首先要卸载内核自带的驱动程序，方法是编译内核或者卸载模块，建议使用较为简单的卸载模块方法。卸载完模块之后在虚拟机里写代码可能不太方便，可使用 ssh 连接，之后，在命令行中操作，或者写完代码再卸载模块。

1) 卸载 usbhid 模块

可先执行"lsmod"命令查看现有模块支持，然后再执行"sudo rmmod usbhid"命令卸载 usbhid 模块。如果执行成功，则挂载到虚拟机的鼠标光标应该不能移动了。若出现问题，则可执行"sudo modprobe usbhid"命令将卸载的模块安装回来。

2) 重新编译内核

重新编译内核的步骤如下：

(1) 进入内核源码目录，修改编译配置，去掉 HID 设备的支持：

```
Device Drivers -> HID support -> USB HID support -> < > USB HID transport layer
```

老版本的内核配置修改位置位于：

```
Device Drivers -> HID support -> < > USB Human Interface Device (full HID) support
make menuconfig
```

(2) 运行编译命令：

```
make -j4 > /dev/null
```

(3) 安装模块与内核：

```
make modules_install
make install
sudo update-grub
```

3. 编写 USB 鼠标驱动程序代码

本驱动程序包括两个文件：usbmouse.c 和 Makefile。示例参考代码如下：

```
# Makefile
ifneq ($(KERNELRELEASE),)
obj-m := usbmouse.o
else
KERNELDIR:=/lib/modules/$(shell uname -r)/build
all:
        make -C $(KERNELDIR) M=$(PWD) modules
clean:
        rm -f *.o *.ko *.mod.o *.mod.c *.symvers *.order
install:
        sudo insmod usbmouse.ko
uninstall:
        sudo rmmod usbmouse
endif
// USB 驱动模块代码 usbmouse.c
#include <linux/hid.h>
#include <linux/init.h>
#include <linux/kernel.h>
#include <linux/module.h>
#include <linux/slab.h>
#include <linux/usb/input.h>
```

```
/* 定义一个描述 USB 的结构体 */
struct my_usbmouse {
    dma_addr_t usb_buf_phys;      /* 描述分配的缓冲区的物理地址 */
    char *usb_buf_virt;           /* 描述分配的缓冲区的虚拟地址 */
    int usb_buf_len;              /* 用来描述缓冲区的大小 */
    struct urb *urb;              /* 描述 USB 的请求块 */
};


/* 定义一个描述 USB 结构体的变量 */
static struct my_usbmouse g_my_usbmouse;

/* USB 鼠标的中断处理函数 */
static void my_usbmouse_irq(struct urb *urb) {
    int i = 0;

    /* 依次把数据打印出来 */
    printk("my_usbmouse data : ");
    for (i = 0; i < g_my_usbmouse.usb_buf_len; i++) {
printk("0x%x ", g_my_usbmouse.usb_buf_virt[i]);
    }
    printk("\n");

    /* 再次提交 urb */
    usb_submit_urb(g_my_usbmouse.urb, GFP_ATOMIC);
}


/* 匹配设备成功时调用的探测函数 */
static int my_usb_mouse_probe(struct usb_interface *intf,
                              const struct usb_device_id *id) {
    struct usb_device *dev = interface_to_usbdev(intf);
    struct usb_host_interface *interface;
    struct usb_endpoint_descriptor *endpoint;
    int pipe;

    /* 获取接口和端点信息 */
    interface = intf->cur_altsetting;
    endpoint = &interface->endpoint[0].desc;
```

```
    /* 获取 USB 设备的某个端点 */
    pipe = usb_rcvintpipe(dev, endpoint->bEndpointAddress);
    /* 获取传输数据的长度 */
    g_my_usbmouse.usb_buf_len = endpoint->wMaxPacketSize;

    /* 分配一块缓冲区用来存放 USB 鼠标的数据 */
    g_my_usbmouse.usb_buf_virt = usb_alloc_coherent( dev,
    g_my_usbmouse.usb_buf_len, GFP_ATOMIC,
    &g_my_usbmouse.usb_buf_phys);

    /* 分配一个 USB 请求块 */
    g_my_usbmouse.urb = usb_alloc_urb(0, GFP_KERNEL);

    /* 初始化这个 USB 请求块 */
    usb_fill_int_urb(g_my_usbmouse.urb, dev, pipe, g_my_usbmouse.usb_buf_virt,
                     g_my_usbmouse.usb_buf_len, my_usbmouse_irq, NULL,
                     endpoint->bInterval);
    g_my_usbmouse.urb->transfer_dma = g_my_usbmouse.usb_buf_phys;
    g_my_usbmouse.urb->transfer_flags |= URB_NO_TRANSFER_DMA_MAP;

    /* 提交这个 USB 请求块 */
    usb_submit_urb(g_my_usbmouse.urb, GFP_KERNEL);
    return 0;
}

/* USB 设备拔除时调用的函数 */
static void my_usb_mouse_disconnect(struct usb_interface *intf) {
    struct usb_device *dev = interface_to_usbdev(intf);
    usb_kill_urb(g_my_usbmouse.urb);
    usb_free_urb(g_my_usbmouse.urb);

    usb_free_coherent(dev, g_my_usbmouse.usb_buf_len,
    g_my_usbmouse.usb_buf_virt,  g_my_usbmouse.usb_buf_phys);}
/* 定义一个 id_table 的数组，当 USB 设备插入时进行比较和判断 */
static struct usb_device_id my_usb_mouse_id_table[] = {
    {USB_INTERFACE_INFO(USB_INTERFACE_CLASS_HID,
USB_INTERFACE_SUBCLASS_BOOT,
USB_INTERFACE_PROTOCOL_MOUSE)},    {}  /*Terminating entry*/ };
```

```
/* 定义一个 usb_driver 的结构体变量 */
static struct usb_driver my_usb_mouse_driver = {
.name = "my_usbmouse",
 .probe = my_usb_mouse_probe,
 .disconnect = my_usb_mouse_disconnect,
 .id_table = my_usb_mouse_id_table,
};

/* 模块的入口函数 */
static int __init my_usb_mouse_init(void) {
  /* 注册一个 usb_driver 的结构体变量 */
 usb_register(&my_usb_mouse_driver);
  return 0;
}

/* 模块的出口函数 */
static void __exit my_usb_mouse_exit(void) {
  /* 注销一个 usb_driver 的结构体变量 */
 usb_deregister(&my_usb_mouse_driver);
}

module_init(my_usb_mouse_init);
module_exit(my_usb_mouse_exit);

MODULE_LICENSE("GPL");
```

4. 编译安装模块

编译安装模块的步骤如下：

(1) 编译模块：make。

(2) 安装模块：make install。

(3) 查看模块安装信息：dmesg，如图 7-37 所示。

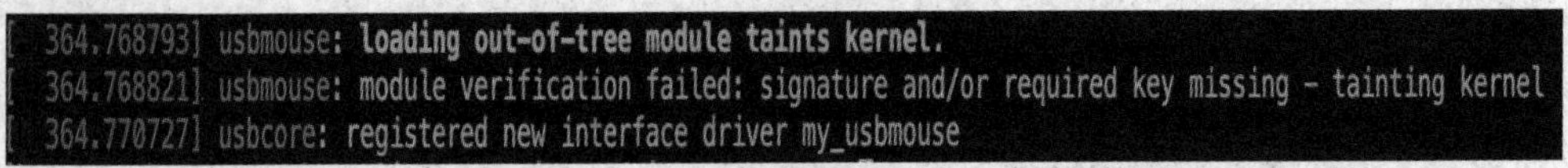

```
364.768793] usbmouse: loading out-of-tree module taints kernel.
364.768821] usbmouse: module verification failed: signature and/or required key missing - tainting kernel
364.770727] usbcore: registered new interface driver my_usbmouse
```

图 7-37　模块安装信息

5. 观察使用结果

安装模块之后鼠标光标仍然不能动，但是可以通过 dmesg 观察输出。

(1) 按下鼠标左键：dmesg 命令的输出信息如图 7-38 所示。

(2) 按下鼠标右键：dmesg 命令的输出信息如图 7-39 所示。

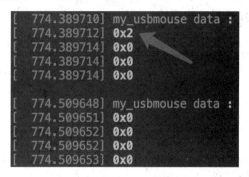

图 7-38　按下鼠标左键输出信息　　　　　　　　　　图 7-39　按下鼠标右键输出信息

(3) 随机移动鼠标，dmesg 命令的输出信息如图 7-40 所示。

图 7-40　随机移动鼠标输出信息

7.7　实验五：简单文件系统的实现

7.7.1　设计目的和内容要求

1. 设计目的

通过具体的文件存储空间的管理、文件物理结构、目录结构和文件操作的实现，加深对文件系统内部数据结构、功能以及实现过程的理解。

2. 内容要求

(1) 在内存中开辟一个虚拟磁盘空间作为文件存储分区，在其上实现一个简单的基于多级目录的单用户单任务系统中的文件系统。在退出该文件系统的使用时，应将虚拟磁盘上的内容以一个文件的方式保存到磁盘上，以便下次可以再将它恢复到内存的虚拟磁盘中。

(2) 文件物理结构可采用显式链接或其他结构。

(3) 空闲磁盘空间的管理可选择 FAT 表、位示图或其他办法。

(4) 文件目录结构采用多级目录结构。为简单起见，可以不使用索引结点，每个目录项应包含文件名、物理地址、长度等信息，还可以通过目录项实现对文件的读写保护。

(5) 要求提供以下操作命令：

① my_format：对文件存储器进行格式化，即按照文件系统的结构对虚拟磁盘空间进行布局，并在其上创建根目录以及用于管理文件存储空间等的数据结构。

② my_mkdir：用于创建子目录。

③ my_rmdir：用于删除子目录。

④ my_ls：用于显示目录中的内容。

⑤ my_cd：用于更改当前目录。

⑥ my_create：用于创建文件。

⑦ my_open：用于打开文件。

⑧ my_close：用于关闭文件。

⑨ my_write：用于写文件。

⑩ my_read：用于读文件。

⑪ my_rm：用于删除文件。

⑫ my_exitsys：用于退出文件系统。

3. 学时安排

本实验共 12 学时。

4. 开发平台

Linux/openEuler/麒麟操作系统环境、gcc、gdb、vim 或 gedit 等。

7.7.2　预备知识

1. FAT 文件系统介绍

1) 概述

FAT 文件系统是微软公司在其早期的操作系统 MS-DOS 及 Windows 9x 中采用的文件系统，它被设计用来管理小容量的磁盘空间。FAT 文件系统是以它的文件组织方式——文件分配表(file allocation table，FAT)命名的，文件分配表的每个表项中存放某文件的下一个盘块号，而该文件的起始盘块号则保存在它的文件控制块 FCB 中。在文件分配表中，一般用 FFFF 来标识文件的结束；用 0000 来标识某个逻辑块未被分配，即是空闲块。为提高文件系统的可靠性，在虚拟磁盘上通常设置两张文件分配表，它们互为备份。此外，文件分配表必须存放在虚拟磁盘上的固定位置，而根目录区通常位于第二个 FAT 之后，以便操作系统在启动时能够定位所需的文件，其磁盘布局如图 7-41 所示。

引导块	FAT1	FAT2	根目录区	数据区

图 7-41　FAT 文件系统磁盘布局示意图

上述磁盘布局中，引导块中主要存放了用于描述分区的各种信息，包括磁盘块的大小、文件分配表的大小及位置、根目录的大小及位置等。

FAT 文件系统家族又分为 FAT12、FAT16、FAT32 三种类型，这里的数字表示 FAT 表中每个表项(即簇号)所占的位数：FAT12 中每个表项占 1.5 个字节(12 位)，FAT16 中每个表项占 2 个字节(16 位)，FAT32 中每个表项占 4 个字节(32 位)。由于 FAT 文件系统是以簇为单位为文件分配磁盘空间的(一个簇是一组连续的扇区，通常包含 2^n 个扇区)，因此，FAT32 比 FAT12 和 FAT16 支持更多的簇数、更小的簇大小和更大的磁盘容量，从而大大提高磁盘空间的利用率。通常，FAT12 适用于小容量磁盘，如软盘；FAT16 是 MS-DOS 的文件系统；FAT32 是 Windows 9x 中的主要文件系统，开始支持大容量磁盘。

2) 文件控制块 FCB

为了正确、方便地操作文件，必须设置相应的数据结构用于存放文件的描述和控制信息，常用的数据结构有文件控制块(简称 FCB)和索引节点(简称 i 节点)。在 FAT 文件系统中使用文件控制块。文件与文件控制块一一对应，而文件控制块的有序集合就称为文件目录，即一个文件控制块就是一个文件目录项。

虽然不同文件系统的文件控制块的内容和格式不完全相同，但通常都包括以下三类信息：基本信息、存取控制信息和使用信息。

(1) 基本信息：包括文件名、用户名、文件类型、文件物理地址、文件长度、文件的逻辑结构和物理结构等。

(2) 存取控制信息：一般分别给出文件主、同组用户及一般用户的存取权限。

(3) 使用信息：包括文件的建立日期及时间、上次存取文件的日期及时间、当前的使用信息等。

以 MS-DOS(使用 FAT16 文件系统)为例，它的每个文件控制块包括 32 B，其字节分配情况如图 7-42 所示。

字节	8B	3B	1B	10B	2B	2B	2B	4B
	文件名	扩展名	属性	保留	时间	日期	首块号	大小

图 7-42 FAT16 文件系统的文件控制块

其中属性字段占一个字节，它的每一位用来表示该文件是否具有某种属性，如果某一位的值为 1，则表示该文件具有该属性。各位所表示的属性如图 7-43 所示。

位	7	6	5	4	3	2	1	0
属性	保留	保留	存档	子目录	卷标	系统文件	隐藏	只读

图 7-43 文件属性对照表

3) 根目录区

FAT12、FAT16 的根目录区是固定位置、固定大小的，位于第二个 FAT 之后，如图 7-29 所示，且占据若干连续扇区。其中 FAT12 占 14 个扇区，一共 224 个根目录项；而 FAT16 占 32 个扇区，最多保存 512 个目录项，作为系统区的一部分。FAT32 的根目录是作为文件处理的，采用与子目录文件相同的管理方式，其位置不是固定的，不过一般情况也是位于第二个 FAT 之后的，其大小可视需要增加，因此根目录下的文件数目不再受最多 512 个的限制。

2. 几个 C 语言库函数介绍

由于我们的文件系统是建立在内存的虚拟磁盘上的，因此在退出文件系统时必须以一个文件的形式保存到磁盘上；而在启动文件系统时必须从磁盘上将该文件读入到内存的虚拟磁盘中。下面介绍几个可能会用到的 C 库函数，在使用这些库函数之前必须包含头文

件 "stdio.h"。

 (1) 打开文件函数：FILE *fopen(const char *filename,const char *mode);

 (2) 关闭文件函数：int fclose(FILE * stream);

 (3) 读文件函数：size_t fread(void *buffer, size_t size, size_t count, FILE *stream);

 (4) 写文件函数：size_t fwite(const void *buffer,size_t size,size_t count,FILE *stream);

 (5) 判断文件结束函数：int feof(FILE * stream);

 (6) 定位文件函数：int fseek(FILE *stream, long offset, int origin)。

7.7.3　实例系统的设计与实现

  本实例系统是仿照 FAT16 文件系统来设计实现的，但根目录没有采用 FAT16 的固定位置、固定大小的根目录区，而是以根目录文件的形式来实现的，这也是目前主流文件系统对根目录的处理方式。

1. 数据结构设计

1) 定义的常量

- #define　BLOCKSIZE　1024　　　　磁盘块大小。
- #define　SIZE　　　　1024000　　虚拟磁盘空间大小。
- #define　END　　　　65535　　　FAT 中的文件结束标志。
- #define　FREE　　　　0　　　　　FAT 中盘块空闲标志。
- #define　ROOTBLOCKNUM　2　　　根目录初始所占盘块总数。
- #define　MAXOPENFILE　10　　　最多同时打开文件个数。

2) 文件控制块 FCB

用于记录文件的描述和控制信息，每个文件设置一个 FCB，它也是文件的目录项的内容。

```
typedef struct FCB{              //仿照 FAT16 设置的
    char filename[8];            //文件名
    char exname[3];              //文件扩展名
    unsigned char attribute;     //文件属性字段。0 表示目录文件；1 表示数据文件
    unsigned short time;         //文件创建时间
    unsigned short date;         //文件创建日期
    unsigned short first;        //文件起始盘块号
    unsigned long length;        //文件长度(字节数)
    char free;   //表示目录项是否为空。若值为 0，则表示空；值为 1，表示已分配
    ⋮
}fcb;
```

3) 文件分配表 FAT

在本实例中，文件分配表有两个作用：一是记录虚拟磁盘上每个文件所占据的磁盘块的块号；二是记录虚拟磁盘上哪些块已经分配出去了，哪些块是空闲的，即起到了位示图

的作用。若 FAT 中某个表项的值为 FREE，则表示该表项所对应的磁盘块是空闲的；若某个表项的值为 END，则表示所对应的磁盘块是某文件的最后一个磁盘块；若某个表项的值是其他值，则该值表示某文件的下一个磁盘块的块号。为了提高系统的可靠性，本实例中设置了两张 FAT 表，它们互为备份，每个 FAT 表占据两个磁盘块。

```
typedef struct FAT{
        unsigned short id;
    }fat;
```

4) 用户打开文件表 USEROPEN

当打开一个文件时，必须将文件的目录项中的所有内容全部复制到内存中，同时还要记录有关文件使用的动态信息，如读写指针的值、FCB 修改状态等。在本实例中实现的是一个用于单用户单任务系统的文件系统，为简单起见，我们把用户文件描述符表和系统打开文件表合在一起，称为用户打开文件表，表项数目为 10，即一个用户最多可同时打开 10 个文件。然后用一个数组来描述，则数组下标即为某个打开文件的描述符 fd。另外，我们在用户打开文件表中还设置了一个字段"char dir[80]"，用来记录每个打开文件所在的目录名，以方便用户打开不同目录下具有相同文件名的不同文件。

```
typedef struct USEROPEN{
        char filename[8];           //文件名
        char exname[3];             //文件扩展名
        unsigned char attribute;    //文件属性：值为 0 表示目录文件；值为 1 表示数据文件
        unsigned short time;        //文件创建时间
        unsigned short data;        //文件创建日期
        unsigned short first;       //文件起始盘块号
        unsigned long length;       //文件长度
        //上面内容是文件的 FCB 中的内容，下面是文件使用中的动态信息
        char dir [80];              //打开文件所在路径，以便快速检查指定文件是否已经打开
        int count;                  //读写指针的位置
        char fcbstate;      //文件的 FCB 是否被修改。如果修改了，则置为 1；否则，为 0
        char topenfile;     //打开表项是否为空。若值为 0，则表示为空；否则，表示已被占用
    }useropen;
```

5) 引导块 BLOCK0

在引导块中主要存放虚拟磁盘的相关描述信息，比如磁盘块大小、磁盘块数量、文件分配表、根目录区、数据区在磁盘上的起始位置等。如果是引导盘，则还要存放操作系统的引导信息。本实例是在内存的虚拟磁盘中创建一个文件系统，因此所包含的内容比较少，只有磁盘块大小、磁盘块数量、数据区开始位置、根目录文件开始位置等。

```
typedef struct BLOCK0 {
        char information[200];      //存储一些描述信息，如磁盘块大小、磁盘块数量等
        unsigned short root;        //根目录文件的起始盘块号
        unsigned char *startblock;  //虚拟磁盘上数据区开始位置
```

}block0;

6) 全局变量定义

- unsigned char *myvhard；表示指向虚拟磁盘的起始地址。
- useropen openfilelist[MAXOPENFILE]；表示用户打开文件表数组。
- int curdir；表示当前目录的文件描述符 fd。
- char currentdir[80]；表示记录当前目录的目录名(包括目录的路径)。
- unsigned char* startp；表示记录虚拟磁盘上数据区开始位置。

7) 虚拟磁盘空间布局

　　由于真正的磁盘操作需要涉及设备的驱动程序，因此本实例是在内存中申请一块空间作为虚拟磁盘使用，我们的文件系统就建立在这个虚拟磁盘上。虚拟磁盘一共划分成 1000个磁盘块，每个块 1024 个字节，其布局格式是模仿 FAT 文件系统设计的，其中引导块占一个盘块，两张 FAT 表各占两个盘块，剩下的空间全部是数据区，在对虚拟磁盘进行格式化的时候，将把数据区前 2 块(即虚拟磁盘的第 6、7 块)分配给根目录文件，如图 7-44 所示。

块数	1块	2块	2块	995块
	引导块	FAT1	FAT2	数据区

图 7-44　虚拟磁盘空间布局

　　当然，也可以仿照 FAT16 文件系统，设置根目录区，其位置紧跟在第 2 张 FAT 后面，大小也是固定的，这个思路相对要简单一点，请读者自己去实现。

2. 实例系统主要命令及函数设计

1) 系统主函数 main()

　　该函数是实例系统的主函数，主要完成的工作有：初始化全局变量，调用 startsys()将磁盘上保存的文件系统内容读入虚拟磁盘中，可列出本文件系统提供的命令，然后显示命令提示符，等待、接受并解释执行用户输入的命令。

2) 启动文件系统函数 startsys()

　　函数原型为 void startsys()，由 main()函数调用，初始化所建立的文件系统，以供用户使用。主要完成的工作有：申请虚拟磁盘空间，读入磁盘上的文件系统内容到虚拟磁盘中(若还没有创建文件系统，则调用 format()创建)。初始化用户打开文件表，将表项 0 分配给根目录文件，并设置根目录为当前目录。

3) 磁盘格式化函数 my_format()

　　函数原型为 void my_format()，对应命令是 my_format。对虚拟磁盘进行格式化，布局虚拟磁盘，建立根目录文件(或根目录区)。主要完成的工作有：按照图 7-45 布局磁盘内容，初始化两张 FAT 表，初始化根目录。

4) 更改当前目录函数 my_cd()

　　函数原型为 void my_cd(char *dirname)，对应命令是 my_cd，功能是将当前目录改为指定的名为 dirname 的目录。主要完成的工作有：打开并读入新的当前目录文件到内存，关闭原当前目录文件，将 curdir 设置为新当前目录文件的 fd，并更新 currentdir[]中的内容。

5) 创建子目录函数 my_mkdir()

函数原型为 void my_mkdir(char *dirname)，对应命令是 my_mkdir，功能是在当前目录(或指定目录)下创建名为 dirname 的子目录。主要完成的工作有：在当前目录(或指定目录)中检查新建目录文件是否重名；若没有重名，则分配磁盘空间；建立目录项；初始化新建的目录文件，在其中建立"."和".."两个特殊目录项；最后更新当前目录或指定目录的内容。

6) 删除子目录函数 my_rmdir()

函数原型为 void my_rmdir(char *dirname)，对应命令 my_rmdir，功能是在当前目录(或指定目录)下删除名为 dirname 的子目录。主要完成的工作有：在当前目录(或指定目录)文件中检查欲删除目录文件是否存在；若存在，再检查其是否为空；若为空，则回收该目录文件所占据的磁盘块，删除其目录项；最后修改其父目录文件相关内容。

7) 显示目录函数 my_ls()

函数原型为 void my_ls(void)，对应命令是 my_ls，功能是显示当前目录的内容(子目录和文件信息)。主要完成的工作有：将当前目录文件所有内容，按照一定格式显示到屏幕上。

8) 创建文件函数 my_create()

函数原型为 int my_create (char *filename)，对应命令是 my_create，功能是创建名为 filename 的新文件。主要完成的工作有：在父目录中检查新文件是否重名；为新文件分配一个空闲目录项；在用户打开文件表中分配一个空闲表项；为新文件分配一个空闲磁盘块，建立目录项；最后修改父目录文件相关内容。

9) 删除文件函数 my_rm()

函数原型为 void my_rm(char *filename)，对应命令是 my_rm，功能是删除名为 filename 的文件。主要完成的工作有：检查欲删除文件是否存在；若存在，则回收其磁盘块，并从父目录文件中删除其目录项；修改父目录文件大小。

10) 打开文件函数 my_open()

函数原型为 int my_open(char *filename)，对应命令是 my_open，功能是打开当前目录(或指定目录)下名为 filename 的文件。主要完成的工作有：检查指定文件是否已经打开、是否存在；若没有打开且存在，则分配一个空闲打开文件表项并填写相关内容，表项序号即为文件描述符 fd。

11) 关闭文件函数 my_close()

函数原型为 void my_close(int fd)，对应命令是 my_close，功能是关闭之前由 my_open()打开的文件描述符为 fd 的文件。主要完成的工作有：检查 fd 的有效性；检查其 FCB 是否更改过，如果是，则将修改保存到父目录文件中；清空其用户打开文件表表项。

12) 写文件函数 my_write()

函数原型为 int my_write(int fd)，对应命令是 my_write，功能是将用户通过键盘输入的内容写到 fd 所指定的文件中。磁盘文件的读写操作都必须以完整的数据块为单位进行，在写操作时，先将数据写在缓冲区中，缓冲区的大小与磁盘块的大小相同，然后再将缓冲区中的数据一次性写到磁盘块中。

写操作通常有三种方式：截断写、覆盖写和追加写。截断写是放弃文件原有内容，重新写文件；覆盖写是修改文件从当前读写指针所指的位置开始的部分内容；追加写是在原文件的最后添加新的内容。在本实例中，输入写文件命令后，系统会出现提示让用户选择其中的一种写方式，并将随后从键盘输入的内容按照所选方式写到文件中，键盘输入内容通过"Ctrl+Z"键(或其他设定的键)结束。主要完成的工作有：检查 fd 的有效性；根据用户指定的"写方式"，设置读写指针位置；接收用户的键盘输入并存入一临时存储区中；调用函数 do_write()完成写磁盘操作。

13) 实际写文件函数 do_write()

函数原型为 int do_write(int fd，char *text，int len，char wstyle)，功能是将缓冲区中的内容写到指定文件中。主要完成的工作有：将读写指针转化为逻辑块块号和块内偏移 off，并进一步得到其磁盘块号；申请空闲缓冲区(与磁盘块一样大)，将临时存储区中的数据转存到缓冲区，将缓冲区的内容写到相应的磁盘块中。若写入内容超出一个块，则重复上述过程，直到写完。

14) 读文件函数 my_read()

函数原型为 int my_read (int fd, int len)，对应命令是 my read，功能是读出指定文件中从读写指针开始的长度为 len 的内容到用户空间中。主要完成的工作有：检查 fd 的有效性，调用 do_read()完成实际读操作。

15) 实际读文件函数 do_read()

函数原型为 int do_read (int fd, int len,char *text)，功能是读出指定文件中从读写指针开始的长度为 len 的内容到用户空间的 text 中。主要完成的工作有：申请空闲缓冲区，将读写指针转化为逻辑块块号及块内偏移量 off，并进一步得到其磁盘块号；将该磁盘块整块内容读入缓冲区中；再将从 off 开始的缓冲区中的内容复制到 text[]中。若读入内容超出一个块，则重复前面过程直到读完。

16) 退出文件系统函数 my_exitsys()

函数原型为 void my_exitsys()，对应命令是 my_exitsys，功能是退出文件系统。主要完成的工作有：将虚拟磁盘上的内容全部写到磁盘上的指定文件中；释放用户打开文件表及虚拟磁盘空间。

Linux 源码分析案例

参 考 文 献

[1] 赵伟华，周旭，等. 实用操作系统教程[M]. 北京：机械工业出版社，2006.

[2] 汤小丹，梁红兵，等. 计算机操作系统[M]. 4 版. 西安：西安电子科技大学出版社，2016.

[3] 梁红兵，汤小丹，汤子瀛. 《计算机操作系统》学习指导与题解[M]. 2 版. 西安：西安电子科技大学出版社，2013.

[4] 陈莉君，康华. Linux 操作系统原理与应用[M]. 北京：清华大学出版社，2006.

[5] RODRIGUZEZ C S, FISCHER G, SMOLSKI S. Linux 内核编程[M]. 北京：机械工业出版社，2006.

[6] STALLINGS W. 操作系统：内核与设计原理[M]. 4 版. 北京：电子工业出版社，2003.

[7] GALVIN P B, GAGNE G. 操作系统概念[M]. 7 版 . 北京：高等教育出版社，2001.

[8] 孟静. 操作系统教程：原理和实例分析[M]. 2 版. 北京：高等教育出版社，2006.

[9] 庞丽萍，阳富民. 计算机操作系统[M]. 2 版. 北京：人民邮电出版社，2014.

[10] 陶永才，史苇杭，张青. 操作系统原理与实践教程[M]. 3 版. 北京：清华大学出版社，2015.

[11] NUTTY G. 操作系统现代观点[M]. 北京：机械工业出版社，2004.

[12] 刘泱，王征勇. 2017 版操作系统高分笔记[M]. 5 版. 北京：机械工业出版社，2016.

[13] 王道论坛. 2017 操作系统联考复习指导[M]. 北京：电子工业出版社，2016.

[14] BOVET D，CESATI M. 深入理解 Linux 内核[M]. 3 版. 北京：中国电力出版社，2007.

[15] 吴国伟，李莹，姚琳. Linux 内核分析与高级编程[M]. 北京：清华大学出版社，2012.

[16] 李云华. 独辟蹊径品内核：Linux 内核源码导读[M]. 北京：电子工业出版社，2009.

[17] 孟庆昌. 操作系统[M]. 北京：电子工业出版社，2004.

[18] 李善平，季江民，尹康凯. 边干边学：Linux 内核指导[M]. 2 版. 杭州：浙江大学出版社，2008.

[19] LOVE R. Linux 内核设计与实现[M]. 3 版. 陈莉君，康华，译. 北京：机械工业出版社，2011.

[20] TANENBAUM A S. 现代操作系统[M]. 3 版. 陈向群，马洪兵，等译. 北京：机械工业出版社，2012.

[21] 赫文化. 操作系统考研辅导教程[M]. 北京：北京希望电子出版社，2005.

[22] 季江民，徐宗元，严冰. 操作系统考研辅导[M]. 北京：清华大学出版社，2010.

[23] 保蕾蕾，唐新怀，周憬宇，邹恒明. 操作系统考研习题精析[M]. 北京：机械工业出版社，2011.

[24] 中央处理器 CPU[EB/OL]. 51cto 网[引用日期 2012-10-12].

[25] 何小海，严华. 微机原理与接口技术[M]. 北京：科学出版社，2006：87-90.

[26] 冒伟，刘景宁，童薇，等. 基于相变存储器的存储技术研究综述[J]. 计算机学报，2015，38(5): 944-960.

[27] 张鸿斌，范捷，舒继武，等. 基于相变存储器的存储系统与技术综述[J]. 计算机学报，2014，51(8): 1647-1662.

[28] Linux 系列教程编写组，Linux 操作系统分析与实践[M]. 北京：清华大学出版社，2008.

[29] NAHAS J, ANDRE T, SUBRAMANIAN C, et al. A 4Mb 0. 18 mu m 1T1MTJ toggle MRAM memory[C]. ISSCC 2004, Piscataway, NJ, 2004.

[30] LEE B C, IPEK E, MUTLU O, et al. Architecting phase change memory as a scalable dram alternative[J]. ACM SIGARCH Computer Architecture News, 2009, 37(3): 2-13.

[31] BEDESCHI F, RESTA C, KHOURI O, et al. An 8 Mb demonstrator for high-density 1.8 V phase-change memories. Proc of IEEE Symp on VLSI Circuits[J]. Digest of Technical Papers，2004.

[32]　BUR G W, KURDI B N, SCOTT J C, et al. Overview of candidate device technologies for storage-class memory[J]. IBM Journal of Research and Development, 2008, 52(4): 449-464.

[33]　BOVET D P, CESATI M. 深入理解 LINUX 内核[M]. 陈莉君，张琼声，张宏伟，译. 北京：中国电力出版社，2007.

[34]　陈文智，施青松，龙鹏. 操作系统设计与实现[M]. 北京：高等教育出版社，2017.

[35]　STALLINGS W. 计算机组织与体系结构[M]. 张昆藏，译. 北京：清华大学出版社，2006.

[36]　[美]雷姆兹·H.阿帕希杜塞尔，安德莉亚·C.阿帕希杜塞尔.操作系统导论[M]. 王海鹏，译. 北京：人民邮电出版社，2019.

[37]　任炬，张尧学，彭许红. openEuler 操作系统[M]. 北京：清华大学出版社，2020.

[38]　[美]威廉·斯托林斯. 操作系统精髓与设计原理[M]. 8 版. 郑然，邵志远，谢美意，译. 北京：人民邮电出版社，2019.

[39]　余华兵. Linux 内核深度解析[M]. 北京：人民邮电出版社，2019.

[40]　张天飞. 奔跑吧 Linux 内核[M]. 北京：人民邮电出版社，2019.